专属你的解决方案：
完美皮肤保养指南

The Skin Type Solution:
a revolutionary guide to your best skin ever

原　著　Leslie Baumann, M.D.

主　译　洪绍霖　孙秋宁

副主译　谢志强　王宏伟

译　者　（按姓氏拼音排序）

洪绍霖（北京泽尔医疗美容诊所）	孙秋宁（北京协和医院）
兰宇贞（北京大学第三医院）	王宏伟（北京协和医院）
刘　方（北京朝阳医院）	谢志强（北京大学第三医院）
刘　洁（北京协和医院）	
蔓小红（北京中日友好医院）	

U0197277

北京大学医学出版社

ZHUANSHU NIDE JIEJUEFANGAN：WANMEI PIFU BAOYANG ZHINAN

图书在版编目（CIP）数据

专属你的解决方案：完美皮肤保养指南 /（美）褒曼（Baumann，L.）

原著：洪绍霖，孙秋宁译. —北京：北京大学医学出版社，2013.12（2023.1 重印）

书名原文：The skin type solution:a revolutionary guide to your best skin ever

ISBN 978-7-5659-0703-6

Ⅰ.①专… Ⅱ.①褒… ②洪… ③孙… Ⅲ.①皮肤－护理－指南

Ⅳ.① TS974.1-62

中国版本图书馆 CIP 数据核字（2013）第 266944 号

北京市版权局著作权合同登记号：图字：01-2013-6040

The Skin Type Solution：A Revolutionary Guide to Your Best Skin Ever

Leslie Baumann，M.D.

Copyright © 2006 MetaBeauty Inc.

This edition arranged with Ink Well Management，LLC.

Through Andrew Nurnberg Associates International Limited.

Simplified Chinese translation Copyright © 2014 by Peking University Medical Press.

All rights reserved.

专属你的解决方案：完美皮肤保养指南

主　　译：洪绍霖　孙秋宁

出版发行：北京大学医学出版社

地　　址：（100191）北京市海淀区学院路 38 号　北京大学医学部院内

电　　话：发行部 010-82802230；图书邮购 010-82802495

网　　址：http://www.pumpress.com.cn

E-mail：booksale@bjmu.edu.cn

印　　刷：北京信彩瑞禾印刷厂

经　　销：新华书店

责任编辑：韩忠刚　法振鹏　　责任校对：金彤文　　责任印制：罗德刚

开　　本：710 mm×1000 mm　1/16　　印张：28.75　　字数：594 千字

版　　次：2014 年 1 月第 1 版　2023 年 1 月第 11 次印刷

书　　号：ISBN 978-7-5659-0703-6

定　　价：89.00 元

译者前言

皮肤的分类及解决方法，一直是我们关注的话题，当我们作为皮肤科专业医生看到了这本由美国莱斯利·褒曼医生编写的"纽约时报"年度畅销书时，感到有必要让我们中国的读者们也从皮肤科专业的角度来重视有关皮肤的分类及解决方法，于是，我们满怀激情地翻译了这本书，希望奉献给各位读者、各位求美者以指导和帮助；也希望得到同行们的指正。

早在20世纪初期，美国皮肤美容沙龙的开创者和化妆品巨头Helena Rubinstein就开始把皮肤分为油性、混合性、干性和敏感性四种类型，这种分类在当时是革命性的，并沿用近一个世纪。时至今日，皮肤科专家们仍在寻找更精确、更科学的标准来界定皮肤类型，以恰当保护我们的皮肤，延缓皮肤的衰老并使皮肤看起来美丽、年轻！

莱斯利·褒曼（Leslie Baumann）医生是近年来在美国进行皮肤分类学研究的领先者，在皮肤美容学和皮肤护理领域，她花了8年的时间搜集整理数以千计的患者资料来确定皮肤的类型，并通过一系列的临床检验来客观验证她的皮肤分类方法及解决方案，从而保证此方案的科学性并适用于各种肤色、人种、年龄和性别的人群。褒曼皮肤分类系统侧重于皮肤的四个因素：油性与干性、耐受性与敏感性、色素性与无色素性、紧致与皱纹。这四部分是皮肤分类的基础，以确定各种皮肤的特性以及适当的解决方法。在了解了皮肤的分类之后，根据化妆品成分做出选择，简化日常的美容过程，使美容变得更加专业和可操作，并且更经济。

褒曼医生创建了美国第一所大学附属的皮肤美容研究中心——迈阿密大学美容中心，并担任医疗美容科的主任，她也当之无愧是此行业全世界最优秀的专家之一，但她喜欢称自己为畅销作家、教育家、研究者以及"美的影响者"。褒曼医生是有关"皮肤分类解决方案™"的全球皮肤科咨询委员会的创始人和主席，此方案致力于为皮肤科医生、皮肤美容问题的患者、求美者、演员以及新闻记者等提供关于皮肤分类的常识和知识，皮肤的护理、美容护肤产品配方成分、正确使用以及美容操作的客观、可信、有科学依据的专业指导。

www.skintypesolutions.com网站提供给读者褒曼医生有关皮肤分类系统以及皮肤护理使用的专业指导，2010年，根据褒曼"皮肤分类解决方案™"而制作美国公共电视的1小时节目，在美国PBS电视台播出后而风靡全美。

从 2008 年开始我们关注褒曼医生的皮肤分类理论，这时北京协和医院皮肤科的洪绍霖博士在美国杜克大学医学院深造多年后转到迈阿密大学皮肤美容中心，并跟随褒曼医生接受了她的皮肤分类系统的临床培训。此后，在几次国内外学术会议上我也和褒曼医生交流了她的皮肤分类研究方法，虽然在美国应用的许多护肤产品目前还未在中国市场上市，但我感到此系统中的皮肤科专业理论适用于所有的护肤产品和医学美容领域。此后，本书得到洪绍霖博士的引进和整理，并得到了中国皮肤科同行们的大力帮助而共同翻译为中文。在此，我要感谢北京协和医院皮肤科的王宏伟教授和刘洁医生，北京大学第三医院皮肤科的谢志强医生和兰宇贞医生，首都医科大学北京朝阳医院皮肤科的刘方医生，北京中日友好医院皮肤科的蔓小红医生。他（她）们从百忙的临床工作中抽出时间来为本书进行认真的翻译和校对；我还要感谢来自美国德克萨斯大学奥斯汀分校的任钰雯医生，她和蔓小红医生为全书的校对付出了很多心血。此外，我要感谢《皮肤科世界报告》编辑部的 Grant J. Prigge 先生，Paul Xu 先生和 Riaz Khan 先生。他们对本书翻译过程中的组织工作和产品信息的收集工作付出了诸多努力。

在美国，每位普通消费者都会从本书中受益，这是科学知识经过普及而惠及生活的典范。我们也热切期望在中国，来自本书中的科学数据、专业指导、临床研究方案、化妆品成分分析和营养学知识，从学术的"象牙塔"走到你的身边，为每一位理性的消费者带来知性的消费。

美，缘于皮肤，祝您永远拥有年轻、健康的皮肤！

北京协和医院皮肤科
主任 教授 孙秋宁
2012 年 10 月于北京

致 谢

在本书的撰写过程中，许多人曾直接或间接地对本书提出过宝贵的意见。在这里，我要对每一个帮助过我的人表示真诚的谢意。首先我要感谢我的患者、朋友、家人和同事，这些年正是因为他们不厌其烦地帮我做调查问卷才使得我获得了完整、宝贵的信息。调查问卷的最初版本包括200多个涉及他们的问题。我还要非常感谢在完成调查问卷过程中，给我提出宝贵意见的专家们，包括迈阿密大学流行病学系的David Lee博士和伊利诺伊大学调查研究办公室的众多专家学者。特别要感谢迈阿密大学接触性皮炎的专家Sharon Jacobs，MD，她帮助我改进有关皮肤过敏与敏感型方面的问题。

感谢所有向我寄送皮肤护理产品以供研究和评价的公司。我要再次感谢我的患者、朋友、家人，因为他们亲身试用这些皮肤护理产品并向我反馈使用状况。他们其中一部分为了皮肤分类学的研究而忍受着皮肤红斑、痤疮、皮疹、瘙痒的烦恼。他们就是急先锋！

感谢迈阿密布朗药店的Nikki，我在那里占用了她很多时间研究皮肤护理产品，而且她还允许我拍下她漂亮的店面作为我的背景照片。

感谢这么多年来跟我一起工作的同事，这本书顺利付梓多亏你们的勤奋工作，对我的支持和信赖。Susan Schaffer和Laura Black的付出是最多的，我对他们感激不尽。Tere Calcines总是在我最需要帮助的时候伸出援手，为我雪中送炭。我还要对Denese、Marie、Vanessa、Conchita、Clara、Debra、Olga和其他所有在我办公室工作的人或志愿者表示感谢。我的同事Esperanza Welsh，Lucy Martin，Monica Halem，Justin Vujevich和Melissa Lazarus，你们是最棒的。

特别感谢影响我人生的Joy Bryde，他的教诲对于这本书的完成有着重要的作用。

在我的事业中，许多人都给过我指导，比如Ben Smith MD，Francisco Kerdel MD，William Eaglstein MD，Larry Schachner MD，Steve Mandy MD，Jim Leyden MD，Joseph Jorizzo MD和David Leffell MD。谢谢你们无私的教导与帮助。

特别要感谢信任我并且为我创造机会的Hani Zeini，你是我灵感的来源！

感谢我的杰出代理人——Inkwell Management公司的Richard Pine和Catherine Drayton，我很荣幸与你们共事，你们是最棒的。没有你们，这本书就不会问世。对于我在Bantam Dell的新朋友Irwyn Applebaum，Nita Taublib，Barb Burg和Philip Rappaport，感谢这次机会让我们共事，并且希望未来我们有更多的机会在一起合作。

最后，我要郑重地感谢我的家人。我的父母 Lynn 和 Jack McClendon，我的公婆 Josie 和 David Kenin，16 年来一直陪伴在我身边的丈夫 Roger，还有我的两个儿子 Robert 和 Max，你们尽其所能地帮助我，给我的生活带来了快乐、愉悦和无尽的爱。我愿你们一生都拥有完美的皮肤！

献　辞

仅以此书献给我挚爱的家人：

Roger，Robert and Max Baumann

致读者

1．在书中介绍护肤产品的有关章节中，您将阅读到"$"，"$$"，"$$$"的符号，其含义分别为："$" – 价格便宜，"$$" – 价格中等，"$$$" – 价格昂贵。

2．书中推荐和介绍的护肤产品，有些目前还未在中国大陆销售。

3．所有产品请参考英文名称为准。产品的中文名称为在中国大陆市场上销售中所使用的中文名。部分产品因为尚未在中国销售，中文名是译者根据英文原名翻译而来。

4．根据市场中产品的不断更新，本书也将会定期更新产品并再版发行，请读者关注。

5．读者可以进一步到英文网站 www.skintypesolutions.com 或中文官网 www.skintypesolutions.com.cn 查看最新的产品信息和指导。

目 录

第一部分
皮肤分类方案

"合理的分类是进行科学研究的基础，通过对美国 Baumann 医生的皮肤分类学习，使我们更准确地理解和掌握皮肤护理的基本原则。"

—译者

- 王宏伟

中国医学科学院北京协和医院皮肤科医生，医学博士。日本福岛医科大学皮肤科访问学者

- 洪绍霖

ZELL（泽尔）医疗美容机构创始人，北京和睦家医院皮肤医疗美容医生，医学博士。美国 Duke University（杜克大学）医学中心研究 Fellow 和 University of Miami（迈阿密大学）医学美容中心临床 Fellow

第一章
为什么要皮肤分类

引　言

有多少次你去化妆品柜台花费 50 ~ 150 美元购买那些买回后就没再用过的产品？有没有过售货员或美容师向你出售那些所谓"对他们很有效"的产品，但对你一点作用都没有？你有没有对某种产品过敏或发炎，而你对原因却一无所知？为什么那些好朋友向你保证的面部护理产品，却让你的皮肤变得很糟？你该不该使用肥皂呢？尽管你知道你应该使用防晒霜，但你为何不喜欢使用它的感觉呢？含化学成分的面膜适合你吗？你是否认为该使用维 A 酸？

假如你开的是一辆斯巴鲁，你不会按照高尔夫车的标准来保养它。同样的道理，如果你是干燥，敏感型皮肤，怎么能选用适合油性耐受性皮肤的保湿和清洁产品呢？

原因在哪里？由于你不知道自己的皮肤类型，所以你也就不知该如何保养你的皮肤。皮肤分类解决方案问世前，Baumann 的皮肤分类系统未被公众所周知，使得人们缺乏真实完整的信息。所以大部分人对自己的皮肤仅有大概的了解，这种了解通常是"众所周知"的，但却是不精确也不科学的。

以我多年作为皮肤科医生、研究人员和皮肤病学副教授的经验，我相信没人想有"皮肤糟糕日"。在选择化妆品前，了解自己的皮肤类型是非常重要的前提，往往这点却被人们所忽视。就拿那些第一次到我迈阿密大学诊所来的患者来说，我打赌他们还有以下几种情况：

- 不知道自己的皮肤类型
- 不知道护肤方式要基于自己的皮肤类型
- 使用了不适合自己皮肤类型的产品
- 在这些产品上花了很多冤枉钱
- 对自己的皮肤用了错误的护理手段
- 本该对自己的皮肤类型有好处的护理手段却没有起作用

当需要着手选择护肤产品和方式时，很多人仿佛回到了"欧洲黑暗的中世纪"，徘徊在不适合自己的产品迷宫中，徜徉在布满营销陷阱的路上。除了运气，没什么能让你幸运地遇上适合自己的产品。

约翰的故事

约翰是一名 48 岁的辩护律师，他的皮肤干燥、敏感、有些许皱纹，并且在他鼻子和眼窝周围的区域容易发红。在他来找我之前，他使用了 OTC（Over-the-counter，非处方药品，下同）激素药膏来缓解这种状况。但通过诊断，我们发现约翰的皮肤有特殊的褶皱倾向。我警告他，长期使用类固醇可能会导致皮肤进一步恶化，皮肤会变得更薄，更容易产生皱纹。相反，我转向对他使用处方产品爱宁达（吡美莫司乳膏，诺华制药），这种产品能有效解决皮肤发红、剥落的问题，以避免使用其他产品加速皮肤变薄和皱纹的状况。与约翰皮肤类型相似的人可能很多都有过上述的经历。

正如约翰一样，为了恰当保护自己的皮肤，防止其老化，人们需要一个治疗护理规范。这一规范应该可以捕捉并描述真实的皮肤类型，科学地评估皮肤生理。这就是皮肤分类学要做的事情。

除此之外还需要一个针对自己皮肤类型而量身定制的解决方案。

皮肤分类解决方案提供了所有关键的信息与指导。

一旦明确了你的皮肤类型（通过第三章的问卷调查），你可以直接翻到你皮肤类型的章节，在那里寻找你所需要的信息。这是一门关于皮肤护理的科学，当你知道了你的皮肤类型后，一切将变得简单。

在迈阿密大学门诊部，我花了 8 年时间搜集整理数以千计的患者资料来定义皮肤的类型，并通过临床检验我的皮肤分类解决方案，从而保证我的科学准则适用于每个人，无论肤色、人种、年龄和性别。事实证明，它的确是这样。

或许你已经受益于了解你的心理类型，你的学习方式，或你的用药类型。如果是这样，你就会明白了解自身皮肤类型及解决方案的重要性。这种了解会让你对自己的皮肤掌控自如。

我的专长

我指导你的这些宝贵信息将不会出现在其他任何地方。我曾经发起建立了迈阿密美容中心，目前正在有效地运营中。这是美国第一所由大学运营的美容研究中心，我在那里每年都要治疗数千名患者。除医学博士头衔，我还是迈阿密大学的副教授以及美容皮肤科主任，这就使我成为美国第一个既致力于美容皮肤病学的美容皮肤专家，又从事教学和科研的全日制大学教员。

这种双重身份的结合让我走在美容皮肤病研究的前沿，同时我的临床工作对于完善该领域专业知识也是必不可少的。

我的客户，从美丽动人的时装模特，到各界精英，到我的医生同事，乃至形形色色的人群，他们无一不担心年龄增长所带来的皮肤问题。他们都可以从我的"了解皮肤类型，才能更好护肤"的独特理解中获益。

作为一个科学家，同时也作为一个经常化妆，平日使用各种化妆品的女性来讲，我不断地在寻找各种保持肌肤美丽的产品。不仅是因为我自己就要使用它们，更重要的是每个女性在一生中都愿意看到自己最美的一面。所以我可以替你换位思考，并且找到你所需要的最好护理方式。

定义一个新类型

到目前为止，在皮肤学领域缺乏一个可供人们自行参照并遵循的理想模型。在本书提出皮肤分类之前，已有的分析皮肤差异方法可追溯到 20 世纪早期。化妆品巨头 Helena Rubenstein 第一次将皮肤分为四类：正常型、混合型、干燥型和敏感型。尽管这种分类在当时是革命性的，在今天我们却可以应用更精确、更科学的标准来界定皮肤类型。

即使是皮肤科医生，如果不了解皮肤类型，在对患者进行诊断治疗时也会感到力不从心。即使现在，虽然本书提出 16 种皮肤类型，但对于现实情况来说，还是远远不够的。

这里给出一个现实生活中盛行，甚至在专业人员中也存在的例子。最近我同两个著名的皮肤科医生一起在一家大公司的顾问委员会工作。一个是"R"（皮肤是耐受性、无反应的人），而另一个则是"S"（皮肤敏感的人）。就在公司总裁面前，她们两人爆发了激烈的争论。"R"皮肤学家称护肤产品无差别，这都是商业宣传。她可以在她的面部上使用任何东西，她告诉我们，甚至象牙肥皂（美国宝洁公司经典产品，最初销售于 1879 年），也没有问题。"S"皮肤学家震惊了。她反驳说几乎所有东西都会让她的皮肤发红和刺痛。这两个专业皮肤学家不明白，她们相反的观点是由于她们截然不同的皮肤类型。我很清楚地看到有些东西被忽略了，人们只是错误地希望简化护肤品，并一劳永逸。

作为一个临床医生，我以前见过由于用错护肤品所造成的伤害。作为一个细心的医生，我也听说许多人对如何正确护理皮肤感到困惑。因为他们常常面对过多的产品却不知如何挑选，而且市场上的各种营销往往误导了他们的诉求。人们看了我的"药妆批判"专栏后，常常想请我为他们制订一个护肤方案。因为每个人都有与之对应的皮肤护理要求，同样的产品不能对所有人都有效。我花了几年时间为不同的客户量身定制适合她自身的皮肤护理方案。随着时间的推移，现在终于有一个明确的、持续的、可复制的流程体系成型。然后，根据我发现的准则设计出一份详细的调查问卷。根据调查问卷的回答，人们可以准确知道自己的皮肤类型，从而选择合适的护肤方法。

这16种皮肤类型是制订一套完整的诊断和治疗计划的关键，对每一种皮肤类型确实都有效。

我的皮肤分类系统侧重于皮肤的四个因素：油性与干性、耐受性与敏感性、色素性与无色素性、紧致与皱纹。这四部分是皮肤分类的基础，以确定你是哪里出了问题。你的皮肤类型可能不是这四个因素的简单加总。对于每一种类型，它们的交互方式都是不同的。在看过数千患者并经过8年完善皮肤分类问卷后，我可以向你保证，皮肤分类涵盖每一种皮肤类型的独特品质，并将告诉你如何应对你所属类型的长处和弱点。

一旦你学会了如何确定你自己的皮肤类型，恰当的皮肤护理将不再复杂或昂贵。在了解什么是你肌肤所需要之后，你不需要再使用满货架的产品，这实际上会简化你的日常美容过程，使它更容易执行，并且更经济。随后，我会在你对应的皮肤类型所属的章节扩充建议，结束你的"皮肤糟糕日"，因为你将终结"糟糕皮肤护理法"。

如何使用这本书

阅读本书的第一章，你将根据这些容易理解的皮肤分类规则熟悉自己的皮肤类型。在第二章，你将了解到创新性的词汇，它们可以帮助你更好地理解在确定皮肤类型时你可能会遇到的不同因素。在第三章，请做一下我的调查问卷。做好后你马上就会知道你究竟是16种类型中的哪种。然后，你可以直接翻到对应你皮肤类型的章节，这章将提供一切你所需要为你的皮肤考虑到的事情，并给予你最好的照顾方案。你的章节将概述你的类型的主要特点，以及在治疗过程中出现的与你情况类似的患者的案例。最起码，通过阅读你将了解你的皮肤。这将为我随后的建议奠定基础。

每章都包含日常护肤方案，专门为你的皮肤类型量身定制的方案。根据你的皮肤类型，你要使用我所建议的产品类别。我将提供一份每种皮肤类型适合的产品清单。当你有特定的皮肤问题时，我还会有额外的建议。在大多数产品类别里，我还提供了一个名为褒曼医生的选择（Baumann's choice）的选择方案，一个能简化你采购决策的备选方案。

如果你觉得目前使用的产品有效，你可以继续使用它们。即使你决定这样做，我还是建议你检查一下成分清单，因为这决定该产品对你有利还是有弊。仔细检查你现有的产品，确保它们不包含任何不合适的成分。如果它们有，我建议你更换此产品，因为你可能会不知不觉地出现问题。你可能还发现，你最喜欢的部分产品确实包含了对你的类型有益的成分。不过，我可以保证我知道的和推荐的都是最好的产品。

这本书应该作为你购买护肤品时的参考书。若你按照我的建议去评价化妆品，这还可以帮你决定是否要去皮肤科门诊看病。对于一些皮肤类型，我提供一个或更多额外的第二阶段日常护肤方案，即用处方药来对待特殊的皮肤问题。在每一章的结尾，我会从美容皮肤病学的角度指出对于你最合适的选项。这本书中有一部分，叫"对……的进一步帮助"这一部分将根据四个主要的皮肤类型分别提供一些更具体的关于处方药和护理方法的建议。这部分同时还包括针对你特殊需求的生活方式、营养和补充建议。

你的皮肤类型所处章节里，有以下内容

1．让你明白

● 你所处的皮肤类型具有的基本特点

● 你所处的皮肤类型面临的问题和挑战

● 你所处的皮肤类型相关的风险因素

2．为你指导

● 你所处的皮肤类型的每日护肤方案

● 你的皮肤所需的防晒措施

● 化妆将有助于改善你的皮肤状况

● 对你的皮肤类型有帮助的化妆品

● 对你的皮肤有益的化妆步骤（在合适的情况下）

● 不建议你的化妆步骤（在合适的情况下）

3．特殊建议

● 日常皮肤护理的护肤产品

● 解决你的主要关键皮肤问题的护肤成分（列于产品标签中）

● 应该避免的会恶化你皮肤的护肤成分（列于产品标签中）

为避免浪费宝贵的时间和金钱选购垃圾产品，我会直接给你一些好产品的建议。我不仅投身科学研究，还从事化妆品的生产，这一双重角色使我获得了丰富的美容护肤知识。

我将说明清洁皮肤的最佳方式，提示你是否需要使用爽肤水或保湿霜，为你判断去角质是否适合，并告诉你会从中受益的处方类皮肤药物。我所有建议的产品将包括低、中、高三种价位，这样无论你的预算多少，你可以按照我的建议成功地护理皮肤。我提到的所有产品都是市面常见的，购买时不会遇到困难。

你所处的皮肤类型的章节也将帮助你避免使用一些护肤产品和护肤方法，这

7

些方法可能对其他类型的皮肤有效，但是对您可能适得其反。如果你对注射保妥适（Botox，肉毒素）之类的美容方法感兴趣，你的章节会根据你皮肤类型告诉你和你的皮肤科医生是否应该考虑采取这种方法。这样可以确保你选择的护肤方法最适合你的皮肤需求。

该何时咨询皮肤科医生

除了引导你走出产品选购迷宫，我还会帮你决定什么时候该去咨询皮肤科医生，并通过阅读"咨询皮肤科医生"这部分使你在拜访皮肤科医生之前获得最多的知识。有些皮肤类型的人很少需要看医生，而另一些人却需要应用处方药或采取光疗法以及其他只有医生才能提供的治疗手段。事实上，对于某些类型皮肤的问题，非处方产品可能不够有效。例如，具有高度耐受性皮肤的人需要的较高辛烷值的产品（如辛烷基硬脂酸盐，用于清洁油脂类污垢），只有注册医师才可以开具处方。

由于全国缺乏合格的皮肤科医生，人们平均需等待 3 个月才能预约看上皮肤科。因此，大多数皮肤科医生无法在有限的时间里来解决基础皮肤护理问题。不依靠皮肤科医生尽量获得皮肤护理的基本知识，而在面对皮肤科医生时尽量获得最大帮助。这也是充分地利用宝贵的预约时间获得高效率的方法。

最后我想说的是我建立了网站 www.derm.net/products 来追踪你对不同产品的使用心得，你可以登录上去并与在我门诊就诊的患者进行交流，提供你根据Baumann 的皮肤分类解决办法所得到的反馈信息和经验。一旦你发现你的皮肤类型并且听从了我的建议，你可能想进一步地找寻甚至已经发现适合自己类型的新产品。如果是这样，我想知道你的新发现，也想知道我钟爱的那些产品对你是否有效。请登录到 www.derm.net/products 填写问卷，与我和其他人分享属于你皮肤类型的护肤经验。

关于护肤产品，你需要知道什么

作为 10 多亿美元产值的护肤品行业中的消费者，若是缺乏对产品的了解，开销无疑是巨大的，你必须跨越"你已知的"和"你需知的"两者间的鸿沟。如果没有准确的信息，你完全受广告和宣传的摆布，这就相当于"烧钱"。随着你越来越了解皮肤的真实需求，你一定能掌控你的护肤方式。

2001 年，美国人在化妆品上的消费平均约 500 美元。随着越来越多昂贵产品线的诞生，这个数字肯定会剧增。你真的需要付出不菲的金额来获得高品质的护肤品吗？答案是否定的！真正重要的东西不是你的护肤霜的价格，而是它是否适合你的皮肤类型。无论包装如何精美、感觉多么诱人，400美元的护肤霜并非对每一个人都合适。（事实上，有些类型甚至不需要使用任何护肤霜。）

这本书将降低你的开销，避免不必要的麻烦，也减少了因购买错误产品而造成的浪费，同时引导你选择正确的产品。我的建议是根据化妆品成分做出选择，一旦你学会了我的标准，你也将能够很好地从化妆品标签中弄清它是否适合你。

我曾试图把我认为有用的每一种护肤品都包含进来，但限于本书是介绍关于面部护理产品的（如果包含身体护理产品，那么这本书的厚度会是现在的三倍）在本书中，我主要是基于从成分、制造工艺和配方的角度来选择介绍产品。

我已经复审了这些产品的临床试验数据，如果可能的话，我将列出被证实有效的产品。最后，由于我的患者听从了我的建议，我已经听到了他们的反馈意见，并跟踪其治疗效果，保证了治疗方案和每个皮肤类型产品选择的有效性。你所要做的就是接受测试，确定你的皮肤类型，并选择该章节中的产品。至少，当你舍得花钱购买这个产品并愿意尝试这个方法时，你会知道你花的钱是值得的。

产品选择的以上建议与我曾合作过的任何公司都毫无利益关系。诚然，当我与一家公司合作时，我会对他们的产品了解更多。不过与我合作过的公司超过37家，而且在写这本书时我还引用了其他公司产品的信息。此外，即使是在商店或者互联网，当我发现一些含有益成分的产品，我也一样会对它们进行测试。毕竟，测试护肤品是我谋生的手段——何乐而不为呢？

所有产品中：

1. 包含你的皮肤类型所需成分
2. 包含足量活性成分以保证有效性
3. 不包含会导致适得其反的成分
4. 依据你的需求定制
5. 合理包装以稳定活性成分
6. 为使用者带来优雅的感受（包括香气及质感）
7. 获得使用者赞誉
8. 易于购买

最后，对于所有产品均符合上述标准的，我常选择最便宜的（或最喜欢的）作为Baumann医生的选择。推荐性价比最好的设计项是为了让你更容易地选择产品。

蕾梦娜的故事

蕾梦娜并不知道她的雀斑、暗点暗斑和黑眼圈提示她的皮肤类型属于"色素性"皮肤（皮肤雀斑，或很容易形成褐色斑点）。蕾梦娜买了每瓶价值75美元的热销抗皱霜，但选择这款产品是严重错误的，因为它含有大豆成分（大豆是护肤品中常见的成分）。虽然大豆对暗斑很有效，但某些种类的大豆成分中有雌激素样结构。对于色素性皮肤，这是选择产品时绝对要避免的成分，因为雌激素会增加褐色斑点的形成。既然大豆的某些成分有这种不良性质，即雌激素的影响，那么蕾梦娜就应该选用那些有抑制褐斑形成的成分（如果你也是色素性皮肤，那么你也一样）。

然而，蕾梦娜却不明白印在抗皱霜的成分对她来说意味着什么。诱惑她购买的原因仅是漂亮的蓝色包装和《VOGUE》杂志上的通篇赞美。即使她看过成分说明，她也不会明白上面的意思，或者这款化妆品会怎样影响她的皮肤。她可能根本想不到这种产品正在逐步增多她的暗斑。

其实只要把产品保留有益成分、去掉雌激素样成分，那么它就是蕾梦娜真正需要的化妆品了。如 Aveeno 抗辐射保湿霜。该产品价格为 15 美元。这一产品不仅对她的皮肤类型确实有效，而且还可以节省 60 美元。

通过第三章 Baumann 皮肤类型的自测问卷，你将了解你皮肤的色素沉积程度。该信息将与其他主要皮肤特征综合起来得出最后的评价，这样你就可以知道你的皮肤属于什么类型。在属于你的章节中你会获得完整的指导、产品的详细情况以及护肤步骤，即告诉你什么是该做的，什么是不该做的。

再举一个和蕾梦娜截然相反的例子，如果通过测试你的皮肤类型被定义为"非色素性""皱纹型"皮肤，那么含有雌激素样效果的大豆成分的护肤品将对你皮肤产生积极的效果。不同类型的皮肤需要不同的成分，总而言之，即不同的护肤品。

全球通用的皮肤分类法

皮肤分类法有一个让人兴奋的特点，那就是即使民族甚至种族完全不同，这种皮肤分类法也可以通用。在大多数情况下，皮肤类型相同的人可以遵循完全相同的治疗方案，但因为不同的种族和民族产生黑色素的生理机制不同，皮肤的颜色可以使之区分开来。例如，我有两个好朋友——中间色调皮肤、咖啡色头发的薇拉莉和深色皮肤的丹娜在我这里预约就诊，当她们填好调查问卷、拿到评分表时她们惊奇地发现，她们有着相同的皮肤类型——都是"P"即色素性皮肤类型，这表明薇拉莉和丹娜的皮肤都有色素沉淀倾向。并且，她们的确已经出现了色素沉着的问题——这就是他们来找我就诊的原因。

薇拉莉的脸颊上有一块颜色加深的皮肤（称为黄褐斑），丹娜的皮肤在患过毛囊炎的位置留有黑斑。虽然我建议她们遵循完全一样的步骤，并使用相同种类的产品，但有一个关键的差异。薇拉莉可以受益于先进的美容手段，如光疗或激光治疗她的色素问题，而丹娜最好的治疗方法是每日应用处方药而不是接受激光治疗，因为这会导致肤色较深的人变得更黑。

这就是需要根据肤色差异提出不同的调整建议的原因。无论你的皮肤颜色是浅、是中、还是深，我都会给予良好的建议，从而让你知道如何满足自己的皮肤护理需求。

席维亚的故事

席维亚因为她的下巴和脸颊皮肤颜色加深而就诊。作为油性皮肤的非裔美国人，席维亚没有想到她在 Neiman Marcus 美容中心选用的磨砂膏造成了现在的这个问题。高度色素性肤质的人（如许多深色皮肤的人）必须远离那些可能造成皮肤炎症的成分和方法。

然而席维亚并不知道她的皮肤类型，她没想到自己使用的产品和治疗方案引起了皮肤炎症反应，从而导致暗斑的生成。

我教席维亚在看产品标签时需要注意寻找哪些成分。有些常见的成分，如维生素 C、AHA（α-羟基酸，即果酸）和 α-硫辛酸，擦拭时可以导致皮肤发炎。当她得知使用奈尔脱毛乳（Nair）或热蜡除毛制品可以引起皮肤炎症时，她感到非常惊讶。在使用蜡或化学脱毛膏去除毛发时，席维亚发现皮肤恢复后遗留的小黑斑远比毛发去除前更严重。现在，她知道要避免使用除毛产品了。一旦她了解了自己的皮肤类型之所需，她就能够通过行动减少黑斑。此外，我建议她使用含有燕麦片、小白菊、甘菊或甘草素的产品，这些成分具有抗炎特性。

护肤误区

当人们来找我就诊时，我经常要纠正他们护肤的误区。举例来说，看看你是否也陷入以下几种常见的美容误区？

误区 1：找到合适护肤品的途径，是通过购买许多不同的产品，直到你找到适合自己的产品（如果你幸运的话）。

其实，这种方法对于化妆品行业的贡献很大，但对你却丝毫没好处——除非你碰巧有钱又有闲，而且还愿意在你的脸上做实验。然而，这却是大多数人购买护肤产品和服务的方式。在不知道你皮肤类型的情况下，你被经销商和广告商设定于适合某系列产品，并且任其摆布。

在这本书中，我会指出哪些是护肤产品的虚假宣传，让你不仅知道什么是有价值的，什么是毫无价值的，而且还让你知道其原因。在 FDA（Food and Drug Administration，美国食品药品监督管理局）监管下，化妆品公司不能宣称自己产品所具有的生物学活性。如果他们这么做，他们的产品将会像药品一样受到严格监管，需要通过昂贵的临床试验以验证其声称的效果。所以他们使用模糊宣传模式，打打"擦边球"这样会使很多人会感到困惑也就不足为奇了。不过，作为皮肤科医生，我可以通过揭示不同产品的生物效应来揭露这些虚假宣传。

误区 2：产品越贵就越好。

是什么促使你去买瓶上没写成分的高价品牌护肤霜？你看中的不是里面的成分，相反，往往是售价和包装。事实上，如果明天有人发明了世界上最好的护肤霜，他们可以出售经营权给不同的实体。百货公司会将其命名为美容品牌的版本，皮肤科医生会命名其为特别版。它在护肤品市场和药店之间的唯一区别——你懂的——只有包装和价格，而里面的成分完全一致。我很希望某天能够看到价值不菲的高端产品物有所值，切实有效。在这本书中，你将了解哪些产品能够满足你皮肤类型的具体需求，同时又不会超出你的预算。

苏珊娜的故事

苏珊娜是一位 37 岁受雇于多家高端客户的室内设计师，她喜欢并有能力购买最好的产品。但是付出的大把金钱并没有帮她寻找到适合她干性、耐受性、色素性、皱纹倾向的皮肤产品。

她跟我说："从最昂贵的化妆品到 Walgreen 药店销售的药妆，我不厌其烦地试用了每一种保湿产品。"但这些产品没一个改善了她眼周和前额处的鱼尾纹。由于苏珊娜是耐受性皮肤，很幸运的是她使用各种保湿产品而没有造成不良反应，但也没什么效果。

我立刻意识到苏珊娜可以使用维 A 酸，这是一种能加速皮肤自然脱落过程的药物。它有两方面的作用：增加胶原蛋白的产生以减缓皱纹的产生；使细胞色素合成跟不上细胞更新的速度以阻止褐色斑点的形成。正如我的大多数患者一样，苏珊娜刚开始每 3 天的晚上使用 1 次，以保证她不会发生强烈反应。我建议她混合些自己的保湿霜，以缓解她的皮肤干燥。

"我喜欢使用维 A 酸后的皮肤，看起来不错。"苏珊娜说："它让我变得年轻，并且防止了新皱纹的出现。"

对于像苏珊娜一样，皮肤干燥、有皱纹，容易出现的另一个需要解决的问题是皮肤的保湿。我建议她选择含有甘油、胆固醇、神经酰胺和脂肪酸成分的保湿产品，这些是与她有相同皮肤类型人群的常规选择。我个人最喜欢的是"多芬敏感性皮肤必需"系列产品。避免使用易造成皮肤干燥的爽肤水和凝胶也是皮肤护理程序的另一方面，同时可以用水化程度更高的霜剂来代替水剂。

误区3：无香味的产品不包含香料或香水

敏感性皮肤的人经常购买这种误导性标签的产品，希望能避免因成分引起的不适。"无香料"是不能保证产品不含香水或香料的。这只是表示一般人闻不到里面的香料而已。

其实，香水被添加到面霜里是为了消除他们的不良气味。你有没有注意到，你用久了的化妆品闻起来气味怪怪的？这是因为随着时间的流逝香气会蒸发，留下不好闻的气味。对于大多数人来说，含香料与否并不那么重要，但是如果你是敏感性皮肤，你可能需要找到完全不含这些敏感成分的产品。本书中皮肤类型指引和产品建议将帮助你做到这一点。

误区4：象牙肥皂适用于敏感性皮肤

任何具有大量泡沫包含洗涤剂的产品，都绝对不能用于干性皮肤。最著名的例子就是象牙肥皂，与销售的流行广告语"象牙肥皂——她纯得可以漂浮起来"，广告展示的是精致的婴儿照片，皮肤白皙，一头金发，连同推荐词"单纯，不含香料"，它被称作是为"敏感性皮肤"设计。没有什么比这更不靠谱的了。其中含有大量泡沫的肥皂，如象牙肥皂，对干性皮肤非常不好，因为它们洗去帮助皮肤保持水分的自然皮脂。如果你皮肤干燥，不要使用任何产泡沫的产品，特别是泡沫浴。稍微有点泡沫是可以的。无论你的皮肤类型是哪种，绝对不要用洗发水洗脸。可以使用"无泡沫清洁剂"或轻度泡沫的产品，如 Cetaphil（丝塔芙）、Dove（多芬）、Ponds（旁氏）或某些 Nivea（妮维雅）的产品。

康妮的故事

康妮是一名 54 岁的公司主管会计，已成为母亲和祖母的她第一次到我的办公室来找我时说："相信我，我已经试过了一切可以处理皮肤发红的办法"拥有英国和爱尔兰血统的康妮有着滑腻的皮肤，但她却有红鼻头及红斑，就连脖子上也有些许印记。

"一次朋友建议我用她最喜欢的洗面奶——希思黎洁肤乳（Sisley cleansing milk）。我的脸就变得糟糕了，医生曾以为我得了传染病"康妮告诉我。即使标签上写着"温和"或"敏感性肌肤适用"的产品，也能令她的眼睛肿胀。

康妮生活在寒冷、干燥的环境下。由于她的皮肤倾向于产生皱纹，所以保湿和防止皱纹对于她来说是关键内容。她的皮肤渴望水分，但几乎她对所有保湿产品的反应都是皮肤灼热、刺痛或出现红斑。幸运的是，我知道哪些产品刺激性小，并含有减少面部发红的成分。我建议用含有烟酰胺的 OLAY 玉兰油多效修护系列减少面部潮红。康妮很高兴，因为这个价格并不昂贵的保湿产品很适合她。同时采取科医人 One 激光美容系统释放强脉冲光（简称 IPL 或彩光）帮助她收缩血管并减少面部潮红。此外，我还建议她在饮食中补充抗氧化维生素和鱼油。抗氧化剂可以通过对抗自由基从而减少皱纹生成。鱼油有双重功效：一方面，鱼油通过添加饮食所需的脂肪酸，来帮助合成皮脂以恢复皮肤屏障；另一方面，鱼油还可以降低皮肤的敏感度。康妮说，当她在一次婚礼上的照片中认出自己时，她非常激动，因为在照片中她的脸看不出一点红色。

误区5：饮食不会影响我的皮肤

你的饮食习惯影响着你的皮肤，而且毫无疑问，长期进食无脂或低脂食物会使皮肤变得干燥。研究表明，服用降低胆固醇药物的患者通常皮肤很干燥。胆固醇实际是帮助皮肤保持水分的重要组成部分。

卡洛琳的故事

卡洛琳是一个20岁的模特，她来就诊的原因是皮肤严重脱皮影响了工作。当我问她几个问题后，我获知她最近一直处于低蛋白、无脂肪饮食中，即吃大量蔬菜，毫无脂肪摄入。她的皮肤忍受着干燥和脱皮，她的皮肤看上去僵硬而毫无光泽。一旦我说服她重新食用蛋白质和脂肪后，她的皮肤又重新获得了水分和活力。充满活力的不仅是她的肌肤，还有卡洛琳本人。因为皮肤变得水嫩，她还签约成为某保湿新产品的宣传模特。

误区6：关注皮肤是在浪费时间

如果你拥有相对容易护理的皮肤类型，给你的常规护理建议不会造成不必要的复杂性。更重要的是，微调你的皮肤护理方式不仅可以节省金钱，并且从长期来看可以优化你的肤质。另一方面，如果你的皮肤类型是"极富有挑战性"的，正确对待你的皮肤和预防将来可能发生的问题是绝对必要的。大多数皮肤问题肯定是越早解决越好。那么无论你的年龄、皮肤状况或者皮肤类型是什么，干脆就从今天开始关注皮肤吧。

各就各位！开始你的皮肤分类！

我真的很高兴能与大家分享我的发现，并帮助你管理肌肤并正确护理。请尝试书中所给出的治疗方案和推荐的产品，看它们对你是不是有帮助。如果需要看皮肤科医生，那么不要犹豫不决，因为那里有许多先进有效的药物和治疗措施。最后，请将皮肤分类与你的朋友、家人和爱人共享，因为每一个人在这里都有一个皮肤分类解决方案。

第二章
理解皮肤分类范畴

在第三章中，你将用 Baumann 的皮肤类型调查问卷，来辨识决定你皮肤类型的主导因素。这四个因素是：油性或干性，敏感性或耐受性，色素性或无色素性，皱纹或紧致。但首先在这一章，我先说明一些有关上述各项因素的基本要点及其背后的科学原理。这些因素的相互作用确定了皮肤的外观，可能出现的问题，护理需求和脆弱程度。因此，所选的产品、成分的种类和治疗应着眼于解决这些问题。首先，让我向你介绍一下皮肤的一些基础知识。

皮肤的生理

皮肤的最外层称为表皮，它是由四层不同的细胞组成。当你观察一个人的皮肤时，你看到的是最上面的那层，由可以反射光线的细胞组成。如果表层光滑，这层就可以均匀地反射光线，相比于表面粗糙的皮肤看起来更细腻、更有光泽。

在表皮最深部分是称为基底细胞的"母细胞"，它可以生成所有的其他皮肤细胞。它们分裂出"女儿细胞"，"女儿细胞"逐渐从底部向更上一层移动。在这段过程中，细胞逐渐老化，并最终死亡，然后最外层的死细胞自然脱落，这被称为"细胞周期"全身皮肤都会发生这一过程，用时 26 ~ 42 天的时间。细胞周期在第五和第八个十年的生活中放缓 30% ~ 50%。这意味着越老的皮肤，自我更新就越慢，皮肤表面变得粗糙，不再光滑。

表层细胞含有天然保湿因子（natural moisturizing factor，NMF）。身体处于干燥环境时会产生更多的 NMF，但它需要几天的时间加快生产，所以在这之前，你的皮肤可能会脱水。这就是为什么在干燥的环境中滋润你的皮肤很重要。

通过表皮细胞中释放的物质，它能形成一层保护膜脂质（脂肪），来保持皮肤水分。由于你的手指和脚趾包含较少脂质，因此不像双腿一样"防水"，这就是为什么你的手指和脚趾在水中浸泡后会出现皮肤皱缩，但你的腿却不会。在寒冷的天气里，你的皮肤会出现皲裂，因为皮脂受冷会变硬，不能适应皮肤运动。最好的保湿产品是提高这些重要脂质的含量，帮助你的皮肤保持水分。

因素一：皮肤保湿：油性与干性

油性皮肤的你脸上往往看起来很有光泽，所以你所选的产品自然要避免油腻的感觉。相比干燥的皮肤，你会更容易有痤疮的问题。干性皮肤的人会发现自己的皮肤干燥，色彩暗淡或质地粗糙。

皮肤是干性还是油性主要由皮肤表皮屏障决定，因为表层皮肤可以帮助皮肤保持水分，并且能够自身生成皮脂。

皮肤的表皮屏障就像是一道砖砌成的墙，每块砖（细胞）都被黏合物（皮脂）固定住。有害成分、寒冷和干燥的天气可以削弱这些皮脂，使"墙砖"产生错位。许多成分如洗涤剂、丙酮、氯等化学物质都可能损伤皮肤屏障。此外，皮肤长时间浸泡于水中也可以造成屏障的损害。除这些外部因素外，内在的遗传缺陷也会造成皮肤屏障缺陷。

皮肤屏障的主要成分是神经酰胺、脂肪酸和胆固醇，这些都是皮脂的不同表现形式。只有这些物质的组成比例适当，皮肤才能维持正常的保湿功能。功能受损的表皮屏障将导致皮肤易于出现干燥和敏感。皮肤水分蒸发造成皮肤干燥。外部刺激物穿透屏障则造成皮肤敏感。

正确选择护肤品对修复皮肤屏障非常重要。同时营养摄入必须充分，如摄入必需的脂肪酸和胆固醇，这也是对修复皮肤屏障"添砖加瓦"，营养不足会削弱皮肤修复和重建的能力，这就是为什么那些服用降胆固醇药物的人们通常皮肤都很干燥。在这本书的第四部分后面"对……的进一步帮助"的内容中，我会列出对修复皮肤屏障有益的成分。

油脂的保护

皮肤上有很多皮脂腺，这些皮脂腺会分泌含蜡酯、三酰甘油和角鲨烯的皮脂。这些皮脂形成薄膜，帮助皮肤"裹住"水分。虽然油性皮肤的产生是因为皮脂的分泌增加，但干性皮肤产生的原因却不仅是皮脂分泌减少，因为皮肤屏障的破坏也会造成干性皮肤。皮脂的分泌受到饮食、情绪压力、激素以及遗传的影响。在一项关于二十组的同性别同卵双胞胎和二十组异卵双胞胎的研究中，同卵双胞胎油脂分泌的量几乎相同，而异卵双胞胎之间的皮脂分泌量明显不同。

调查问卷上的分数取决于你的皮肤油性和干燥的程度，这一结果不仅可以判断"O"（油性）和"D"（干性）哪一个是你的主导因素，而且还将告诉你可能面对的皮肤问题，以及解决这些问题所需的方式。

因素二：皮肤敏感程度：敏感性与耐受性

耐受性皮肤具有很厚的皮肤屏障层，这一层可以防止过敏原和刺激物质接触深层皮肤细胞而发挥保护作用。除非受到晒伤，否则你的皮肤很少感到刺痛感、发红或者发生痤疮。耐受性皮肤的人可以使用大多数护肤产品而不用担心会出现反应。然而讽刺的是，很多产品也因为无法穿过"厚厚的"屏障而根本无法发挥效用。

超过 40% 的人是敏感性皮肤，他们的皮肤屏障就相对脆弱一些，因此他们的皮肤就容易受到多种刺激。许多产品将敏感性皮肤作为目标，但因为敏感性皮肤也分为四种不同亚型，所以你的治疗和产品必须满足你的独特亚型：

粉刺亚型：皮肤有粉刺，黑头或白头

玫瑰痤疮亚型：反复出现皮肤潮红，面部红斑，自觉灼热

刺痛亚型：皮肤刺痛感或烧灼感

过敏性亚型：皮肤发红，瘙痒和脱屑

这些敏感性皮肤亚型的共同点是：炎症。这就是为什么所有针对敏感性皮肤的治疗都是减少炎症和去除导致发炎的原因。

杰米的故事

金发碧眼的匈牙利化学家杰米，一直对自己虽略为干燥、但易于打理的皮肤很满意。有一天，她发现下颌长了小脓疱，于是去进行了孕检，结果呈阳性。这些小脓疱（痤疮）逐步加重，因此杰米在药店找寻治疗粉刺的产品，但效果常不尽如人意，她只好寄希望于粉刺自动消失。到了怀孕第十六周，她的痤疮越发糟糕，并且脸上还生平第一次出现了黑斑。

杰米眼泪汪汪地来我这里就诊，我对她解释说是激素水平的变化促进了油脂分泌并导致粉刺产生，同时孕期体内的高雌激素水平也会激活皮肤色素细胞产生黑斑，这在怀孕期间十分常见，并被称为"妊娠斑"日光暴晒会使情况更加恶化。杰米也意识到了在之前当她觉得皮肤容易出油时，她就不愿用偏油性的防晒霜了。我给了她一盒凝胶防晒产品，并为杰米提供了对她和腹中的宝宝都安全的痤疮治疗方案。

当杰米再来时，她的宝宝已经 8 个月大了。这时她已经恢复了干性皮肤，并且需要新的皮肤护理建议。

痤疮亚型

有 4000 万～5000 万的美国人饱受痤疮困扰，11～25 岁的人中有 70%～80% 患有痤疮，许多成年女性由于激素失调而发生痤疮。成年人往往比青少年更容易受痤疮困扰。

造成痤疮的三个主要因素：油脂分泌增加、毛孔堵塞和一种名为丙酸杆菌的细菌。让我们看看它们是如何作用的：油脂使死皮细胞粘在一起，导致毛孔堵塞，

我们称为黑头或白头。然后细菌进入毛孔导致炎症，于是皮肤出现红肿和脓疱。治疗痤疮的药物，需要有减少油脂分泌、疏通毛孔和杀死细菌的作用。我将在每种类型的章节给出具体的治疗建议。

玫瑰痤疮亚型

玫瑰痤疮困扰着数以千万的美国人，成人一般出现在 25 岁以后。其症状是面部红肿、潮红、丘疹、面部血管扩张。25 岁之前玫瑰痤疮的出现可能与经常性强烈情绪刺激导致的面部潮红有关。有研究显示，造成消化性溃疡的细菌（即幽门螺杆菌）同样可能会导致玫瑰痤疮。面部有炎性肿块的玫瑰痤疮患者应该做幽门螺杆菌测试，如果检测为阳性，可以通过口服抗生素治疗。如果你有玫瑰痤疮问题，请向皮肤科医生咨询并获得有效规范的治疗。

刺痛亚型

护肤产品导致的刺痛不是因为过敏引起，而是由于敏感的神经末梢。皮肤科能够检测（如乳酸刺痛反应）并确定你是否属于"刺痛亚型"，如果你是这种亚型的话，使用那些含苯甲酸的产品可能会让你感到刺痛感，如 KYJelly（人体润滑剂，强生公司产品）和治疗阴道念珠菌感染软膏。

虽然脸部潮红的人更易于发生刺痛，但皮肤刺痛不一定都会伴随皮肤红肿或发炎，"刺痛亚型的人"不要使用包含以下成分的产品：

苯甲酸

溴硝丙二醇

肉桂酸化合物

Dowicel200（陶氏化学生产的防腐剂）

甲醛

乳酸

丙二醇

季铵化合物

硫酸月桂酸钠

山梨酸

尿素

维生素 C

果酸（羟基乙酸）

过敏性亚型

当皮肤屏障出现问题时，外界物质可以透过外周皮肤细胞渗透到皮肤深层。

外界的过敏原、化妆品通过这些缝隙入侵到皮肤组织和血液内就会刺激并引发炎症。这可以是皮肤局部过敏，也可以是食物或其他物质引发的过敏性炎症通过皮肤表现出来。

最近的一项英国流行病学调查显示，在一年内 23% 的女性和 13.8% 的男性曾因使用个人护理产品而产生不良反应。虽然刺痛是最常见的反应，但是对化妆品的过敏也并不少见。要确定化妆品所含的过敏成分，皮肤科医生需要进行产品测试，将 20 ~ 100 种不同成分的试剂制成"斑贴"均匀地贴在人的背上（专业术语为"斑贴试验"）。24 ~ 48 小时之后，把斑贴拿下，哪个位置出现红斑或肿胀，就说明受试者对该物质过敏。根据多项过敏研究试验结果，高达 10% 的患者至少对一种化妆品成分过敏。但过敏的人可能不止于此，因为大多数人只是停止使用困扰他们的产品，而没去看医生。

最常见的过敏原是香料和防腐剂。最近，国际日用香料香精协会（International Fragrance Association，IFRA）开展了一项计划，旨在开发适用于化妆品的安全香料。由于最近的研究已经证实了芳香疗法的好处，所以重要的是找到让有益的精油和香水不过敏的办法。使用过多种护肤产品的人因为暴露于多种物质之中，因此更容易过敏。干性皮肤的人（指皮肤屏障受损）也会有更多的局部皮肤过敏问题。过敏在干燥、敏感性的皮肤类型中最常见，这就是为什么从 12 章到 15 章，我将展示如何增强皮肤屏障功能以减轻过敏的原因。

因素三：皮肤色素沉着：色素性与非色素性

在我的问卷中，色素性与非色素性的尺度衡量了面部和胸部产生令人生厌的黑斑的概率。虽然测试中考虑了肤色和种族，但在评价系统中黑斑产生的趋势更为重要。因此任何种族的人都可以归纳到 16 种皮肤类型中。也就是说在某些情况下，某种皮肤类型之中，可能大部分人是来自于某个种族，而只有小部分人例外。

为何我如此强调这些令人不悦的黑斑？来皮肤科看病的患者中，21% 是为祛斑而来的。每年为减少黑斑而通过柜台购买（非处方类）护肤品的人超过 8 万。美容手段可以处理多种黑斑，但在这本书中，我将重点放在那些可预防也可通过非手术方式改善的黑斑。胎记、痣和老年斑不在这一范围之内。我将重点介绍可以通过预防、皮肤护理产品及相应措施解决的黄褐斑、日晒斑（黑子）和雀斑。

黑斑

黄褐斑，也称为"妊娠斑"。由褐色或灰色、覆盖在面部或胸部面积大小不等的斑片组成。常见于阳光暴露的区域及接受雌激素治疗（如应用避孕药或激素替代疗法）的女性。黄褐斑会影响容貌的美观性，严重的黄褐斑甚至可以毁容。黄褐斑常见于深肤色的人，如亚裔、拉美裔和非裔美国人。黄褐斑虽然是难以治愈的，但可以用正确的护肤品和方法进行控制。不管皮肤类型属于干性还是油性，敏感还是耐受，皱纹还是紧致，只要是色素型皮肤，就容易产生黄褐斑。

日晒斑是由于阳光照射和晒伤而引起的。他们完全可以通过避免阳光照射和使用防晒霜来预防。各色人种的人都有可能出现日晒斑，这更多是由于过分太阳照射造成，而不是基因遗传所致。我觉得在亚洲人中，日晒斑对衰老的影响甚至多于皱纹。因此他们往往更关注黑斑的出现而不是皱纹的形成。

我的患者常告诉我他们希望能有像我一样的皮肤，他们指的是我的皮肤没有斑点和皱纹，看起来很年轻。然而，许多人更注重皱纹，而没有认识到日晒斑也在侵蚀着你皮肤的青春。在第一次来访中，我用伍氏灯（黑光灯）或紫外线照相机凸显他们脸上在普通光照下暂不可见但终将显现的黑斑，大多数人都对镜中的自己感到震惊。有几个患者拉着她们十几岁的女儿来看看她们的皮肤在这种灯光下的状况，以说服她们使用防晒霜。其中一个女孩了解到她的皮肤在 10 年后的样子时，泪流满面。

有许多日晒斑的人根据皱纹 / 紧致部分的题目会被划分为皱纹型。即使通过题目你还没有达到皱纹型，你也应把自己归类成处于皱纹边缘的人群，应遵循相应的色素性及皱纹章节的建议来做。例如，如果你是油性、耐受性、色素性和紧致性（ORPT）并且有日晒斑问题的人，请按油性、耐受性、色素性和皱纹类（ORPW）皮肤的抗皱建议进行预防。我可以告诉你这个好消息，我建议的产品和方法能让你的皮肤看起来产生巨大改观。

雀斑，常与红头发、白皮肤联系起来，但不是由日晒斑造成——尽管它们外观相似。生成雀斑的基因是 MC1R，这是与白皮肤、红头发有关的基因。你无法控制你的基因，但你可以避免阳光的照射。雀斑早在童年就会出现，在 20 岁以前增加是由于晒伤所致，并且有一部分雀斑会随着年龄的增长而消失，而日晒斑却随着年龄而恶化。因为白皮肤、红头发的人最容易出现雀斑，他们经常晒伤但从不晒黑，他们往往最终选择躲避太阳，这可以缓解他们的雀斑状况。然而，这些白皮肤、红头发的人产生黑色素瘤的风险很高，这与经常晒伤和日晒有关。

和那些有日晒斑的人不同，有雀斑的人如果能够避免日光照射、坚持抗氧化饮食及不吸烟的好习惯、使用维 A 酸类药物的话，他们是可以被划分到"紧致性"皮肤类型之中的。

种族和肤色

虽然肤色较深的人更可能是色素性皮肤，但不是所有深肤色的有色素问题的人都是色素性皮肤。皮肤色调均匀而没有斑点的人应该是非色素性皮肤，即使她们的肤色是暗色调的。相反的，哪怕皮肤颜色是浅色的，如果在上面有雀斑、黄褐斑或日晒斑也会被划分到色素性皮肤之中。色素性／非色素性是根据产生暗斑的趋势而划分，而不是凭借种族而分类。

生成皮肤色素的细胞（称为黑素细胞）制造皮肤色素（黑色素），影响肤色以及引起我所提到的这几种色素性疾病。要抑制皮肤色素形成主要有两种办法：首先要抑制促黑色素生成的酪氨酸酶。许多热销的化妆品中所含的成分，如对苯二酚、曲酸、熊果苷、甘草提取物都是酪氨酸酶的抑制剂。阻止皮肤色素生成的第二种方法是防止色素转移到皮肤细胞中（原文即如此，实际情况是防止黑色素自黑素细胞传递到角质形成细胞中）。研究表明，烟酰胺和大豆成分可以阻止这种转移，这就是它们常出现在皮肤美白产品中的原因。

色素沉着和皮肤癌风险

我将在具体的皮肤类型的章节中详细说明色素沉着增加患皮肤癌的风险。当黑素细胞发生癌变会导致皮肤黑色素瘤的发生。虽然黑色素瘤早期发现可以治愈，但因为其极易转移，这使得早期确诊至关重要。非黑色素瘤性皮肤癌是皮肤细胞自身癌变的结果，包括两种类型：第一种是基底细胞癌（又称基底细胞上皮瘤），发生于真皮表皮之间的基底层中，虽然可能会留下瘢痕，但是容易手术切除；第二种是皮肤上部的鳞状细胞发生的癌变，虽然会发生转移，但是鳞状细胞癌的死亡率要比黑色素瘤小得多。如果出现上述情况，那么应该定期检查和及时治疗。第六章中会提到利用"A、B、C、D"4点用于检测"黑色素瘤"迹象的方法，第七章中会解释"如何识别非黑色素瘤性皮肤癌"。如果在上述过程中出现疑问，请咨询皮肤科医生。

紫外线

紫外线照射皮肤时可以刺激皮肤色素的生成，这就是我们所说的"晒黑"的原因。这是皮肤为避免受到更多紫外线伤害的主要防御手段。除了使皮肤晒黑之外，紫外线会使黄褐斑加重，并导致日晒斑的产生。许多防晒霜不能同时阻隔 UVA 和 UVB（注：UVA 即长波紫外线，UVB 即短波紫外线）。即使是宽光谱防晒霜也不能 100% 阻止太阳辐射。避免太阳照射是最重要的防止皮肤色素沉着的方法。

拥有色素性皮肤的浅肤色的人倾向于长雀斑，同时也有患黑色素瘤的危险。对于拉丁美洲裔、亚裔和意大利裔人来说，他们往往分布在"极色素性"和"极非色素性"两端，而较少处于中间部分。如果你属于上述人种，并且有黑斑问题困扰，你就可以把自己的皮肤归为色素性；如果没有，那你就可以归为非色素性，虽然你即使经常暴晒，也不大可能患皮肤癌，但是你的皮肤可能还是会出现讨厌的黑斑。深肤色的那些分类为色素性、紧致性皮肤的人不大可能患皮肤癌，但经常会受到暗斑的困扰。

因素四：皱纹与紧致

皮肤老化的两个主要过程是内源性老化和外源性老化。内源性老化受个人的遗传控制，随着时间的推移逐步显现。这是无法避免的规律，你也无法左右这一过程。外源性老化则受如吸烟、环境污染、营养和阳光照射等不良外部因素的影响，这一过程我们是可以干预的。

当然，目前公认的外源性老化的因素就是阳光照射，这就是为什么我要如此强调恰当的防护措施。在这里我将概述防晒的基本原则，而在皮肤类型的具体章节中，我会向你推荐合适的产品。

每日使用防晒霜

无论是否打算出门，你都应该习惯于每天清晨涂抹防晒霜。有害的长波紫外线能够轻易穿透玻璃窗进入建筑物、汽车和飞机机舱。把你最喜欢的防晒霜放在车里、桌上以及手袋里，以防你忘记这项每天清晨的"例行公事"。当你不会在长时间暴晒的环境下工作时，选用的防晒产品防晒系数（SPF）不能低于15。你也可以使用各种各样的护肤产品诸如保湿霜、面部软膏或粉底以得到防晒保护。要确保你在脸上涂抹了这些产品后，SPF总和要不低于15。

防晒霜的应用

挤出一枚硬币（译者注：原文指25美分硬币，约合24.3mm）大小的防晒霜，涂抹到你的整个面部、颈部、双手和胸部。记得要把能够透露出岁月痕迹的皮肤都遮住（我可以从手、颈和胸部看出一个人的年龄）。由于没有让颈部时光倒流的办法，所以如果你想青春永驻，这一区域的保护就显得至关重要。

如果你要暴晒超过15分钟，你身体的其他部分，如双腿、肩膀、手臂、背部和脚也要涂抹防晒霜。

长时间暴晒

在游泳、户外运动、海滩、晴天驾车或其他任何长时间暴晒的情况下，我建议参照以下方式防晒：

- 使用防晒系数在45～60的宽光谱防晒霜，每隔1小时重新涂抹一次
- 为使防晒霜能够充分渗入皮肤，在涂抹防晒品30分钟后再进入阳光照射环境
- 尽量把外出的时段安排在阳光稍弱时段，如上午10点前或下午4点后

- 可能的话，尽量待在伞下
- 穿防晒衣物

可以登陆 www.sunprecautions.com 查询其他防晒建议。

除此之外，请你涂抹防晒乳液，因为衣服能提供的保护比我们想象的要少。一件普通的 T 恤的防晒系数仅为 5，编织严密的面料能提供更多的保护。除非你感到瘙痒、灼热或刺痛，否则你可以将防晒霜涂抹于眼周。在炎热的天气或者参加体育运动时，你会发现流汗时防晒霜会进入眼睛，造成烧灼感。如果发生这种情况，涂防晒霜时请避开眼周，并使用有防晒作用的遮瑕产品。

皱纹预防

虽然防晒是预防皱纹的关键，但是还有一些其他方法能够帮助预防皱纹。表皮层或最外部的皮肤虽然看起来光滑且有光泽，但是皮肤下层（真皮）的变化会造成皱纹。不幸的是，除了少数例外，大部分护肤成分无法穿透到真皮层，远远无法作用于皱纹。当然也有例外，许多研究已经表明维 A 酸会改善皱纹的生成。事实上 FDA（美国食品药品监督管理局）已经批准了 Avage（他扎罗汀，美国 Allergan 艾尔建公司产品）和 Renova（维 A 酸，美国 Neutrogena 露得清公司）（很遗憾，医疗保险通常不会报销这类药物）。所以，对皱纹防患于未然是最好的手段。经常使用抗氧化剂可以阻止一些外在老化的发生，"防皱"的目的就是阻止胶原蛋白、弹力纤维和透明质酸这三种重要成分随着年龄增长及炎症产生而减少。一些抗衰老的产品含有这些成分，并声称皮肤可以"重新"吸收它们，但那是不可能的，因为他们对于皮肤来说是大分子物质。虽然把透明质酸添加在产品中可以滋润皮肤，但它并不能渗透到皮肤中并取代流失的天然透明质酸。我希望我能用一美元就拥有所有，包含胶原蛋白，还声称它将有助于皮肤胶原蛋白重组的护肤产品，而且产生的玻尿酸还可以增加皮肤的玻尿酸含量。但这根本不可能！

药物作用于局部皮肤可以使其胶原蛋白、弹力素、透明质酸含量增加。维 A 酸、维生素 C 和铜肽（copper peptide）可以增加胶原蛋白的合成。目前研发出一种美容新产品，这款面霜可以促进皮肤弹力蛋白基因形成，增加弹力纤维的合成。维 A 酸已经显示出了其提高透明质酸含量和产生弹力蛋白的能力。可以增加胶原蛋白、弹力纤维和透明质酸的维生素 C 通过口服也可以增加胶原合成。我不知道有什么能通过口服增加弹力蛋白合成的办法。补充氨基葡萄糖可以提高透明质酸含量。抗氧化剂可以通过清除自由基而防止上述三种基本组成成分遭到破坏。

上述三种成分在美容注射过程中称为真皮填充剂，通过表浅注射的新疗法，我们叫做美塑疗法或中胚层疗法。我还将在"对……的进一步帮助"章节中更详细地讨论这些。

如果你测试后的结果提示你属于皱纹性皮肤类型，不要绝望。这是唯一可以干预的皮肤特征类型。难道你不想知道如何采取措施来解决它吗？虽然你不能控制基因这些先天条件，但是外部因素是完全可以控制的。

日照加速老化的原因：

- 损坏维持皮肤结构的胶原蛋白
- 损坏维持皮肤韧性和弹性的弹力蛋白
- 损失保持皮肤水分和体积的透明质酸
- 损坏 DNA 会导致细胞"走上邪路"导致癌症
- 分解细胞器合成酶

不幸的是，一旦你的皮肤结构损坏了，你很难再把这些成分恢复到原状。因此现在要更好地保护你的皮肤，而不是"以后再说"。避免暴晒、应用防晒霜、避免吸烟和环境污染，服用抗氧化剂并且在饮食上摄入水果和蔬菜，这都可以帮助你减少皱纹。

另外，有规律地使用处方药维 A 酸和抗氧化活性护肤产品也能起到一定的作用。患者的病例使我注意到：保妥适（Botox）注射可以减少注射区域的皮肤活动并防止皱纹的产生。改变你的习惯可以使你的皮肤从皱纹性转变为紧致性。事实上我是天生皱纹性皮肤，但经过护理可以成为紧致性皮肤。在这两者之间，如果遵循建议可以尽可能地防止皱纹产生。如果你的皮肤是皱纹性而且现在已经有了皱纹，记住，我们有很多办法。在过去的 12 个月中，FDA 批准了四种用于治疗皱纹的新真皮填充剂，将来还会有更多产品被推广上市。一个新的肉毒梭菌毒素 Reloxin 即将问世。未来光疗、激光、射频治疗也将变得更先进、创伤更小。

四个因素是怎样相互影响的

四个因素相互结合就决定了皮肤的变化趋势。举例说明，色素性和皱纹性的皮肤通常有明显的日光暴晒史，具体表现为出现皱纹和日晒斑。他们该使用维 A 酸和光治疗。干燥和敏感型皮肤更有可能发展为湿疹，需要用到隔离修护保湿霜。

油性和敏感性皮肤容易长粉刺。轻微的油性敏感性皮肤，特别是有长期日晒史的人很有可能出现红斑痤疮（又名酒渣鼻）。非色素性和皱纹性的皮肤可能出现细小的皱纹。色素性和紧致性的皮肤类型最常见（但不总是）的是出现肤色暗沉。根据皮肤种类以及这些常见的模式，我希望很快有一天化妆品能够开发出根据你的特别需要定制的产品。

现在，在下面的章节中，你可以开始通过回答调查问卷来确定你的皮肤类型了。然后，你可以重新阅读本章节并且理解这些主要因素如何影响你的皮肤。或者你也可以直接翻阅你所属皮肤类型的章节。

第三章
认识你的皮肤类型

在这一章中，你将根据 Baumann 皮肤分类了解你的皮肤类型。那么你首先要填写 Baumann 皮肤分类调查问卷。多数人认为调查问卷能够帮助他们准确理解自己皮肤的独特性质，显而易见，这也是本书护肤建议和皮肤护理的基础。

我该如何做皮肤分类的调查问卷?

许多人问我如果让我瞧瞧他们的脸，我是否能直接说出他们的皮肤类型。根据我观察过几千人得到的经验，大多数是可以的。但是，我毕竟是一个科学家，所以我需要的是准确的结论。这就是为什么当我的患者拿着他们的问卷给我看时，我会仔细地检查。因为如果我把他们的答案都当作罕见的病例来认真对待的话，就可以找到隐藏在表面下的皮肤病史。这种情况更多见于年轻人，毕竟从他们的脸部肌肤还很难看出他们皮肤的遗传学、日常保养习惯和日光照射的痕迹。

这个调查问卷是非常全面的。尽管能够在很短时间内做完，但其中蕴含的信息量要比一次常规就诊所获得的信息要多。因此，我可以利用宝贵的时间更好地了解患者和他们的所需，从而提供建议和其他美容治疗。因为每个人对自己的皮肤和外观都有个人的理解，所以我喜欢更多地了解患者，只有这样我才能不仅关注到他们的皮肤护理，也能够抚平他们对皮肤问题的忧虑、恐惧和挫折感。应用调查问卷可以让我有更多的时间做好这些事情，也让我能节约时间下班后赶回家陪伴我的两个儿子和丈夫。

自从我的患者知道我每月在《皮肤和过敏新闻》上开设名为"药妆批判"的专栏后（www.eskinandallergynews.com），每个星期都有几十个人请我为他们制订一套针对他们自身皮肤的护理方案。这么多年来，我一直是这样做的。于是日积月累，在我脑海中皮肤护理模式的概念逐渐清晰：利用四个因素可以概括人类的皮肤，因此有 16 种不同的皮肤类型。

为了准确识别患者的皮肤类型，我开始不厌其烦地询问关于如何完善 Baumann 皮肤分类调查问卷的问题。因为众多患者根据我的理论和建议得到了理想的效果，我开始确定这种理论对不同皮肤类型也是有效的。在这一过程中，我自己也不断地学到很多产品和护肤成分的知识，这些成分中有些一直有效，有些是偶尔起效，有些则是从未起效。所以对于每种皮肤类型，我可以指导人们如何去做皮肤护理，以解决他们的皮肤问题。

对患者回答的每个问题我都进行了仔细地验证，以保证通过这些问题能够得出正确的结论。另外，许多医学同行为我提供了宝贵的意见。所以通过回答调查问卷，我可以保证你一定会准确获知你的皮肤类型。

问卷概述

问卷分为四个部分，每个部分都提出了关键问题，从而确定你皮肤类型的四个因素：油性和干性、敏感性和耐受性、色素性和无色素性、皱纹和紧致。有一些因素你可能很熟悉，另一些可能不是。但是没关系，你没有必要理解它们并且去认真揣摩。这些问题本身都很简单并且会有所提示。

在前面的章节，我已经解释了这四种因素和每一种因素的皮肤共同特点。关于这些因素的深入信息和它们是怎么相互作用的问题将会在皮肤类型的章节中揭示。

在这个测试中，你要做的就是尽可能诚实地回答问题。如果我请你不要保湿并且检查你的皮肤，或者只用粉底霜而不扑粉，照我说的做就是了（如果你是个小伙子！）。当然，你可以怀疑我的要求，但是如果你能够按照问题的指示去做，你会获得更为精确的结果。如果你不能真正意识到你的皮肤种类并且不能充分准确回答问题，你可以多花一些时间去注意你的皮肤在各种常见情况下会出现什么现象、感觉，然后再回去重新做测试。不要特别关注过去的事情，所有问题都涉及的是你现在的皮肤，你应该根据现在的情况来回答。如果可以的话，不要让任何一个题目空白。回答"e"将会得到 2.5 分，这是一种中立的回答并不会影响总分的结果。如果你回答了 a，b，c 或者 d，最终你会知道自己准确的皮肤类型。所以不要回答"e"除非你真的不能回答这个问题。

Baumann 皮肤分类问卷

请登陆 www.skintypesolutions.com

查阅最新版本的在线问卷调查，分析你的皮肤类型并得到相关皮肤护理建议。

第一部分　油性皮肤和干性皮肤的比较

这部分是测试您皮肤的油脂分泌和湿度。研究表明人们对自己的皮肤是油性的还是干性的想法上往往是错误的。不要让自己的先入之见或者是别人的说法使您在回答自己的皮肤问题上有偏见。

1. 在洗完脸后，不要使用任何的保湿霜、防晒霜、柔肤水、粉或者其他产品。过 2 个或 3 个小时后，在明亮的灯光下照镜子，您的额头和脸颊会感觉或出现：

- ☐ a. 很粗糙，易脱皮，或肤色苍白
- ☐ b. 皮肤紧绷
- ☐ c. 皮肤很水润，在灯光下没有反射
- ☐ d. 在灯光下会有反射光

2. 在照片上，你的皮肤看起来油光发亮

- ☐ a. 从来不会，或你从未注意
- ☐ b. 偶尔
- ☐ c. 经常
- ☐ d. 一直如此

3. 在使用粉底但不用遮盖粉后 2 ~ 3 小时，你的粉底会表现

- ☐ a. 在皱纹处起屑或层片状
- ☐ b. 平滑
- ☐ c. 有光泽
- ☐ d. 形成条痕并有光泽
- ☐ e. 我不用粉底

4. 当您在干燥的环境中，如果您不使用保湿霜或者防晒霜，您面部的皮肤会

- ☐ a. 感觉很干或干裂
- ☐ b. 感觉很紧绷
- ☐ c. 感觉很正常
- ☐ d. 看上去很光亮，或我从来没有感觉到我需要保湿霜

27

☐ e. 我不知道

5. 从一个放大镜里观察，你面部有多少粗大的毛孔直径超过大头针？

☐ a. 没有

☐ b. 只在 T 区（额头和鼻子）有一些

☐ c. 有许多

☐ d. 非常多

☐ e. 不知道（注：请仔细观察，只有在确实不能确定时才回答 e）

6. 您会怎样描述您面部的皮肤，如：

☐ a. 干的

☐ b. 正常的

☐ c. 混合性的

☐ d. 油性的

7. 当您用肥皂泡沫，泡沫乳，泡沫丰富的洁面乳洁面时，您面部的皮肤会

☐ a. 感觉干或干裂

☐ b. 感觉有轻微的干但是没有裂开

☐ c. 感觉正常

☐ d. 感觉油性的

☐ e. 我不用肥皂或其他的泡沫洁面乳（如果是因为在使用时它们会让我的脸很干，选 a）

8. 如果没有保湿霜，您脸部的皮肤会感觉紧绷

☐ a. 经常

☐ b. 有时会

☐ c. 很少

☐ d. 从来不会

9. 您有毛孔堵塞（黑头或白头）

☐ a. 从来没有过

☐ b. 很少

☐ c. 有时会有

☐ d. 总有

10. 您脸部在 T 字区（额头和鼻子）是油性的

☐ a. 从来没有

☐ b. 有时

☐ c. 时常会有

☐ d. 总是

11. 使用保湿霜后 2 ～ 3 小时你的颊部会

☐ a. 非常粗糙，起屑或呈灰白色

☐ b. 平滑

☐ c. 轻度油光发亮

☐ d. 光滑油亮，或我根本就不用保湿霜

油性 / 干性皮肤得分分析：

问卷中答案为 a 得 1 分，b 得 2 分，c 得 3 分，d 得 4 分，e 得 2.5 分

你的油性 / 干性皮肤总得分为：＿＿＿＿＿＿＿＿＿

如果你的得分在 34 ～ 44，你为非常油性皮肤

如果你的得分在 27 ～ 33，你为轻度油性皮肤

如果你的得分在 17 ～ 26，你为轻度干性皮肤

如果你的得分在 11 ～ 16，你为非常干性皮肤

如果你的总得分在 27 ～ 44，你为油性皮肤类型

如果你的总得分在 11 ～ 26，你为干性皮肤类型

第二部分 敏感型皮肤和耐受型皮肤的比较

这部分测试了您的皮肤是否会有粉刺痤疮、发红、红斑和发痒等敏感型皮肤的倾向。

1. 您脸上出现红色的斑块：

☐ a. 从来没有

☐ b. 很少

☐ c. 每月至少会有一次

☐ d. 每周至少会有一次

2. 护肤产品（包括洁面乳、保湿霜、柔肤水和化妆品）会使您的脸部出现发红、发痒或刺痛：

☐ a. 从来没有

☐ b. 很少

☐ c. 经常

☐ d. 总会有

☐ e. 我不用护肤品在我的脸上

3. 您曾经被诊断过有痤疮或玫瑰痤疮（红斑痤疮）吗？

☐ a. 没有

☐ b. 朋友和熟人告诉我有

☐ c. 是的

☐ d. 是，一个严重的病例

☐ e. 不确定

4. 如果您戴的首饰不是14k金，您的皮肤会在多长时间出现皮疹？

☐ a. 从来没有

☐ b. 很少

☐ c. 经常

☐ d. 总是有

☐ e. 不确定

5. 防晒霜使你的皮肤发痒，刺痛，起皮疹或发红？

☐ a. 从来没有

☐ b. 很少

☐ c. 经常

☐ d. 总是有

☐ e. 我从不使用防晒霜

6. 您曾经被诊断过有异位性皮炎、湿疹或接触性皮炎（一种过敏性的皮疹）？

☐ a. 没有

☐ b. 朋友告诉我有

☐ c. 是的

☐ d. 是，一个严重的病例

☐ e. 不确定

7. 您戴戒指的部位多长时间出现一次皮疹？

☐ a. 从来没有

☐ b. 很少

☐ c. 经常

☐ d. 总是有

☐ e. 我不戴戒指

8. 洗完有香味的泡泡浴，涂上按摩油，或身体柔肤水会使您的皮肤发痒或发干：

☐ a. 从来没有

☐ b. 很少

☐　c．经常

☐　d．总是有

☐　e．我从来没用过这种类型的产品（注：如果由于使用后会出现上述皮肤症状而不使用这些产品，选 d）

9．你可以用宾馆里的香皂清洁面部和身体而不出现一些反应吗？

☐　a．是的

☐　b．大多数情况下没有什么反应

☐　c．不行，用了后我的皮肤会痒、发红或起皮疹

☐　d．我不用了。过去使用后我的皮肤出现了太多问题！

☐　e．我自己带了清洁产品，所以不确定

10．您的家庭中有人被诊断过有异位性皮炎、湿疹、哮喘和 / 或过敏症？

☐　a．没有

☐　b．我知道的有一位

☐　c．有几位

☐　d．很多家人都有皮炎、湿疹、哮喘、和 / 或过敏症

☐　e．不确定

11．如果使用带有添加香味的洗衣剂或静电处理的床单，你有什么反应？

☐　a．我的皮肤没反应

☐　b．我的皮肤感觉有点干

☐　c．我的皮肤会发痒

☐　d．我的皮肤发痒并起皮疹

☐　e．不确定，或我从没使用过

12．在经历了适度的运动后，或在压力下，或受到强烈的感情刺激，比如生气等情况下，您的脸部或颈部会经常变红？

☐　a．从来没有

☐　b．有时会

☐　c．很频繁

☐　d．总会有

13．你喝酒后经常脸红吗？

☐　a．从来没有

☐　b．有时会

☐　c．很频繁

☐　d．总会有，或因为这个原因我不喝酒

☐　e．我从不喝酒

14. 在您吃完辣的或是烫的食物或饮料后皮肤会经常出现发红吗？

☐ a. 从来没有

☐ b. 有时会

☐ c. 很频繁

☐ d. 总会有

☐ e. 我从来不吃辣的食物（注：如果由于吃完辣的或是烫的食物后会出现上述皮肤症状而不吃，选 d）

15. 在你的脸上和鼻子上有（或在治疗前有）多少扩张的红色或蓝色血管？

☐ a. 没有

☐ b. 很少（全面部包括鼻子共有 1～3 根）

☐ c. 有一些（全面部包括鼻子共有 4～6 根）

☐ d. 很多（全面部包括鼻子共有 7 根以上）

16. 您的脸在相片上看起来总是发红：

☐ a. 从来没有，我没有注意过

☐ b. 有时

☐ c. 经常

☐ d. 总是会

17. 人们会问您是不是被晒伤了，即使您没有晒太阳：

☐ a. 从来没有

☐ b. 有时

☐ c. 经常的

☐ d. 总会有

☐ e. 我经常被晒伤

18. 您使用化妆品、防晒霜或护肤品后会出现发红、发痒或水肿：

☐ a. 从来没有

☐ b. 有时

☐ c. 经常

☐ d. 总是有

☐ e. 我不用这些产品（注：如果是由于使用后会出现上述皮肤症状而不愿用，选 d）

敏感性／耐受性皮肤得分分析：

问卷中答案为 a 得 1 分，b 得 2 分，c 得 3 分，d 得 4 分，e 得 2.5 分

你的敏感性 / 耐受性皮肤总得分为：————

如果你曾被皮肤科医生诊断为痤疮、玫瑰痤疮、接触性皮炎或湿疹，再加 5 分。如果你被其他科医生诊断过这些疾病时，再加 2 分。两种加分不要重复。

如果你的得分在 34 ～ 72，你为非常敏感性皮肤（请别担心，我会在本书里帮助你！）。

如果你的得分在 30 ～ 33，你为轻度敏感性皮肤。采纳本书的建议，可能帮你转化成耐受性皮肤。

如果你的得分在 25 ～ 29，你为轻度耐受性皮肤

如果你的得分在 18 ～ 24，你为非常耐受性皮肤

如果你的总得分在 30 ～ 77，你为敏感性皮肤类型

如果你的总得分在 18 ～ 29，你为耐受性皮肤类型

第三部分　易产生色素皮肤和不产生色素皮肤的比较

这部分测试您的皮肤是否有形成黑色素的倾向，皮肤色素导致皮肤色泽度增加，并在皮肤损伤后产生色斑、雀斑和灰暗的区域。黑色素会帮助您不被晒伤。

1．在你起粉刺痤疮或内生发之后，愈合处会出现棕色或黑色斑点吗？

☐　a．从来没有或我没注意

☐　b．有时

☐　c．经常

☐　d．总是有

☐　e．我从没起粉刺痤疮或内生发

2．在您割伤自己后，那个褐色（不是粉色）的痕迹会保持多长时间？

☐　a．我没有褐色的痕迹

☐　b．一周

☐　c．几周

☐　d．几个月

3．当您在怀孕、服用避孕药、接受荷尔蒙替代疗法时，您的脸上会出现多少黑斑？

☐　a．没有

☐　b．一个

☐　c．一点

☐ d．很多

☐ e．这个问题不适用于我（因为我是男性，或因为我没有怀孕，没有服避孕药，或我不确定我是不是有黑斑）

4．在您的上唇或脸颊处有黑色斑点或斑片吗？或在您没有去掉它们之前有一些？

☐ a．没有

☐ b．我不知道

☐ c．是的，它们不是很明显

☐ d．是的，它们很明显

5．当您在太阳下时，您脸上的斑点会变得更明显了吗？

☐ a．我没有黑斑

☐ b．不确定

☐ c．有轻微的变深

☐ d．变的很严重

☐ e．我每天都涂防晒霜，我几乎不在太阳下（注意：如果您一直用防晒霜是因为您怕会有黑斑或者雀斑，请选 d）

6．您是否被诊断过脸上有黄褐斑，表现为轻或深褐色或灰色的斑片？

☐ a．没有

☐ b．有一次，但是现在没有了

☐ c．是的

☐ d．是，情况很严重

☐ e．不确定

7．您是否有，或者您是否曾经有过小褐色斑（雀斑或晒斑）在您的脸上、胸部、背部或胳膊上？

☐ a．没有

☐ b．是的，有几个（一个到五个）

☐ c．是的，很多（六个到十五个）

☐ d．是的，非常多（十六个到更多）

8．在几个月内当您第一次被暴晒的时候，您的皮肤会：

☐ a．只有疼痛

☐ b．疼痛然后肤色变暗

☐ c．肤色变暗

☐ d．我的皮肤已经是黑的了，所以很难看出是不是变暗了（您不能选"我从来没暴晒过"，想想您的童年经历！）

9．连续暴晒几天后你会发生

☐ a．我会晒伤起疱，但我的皮肤不会改变颜色

☐ b．我的皮肤会黑一些

☐ c．我的皮肤会变得很黑

☐ d．我的皮肤已经很黑了，所以看不出来皮肤会不会变黑

☐ e．不确定（同样，您不能选"我从来没暴晒过"，如果真要选 e，先想想您的童年经历！）

10．你头发的自然色是？（如果头发已经灰白了，想想头发发白前的颜色）

☐ a．金黄色

☐ b．棕色

☐ c．黑色

☐ d．红色

11．如果在你皮肤的暴露部位出现黑斑，请加 5 分

色素性 / 非色素性皮肤得分分析：

问卷中答案为 a 得 1 分，b 得 2 分，c 得 3 分，d 得 4 分，e 得 2.5 分

你的色素性 / 非色素性皮肤总得分为：＿＿＿＿＿

如果你的总得分在 31 ~ 45，你为色素性皮肤类型

如果你的总得分在 10 ~ 30，你为非色素性皮肤类型

第四部分　易产生皱纹的皮肤与紧致性皮肤的比较

这部分测试了您是否会产生皱纹，以及您现在有多少皱纹。我的一些患者承认了他们曾经在回答这部分时作弊，得到的结果是"T"——在我发现他们这么做的时候。不要那样做！您只是在防止长皱纹的预防性治疗上欺骗自己。现在改掉您的习惯就会改变您在以后的分数，从"W"变成"T"，所以如果您需要它们就要诚实和正确地接受治疗。

1．您的面部有皱纹吗？

☐ a．没有，甚至在笑、皱眉或提眉毛时都没有皱纹

☐ b．只有当我做表情时，如笑、皱眉或将眉毛上提时

☐ c．是的，在做表情时有，不做表情的时候也有一些

☐ d．皱纹一直都有，即使在我不笑、皱眉或提眉毛时

在回答第 2 ~ 7 题时，请根据您自己及您的家庭成员来与所有其他的种族团

体进行比较，而不只是根据您自己的。对于您不了解的家庭成员，请问其他的家庭成员或根据照片，如果可能的话。

2．您母亲面部的皮肤看上去像多大年龄的？

□ a．比她的年龄年轻五到十岁

□ b．她的年龄

□ c．比她的年龄大五岁

□ d．比她的年龄大五岁多

□ e．不适合；我是被收养的或我不记得了

3．您父亲面部的皮肤看上去像多大年龄的？

□ a．比他的年龄年轻五到十岁

□ b．他的年龄

□ c．比他的年龄大五岁

□ d．比他的年龄大五岁多

□ e．不适合；我是被收养的或我不记得了

4．您的外祖母面部的皮肤看上去像多大年龄的？

□ a．比她的年龄年轻五到十岁

□ b．她的年龄

□ c．比她的年龄大五岁

□ d．比她的年龄大五岁多

□ e．不适合；我是被收养的，我不知道她或我不记得了

5．您的外祖父面部的皮肤看上去像多大年龄的？

□ a．比他的年龄年轻五到十岁

□ b．他的年龄

□ c．比他的年龄大五岁

□ d．比他的年龄大五岁多

□ e．不适合；我是被收养的，我不知道他或我不记得了

6．您的祖母面部的皮肤看上去像多大年龄的？

□ a．比她的年龄年轻五到十岁

□ b．她的年龄

□ c．比她的年龄大五岁

□ d．比她的年龄大五岁多

□ e．不适合；我是被收养的，我不知道她或我不记得了

7．您的祖父面部的皮肤看上去像多大年龄的？

□ a．比他的年龄年轻五到十岁

　　□　b．他的年龄

　　□　c．比他的年龄大五岁

　　□　d．比他的年龄大五岁多

　　□　e．不适合；我是被收养的，我不知道她或我不记得了

8．在您的生活中，您是否在每年都持续不断地暴晒超过两周？如果是，您总共经历了几年？请数一下您在打网球、钓鱼、打高尔夫、滑雪或其他的室外活动中暴晒的次数，沙滩不是您被晒的唯一场所。

　　□　a．从来没有过

　　□　b．一到五年

　　□　c．五到十年

　　□　d．多于十年

9．在您的生活中，您曾经在每年或不到一年中经历过多于两周的季节性暴晒吗？（是的，暑假包括在内！）如果是，多长时间一次？

　　□　a．从来没有过

　　□　b．一到五年

　　□　c．五到十年

　　□　d．多于十年

10．根据您所居住的地方，您每天受日照的时间是多少？

　　□　a．很少，我大多居住在灰色和阴暗的地方

　　□　b．有一些，我住在比较阴暗的地方，但是有时也会住在有正常阳光的地方

　　□　c．比较适中，我住在阳光比较适中的地方

　　□　d．很多，我住在热带、南方、阳光很充足的地方

11．您认为您自己看上去有多大年龄？

　　□　a．比您的年龄要年轻五到十岁

　　□　b．您的年龄

　　□　c．比您的年龄大五岁

　　□　d．比您的年龄要多于五岁

12．过去五年里，你有意或无意通过户外活动或其他方式多久晒黑一次？

　　□　a．从来没有

　　□　b．一个月一次

　　□　c．一周一次

　　□　d．每天

13．您多久进行一次日光浴？

　　□　a．从来没有

☐ b．一到五次

☐ c．五到十次

☐ d．很多次

14．在您的生活中，您共抽过多少烟（或者您曾接触过吸烟者）？

☐ a．没有

☐ b．几包

☐ c．几包到很多包

☐ d．我每天都吸烟

☐ e．我从不吸烟，但是我居住、生活和工作的周围都有经常吸烟的人

15．请描述你居住地的空气污染状况

☐ a．空气清新

☐ b．一年中有一段时间，但不是全年空气清洁

☐ c．空气轻度污染

☐ d．空气污染严重

16．你使用维 A 酸类面霜如维 A 酸、Renova、Retin-A、Tazorac、达芙文或 Avage 多长时间了？

☐ a．几年

☐ b．时常

☐ c．年轻时针对痤疮使用过

☐ d．从来没有

17．你在饮食中常常吃水果蔬菜吗？

☐ a．每顿都吃

☐ b．一天一顿

☐ c．时常

☐ d．从不

18．在你一生中，含有水果蔬菜的日常饮食占有多大比例？（注意：果汁不算，除非是鲜榨的）

☐ a．75% ～ 100%

☐ b．25% ～ 75%

☐ c．10% ～ 25%

☐ d．0% ～ 10%

19．你的自然肤色（未晒黑或染色的）

☐ a．黑色

☐ b．中等肤色

☐ c．淡色

☐ d．非常淡（白色）

20．您属于下列哪个种族的人？（请选择最适合的答案）

☐ a．非洲人／非洲裔美国人／土著人／毛利族人／加勒比人／黑人

☐ b．亚洲人／印第安人／地中海地区的／其他

☐ c．拉丁美洲／西班牙人／中东地区的

☐ d．高加索人

21．如果你在 65 岁以上，请加 5 分

皱纹／紧致皮肤得分分析：

问卷中答案为 a 得 1 分，b 得 2 分，c 得 3 分，d 得 4 分，e 得 2.5 分

你的皱纹／紧致性皮肤总得分为：_____

如果你的总得分在 41 ～ 85，你为皱纹皮肤类型

如果你的总得分在 20 ～ 40，你为紧致皮肤类型

要确定你的最终皮肤类型，请总结以上四个部分的分类得分（按顺序）如下：

我的油性／干性皮肤总得分为：_____，为_____皮肤类型

我的敏感性／耐受性皮肤总得分为：_____，为_____皮肤类型

我的色素性／非色素性皮肤总得分为：_____，为_____皮肤类型

我的皱纹／紧致皮肤总得分为：_____，为_____皮肤类型

把它们放在一起，你就知道你的皮肤类型了！如果你还是感觉麻烦，也可以登陆 www.SkinTypeSolutions.com 填写在线调查问卷，系统会自动计算你的得分。在线调查问卷还提供图片来帮助你回答对应的选项。

你的调查问卷结果分析

得到你的皮肤类型后，你也许愿意再读一下前面的章节，理解你的皮肤在四种因素中的特征。然后，你可以进入对应的皮肤分类章节，学习针对你皮肤类型的护肤知识。下面我首先对你的测试结果做一个简单解释。

你的油性／干性皮肤得分

如果你的得分在 11 ～ 16，你为非常干性皮肤。

非常干性皮肤可由天然保湿因子（Nature Moisturizer Factor，NMF）的减少引起。UVA 光照可导致其减少，此时应避免日晒。如果你的皮肤分类既是干性，又是耐受性，你的天然保湿因子可能会缺失，这种状态是无法恢复的。

透明质酸可以保持皮肤水分。随着年龄增长，皮肤透明质酸含量会逐渐降低。如果你的皮肤既是干性，又是皱纹类型，皮肤中透明质酸含量会缺少。

如果你是干性皮肤，稍微毛孔粗大，并有少量痤疮发生，你的皮肤油脂分泌会减少。皮肤油脂分泌随年龄（和停经）而减少，常常伴有干性、耐受性皮肤类型。

如果你是干性皮肤，皮肤还经常发红和瘙痒，你的皮肤屏障可能被破坏。这时候你起皮疹和湿疹的风险增加，而且家人常常也会发生这些皮肤问题。

如果你的得分在 17 ～ 26，你为轻度干性皮肤。

你的干性／油性皮肤得分和你的敏感性／耐受性皮肤得分可能相互影响。如果你的敏感性／耐受性皮肤得分超过 30，你可能时常发生皮肤瘙痒、起屑和发红，表明皮肤屏障功能不佳。请参考本书中有关干燥、耐受性皮肤的章节。

如果你的敏感性／耐受性皮肤得分低于 25，你的皮肤屏障功能往往是正常的。这时候的皮肤干燥可能由于天然保湿因子和／或皮脂较低引起。

如果你的得分在 27 ～ 33，你为轻度油性皮肤。

如果你的敏感性／耐受性皮肤得分低于 30，你的皮肤保湿度良好。你的皮肤屏障未受损害，天然保湿因子和皮脂适度，不会引起痤疮。但是，如果敏感性／耐受性皮肤得分超过 34，你很可能会有痤疮和玫瑰痤疮的困扰。

如果你的得分在 34 ～ 44，你为非常油性皮肤。

如果你的敏感性／耐受性皮肤得分低于 30，你的皮肤较油但只偶尔发生痤疮，比如在压力下或荷尔蒙波动时。此时，找出引起痤疮的原因将有助于有效控制痤疮。

如果敏感性／耐受性皮肤得分超过 34，你很可能会有痤疮和玫瑰痤疮的问题。你的油性皮肤将可使用干性皮肤不能使用的许多产品。请参考油性敏感性皮肤的章节。

你的敏感性／耐受性皮肤得分

如果你的得分在 34 以上，你会时常遇到第二章里一些敏感性亚型的皮肤问题。

如果你的得分在 25 ～ 33，你会遇到一些敏感性亚型皮肤的较典型问题，或某种亚型内的多种问题。

如果你的得分在 24 以下，你很少碰到第二章里的皮肤敏感问题。即使你的敏感性/耐受性得分较低，是一种耐受性皮肤，你有时也会起痤疮粉刺或皮肤发红，但这些只是偶尔事件。这些情况发生时，根据相应的敏感性皮肤类型章节处理即可。例如，如果你一般情况下是干性、耐受性、非色素性、皱纹皮肤类型，由于短期的压力出现痤疮，请参考干性、敏感性、非色素性、皱纹皮肤类型一章进行护理，直到皮肤恢复正常。

我在这里不进一步阐述色素性/非色素性和皱纹/紧致性皮肤类型，因为此时的处理常常依赖于你当时的实际皮肤情况，请参考本书相关的章节。

皮肤类型的章节

对于每一种皮肤类型，其实都可以写成一本书。所以在本书中的每一章节，我都尽可能地涵盖关于这一皮肤类型的介绍、护理及各种治疗方法的信息。你所需要的章节将包含所有必要的信息，你可以在该章节中获得需要的信息。你也可以在与你皮肤类型相似的章节获得其他相关的信息，尽管会有一点不同于你的。所以如果你想知道更多，你可以读完相关的章节。在本书中你还可以找到对应你皮肤类型的更多故事和科学信息。

哪种皮肤类型接近于你的？对于初学者，如果你是一个油性、敏感性、色素性和紧致性的皮肤，油性、敏感性、色素性和皱纹的皮肤会非常接近你的情况，除非你不担心长皱纹。油性皮肤和敏感性皮肤的人有共同的问题，就像干燥皮肤和耐受型皮肤的人一样。所以如果你有时间和兴趣，应该读一读有关该皮肤种类的相关章节。

如果你的分数恰好处于两种皮肤类型分类的边界值，那么两个章节的内容你可能都需要了解。举例说明，人们在油性和干性皮肤问题中得到的分数在 26～28 属于混合性皮肤。当我在油性和干性皮肤的章节中都提到了混合性皮肤的时候，若你得了 27 分，你则是一个油性、耐受性、色素性和紧致的皮肤。你可能想去读干性、耐受性、色素性和紧致的皮肤这一章内容，因为你也很接近这种情况。更重要的是，当你处于两种类型交界处的时候，其他的因素会影响到你，很有可能导致皮肤类型暂时或者永久地改变。

举例说明，如果你的分数是在油性、敏感性、无色素性和皱纹的皮肤类型中，但是又接近于干性。冬天你就会有皮肤干燥的问题。在这个时候，你需要遵循有关干性、敏感性、无色素性和皱纹的皮肤这一章节的建议。但当温暖的季节来临时，你可以选择原来的护肤方案和产品。另外一个方面来看，如果你去了一个气候比较干燥的地方，在这种情况下，持续的干燥可能会导致你变为永久性的干性皮肤类型。为了防止这种事情的发生，读一读有关干性皮肤的章节并且采取预防措施就能够保持皮肤湿润。

另外一个例子：你可能是一个耐受性皮肤的人，如果没有压力，不会出现粉刺或皮疹。那么在有压力的情况下，你的皮肤会表现得像敏感性类型。如果出现这种情况，建议你遵循相关敏感性皮肤章节的内容，减少压力，从而使你的皮肤敏感程度降低。

色素性皮肤主要是遗传的。但是如果你介于无色素性皮肤和色素性皮肤之间，你需要考虑一下黑斑的问题，并且你需要根据色素性皮肤类型的建议进行预防及治疗。

最后，许多环境的因素能够影响人们的皮肤是皱纹性还是紧致性。如果你是紧致的皮肤，比如干性、耐受性、色素性和紧致的皮肤，但是又接近皱纹性皮肤的边界，你应该遵循皱纹皮肤类型这一章节的建议。这样你所做的一切都将保持你皮肤的紧致度。

现在，已经知道了你皮肤的种类，你可以直接翻到你所属的皮肤类型的章节。你会发现当你在选择产品和治疗方法的时候，你拥有了所需的一切关于你皮肤的正确信息。

许多人用邮件传来了自己的皮肤照片，询问我是否可以确定他们的皮肤种类并且为他们制订有效的方案。如果真能如此简单的话就好了！确定皮肤类型的唯一途径是通过你刚刚完成的调查问卷。就是说，结合照片、媒体报道的信息或互联网以及一些猜测，我通常会找到非常接近于你的名人的皮肤种类。但是，除非我亲自接诊此人或者拿到他们的调查问卷，否则我很可能会出现错误。在这种思路之下，我希望在你阅读属于你自己和其他皮肤类型的章节时，你会喜欢我"猜出来"的这种皮肤类型的名人，也会喜欢他们的皮肤类型。

第二部分
油性、敏感性皮肤类型的护理

"不论你是哪一种皮肤类型，不论你现在在哪里，相信你都可以在这里找到一些东西适合你。让你的皮肤永远健康、靓丽是你我共同的愿望。送给热爱生活的你"

——译者

- 洪绍霖

ZELL（泽尔）医疗美容机构创始人，北京和睦家医院皮肤医疗美容医生，医学博士。美国 Duke University（杜克大学）医学中心研究 Fellow 和 University of Miami（迈阿密大学）医学美容中心临床 Fellow

- 刘洁

中国医学科学院北京协和医院皮肤科医生，医学博士。法国勃艮第大学中心医院博士后研究员

第四章

OSPW：油性、敏感性、
色素性和皱纹皮肤

崇拜日晒皮肤类型

"我爱太阳，太阳也爱我。我总觉得有褐色皮肤比较好。我认为这有助于我的粉刺。我只是不明白为何人们将避免日晒小题大做。难道我们都应该像个白色幽灵那样走来走去？"

关于你的皮肤

许多油性、敏感、色素性和皱纹皮肤的人是早上最先出现在沙滩上，并且日落后最后离开的人。令所有其他类型羡慕的是，OSPW 型人可以晒成完美的古铜色。你是冲浪者，海滩宠儿，在天上飞来飞去的棕褐色皮肤的社交人士，古铜色皮肤的 CEO。而且我们不要忘记身穿比基尼（或单比基尼）的法国女性在戛纳、圣特罗佩、圣巴特的海滩上烘烤。你们都是 OSPW 型人，我在迈阿密的办公室见到你们中的很多人在充满阳光的加勒比海假期前（或后）来我这里就诊。

与不易晒黑的无色素人群不同，你的皮肤可以晒成金黄色。并且不像其他日光抵抗类型那样珍视他们无瑕的肤色和躲避日晒，你相信没有任何方法能像整体晒黑那样掩盖许多微小的缺陷，包括粉刺、痤疮瘢痕、褐色斑、雀斑和其他一些你这种类型容易发生的小问题。晒黑把别人对这些缺陷的注意力转移到匀称的双腿，但太阳有助于控制粉刺的说法是不可信的。事实上，研究显示日晒通过增强油脂产生而使痤疮暴增。

如果问卷调查显示你是一个 OSPW，但你不是太阳的积极追随者，你可能是常见的的 OSPW 亚型，具有浅色的头发，白皙的皮肤和雀斑。

OSPW 名人

温文尔雅、充满自信、永远黝黑的好莱坞偶像加里·格兰特，经历过五次婚姻，一生酷爱日晒。格兰特是 OSPW 型的缩影。他光滑的头发、古铜色的面容显示他是油性皮肤类型。他自然的黝黑皮肤揭示了皮肤中高黑素含量，在他讽刺风格的表演背后藏着的那颗敏感的心说明他是一个敏感的人，然而他更有可能是一种敏感皮肤类型——虽然他可能敏感方面的评分并不高，因为他很少具有在这一类型很常见的痤疮和痤疮瘢痕。

"每个人都希望他们是加里·格兰特，甚至我也希望我是加里·格兰特，"他诙谐地说。像许多 OSPW 型人一样，格兰特认为持久古铜色感觉很好，而且这和他积极、运动的生活方式很适合。作为业余爱好，格兰特喜欢高尔夫，他还驾驶飞机，而驾驶舱是经受过度阳光曝晒的重要位置。

就像我在临床实践中看到的许多 OSPW 型人，加里·格兰特是吸烟者（这是另一导致皮肤老化的原因），尽管格兰特在中年接受催眠治疗戒了烟。他晚年的照片（他活到 82 岁）可以看出数十年日光浴带来的损害，眼睛和嘴巴周围放射状的皱纹、抬头纹，布满皱纹的面颊下垂越过下颌线。幸运的是，他是加里·格兰特——他的影迷丝毫不在乎他那显著的皱纹。

但是，我们这些凡人不能指望有类似的优待。相反，我们要保护皮肤抵抗自然衰老过程，这就需要对抗自然衰老过程，首当其冲的要点就是防晒。哈威·凯特尔、雷·利奥塔、汤米·李·琼斯、丹尼斯·法里纳、劳伦斯·菲什伯恩、小哈里·康尼克，也有可能是 OSPW 型人。

日晒：坏消息

事实上，这些皮肤黝黑的演员和许多 OSPW 型人一样，只是看起来不同寻常。但是，我很抱歉要讲出这个坏消息，如果你像他们一样做的话就意味着你正在毁掉你的皮肤。

我看到过每一个年龄阶段的 OSPW 型人，我可以证明，同样的金黄色皮肤，在你年轻时让你看起来很棒，但在年老时让你看起来像个干话梅。每一天，那些坚信日晒有益的年轻的 OSPW 型人排队进入我的办公室时，我总是希望可以让他们无意中听到我与老年 OSPW 型人的交谈，比如他们对皱纹、下垂和其他老化特征出现感到的绝望，经常为了能使自己看起来好一些而花费大量金钱。比较理想的做法是现在开始尽量减少日晒，或者适度的日晒，以免最终为此支付高昂的代价。更重要的是，你还很可能为过早老化的皮肤付出更高昂的代价。

道格的故事

以"无忧无虑，自由自在，享乐主义"为信条的道格曾是他家乡毛伊岛海滩的"铜罗汉"。他成长的岁月中白天在最高的海浪中弄潮，晚上享受许多女性追求者对他的爱慕。他的金发被日晒漂白，而他的皮肤被烤成深且永恒的棕褐色。这样的日晒对一个金发碧眼，雀斑类型的人来说，都具有老化和潜在的健康危险，但道格没有发现，因为他是地球上最不可能去咨询皮肤科医生的人。这些女孩子的东西不适合他。

在他快 30 岁的时候，道格成功地运营了一项日间航行生意，这使他每天长时间地待在甲板上。他受到了比他手指和脚趾所能计算出的更多的日光灼伤。他黝黑的身躯和海蓝色的眼眸融化了许多女士的心。但到 40 多岁，在 3 次离婚后，道格决定把他布满雀斑的身体藏在宽松的运动衫下，还用一副太阳镜遮住了他婴儿般湛蓝的眼睛。这样对他更安全。不幸的是，他没有对他的面部、颈部和手部的皮肤进行同样的保护。

到了他将近五十岁的时候，道格的皮肤已经成为皮革样，并有深深的刻痕，发炎的红色雀斑。他的心也同样变得保守。在太容易地得到了太多女人之后，玩世不恭和衰老缠绕着他，道格离群独居。他躲避现实，大量吸烟、饮酒。最后，发现他的背上长出丑陋的不对称痣的女人，不是他的情人，而是安迪——他和第二任妻子的女儿。

当迈阿密大学皮肤科住院医生安迪见此情景立即意识到了黑色素瘤的迹象。她用她的手机给我打电话。我立即跑到治疗室，在他们下了迈阿密的飞机后半小时见到他们。周六下午，我切除了道格的痣。活检显示，这是一个 Clark 分级为 I 度的黑色素瘤（Ⅰ度即病变早期，肿瘤细胞未突破基底膜）。在这个阶段切除，癌症扩散的机会很少，但如果听之任之，它是可以致命的。这位老帅哥是幸运的，他女儿雪亮的眼睛和迅速的行动挽救了他的生命。

黑色素瘤绝对是你这种皮肤类型的危险因素。皮肤科医生对所有黑色素瘤都非常重视，我们被训练如何识别它们。有几次，我在超级市场排队时在人们的手臂上发现它们，并告诫他们立刻看皮肤科医生。请翻到第六章"黑色素瘤的迹象：A、B、C 和 D"以及第七章"如何识别非黑色素瘤皮肤癌"的 A、B、C 中，如何辨认不同种类的皮肤癌。如有疑问，咨询皮肤科医生。

老化与你的皮肤：了解真相

我的部分工作就是说服像道格那样的人们，过度的阳光曝晒是有害的。当单纯谈话不足以说服他们时，我就给他们讲故事看照片。就像许多皮肤科医生的办公室那样，在我的诊所有一个伍氏灯，这是一种黑光，它能揭示由于太阳激活色素引起的光老化，展示了你的皮肤在 10 年后的样子。虽然光线没有显示未来的皱纹，但是大多数人还是不喜欢他们所看到的。通常，小小的黑光房间之旅对他们有比我更好的激励作用。

虽然基因在决定你皮肤类型时起主要作用，当涉及皱纹形成时，内在遗传因素和外在生活方式共同发挥影响，以确定你的皮肤出现皱纹或保持紧绷。例如，我的一个名叫珍妮特的患者，具有暗色、油性、耐受性、厚皮肤，与我之前的护士丽莎相比很不容易生皱纹。后者具有浅色、组织细腻、干燥及敏感的皮肤。除了遗传造成的不同外，人们可以通过他们的行为和生活方式，增加或减少他们皮肤形成皱纹的自然倾向。

通过保护皮肤和使用抗氧化剂，你会使皮肤处于最好的状态。否则，你就会跑来我的办公室了。当珍妮特在太阳的烘烤下度过一年又一年，她降低了"好"基因的影响，尽管这些基因曾经保护她的母亲与祖母一直到 80 多岁时还不出现皱纹。另一方面，丽莎经常使用防晒霜并好好照顾她的皮肤，皮肤衰老过程明显优于她那不断吸烟的母亲。

因此，如果你属于这一类皮肤，你的日常行为很可能就是决定你皮肤起皱纹的主要原因。然而，一小部分是由于遗传原因而归属于这一类。无论是上述两种原因中的哪一种，你都要遵照我的建议关怀和保护你的皮肤。

吉纳维芙的故事

吉纳维芙是一位成功的室内设计师，拥有来自世界各地的追随者，来到我办公室进行有关抗老化方面的咨询，此时她英俊的小男友留在候诊室，和我诊所的那些医学生们打情骂俏。

黝黑皮肤，纤细身材，黑色长发。吉纳维芙大约比我年长 15 岁。她穿着我在 Vogue 杂志中看到过的优雅的银色露背连衣裙。作为自信、感性的半老徐娘，吉纳维芙拥有了她梦想的一切，除了一个小问题：她脸上的皱纹"首先是眉毛之间的线条"吉纳维芙用她那带着法语口音的英语抱怨，"现在，出现这些和这些"她用精心修剪过的指甲指着她嘴周围的"法令纹"和她眼角的鱼尾纹"而真的让我无法忍受的是这些，"她强调着并指着她嘴唇上纵横交错的细线。

"你抽烟吗？"我问，虽然我已经知道答案。皮肤科医生称上唇的这些线为"吸烟者线"吉纳维芙耸耸肩，扬起眉毛，"是的，我吸烟"她承认。多少次我看到半老徐娘（确切地说，通常是 40 多岁）已经到了皮肤保养的危急关头，幸运的是，她来对了地方。

许多法国人、意大利人和地中海沿岸的其他欧洲人是 OSPW 型人，他们具有黑头发，黑眼睛和深颜色的皮肤。他们的文化和生活方式是享受生活，两小时的午休，8 月的海滩假期，比基尼日光浴，单基尼或更少。也许的确如一位法国女性名流所说，"在 40 岁以后，一个女人必须做出选择，要身材，还是要皮肤"，看看她们苗条的身材，很清楚，大多数人选择了什么。当然，吉纳维芙希望两者兼得。

几十年的日晒和吸烟对吉纳维芙那敏感的色素性皮肤完全是灾难性的，不仅仅是唇部的细纹，还有棕色和白色的色素斑，特别是在她的胳膊、手和胸部。法国人经常食用的咖啡和酒等抗氧化剂可能会有帮助，但是，仅食入抗氧化剂是不够的。是时候把她的露背装换成高领上衣了。

怎么能在一天之内劝说一个法国女人既戒烟，又戒海滩呢？唯一能做的是用美容服务来弥补损伤，利用我武器库中的装备来千方百计地帮助吉纳维芙，使她和男友去夜店寻欢时不至于看起来像他的祖母。

吉纳维芙接受了所有治疗及其费用：强脉冲光治疗面部出现的褐色斑点和血丝，肉毒杆菌和真皮填充剂治疗她的许多皱纹，并每日使用维A酸。然后她耸耸肩，"比起整形手术，既便宜又快捷"，她对我报以微笑。

在完成我们给她制订的初次治疗计划后，我警告吉纳维芙，除非她改变生活习惯，否则我所有的努力（和昂贵的治疗费）都将付诸东流。我给了她一个明确的清单，该做什么和不该做什么。吉纳维芙照着做了：坚持使用防晒霜，皮肤常规护理，充分使用抗氧化剂和维A酸治疗日光损伤、黑斑和皱纹。接下来，戒烟，通过健康的水果、蔬菜和营养品增加抗氧化剂。不再进行日光浴！

5年后，我在巴黎的一个画廊遇到了她，她仍和她的男友在一起，仍旧光彩夺目，看起来甚至年轻了几岁。"你改变了我的生活，"她告诉我，脸上洋溢着灿烂的笑容。

近距离看看你的皮肤

如果你的问卷调查结果显示你是一个OSPW，就像吉纳维芙，你可能会遇到下列问题：

- 日光损伤的迹象
- 红色或褐色斑
- 局部出现褐色斑和白斑
- 胸部和面部斑点
- "渔夫脸"和破碎的面部毛细血管
- 经常出现痤疮
- 对多种护肤品发生红斑、针刺感和烧灼感等反应
- 防晒霜使你感到油腻，让你的脸看起来发光
- 一般的化妆品很容易脱落，但颜色却存留下来，长效化妆品会使皮肤发红和瘙痒
- 三十岁左右出现皱纹
- 损伤部位愈合后留下暗斑，如割伤、烧伤、擦伤、刮伤和撕裂伤
- 颊部暗斑
- 口红溢出唇廓

● 眼睛下方的黑眼圈

你的油性肤质皮肤可导致痤疮，造成色素沉着。经常形成痤疮瘢痕。对于大多数 OSPW 型人，高色素水平增加了难看暗斑的发生风险，暗斑突然出现并需要一段时间（也许很难）好转。除了粉刺，许多其他轻微的皮肤刺激能够诱发褐色斑点，包括炎症、外伤、裂口和切口。服用避孕药和怀孕会影响激素代谢，提高雌激素水平，会导致褐色斑形成。此外，阳光照射加速肌肤自然产生的色素，产生暗斑，日晒斑以及雀斑。

事实上，几乎所有典型的 OSPW 型症状，都会因日晒加重。由于你的皮肤敏感，或许很难找到一个防晒霜不会引起烧灼感或红斑。

安妮塔，一个中间色调皮肤的银行分行经理，是佛罗里达州人。虽然是当地人（注：本书作者为佛罗里达州迈阿密州立大学皮肤科教授），但是这里灿烂的阳光对她色素的皱纹皮肤非常有害。像许多 OSPW 型人那样，安妮塔需要谨慎使用防晒霜，但她的皮肤对很多成分有反应。如果该产品含有二苯甲酮，她的脸就会出现红斑，特别是在眼周和眉心。更重要的是，与其他 OSPW 型人一样，安妮塔也讨厌油质防晒霜，因为它增加了痤疮的发作"我的皮肤够油了，"她抱怨道。

我建议安妮塔尝试物理防晒产品，其中含有微粒氧化锌，不会刺激大多数 OSPW 型人。它也非常适合油性皮肤的人。最终，安妮塔在尝试后兴奋地说"我终于可以用防晒霜了！"

虽然我建议避免日光浴，但中等到暗色皮肤 OSPW 型人通常可以晒出很好的肤色，而很少晒伤。经常日晒会导致黑色素的自然形成，这是皮肤有颜色的原因。虽然这会导致令人难堪的老化和黑斑，但是它也有一个益处。色素围绕细胞 DNA，避免其形成不良的癌细胞。由于暗色皮肤 OSPW 型人有能力形成色素，因此这种类型可能不太容易形成非黑色素瘤性皮肤癌。但是，如果你是浅色皮肤红色头发，那么你发生非黑色素瘤性皮肤癌和黑色素瘤的风险都会增加。晒伤是需要不惜一切代价来避免的。要了解如何发现非黑色素瘤皮肤癌，请参阅第七章"如何识别非黑色素瘤性皮肤癌"。

有什么水平的日晒是安全的吗？即使你涂了我建议的防晒指数为 SPF15 或以上的广谱防晒霜，还是会发生小剂量的阳光照射。这就是为什么要保证你得到了足够的保护，请遵照我在防晒方面的建议，第二章"防晒是你最好的防御"部分。

抗衰老的神话

由于皮肤皱纹，OSPW 型人往往希望使用抗衰老霜剂，但其中许多成分对于你的敏感皮肤过于强烈。另一些产品几乎没效。一种最畅销的面霜含有透明质酸，是一种皮肤中存在的糖类，透明质酸会随老化和阳光照射而减少，导致皮肤体积减少。事实上，目前一种很受欢迎的美容皮肤治疗（我每天开展的主要工作）就是注射透明质酸以治疗面部皱纹和松弛。

这就是为什么人们认为含有透明质酸的面霜有同样的作用。不过事实并非如此，因为面霜中的透明质酸不能被皮肤吸收，只有注射才有作用。透明质酸通过保持水分有助于皮肤水合，而通过在皮肤外层使用霜剂来应用透明质酸可能达不到预期的效果，因为在低湿度环境中，透明质酸从皮肤吸收水分，使皮肤干涸。即使是油性皮肤的人，如 OSPW 型人，皮肤失水也不会有什么好处。减少导致粉刺的油脂，和减少支撑皮肤体积的水分是完全不同的两回事。

你可能受到流行的抗衰老面霜或其他含有 α- 硫辛酸和二甲氨基乙醇的护肤品的诱惑。虽然这些成分可以有效治疗耐受性好的皮肤类型的各种皱纹，不过敏感类型往往很难耐受它们。

科林，我的一位敏感皮肤的患者，收到了婆婆送她的一瓶昂贵的"安抚"面霜作为圣诞礼物。当科林使用后，接触部位周围出现了红斑，几秒钟之后，出现了强烈的烧灼感。她立即冲掉她脸部和手部的面霜，避免出现持续数天的丑陋红疹。

高价格和漂亮的包装并不能保证产品质量。下次当你收到一份护肤礼品时，请仔细阅读成分表。如果你发现它包含了不合适的成分时，不要打开罐子。相反，把它当作礼卷，拿回售出的商店要求退款。

由于一小瓶抗皱面霜可能价格高达 400 美元，我需要不厌其烦地强调清楚什么可以用于你敏感的 OSPW 皮肤是多么重要。幸运的是一些抗衰老成分确实对你有效，如水杨酸（SA）能降低皮肤敏感性，减少油性和皱纹，而 α- 羟酸（AHA，果酸），这有助于平滑及更新皮肤。羟基乙酸作为一种 AHA，常作为柜台出售的产品和本章提到的处方产品的成分。此外，含有非处方维 A 酸或处方类维 A 酸的产品，能最大限度地减少和防止皱纹。我推荐的产品中含有这些成分，将其用于你们的日常治疗。

敏感皮肤的艰难选择

极端的皮肤问题如皱纹和黑斑似乎在呼吁强有力的治疗措施，很多 OSPW 型人购买并尝试含有强烈成分的产品，却发现其敏感的皮肤不能耐受它们。像安妮塔一样，许多 OSPW 型人难以找到合适的在他们使用后不会出现红肿或刺激的防晒剂。美白产品含有漂白成分，通常造成类似的反应。

在本章的下一部分，我会教你如何处理你的皮肤敏感问题。我将提供皮肤护理常规来帮助你做皮肤防晒，用你可以安全使用的产品治疗褐色斑和皱纹。

你的皮肤需要温和而不是刺激的成分。你要学会识别和避免对你来说很刺激的成分。

为了减少油脂、敏感和色素沉着（防止痤疮和褐色斑点），首先避免太阳暴晒，其次，按照我在这一章中随后提及的步骤进行。

在中年，尤其是更年期后，油脂产生和荷尔蒙水平会自然下降。这一变化会减轻很多困扰你在青年时代的皮肤问题。然而，因为你的皮肤有出现皱纹的倾向，老化过程还是有点残酷的。这就是为什么我将提供预防皱纹的策略，你可以在二三十岁开始出现皱纹时使用。此外，你可以选用一些更好的皮肤处方药和护理方法来尽量减少衰老的迹象。目前，有不少极佳的备选方案，在未来数年还可能有一些新方法出现。

褒曼医生的底线：

你漂亮的黝黑皮肤其实是一个阳光损伤的表现。尽早保护你的皮肤并开始治疗皱纹和暗斑。

皮肤日常护理

你的常规皮肤护理目标是使用含有抗氧化和抗炎成分的产品，解决油脂、褐色斑和皱纹。我介绍的产品会具有以下一项或多项功能：

☐ 预防和治疗皱纹

☐ 预防和治疗暗斑

另外，你的日常护理还应帮你解决其他皮肤问题：

☐ 预防和治疗粉刺

☐ 预防和治疗炎症

任何疗效足以治疗你的皱纹和暗斑的产品，都可能刺激你的皮肤。我会推荐一些足够有效的产品，含有抗氧化成分（如绿茶），抗炎成分（如甘草查尔酮），两者都能保护你的皮肤和缓解其敏感性。虽然皱纹是你皮肤的首要问题，但暗斑问题也会接踵而至。为此，我将提供两个阶段的建议。第一阶段，总的来说，你将会进行基础治疗，将迅速减少褐色斑点。请查看你的非处方制剂，然后你可以在我本章建议的每个类别中选择你需要的产品。

按照这一方案治疗两星期至两个月后，我建议结束这一阶段，开始我的处方阶段，详细内容见本章的"咨询皮肤科医生"部分，开始预防皱纹的进一步治疗计划。这里你会找到更有效的抗老化和其他皮肤问题的处方药物。如果你愿意的话你可以立即就诊，你也可以选择使用较弱的非处方方案。请记住，因为排到你就诊前可能需要等待，请至少提前两个月预约。

皮肤日常护理方案第一阶段：

针对暗斑	
早上	**晚上**
第一步：用洁面乳洗脸	第一步：用和上午一样的洁面乳洗脸清洗
第二步：使用皮肤美白产品	第二步：使用皮肤美白产品
第三步：使用眼霜（可选项）	第三步：使用含维A酸产品
第四步：使用SPF面部乳液	第四步：使用眼霜（可选项）
第五步：使用粉底	第五步：使用保湿剂（可选项）
第六步：使用控油粉	

早晨使用含有水杨酸的洁面乳洗脸面部，以减少粉刺和清洁毛孔，同时这可以减轻色素沉着而不刺激你的敏感皮肤。然后，在你的整个面部使用皮肤美白剂，以帮助减少褐色斑点。如果你的皮肤不是发红或刺激而是患有明显的痤疮，或者你有较低的 S 评分（25～30），你可以将你的美白产品与维生素 C 粉末混合，如 Philosophy Hope and Prayer 维生素 C 粉。对于应用说明，请参阅下面栏目。

使用美白剂后，如果你愿意的话你可以使用眼霜。下一步，根据需求决定是否涂抹防晒霜，随后使用粉底和粉饼。

晚上，使用推荐的洁面乳洗脸和去除所有化妆品。接下来，在你早晨使用的同一种面部美白产品中挤出豌豆大小在手中与维A酸产品混合（第二步和第三步）并一起使用。维A酸产品仅适于晚间使用，它有助于控制粉刺和黑斑生成，同时防止皱纹。如果你愿意，你可以在眼部使用眼霜，在干燥部位使用轻度保湿剂。

使用维生素 C 粉剂

维生素 C 可以帮助预防色素和皱纹。Philosophy 套盒里有一个勺子，你可以用它把维生素 C 粉末盛到手掌里与硬币大小的皮肤美白剂混合，然后使用。如果你出现红斑和颜面潮红，或有敏感项（S）评分为 34 或更高，跳过本步骤，并继续其他早晨的护理程序。

选择和使用洁面乳

当去除化妆品时，使用无刺激性的洁面乳，如含有水杨酸，芦荟，甘草查尔酮，小白菊，甘菊或烟酰胺的产品。这有助于减少红肿、发炎以及出现粉刺，帮助疏通毛孔。我推荐的产品将帮助你的皮肤保存天然脂类，是控制皮肤敏感的关键。如果一种洁面乳、肥皂、洗发水或沐浴产品产生强烈的泡沫，说明它包含洁面乳，不要用它。阅读成分表确保你远离刺激成分，如十二烷基硫酸钠，常用于洗发水，护发素和其他护肤品的洗涤剂。

推荐的清洁产品：

$ Aveeno Clear Complexion Cleanser
（Aveeno 清洁面部清洁剂）

$ Avène Cleance Soapless Gel
（雅漾清爽洁肤凝胶）

$ Cetaphil Daily Facial Cleanser for Normal to Oily Skin
（丝塔芙日常洁面乳，针对正常至油性皮肤）

$ Clean & Clear Continuous Control Acne Wash
（可伶可俐持续控痤疮洗剂）

$ Eucerin redness relief soothing cleanser
（优色林抗红舒缓完美保湿洁颜乳）

$ Neutrogena Oil-Free Acne Wash
（露得清去油痤疮洗剂）

$ Jason Natural Cosmetics D-Clog Balancing Cleanser for Oily/Combination Skin
（Jason 自然美容 D 阻塞平衡清洁剂，针对油性 / 混合皮肤）

$ Olay Daily Facial Cleansing Cloths for Combination/Oily Skin
（玉兰油日常面部清洁面膜，针对混合 / 油性皮肤）

$ Paula's Choice One Step Face Cleanser
（宝拉珍选 清透双效洁面凝胶）

$ RoC Calmance Soothing Cleansing Fluid
（RoC 舒缓洁肤液）

$ Vichy Bi-white Normaderm Cleansing Gel
（薇姿油脂调护洁面啫哩）

$$ Effaclar Foaming Purifying Gel by La Roche-Posay
（理肤泉 Effaclar 泡沫净化洁面啫喱）

$$ Vichy Bi-white Deep Cleansing Foam
（薇姿双重菁润焕白泡沫洁面霜）

$$$ Rodan and Fields Calm Wash
（Rodan and Fields 平和洗剂）

褒曼医生的选择：Rodan and Fields Calm Wash（Rodan and Fields 平和洗剂）

如果痤疮是你的主要问题，而且你不会出现燃烧和刺痛，你也可以使用 PanOxyl Bar 10 Percent by Stiefel（施泰福的百分之十 PanOxyl 皂）。

使用爽肤水

虽然爽肤水不是你必须使用的，一些油性皮肤的人会享受其清爽的感觉。如果你想加上这一额外步骤，爽肤水中的消炎、淡化色素和控油成分会在皮肤上停留较长时间，需要比洁面乳更强的成分将其冲洗下来。但是，如果你的 S 项评分较高（34 或更高），干燥皮肤或混合性皮肤（O 评分 27～35），不要使用爽肤水。此外，如果任何产品导致皮肤发红或刺痛，避免使用它们。

爽肤水

$ Avène Cleanance Purifying Lotion
（雅漾祛脂爽肤水）

$ Baxter Herbal Mint Toner
（Baxter 草药薄荷爽肤水）

$ Paula's Choice Healthy Skin Refreshing Toner
（宝拉珍选 健康清新爽肤水）

$$ Pond's Clear Solutions，Pore Clarifying Astringent，Oil-Free
（旁氏完美亚光系列毛孔细致紧肤水）

$$ Vichy Bi-white Cosmetic Water
（薇姿双重菁润焕白柔肤水）

$$$ NV Perricone Firming Facial Toner
（裴礼康紧肤爽肤水）

褒曼医生的选择：Baxter Herbal Mint Toner（Baxter 草药薄荷爽肤水）。

粉刺

最重要的是，避免蒸脸，也不要用热毛巾敷脸，或在粉刺上放冰块。所有这些行为都会导致温度迅速变化，这对容易发炎皮肤类型是严格禁止的，这里说的就是你。虽然我不建议挤压粉刺，但如果你不能约束自己一定要这样做的话，请照着第五章叙述的"正确挤压方法"去做。有人认为，阳光照射有助清除痤疮，但是由于痤疮在夏季恶化，因此我不认为日晒对清除痤疮有帮助。你在日常方案中使用的产品应有助于防止粉刺和痤疮，此外，你可以选用下面清单中的除斑药物治疗突然出现的痤疮。

如果你愿意，以下产品可以加入到遮瑕面霜中，同时起到治疗和覆盖瑕疵的

作用。在清洗面部和／或应用爽肤水后直接使用，混合遮盖剂（相当于三分之一豌豆大小）及药物用于粉刺部位。其他治疗产品或保湿剂在其后使用。

粉刺的治疗

$ Avène Diacneal
（雅漾祛油清痘乳）

$ L'Oreal Pure Zone Spot-Check Blemish Treatment
（欧莱雅纯带瑕疵治疗）

$ Neutrogena On-the-Spot Acne Treatment，Vanishing Formula
（露得清痤疮治疗，清除配方）

$ Pond's Clear Solutions，Overnight Blemish Reducers
（旁氏清透无瑕系列清痘洁面乳）

$ Vichy Normaderm Anti-imperfection Essence
（薇姿油脂调护抑痘精华霜）

$$ Exuviance Blemish Treatment Gel
（爱诗妍瑕疵治疗凝胶）

$$$ Clinique Acne Solutions Spot Healing Gel
（倩碧痤疮溶液斑点治疗凝胶）

$$$ Hope in a Bottle® by Philosophy or On a Clear Day ® by Philosophy
（Philiosopy 的瓶中的希望或洁净的一天）

褒曼医生的选择：Exuviance Blemish Treatment Gel（爱诗妍瑕疵治疗凝胶）。

治疗暗斑

首先清洁面部和使用爽肤水，之后要在你的暗斑上使用美白产品，接下来再用其他推荐产品。下面列出的产品应在暗斑出现后马上使用，直到斑点完全消失。如果你从商店买来的商品无效，尝试本章后面叙述的处方类美白产品。

非处方类皮肤美白剂

$ Esoterica

$$ Abella Enliten Skin Bleaching Cream
（Abella Enliten 亮白润肤霜）

$$ Clearly Remarkable Skin Lightening Gel
（Clearly 显著皮肤美白凝胶）

$$ Murad Age Spot & Pigment Lightening Gel

（Murad 老化斑和色素美白凝胶）

$$ Vichy Bi-white Reveal Essence

（薇姿双重菁润焕白精华乳）

$$$ Dr．Michelle Copeland Pigment Blocker 5

（Dr．Michelle Copeland 色素阻断 5）

$$$ Dr．Brandt Lightening Gel

（Dr．Brandt 美白凝胶）

$$$ Philosophy Pigment of Your Imagination gel（mixed with vitamin C-in the "Lighten Kit"）

（Philosophy 想象色素凝胶，含维生素 C 的"美白套装"）

$$$ When Lightening Strikes Skin Lightener by Philosophy

（Philosophy 亮白霜）

褒曼医生的选择：Philosophy Pigment of Your Imagination gel mixed with vitamin C-in the "Lighten Kit"（Philosophy 想象色素凝胶，含维生素 C 的"美白套装"）。这种维生素 C 粉可以和上述的美白剂混合。

保湿剂

保湿剂对大多数油性类型是不必要的，但是，如果你的油性（O）分值很低的话（27 ～ 32），你就可以自由的在面部干燥区域使用我建议的保湿剂了。精华中常常包含治疗成分，因其较高浓度而有更好的皮肤渗透性。载于滴管瓶中的精华液的质地中较其他产品厚，所以一点点可以覆盖很大范围。在方案中已经指出，只使用数滴精华液便可以分散至整个面部。如果你愿意的话可以在精华液上方覆盖一层保湿剂。当你进入第二阶段加入处方类抗衰老产品后，你可将精华液作为一个传输系统。这是对皮肤皱纹改善非常有效的组合，程度远远超过了许多价格昂贵的抗皱霜，后者往往过于油腻——也无效。

当使用维 A 酸或维 A 酸类产品时，轻度保湿可以帮助抵消维 A 酸类药物带来的脱皮，这对于那些轻微油性肤质的人（油腻程度评分从 24 ～ 30）帮助很大。

保湿剂

$ Almay Hypo- Allergenic Milk Plus Nourishing Facial Lotion

（Almay 低敏感牛奶面部营养洗剂）

$ Aveeno Positively Radiant Anti-Wrinkle Cream

（Aveeno 活性亮肤抗皱晚霜）

$ Aveeno Ultra-Calming Moisturizing Cream

（Aveeno 超舒缓保湿霜）

$ Avène Skin Recovery Cream

（雅漾修护保湿霜）

$ Avène Matigying Moisture Lotion

（雅漾祛油保湿精华露）

$ Eucerin Sensitive Facial Skin Q10 Anti-Wrinkle Skin Cream

（优色林敏感面部皮肤 Q10 抗皱纹皮肤面霜）

$ Olay Total Effects Visible Anti-Aging Moisturizing Treatment with VitaNiacin

（玉兰油全效显著抗衰老保湿治疗伴维他纳新）

$$ Jan Marini Recover-E

（Jan Marini 恢复 -E）

$$ Paula's Choice HydraLight Moisture-Infusing Lotion

（宝拉珍选 清爽保湿抗氧化乳液）

$$ Vichy Aqualia Thermal Cream Light

（薇姿温泉矿物保湿霜 50 ml（清爽型））

$$$ Prevage by Allergan

（艾尔建 Prevage 系列）

$$$ Sekkisei Cream

（雪肌精面霜）

褒曼医生的选择：Aveeno Positively Radiant Anti-Wrinkle Cream（Aveeno 活性亮肤抗皱晚霜），因为大豆（去除雌激素的成分），能防止褐色斑的形成。

精华素

$$ Alchimie Forever Diode 1 and diode 2 Serums

（Alchimie 永远的 Diode 1 and diode 2 精华液）

$$ Joey New York Calm and Correct Serum

（Joey 纽约舒缓及纠正精华）

$$ La Roche-Posay Toleriane Facial Fluid

（理肤泉特安舒护乳）

$$ SkinCeuticals Serum 15

（修丽可精华素 15）

$$ Vichy Aqualia Thermal Mineral Balm

（薇姿温泉矿物保湿修护特润霜）

褒曼医生的选择：SkinCeuticals Serum 15（修丽可精华素 15），因为它含有强的抗氧化剂。

维 A 酸成分产品

$ RoC Retinol Correxion Deep Wrinkle Night Cream
（RoC 维 A 深层去皱晚霜）

$$ Biomedic Retinol Cream 30
（理肤泉 Biomedic 维 A 酸霜 30）

$$ Afirm 2x

$$ Philosophy "Help Me"
（Philosophy "帮帮我"）

$$ Replenix Retinol Smoothing Serum 3x by Topix
（Replenix 维 A 酸平滑精华 3x）

褒曼医生的选择：Replenix Retinol Smoothing Serum 3x（Replenix 维 A 酸平滑精华 3x），因为它还含有绿茶。

眼霜

针对眼睛下面的黑眼圈，使用眼霜，如康蒂仙丝黑眼圈嫩白凝胶，其中包含维 A 酸和维生素 K，以解决充血所导致的以上问题。不要在眼部使用正常浓度的处方维 A 酸，因为它对那里娇嫩的皮肤过于强烈。如果你选择在眼部周围使用处方维 A 酸，须将其与等量保湿剂混合进行稀释。

眼霜

$ St．Ives Cucumber & Elastin Eye & Face Stress Gel
（圣艾芙黄瓜和弹性纤维眼和面部紧质凝胶）

$ Olay Total Effects Eye Transforming Cream
（玉兰油全效眼转化霜）

$$ Avène Elgage Eye Contour Care
（雅漾修颜淡纹眼霜）

$$ Quintessence Clarifying Under Eye Serum
（康蒂仙丝眼下精华）

$$ Paula's Choice Resist Super Antioxidant Concentrate（Serum）
（宝拉珍选 岁月屏障全方位抗氧化精华）

$$ Fresh Soy Eye Cream
（Fresh 大豆眼霜）

$$ Vichy Bi-white Eye

（薇姿双重菁润焕白修护眼霜）

$$$ Dr Brandt lineless eye cream

（Dr．Brandt 无痕眼霜）

褒曼医生的选择：Fresh Soy Eye Cream（Fresh 大豆眼霜），因为大豆预防暗斑形成。

面膜

由于面膜可以让浓缩成分在你的肌肤停留较长一段时间，因此面膜是有益的。每周使用去角质和淡化色素斑面膜 1 ～ 2 次，如 MD 配方维生素 A 加明亮面膜，雅漾去角质净化面膜，宝拉珍选活性炭矿泥平衡面膜，薇姿温泉矿物保湿面膜。你可以在晚上，清洗面部后立即使用。按照包装上的指示来做，当你揭下面膜洗好脸后，就可以进行第 2 步。除自己应用面膜外，你也可以选择在 SPA 或美容沙龙由美容师为你进行面膜治疗，确保你选用的是针对敏感皮肤的面膜，而且含有我推荐的淡化色素和抗炎成分。

去死皮

维 A 酸使用对 OSPW 皮肤有益。尽管维 A 酸可能会导致脱屑，但不会引起干燥。相反，脱屑意味着无益的皮肤剥脱，这一过程可以帮助你的皮肤丢弃已死亡的细胞。

Buf Puf 是一种 3M 公司生产的洁肤海绵，具有深层清洁与去面部角质的作用，我有时会推荐给 OSPW 型人。这是非常有创意的想法而且相当有效，因此当我在一次医疗大会上遇到发明者的朋友时，我请他转达对这位发明者的赞扬。当他告诉我这个产品是如何产生时，我对它的印象更深刻了。

当时，发明者心不在焉地看着两个清洁工抛光医院的地面——大圆垫旋转着将地板擦的闪亮——他随即被灵感击中了。他注意到一个大型金属软管连接到圆垫，作为机器的主体抛光表面。那些中等大小的片呢？他们在哪儿？有没有可能刚好适用于……他很快就联系垫制造商，并买下所有剩余圆形小片。这就是这个产品的历史了。

购买产品

经过阅读标签，你便可以扩大对产品的选择范围，选择那些含对你的类型有益成分的产品，同时避免发生过敏反应和会导致刺痛、烧灼、发红、粉刺、炎症或太油腻的成分。当你去购物时随身携带下面的清单，这样你就可以在阅读标签的时候找出常见的罪魁祸首，并避免含有这些成分的产品。如果你在我推荐的产品之外找到合适的产品，请登陆 www.derm.net/products 发表你的心得，以便你与相同皮肤类型的人们分享你的发现。

使用的皮肤护理成分

对减少痤疮：

- 过氧化苯甲酰
- 水杨酸
- 锌

- 维 A 酸
- 茶树油

对减轻炎症：

- 芦荟
- 金盏草
- 麦胶
- 泛酰醇（维生素原 B$_5$）
- 菊科植物
- 甘草查尔酮
- 紫苏叶浸出物
- 红藻
- 百里香
- 锌

- 山金车花
- 甘菊
- 黄瓜
- 夜来香油
- 绿茶
- 健神露
- 碧萝芷 - 松树树皮浸膏
- 红三叶草，豆科
- 柳兰

预防或减轻暗斑：

- 熊果苷
- 黄瓜
- 甘草浸液
- 烟酰胺

- 结红果实的桃类浸液
- 氢醌
- 桑树浸液
- 大豆

预防皱纹：

- α- 硫辛酸
- 咖啡因
- 铜缩氨酸
- 黄瓜
- 阿魏酸
- 姜
- 葡萄籽浸液
- 艾地苯醌
- 番茄红素
- 碧萝芷
- 迷迭香
- 大豆，燃料木黄酮

- 罗勒
- 胡萝卜浸液
- Co-Q10
- 姜黄色素或四氢姜黄色素或姜黄
- 菊科植物
- 人参
- 绿茶，白茶
- 叶黄素
- 石榴
- 红三叶草（三叶草，豆科）
- 水飞蓟素
- 丝兰

需避免使用的皮肤护理成分	
如果你有痤疮倾向，你需要避免：	
• 肉桂油	• 可可油
• 椰子油	• 异硬脂酸异丙酯
• 异丙基豆蔻酸盐	• 薄荷油
• 月桂硫酸钠	

使皮肤敏感的人发生反应的产品各不相同，因此当你遇到含有可疑成分的产品时，你应该小心测试这一产品并注意你的皮肤反应。如果可能的话，最好在美容产品柜台试用产品或取得产品小样，然后再购买，以确保你用了产品后不会起反应。由于有些产品是迟发反应，你需要等待 24 小时，确保没有问题时再购买。这些努力不但为你节省金钱，还能帮助你正确地治疗你的皮肤。

皮肤防晒

OSPW 型人容易受到阳光的伤害，因此每天使用防晒霜是绝对必要的。不过，由于几乎所有防晒霜都含油，因此它们可以让你的皮肤发亮，使你的粉底和其他化妆品脱落。此外，防晒霜的某些成分会刺激皮肤，导致痤疮发作。

我建议使用物理防晒霜，含有氧化锌微粒和二氧化钛。如果你皮肤颜色较深，使用有颜色的产品，这样就避免了应用白色防晒霜后你的脸变成紫色。比起面霜，最好能使用凝胶或泡沫防晒剂，或含有 SPF 的粉饼。

虽然我不建议晒成褐色，或轻度晒伤，但我知道你们中许多人非常喜欢晒太阳，如果你不慎晒伤了，采取 Advil 雅维（通用名为布洛芬）、阿司匹林或布洛芬每 4 小时一次以减轻炎症和防止红肿。使用非处方类药物 1% 氢化可的松霜可以有助于改善晒伤。

推荐的防晒产品

$ Aveeno Positively Radiant SPF 15 Moisturizer
（Aveeno 活性亮肤保湿霜 SPF15）

$ L'Oreal Air Wear Powder Foundation SPF 17
（欧莱雅持久透气粉饼，SPF17）

$ Neutrogena Ultra Sheer Dry Touch Sunblock
（露得清超凡清爽防晒霜）

$ Paula's Choice barely there sheer matte tintw/SPF20

（宝拉珍选 清透修色隔离粉底液 SPF20）

$$ Avène Very high protection sunscreen cream SPF30

（雅漾自然防晒霜）

$$ Daily Protection Gel，SPF 30 by Applied Therapeutics

（Purpose 日间保护凝胶，SPF 30 用于治疗）

$$ Murad Brightening Treatment SPF15

（Murad 亮白治疗 SPF 15）

$$ Vichy UV PRO Secure Light SPF30+ PA+++

（薇姿优效防护隔离乳（清爽型））

$$$ Dr．Brandt SPF 15 ChemFree

（Dr．Brandt SPF 15 非化学防晒）

$$$ SkinCeuticals Physical UV Defense SPF30

（修丽可物理防晒 SPF 30）

褒曼医生的选择： Neutrogena Ultra Sheer Dry Touch Sunblock（露得清超凡清爽防晒霜）。

需避免的遮光剂（如果你有防晒剂敏感）

- 亚佛苯酮
- 苯甲酮（如紫外线吸收剂 UV-9）
- 甲氧基肉桂酸（常见于防水防晒霜，可以造成反应）
- 对氨基苯甲酸

如果你的皮肤出油很多，你可以把控油产品防晒霜 1∶1 混合，然后用在脸上，这样可以在保护你的皮肤同时不至于脸上油光闪闪。Ferndale Clinac O.C. 控油凝胶，你可在药剂师柜台找到（不用处方），研究显示这种产品既能减少脸上油光，又不会减弱你的防晒效果。

你的化妆

为 OSPW 型人设计的防晒粉饼可以遮盖暗斑、控制光泽以及防晒。如果你使用粉底遮盖暗斑，寻找那些含有那些我推荐的抗炎成分而不含油的产品。

粉、粉 / 粉底和粉底

$ Avène Duo Concealer Stick Green/Beige

（雅漾焕彩修红遮瑕笔）

$ L'Oreal Air Wear Powder Foundation SPF 17（oil-free）

（欧莱雅气粉剂粉底 SPF 17（无油））

$ Maybelline Purestay Powder & Foundation SPF 15

（美宝莲纯粉和粉底 SPF 15）

$ Neutrogena Skin Clearing Oil-Free Pressed Powder and foundation

（露得清皮肤清洁无油压制粉和粉底）

$ Neutrogena Visibly Clear Daly SPF 15 Moisturizer

（露得清显著清洁日常保湿剂 SPF15）

$ Paula's Choice Soft Cream Concealer

（宝拉珍选 轻柔盈润遮瑕膏）

$$ Avène Couvrance compact oil free

（雅漾焕彩无油遮瑕隔离粉底膏）

$$ Philosophy Complete Me High pigment mineral powder SPF 15

（Philosophy 完全自我高色素矿物粉剂）

$$ Vichy Aera Teint Pure Fluid Foundation

（薇姿轻盈透感亲肤粉底液 30 ml）

褒曼医生的选择：Neutrogena SkinClearing® oil-free pressed powder（露得清爽肤无油粉饼），含有水杨酸帮助改善痤疮或皮肤红斑。

咨询皮肤科医生

含处方药物的皮肤护理方案

除了洁面乳、凝胶、非处方药物，在第二阶段治疗方案中还增加了维 A 酸以及更强效治疗暗斑及皱纹的方法，这通常是你最关心的。我提供了两种处方药物方案以供选择。第一种方案可以预防并治疗暗斑和皱纹，而第二种主要是起预防作用。如果你有色素沉着的问题，起初时选用第一方案，当问题解决后再使用第二方案作为维持治疗。如果你没有暗斑或色素问题，那么就可以直接进入第二方案。你可以直接向皮肤科医生要求那些有效的处方产品。皮肤科医生很乐意接诊像你这样见多识广的患者，同时这也可以让你在短暂的就诊时间里收获颇丰。

皮肤日常护理方案

第二阶段　积极治疗	
治疗并预防暗斑和皱纹	
早上	晚上
第一步：用洁面乳洗脸	第一步：用早晨相同的洁面乳洗脸
第二步：使用抗氧化精华	第二步：使用眼霜（可选步骤）
第三步：使用皮肤美白剂和防晒霜	第三步：整个面部使用Tri-Luma汰肤斑乳膏
第四步：覆盖含防晒成分的扑粉	第四步：使用保湿霜（可选项）

在早上使用洁面乳后，使用抗氧化精华增加这一方案的抗皱活性。使用处方类美白产品治疗暗斑（如果有暗斑存在的话）。美白产品和粉饼的防晒成分都具有防晒功能。

晚上遵循相同的方案，只是省略防晒步骤，如果需要的话还可以选用眼霜，并应用处方产品 Tri-Luma 汰肤斑乳膏（含氟轻松、氢醌、维A酸的复方制剂，法国高德美公司产品）治疗褐色斑和皱纹，如果需要的话你可以使用保湿霜。

第二步：维持

预防暗斑和预防及治疗皱纹	
早上	晚上
第一步：用洁面乳洗脸	第一步：用含有水杨酸的洁面乳洗脸
第二步：使用抗氧化精华	第二步：使用眼霜（可选项）
第三步：使用防晒凝胶或无油防晒粉底	第三步：整个面部使用达芙文凝胶
第四步：覆盖控油粉饼	第四步：使用保湿剂（可选项）

早上使用我建议的洁面乳清洗你的脸部。接下来应用抗氧化精华。然后涂抹防晒霜和无油粉底，最后以控油粉饼结束。

晚上，遵循相同的方案，忽略防晒，并包括能够解决油质和色素沉着问题的达芙文凝胶（阿达帕林凝胶，法国高德美公司产品）。

治疗皱纹和暗斑

讲到处方类产品，含有阿达帕林或他扎罗汀的维A酸凝胶是OSPW型人的理想选择。维A酸来自于维生素A，但两者有不同的化学结构，其作用为抑制油脂产生，减少皮肤油性，防止痤疮和色素沉着导致的暗斑。一些常见的维A酸产品包括Retin A，Renova，Avage，达芙文和他扎罗汀，上述这些都需要医生处方。虽然维A酸可能很昂贵，但远较你在非处方药柜台买到的抗衰老乳霜更可靠。有关它们的使用说明，请在"对油性、敏感皮肤类型的进一步帮助"部分阅读。

推荐处方产品

对抗皱纹和暗斑：

- 达芙文凝胶（阿达帕林）
- Retin A 微凝胶
- Tazarac and Avage（他扎罗汀）

对于暗斑、皱纹和敏感皮肤：

- Tri-Luma 汰肤斑是一个极好的选择，因为它包含维A酸、氢醌和少量可以抑制炎症反应的激素。

当维A酸引起红肿和脱皮时继续使用是否安全？红斑的发生是因为皮肤血流增加。虽然听起来有些令人不安，但脱皮其实也不算太有害。这实际上是一种细胞再生的表现，这是当你见到成效前必须经历的过程。虽然维A酸看起来好像使皮肤变薄，但是它们实际是使皮肤变厚。联合使用保湿剂与抗氧化剂将会有助于防止皮肤出现红斑和脱皮。

其他选择

当你到了第二阶段时，日常皮肤护理方案将防治皮肤出现的严重问题，我还在其中增加了针对每一个具体问题的备选方案，如果你愿意则可以选用。非处方产品不像处方药那么强效，但它们对于减轻暗斑是有效的，而且通常包含那些有助于改善痤疮或抑制皮肤炎症反应的成分。如果非处方产品效果不佳，可以给予含有氢醌的处方产品，氢醌可以抑制产生色素的酶，从而有助于改善暗斑和其他色素沉着斑。

这些产品通常包含4%的氢醌，但可多达10%。氢醌只能用于出现色素沉着的皮肤，而当色斑去除后就不要用了，氢醌的用法通常是连续使用几个月然后停至少一个月，这样会效果比较好。

适用于你这种皮肤类型的治疗

幸运的是，正确地选择护肤产品可以按部就班完成你所有的护肤目标。而且，如果需要的话你还可以采取一些简单的美容治疗增加美容效果。由于这一类型的皮肤容易出现皱纹，OSPW型人不妨考虑肉毒杆菌毒素和真皮填充剂。有关这些治疗的详细细节及使用后的预期效果，请查阅"对油性、敏感性皮肤的进一步帮助"章节。

光疗法

你的皮肤科医生可以使用强脉冲光（IPL）清除血管和皮肤上的褐色斑点，这一技术可以把你的恢复时间降至最短。虽然有数家生产这些设备的公司宣称他们的产品对治疗皱纹有效，但并没有得到证实。在我的工作中使用的是科医人公司的 IPL，但也有几种其他的设备。此外还有其他发射蓝光或红光的设备，可单独使用或联合 Levulan（吸光剂）使用，可以用来治疗痤疮、褐色斑点和缩小毛孔。更多关于光疗法的信息请参见"对油性、敏感性皮肤的进一步帮助"的相关部分。

化学剥脱剂

除了使用我建议的含水杨酸的非处方洁面乳，在皮肤科诊所进行化学剥脱对 OSPW 型人也有帮助。这些剥脱剂含有高浓度水杨酸（约 20%～30%），其浓度高于消费类产品（通常为 0.5%～2%）。剥脱有助于畅通毛孔、清除痤疮以及改善褐色斑。

OSPW 型人也受益于深层剥脱治疗，如三氯乙酸或欧邦琪蓝色剥脱对暗斑和皱纹有效。每次费用约 200～400 美金，每 6 个月做一次。根据暗斑和皱纹的程度不同，你可能需要治疗 2～4 次。

另一种选择是在美容沙龙或 SPA 做面膜治疗。你要选择具有抗氧化、去色素、美白、抗炎、去油功能的面膜。

深肤色 OSPW 型人也可以受益于浅表皮肤剥脱，如美容院或水疗中心使用的，而一些深度化学剥脱不适合暗色调皮肤。

微晶磨削

与深度剥脱和光治疗不同，肤色较深的 OSPW 型人可以用微晶磨削，微晶磨削是通过对皮肤喷射铝、黏土等颗粒来去掉皮肤角质。微晶磨削加速了自然剥脱，让死掉的含色素的皮肤细胞脱落，使褐色斑点消失。微创手术可以帮助维 A 酸进一步渗入皮肤，增加其祛除褐色斑点的效果。无论你使用处方或非处方方案治疗暗斑，微晶磨削或水杨酸轻度化学剥脱对你都是有益的。当你进入第二阶段，即维持处方治疗阶段时，你就不再需要微晶磨削治疗了。

很多美容中心和 SPA 提供约价值 120 美元的为期 10 周的治疗套餐。微晶磨削在 2003 年五大非手术治疗中排名第一。目前，家庭微晶磨削工具包已面世，这使你能不用花费太多而获得类似的效果。

皮肤护理进展

改变你的生活习惯是可以减缓过早衰老。首先，从防晒做起。接下来，使用我给你设计的皮肤日常护理方案。因为你的皮肤倾向于形成皱纹，我强烈建议你使用处方类药物，宜早不宜迟，因为它们能发挥很大作用。按照我建议的生活方式来做，同时增加抗氧化剂、戒烟就相当于善待你自己。最后，OSPW 型人能真正收益于美容皮肤科医生提供的治疗。如果你手头宽裕的话可以考虑进一步的治疗，如注射保妥适和皱纹填充。

第五章
OSPT：油性、
敏感性、色素性、紧致皮肤

沮丧的皮肤类型

"我真是一刻都不得闲！我的脸上不是这里冒出痤疮，就是那里出现暗斑，总有丑陋的东西挥之不去。我多么羡慕那些皮肤上什么都没有的人啊！"

关于你的皮肤

如果你是 OSPT 类型的皮肤，你皮肤就好像陷入了一个恶性循环，先是出现斑点，然后就是褐色斑，然后又是斑点。有些人长痤疮，有些人长黑斑，而 OSPT 类型的皮肤则是两者兼备。有的时候你可能不知所措，因为你总是与一个又一个的痤疮战斗。单纯处理一个方面是不能完全解决你的皮肤问题的。所以你要处理以下三个问题。

你皮肤的三个主要问题是色素沉着，敏感和油脂分泌。在本章中首先我将揭示每种因素是如何影响你皮肤的，然后我将告诉你它们是如何相互作用的。你的皮肤是一个比较复杂的类型，它经常处于一个状态到另一个状态的循环中。但是不用担心，你可以管好你的皮肤。

OSPT 类型者中的名人

第一位黑人美国小姐，多才多艺的凡妮莎·威廉姆斯看起来很像 OSPT 型的皮肤。尽管她这一皮肤类型很难打理，但是她那美丽、中间色调的肤色看上去非常完美，这就是好好照顾皮肤带来的益处。她承认自己的皮肤容易出油并且敏感，因此导致她的皮肤一直都在长痤疮，这是她这种类型皮肤的典型表现。在她色素沉着的皮肤上，痤疮导致了黑斑的出现，这种情况通常需要几周甚至几个月来解决。

虽然现在她的皮肤非常完美，凡妮莎已经出现了属于她皮肤的问题，到了 30 多岁时，她仍然持续的长痤疮。凡妮莎·威廉姆斯说"痤疮是一种拖累，你会觉得很害羞；这是非常令人尴尬的。其实你只想正常一点"。我不是在八卦，以前这些受痤疮、发红和疙瘩的困扰的事情凡妮莎自己已经公开承认了，但是她通过使用含有很多同类成分的护肤品，现在已经解决了皮肤的问题，具体成分我会在本章的后面推荐给大家。

对于所有的 OSPT 类型的皮肤来说周期性的痤疮 - 炎症 - 黑斑是最大的问题，这令他们出现在公共场合时很尴尬。凡妮莎除了是杰出的天才歌手，还是杰出演员，她非常美丽，她那具有古典美的脸成为她出演电影的通行证，例如在电影《精神食粮》和《杀戮战警》里她扮演了角色，同时她在百老汇出演《拜访森林》中的斯蒂芬·桑德海姆一角使她在 Tony Award 上获得了提名。当痤疮爆发或面部发红的那一天也是威廉姆斯在格莱美被提名为最佳歌手的那天，她只能用准备好的照片做专辑的封面。幸运的是现在有很好的方法可以解决使 OSPT 类型烦恼的皮肤问题了，显然，可爱的凡妮莎·威廉姆斯已经发现了这一方法。

一次解决一个问题

让我们从你最关心的出油开始。你皮肤的油脂分泌可以导致痤疮，特别是在你青春期和 20 岁出头时出现，这种状况会持续到 30 多岁，有的时候更长。虽然很多人都认为痤疮会伴随青春期结束而消失，但是对于 OSPT 类型的皮肤却不是这样的。

你还可能发现你的皮肤上因色素沉着产生黑斑、黄褐斑、大片暗斑。这种情况在你 20 ~ 30 岁期间更严重。这是为什么呢？因为在这个年龄段，很多女士开始怀孕或服用避孕药，或在两者转换的过程中，所以体内激素就会分泌紊乱，进而刺激更多的油脂分泌和色素沉着。虽然某些避孕药可以帮助减少油脂分泌而有助于痤疮改善，但是雌激素会加重色素沉着和黄褐斑。浅色调 OSPT 类皮肤通常是可以耐受雌激素的这些作用，而那些肤色比较暗的人就无法避免色素沉着了。在任何情况下，激素变化而引起的症状都会随着时间流逝而逐渐好转。

要想办法去解决你的难题，否则情况会越来越严重。如果你有痤疮、玫瑰痤疮或皮肤过敏，你有必要采取治疗措施。通过使用我在这章后面推荐的方法，你可以减少你的油脂分泌、敏感和色素沉着。如果你采取措施防止长痤疮和褐色斑，你将会发现你是可以成功地控制你的皮肤的。幸运的是，很多 OSPT 类型的女性患者会发现当她们绝经之后，她们的皮肤会因为油脂分泌和雌激素降至自然水平而有所改善。

如果你好好地保护你的皮肤，到你五六十岁的时候，你的好肤质就会脱颖而出。虽然油脂分泌是你年轻时的罪魁祸首，但是当你变老后它就会安慰你，因为它可以帮你保持皮肤水润。中年以后，皱纹很少会发生，你会惊喜地发现你的皮肤比其他类型的皮肤更不容易衰老。当别人开始使用抗皱化妆品或其他更进一步的抗衰老治疗时，你的皮肤则会因油脂分泌和紧致的肌肤而容光焕发。

远离色素

你的第 2 个挑战是色素沉着。高色素水平可以导致难看的黑斑像泉涌一样突然出现，而且会数周甚至数月不退去。皮肤中的色素产生细胞可以产生多种黑斑，我已在第 2 章色素沉着的那一节详细解释。

你的肤色和种族是什么样，你就会有某种色素沉着。因此，我将在这一整章中讨论针对不同类型的色素沉着的最佳治疗方法。

各种各样的黑斑是由各种因素造成的，包括炎症、伤口、裂口、刀口和雌激素水平的升高。此外，暴晒可以加速你皮肤产生色素沉着，因而导致斑点，黄褐斑，晒斑和雀斑的产生。

针对你皮肤类型的特殊挑战

首先，你的皮肤天生爱出油，因此可以导致皮疹形成，这也是炎症的一种形式。其次，炎症会增加色素沉着的发生，在炎症发生的位置会产生难看的黑点。

这种一系列的皮肤问题令人非常沮丧。但是无论你的问题是痤疮、外伤、皮疹还是过敏反应，你都应该庆幸地深吸一口气，因为最终这些问题都会完全消失，只是你现在应该注意的是那些问题过后留下的黑点。你也许会发现这些黑点比你皮肤原有的问题看起来更难看，持续的时间更长！皮肤科医生称这种问题为炎症后色素沉着斑（PIPA）。

人们经常称这些斑点为"伤疤"。因为他们很担心这些斑点会永远存在，不会消失。但是你的这些黑点不是永久性的，也不是炎症之后引起的伤疤，对于这种像痤疮和其他的问题引起的皮肤恶性循环你是可以进行干预治疗的。

这样一系列的皮肤问题不仅可以出现在面部，它们还可以出现在身体的任何部位。很多患者到诊所向我抱怨道她们不敢穿裙子，因为她们腿上的那些伤口已经变成难看的黑点了。在本书中我给出的都是解决面部问题的方法，但是因为 OSPT 类型的其他部位皮肤也容易出现类似的问题，所以在这里也一并提出。

OSPT 和炎症

加上以上的一些因素，对于皮肤护理的第三个重要挑战是你敏感的皮肤，这就使你的皮肤更容易发生那些引起暗斑的炎症反应。因此我要找到和避免那些可诱发炎症的因素，并划定一个大致的范围以供你选择。

在皮肤损伤的位置，由于红细胞或白细胞迅速大量增加而导致局部炎症，这样的现象可以帮助皮肤的恢复。痤疮、烧伤、蚊虫叮咬、淤青、皮疹和过敏反应都很常见，但是任何类型的炎症，哪怕是血细胞在切口的位置聚集，都能触发褐色斑的形成。体外的任何热源也都可以加重体内的炎症。

有一天，一位在高档的法国 - 亚洲菜餐厅的亚裔厨师来向我咨询如何解决他脸颊和前额上的一大片黄褐斑。我让他尝试了几种局部治疗，但是都没有效果。虽然这些黄褐斑令他感到压力和尴尬，但是他坚决不肯用化妆品去遮盖它们，他直截了当的告诉我"化妆比脸上的斑更让我感到难堪"最后我告诉他，要想治疗脸上的斑，唯一的方法就是不当厨师。如果你的皮肤不能耐受很热的环境的话，你就必须要更换工作。毫无疑问，对于他来说不断暴露在高热和蒸气环境是引起他黄褐斑的主要因素。最终，他接受了我的建议，色斑问题自然而然地解决了。但遗憾的是，南滩区因此失去了一位优秀的厨师，我也很怀念他做的香茅鸡。

外部热源会引起炎症的发生，这也就是那些引起红肿的烫伤、热蜡、晒伤或者刺激性的护肤成分都会引起 OSPT 类型的皮肤出现恶性循环的原因。在热天中暴晒和灼伤也可以导致炎症。虽然深色 OSPT 类皮肤的色素沉着可以预防晒伤，但是来自于太阳的热量仍然是个问题。

避免阳光照射、炎热的夏天、烧伤和各种各样的外部热源。很多可以选择的服务，包括热蜡脱毛、桑拿、蒸汽室、剥脱或其他治疗，都可以使你的皮肤受热或者是刺激你的皮肤，从而引起炎症反应。以下的美容治疗就是如此：

☐ 用镊子拔面部的汗毛可以引起皮肤损伤

☐ 化学脱毛例如奈尔脱毛膏可以祛除毛发，这种治疗通常含有很强的化学成分，这种成分可以刺激你的皮肤。

☐ 热腊脱毛膏也能引发炎症

☐ 浓度高的化学剥脱对你来说刺激过度

☐ 用剃须刀贴紧皮肤剃须会增加胡子内陷的风险，这种情况也会导致炎症。

☐ 热辣的食物，热饮和热天气都可能引发炎症。

☐ 桑拿，身体包裹，烫头发或用化学染料染发，拉直都能引起炎症。

请务必要避免这些治疗。有一种需处方类名为 Vaniqa 的脱毛剂可以使你的毛发生长速度减缓，这样就可以减少你脱毛的次数。一定要避开那些引起皮肤损伤的任何东西。

皮肤敏感和 OSPT

作为一个敏感类型的皮肤，你也更容易对某些护肤产品产生反应，如红肿、灼伤、刺痛、皮疹或敏感。

奥丽维亚是一个 29 岁意大利裔房地产经纪人，她那乌黑的头发、橄榄色的皮肤、闪亮的黑眼睛和活泼的个性都说明了这一点。她有着地中海人的共同特点 - 色素沉着，但是她还感觉皮肤油腻。因为她总是活跃在社交场合，她希望她能拥有出色的皮肤，所以她接受了一个美容师的建议做了化学剥脱，结果她做完之后皮肤通红并出现了黄褐斑。她对我说"美容师告诉我做化学剥脱可以让我的皮肤看起来很干净，但是你看发生了什么，这简直是毁容！"

包括许多从事皮肤专业的人员在内的大多数人，都对哪些成分可以引起炎症和过敏没有清晰的思路，所以说，用化妆品或治疗保护你的皮肤都是应该根据你的皮肤情况而选择。即使是那些标有"低敏"的产品，里面含有的香料或防腐剂也会引起过敏性皮肤的反应。在本章后面的内容里，我会提醒你注意那些容易引起敏感的成分，还会指导你使用那些舒缓皮肤并预防炎症的化妆品或护肤成分。

除了护肤品会有引起反应的风险，其他外部的一些情况可能还会增加你的过敏反应。这已经超出本书介绍的范围，但是有些人对某些食物、织物、服装中的化学成分过敏，还有对某些家具或建筑物里面的化学品过敏也并不罕见。例如，克伦是一个迷人的德国人，她从她祖母那里遗传了雀斑和绿色的眼睛，但同样也遗传了对草莓过敏。每当克伦吃草莓的时候，她就会长红色的小皮疹，但是几个小时后就消失了。其他类型的皮肤为了享受水果可以忍受这个过敏反应，但是作为 OSPT 类型皮肤的克伦，她没有这种奢望，因为过敏反应会诱发炎症和黄褐斑的恶性循环。有些过敏反应不会像克伦吃草莓那样出现速发反应，而是在数小时或数天后出现反应。如果在你皮肤上过敏反应持续出现，你可以考虑咨询过敏专科医生，让他们帮你找出过敏原因来避免过敏。

西蒙妮的故事

西蒙妮是一位 42 岁美丽的华裔牙买加人，她在当地的新闻节目中担任直播主持人。由于她经常发生痤疮，然后出现色沉并且持续 3 个月甚至更久，因此她非常绝望。她抱怨道"在我们这个行业，我脸上的瑕疵和斑点令我尴尬万分"。

她发现一种专为上镜使用的化妆品可以遮盖痤疮和黑点。但是西蒙妮感觉使用这么厚的专业化妆品很没自信，可普通的粉底又不能遮盖掉她皮肤上的问题。我注意到，她化的舞台妆太刺激皮肤，容易使她长痘，所以她希望能找到更适合的选择。

西蒙妮强迫自己每天看起来就像在镜头里一样漂亮，这让她产生紧张情绪。当她与人见面时，她特别担心他们在背后讨论她化了多厚的妆。西蒙妮绝望之下花了 200 多美元买了 10 多种不同的昂贵"美白霜"虽然这些产品可以慢慢地淡化她的色斑，但是痤疮还是会出现，然后暗斑接踵而至，这是不可避免的。西蒙妮承认"我只想藏起来"。

幸运的是，我还有另一个策略。除了试图祛除斑点，我们可以把重点放在预防斑点。为了达到这一目的，我建议采取三管齐下的策略：首先，使用维 A 酸预防痤疮，同时增加表皮剥脱，因此黑斑脱落的速度也会更快。其次，使用防晒霜防止激活产生色沉和黑斑的细胞。最后，在局部使用一种特殊的产品预防炎症后色素沉着。

这种方法终于让她在和痤疮的较量中占尽先机，改变了之前她一直跟着那些斑点后面去处理它们的窘境。由于痤疮出现后这个周期大概是 8 周，我们需要很长时间才能看到结果，因此我建议使用含有如水杨酸类的痤疮清除成分的粉底和粉饼来遮盖痤疮和暗斑。

当西蒙妮再次回来复诊的时候，她看上去容光焕发。她没有涂粉底，但是她的脸上也没有痤疮和黑点。因为她能够素颜现身于公共场合，她又开始轻松自信地在健身房做运动了。但是我提醒她继续使用这种"三管齐下"的方法，因为这种方法只能预防问题的发生，而并不能永久地解决她的问题。

近距离观察你的皮肤

OSPT 类型皮肤在中性和深色肤色人种是很常见的，如加勒比美洲人，拉丁美洲人，亚洲人和地中海人。其他种族中，浅肤色的人如爱尔兰人或英国人也可能是 OSPT 类型的皮肤，他们红润的面色上长着的雀斑也是一种色素沉着的表现形式。如果调查结果表明你是 OSPT 类型的皮肤，但是你并没有我上面介绍的各种症状，这并不说明通过问卷调查表得出结论是错误的。OSPT 类型的皮肤会出现很多问题，但是也存在例外的情况。在这一章中，我将讨论 OSPT 类型中黑色皮肤，中间色调皮肤和浅色皮肤的各种症状，发展趋势以及治疗方法。

所有 OSPT 类型皮肤可能出现的情况：
☐ 痤疮、皮疹、皮肤敏感
☐ 太阳暴晒区域出现的黑点或斑点
☐ 使用防晒霜后出现的面部油亮
☐ 使用护肤品后出现的刺激或疼痛

深色 OSPT 皮肤还可能出现的情况：
☐ 在痤疮，刺痛，损伤，切口，割伤，划伤和烧烫伤位置出现黑点
☐ 在皮肤上使用的防晒霜后呈现出白色或紫色
☐ 很难找出一种含遮盖成分而又不会刺激他们敏感皮肤的粉底
☐ 用于遮盖黑点的化妆品可能引起皮肤出油，出现油亮和 / 或痤疮
☐ 汗毛向内生长导致黑点
☐ 黑眼圈

意大利人、印度人、拉美人、亚洲人或其他种族的中性肤质的 OSPT 类型皮肤可能出现的情况：
☐ 为遮盖黑点使用的化妆品引起的皮肤出油，发光或痤疮

☐ 黑眼圈

浅色 OSPT 类型皮肤可能出现的情况

☐ 面部雀斑

☐ 手、手臂和腿上出现日晒后的斑点

☐ 患恶性黑色瘤风险增加，尤其是对那些红色头发又长着雀斑的人更是如此

对于浅色 OSPT 皮肤是很容易找到适合的方法来治疗的，在这一章中我将讨论浅色 OSPT 类型皮肤应该如何避免日晒和使用防晒霜，并且结合其他皮肤护理手段的治疗方法。对于所有 OSPT 类皮肤使用皮肤美白产品是很有帮助的，但是对于浅色的皮肤也可以使用更强的治疗，如激光和光疗法。但是我不会为肤色深的人推荐这些治疗，因为这些强效的治疗会陷入炎症的恶性循环。如果你是亚裔，你一定要注意了。虽然你的肤色可能很白，但是你的皮肤也许会像深色皮肤一样出现炎症反应。所以亚裔应遵循我推荐的对 OSPT 类型深色皮肤或中性皮肤的治疗方式。

那些属于 OSPT 类型的浅肤色人士患黑色素瘤的风险很高，如果你有雀斑和晒伤史的话，风险就更高。很重要的一点就是你要自我监测，并定期到皮肤科医生那里去检查身上的痣。

黑色素瘤的征兆：分为 A、B、C 和 D：

不对称（A：Asymmetry）：痣的两侧是不对称的

边缘（B：Borders）：边界不明显。很难判断痣的起始端。

颜色（C：Color）：出现不只一种颜色，可能出现黑色、白色、红色和黄色。

直径（D：Diameter）：大于四分之一英寸（约合 6.4 毫米）。

即使你可以减少日晒的风险，但是没有任何一种方法可以预防黑色素瘤。你最好的方法是尽早发现。如果你发现可疑的痣你一定要立即去看皮肤科医生。这样可以挽救你的生命，甚至多等一天，结果都有可能不同。

OSPT 皮肤推荐的方法

首先，你可以使用我推荐的不含引起皮肤反应成分的产品，这样可以预防痤疮、红肿和皮疹，同时可以帮助你减少油脂分泌，同时有抗炎作用。其次，因为日晒会增加色素沉着，所以需要常规使用防晒霜。最后，给自己减压，避免所有可以引起炎症的活动和皮肤护理。尝试以下提出的护肤步骤，这可以让你的皮肤焕然一新。其实你已经很幸运了，因为你皮肤的大部分关键问题都是可以预防的。

褒曼医生的底线：

预防是关键！使用适合的抗炎预防措施来减少皮肤刺激和色素沉着。

针对你皮肤类型的每天皮肤护理

根据你皮肤处于"炎症 - 痤疮 - 暗斑"循环的位置选择适合你的治疗方法。
我将推荐以下一种或几种产品：

☐ 预防和治疗痤疮

☐ 预防和治疗黑斑

另外，很多其他产品会有助于：

☐ 控制皮肤潮红

增白和控油可以帮助 OSPT 类型皮肤解决许多典型症状，这些症状大多数是由色素沉着和出油产生的。在众多治疗方案中确定一个适合你的方案。根据你的皮肤是偏油性还是混合性，你可以选择是否使用一些产品，如爽肤水和保湿剂。

在你接受我推荐的治疗方案 6 周到 2 个月后，你如果觉得需要进一步帮助，请翻到"咨询皮肤科医生"这部分，在这里你将会了解到哪些处方药可以控制你的问题。如果你出现了急性症状，请立即预约挂号，因为在美国看皮肤科经常是要预约很长时间的。

我针对 OSPT 类型的不同皮肤问题提出了不同的护理方案。首先选择一种你目前最关键的问题，然后据此选择我推荐的产品。

在两个治疗阶段中，我们把所有不需要处方类治疗方案作为第一阶段。在第一阶段，你将会接受最基础的治疗方案。在接受了 6 周到两个月的治疗后，如果你发现你的问题还没有解决，我建议你停止原来的方案，转而升级到处方类治疗方案，详细请参考"咨询皮肤科医生"部分。

使用预防关键问题的化妆品，并把这当作日常习惯。在这基础方案之上，你还可以根据自己的具体问题增加补充治疗选项。

皮肤日常护理方案

<table>
<tr><td colspan="2" align="center">第一阶段　非处方
针对痤疮和黑斑</td></tr>
<tr><td>早上</td><td>晚上</td></tr>
<tr><td>第一步：用洗面乳洗脸</td><td>第一步：用洗面乳洗脸</td></tr>
<tr><td>第二步：使用爽肤水（可选项）</td><td>第二步：使用爽肤水（可选项）</td></tr>
<tr><td>第三步：如果你有黑斑请使用美白产品
　　　　（可选项）</td><td>第三步：如果你长痤疮，请使用治疗痤疮的
　　　　药（可选项）</td></tr>
</table>

第四步：在常长痤疮的位置使用过氧苯酰	第四步：如果你有黑斑，请使用美白产品（可选项）
第五步：使用眼霜（可选项）	第五步：使用眼霜（可选项）
第六步：使用防晒霜（必须）	第六步：如果你是混合型皮肤，请在干性部位使用保湿霜（可选项）
第七步：使用含有防晒成分的化妆品	

早上使用含有水杨酸（如果你皮肤红肿）或过氧苯甲酰（如果你有痤疮但没有皮肤红肿）的洗面乳洗脸。如果你的皮肤很油，可以使用爽肤水进行彻底清洁（如果你的皮肤不是很油你可以忽略这一步）。如果你有暗斑，你可以使用淡斑凝胶。如果你经常出现痤疮或已经长了痤疮，你可以直接在脓疱上使用含过氧苯甲酰的产品。你还可以定期在痤疮上使用治疗性药物。如果你愿意的话还可以使用眼霜。

接下来，一定要用防晒霜，如果你愿意的话还可以化妆。

在晚上，使用同样的护肤方法，可以省略过氧苯甲酰和防晒霜这两步，如果需要可以使用眼霜和保湿霜。务必使用适合你的保湿霜，你可以阅读下面章节中的治疗方案里推荐的建议和产品。

第一阶段　非处方
针对皮肤红肿和黑点的没有痤疮的皮肤

早上	晚上
第一步：用洗面乳洗脸	第一步：用洗面乳洗脸
第二步：使用爽肤水（可选项）	第二步：使用爽肤水（可选项）
第三步：当有黑斑时可以使用美白产品（可选项）	第三步：如果有需要的话，在黑斑上使用美白产品（可选项）
第四步：使用眼霜（可选项）	第四步：使用眼霜（可选项）
第五步：使用防晒霜（必须）	第五步：如果你是混合型皮肤，在你感觉干的位置使用保湿霜（可选项）
第六步：使用含有防晒成分的化妆品	

早上，用那些含有益于你皮肤成分的洗面乳洗脸。对于面部皮肤红肿的，使用抗炎的洁面产品。对于有黑斑的，使用含大豆或烟酰胺的洁面产品。如果你的皮肤在油性测试中得分很高（O 项评分在 34 分或 34 分以上），在洁面之后要使用爽肤水。如果你皮肤上出现了黑点，可以针对它们使用美白凝胶。如果你喜欢，

最后可以使用眼霜。

下一步，使用防晒霜。如果你在油性测试中的得分低于 34，你可以使用保湿霜或有防晒功能的粉底。如果你在油性测试中得分高于 34 分，你可以略过保湿霜这步，单独使用防晒霜或有防晒成分的粉底。

在晚上，使用同样护肤方法，跳过防晒霜和化妆步骤，如果你需要的话可以使用眼霜和保湿霜。

第一阶段　非处方
针对皮肤红肿有黑斑还有痤疮的皮肤

早上	晚上
第一步：用洗面乳洗脸	第一步：用洗面乳洗脸
第二步：当你面部有黑斑时可以使用美白剂（可选项）	第二步：如果有需要，在有痤疮的地方使用治疗痤疮的药膏（可选项）
第三步：在痤疮上应用治疗痤疮的药膏（可选项）	第三步：当你面部有黑斑时可以使用美白剂（可选项）
第四步：使用防晒霜（必须）	第四步：如果你是混合型皮肤，你可以在皮肤干燥的位置涂抹保湿霜（可选项）
第五步：使用含有防晒成分的化妆品	

在早上，使用含有水杨酸的洗面乳洗脸。如果面部有黑斑出现，可以在黑点的位置涂抹美白成分。如果你目前正患痤疮，可以使用控痘产品控制痤疮，你可以白天带着控痘产品以便随时使用。下一步，如果你喜欢可以使用防晒霜并化妆。

在晚上，使用同样的护肤方法，省略掉防晒霜，如果需要可以使用保湿霜。

洗面乳

选择一款无刺激又不会洗去皮肤天然皮脂的洗面乳用于卸妆。这样有助于减少或控制皮肤的敏感度。如果你觉得洗面乳对皮肤太干了，你可以隔一天用一次，与针对敏感皮肤设计的洗面乳交替使用，如温和的洁面皂。避免使用冷霜和油性洗面乳，这些产品对于你油性的皮肤太油了。

我在这给大家推荐几种不同的洗面乳：在这个目录里面选择一款符合你护肤方法的洗面乳。

推荐的含有水杨酸的洁面乳

$ Aveeno Clear Complexion Cleansing Bar

（Aveeno 皮肤清洁洁面皂）

$ Black Opal Skin Perfecting Blemish Wash

（Black Opal 皮肤斑点完美洁面乳）

$ Clean & Clear Advantage Acne Cleanser

（可伶可俐高级痤疮洁面乳）

$ Iman Perfect Response Oil-Free Cleanser for Acne Prone Very Oily Skin

（Iman 痤疮无油洁面乳适合非常油性的皮肤）

$ Neutrogena Acne Wash

（露得清痤疮洁面乳）

$$ Quintessence Purifying Cleanser with Cucumber

（康蒂仙丝黄瓜净化洁面乳）

$$ Super-Skin Beta Hydroxy Acne Cleanser

（Super-Skinβ 羟基痤疮洁面乳）

褒曼医生的选择：Neutrogena Acne Wash（露得清痤疮洁面乳）。

推荐含有过氧化苯甲酰洁面乳

$ Clean & Clear Continuous Control Daily Cleanser

（可伶可俐每天持续调控洁面乳）

$ Neutrogena Clear Pore Cleanser

（露得清毛孔清洁洁面乳）

$$ Vichy Bi-white Deep Cleansing Foam

（薇姿双重菁润焕白泡沫洁面霜）

$$ Proactive® Renewing Cleanser

（高伦雅芙修复洁面乳）

$$ Stiefel PanOxyl Bar 5%

（施泰福 5%PanOxyl 皂）

褒曼医生的选择：Stiefel PanOxyl Bar 5%（施泰福 5%PanOxyl 皂）。

推荐含有大豆或烟酰胺的洗面乳

$ Aveeno Positively Radiant Cleanser

（Aveeno 强效焕肤洁面乳）

$ Olay Daily Facial Cleansing Clothes for sensitive skin

（玉兰油敏感皮肤洁面棉）

$ Paula's Choice One Step Face Cleanser

（宝拉珍选 清透双效洁面凝胶）

$$ Niadyne NIA 24/7 Facial Cleanser

（Niadyne NIA 24/7 洁面乳）

褒曼医生的选择：Aveeno Positively Radiant Cleanser（Aveeno 强效焕肤洁面乳）。

推荐抗炎的洁面乳

$ Eucerin Redness Relief Soothing cleanser

（优色林红肿舒缓光滑洁面乳）

$ Roc Calmance Soothing Cleansing Fluid

（RoC 舒缓洁肤液）

褒曼医生的选择：含有菊科植物的 Roc Calmance Soothing Cleansing Fluid（RoC 舒缓洁肤液）。

爽肤水的使用

使用爽肤水通常可以使油性皮肤感觉干净和清爽。此外，爽肤水含有的抗炎，控制色素沉着和减少油脂分泌的成分可以保留在皮肤上。然而，如果你是混合型皮肤，请避免在干燥皮肤上使用爽肤水。如果你使用某些护肤品，如保湿霜或防晒霜有红肿或刺激的反应，一定不要使用爽肤水，加用含有抗炎成分的面部凝胶。如果你感觉每天的皮肤保养太复杂，那就可以忽略爽肤水这步。

推荐的爽肤水

$ Avène Cleanance Purifying Lotion

（雅漾祛脂爽肤水）

$ Iman Perfect Response Gentle Toner for Acne Prone Very Oily Skin

（Iman 针对非常油的皮肤的潜在痤疮而温和的爽肤水）

$ Paula's Choice Healthy Skin Refreshing Toner

（宝拉珍选 健康清新爽肤水）

$ Vichy Purete Thermale Toner Detox

（薇姿泉之净滢润爽肤水）

$$ Exuviance Soothing Toning Lotion

（爱诗妍丝滑紧肤乳液）

$$ SkinMedica Acne Toner with tea tree oil and salicylic acid

（SkinMedica 含有茶树油和水杨酸的治疗痤疮爽肤水）

$$$ Dr. Brandt Lineless Tone with willow herb

（Dr．Brandt 无痕焕彩柳兰爽肤水）

$$$ Erno Lazlo Conditioning Preparation

（Erno Lazlo 修复剂）

褒曼医生的选择：含有氢醌和控油的（Erno Lazlo Conditioning Preparation Toner）Erno Lazlo 修复剂。我通常不选用贵的产品，但是苯二酚使得这种产品非常适合 OSPT 类皮肤。

痤疮的处理

油性敏感性皮肤很容易长痤疮，长痤疮之后还就容易留下瘢痕，如果你用错误的方法挤痘的话，瘢痕就更容易出现。在你每天的护肤保养中，你使用的产品可以帮助你预防它们，你也可以从下列产品选出一些来治疗你的痤疮，然后让你自身的修复能力来帮助你解决问题。

最重要的是，不能用蒸气蒸脸，用热毛巾或冰块敷脸。所有这些引起皮肤温度剧烈变化的做法可能导致皮肤炎症，因此都不适合你。很多人都认为日晒可以帮助痤疮的清除，但是痤疮往往是在夏天加重，所以我不认为日照对减轻痤疮有帮助。

在痤疮上涂含水杨酸或过氧化苯甲酰的药物而不是挤压脓疱，这是最适合你的办法。

推荐含有过氧化苯甲酰的控痘产品

$ Oxy Balance Acne Treatment for Sensitive Skin

（氧平衡痤疮治疗敏感皮肤）

$ Walgreens Maximum Strength Acne Medication

（Walgreens 强效痤疮药）

$ ZAPZYT Maximum Strength 10% Benzoyl Peroxide Acne Treatment Gel

（ZAPZYT 最大强度 10% 过氧化苯甲酰治疗痤疮的凝胶）

$$ Jan Marini Benzoyl Peroxide 5%

（Jan Marini 5% 过氧化苯甲酰）

$$ MD Formulations Benzoyl Peroxide 10

（MD Formulations 10% 过氧化苯甲酰）

$$ PanOxyl Aqua Gel 10%

（PanOxyl 10%Aqua 凝胶）

$$ Proactiv Repairing Lotion 2.5%

（高伦雅芙 2.5% 修复乳液）

褒曼医生的选择：没有特殊喜欢，它们都很好。

正确的挤痘方法

虽然我希望你们别动那些痤疮，但是我知道在把痤疮弄破之前你是不会罢手的。因此我要提供一个正确的方法来解决你的问题。我将在本章中介绍当痤疮成熟时如何解决这一问题。

你需要的是什么？

香皂和水

酒精

棉棒

火柴

无菌的医用玻璃滴管（凉的）

何时选择挤痘

你的身体会对炎症产生反应，例如所有的死细胞，脓液和细菌，当它们被包裹并形成"脓栓"时就适合采取措施了。如果痤疮有个小白头，说明里面脓液已被局限于一个囊里，准备被清除了。如果没有白头的话则不要采取措施，因为痤疮还没有到该清除的时候，如果你处理它，情况会变得更糟。你会扩大脓疱的范围，并使其变成囊肿。

应该做些什么？

首先，用香皂洗干净双手。用火柴的火焰为针消毒，然后用浸泡过酒精的棉棒擦拭清洁针并清除针上的黑色痕迹。

使用一个新的酒精棉棒为痤疮和周围皮肤消毒。然后用针在白色脓头的位置上轻轻按压，在上面穿个小孔。只是个小孔，仅此而已。如果后来没有什么变化，痤疮也没有开放，那你就不要管它，等6个小时就足够了。相信我，如果痤疮已经"含疱待放"，处理起来是很容易的。要是还没有到适合清除的时候，就随它去吧。

如果你愿意的话还可以再用棉棒在痤疮周围轻轻地按压。

或者，你可以用医用滴管，把滴管的小孔放在痤疮中心，然后用玻璃在痤疮的周围轻轻按压，直到把脓挤压出来为止。

清除处理后

用棉棒把创口擦干净，并用抗菌药物，使用含有酒精、北美金缕梅、过氧化苯甲酰或水杨酸的瞬间净痘精华或 Acne-Stick（痤疮棒）擦拭你的创口。倩碧和露得清都有痤疮棒，对于干燥痤疮很有帮助。

对于创口不需要包扎或覆盖，就让它自然地干燥。你可以使用含有抗炎和干燥成分的遮瑕膏来遮盖它们，如含有过氧化苯甲酰或水杨酸的产品，例如我推荐的露得清的遮瑕膏或含有硫磺的处方类遮瑕膏。

如果你的痤疮还没有出头，使用含有北美金缕梅，过氧化苯甲酰或水杨酸的控痘产品来遮盖它。如果痤疮还在持续，你可以去看皮肤科，皮肤科医生会给你局部注射激素，这种注射可以清除痤疮，但可能会留下一个凹坑，看起来会有点像瘢痕。

推荐治疗青春痘的斑点

$ Avène Diacneal
（雅漾祛油清痘乳）

$ Eucerin Redness Relief Concealer- Tone Perfecting cream
（优色林红肿急救完美遮瑕霜）

$ L'Oreal Pure Zone Spot Check Blemish Treatment
（欧莱雅纯带瑕疵治疗）

$ Neutrogena On-the-Spot Acne Treatment，Vanishing Formula
（露得清痤疮治疗，清除配方）

$ Pond's Clear Solutions，Overnight Blemish Reducers
（旁氏清透无瑕系列清痘洁面乳）

$ Paula's Choice Normalizing Cleanser Pore Clarifying Gel
（宝拉珍选 净颜平衡洁面凝胶）

$ Vichy Normaderm Anti-imperfection Essence
（薇姿油脂调护抑痘精华霜）

$$ Biotherm Acnopur Emergency Anti-Marks Concealer for Blemish Prone Skin
（碧欧泉 ACNOPUR 紧急抗暗疮皮肤膏）

$$ Clinique Acne Solutions Concealing Stick
（倩碧痤疮治疗遮瑕棒）

$$ Exuviance Blemish Treatment Gel
（爱诗妍斑点治疗凝胶）

$$ Paula's Choice Clear Targeted Acne Relief Toner
（宝拉珍选 净颜祛痘爽肤水）

$$$ Clinique Acne Solutions Spot Healing Gel

（倩碧痤疮斑点愈合凝胶）

$$$ Guerlain Crème Camphréa

（娇兰 Crème Camphréa）

褒曼医生的选择：Clinique Acne Solutions Concealing Stick（倩碧痤疮治疗遮瑕棒），它可以帮助隐藏痤疮同时帮助其愈合。

深色斑点的治疗

针对暗斑可以使用美白产品，要确保美白产品是用于清洁皮肤和爽肤水之后，而在其他产品之前。在刚开始出现暗斑征兆的时候就开始使用这些产品，持续使用一段时间，直到斑点完全消失为止。你同样也可以在已经长了一段时间的斑点上使用这些产品。如果你发现那些不需要处方类美白剂不是很有效，你可以咨询你的皮肤科医生，寻求处方类美白药物。

美白凝胶

$ NeoCeuticals HQ Skin Lightening Gel

（NeoCeuticals 淡斑嫩白修护凝胶）

$$ Avène Whitening Serum

（雅漾美白祛斑霜）

$$ Clearly Remarkable Skin Lightening Gel

（Clearly 美白祛斑凝胶）

$$ Murad Age Spot & Pigment Lightening Gel

（Murad 色斑淡化啫喱）

$$ Peter Thomas Roth Potent Skin Lightening Gel

（彼得罗夫强效淡化肤色合成啫喱）

$$ Paula's Choice RESIST Daily Smoothing Treatment with 5% Alpha Hydroxy Acid

（宝拉珍选 岁月屏障焕采果酸柔肤精华）

$$ RESIST Weekly Resurfacing Treatment with 10% Alpha Hydroxy Acid

（宝拉珍选 岁月屏障果酸焕肤周护理精华露）

$$ Vichy Bi-white Reveal Essence

（薇姿双重菁润焕白精华乳）

$$$ DDF Fade Gel 4

（DDF 淡化啫喱 4）

$$$ DDF Intensive Holistic Lightener

（DDF 淡化啫喱）

$$$ Dr．Brandt Lightening Gel
（Dr．Brandt 美白凝胶）

$$$ Dr．Michelle Copeland Pigment Blocker 5
（Dr．Michelle 祛斑淡疤精华5）

$$$ Philosophy Pigment of your Imagination gel mixed with Vitamin C-in the "Lighten Kit"
（Philosophy 想象中的色斑凝胶，含维生素C等亮白成分）

$$$ When Lightening Strikes Skin Lightener by Philosophy
（Philosophy 亮白霜）

褒曼医生的选择： Philosophy "A pigment of your imagination"（Philosophy 想象中的色斑凝胶）。

保湿剂

有一个对于大多数 OSPT 类型的皮肤不幸消息，那就是保湿霜会阻塞你的毛孔并增加油脂分泌。在很多时候，你拥有你所需的自然分泌的皮脂。如果你感觉眼周、面颊或下巴的皮肤很干（或油性测试在 27～35 之间），你可以在感觉干的位置使用含有抗炎，抗痘和去色素的清爽型保湿霜，如果你有需要，也可以在全脸使用保湿霜。那些含果酸、α-硫辛酸和DMAE 的抗衰老产品对于你的皮肤会很刺激，所以是没有必要的。

推荐的保湿产品

$ Aveeno Positively Radiant Anti-Wrinkle Cream
（Aveeno 活性亮肤抗皱晚霜）

$ Avène Skin Recovery Crea
（雅漾修护保湿霜）

$ Black Opal Advanced Dual Phase Fade Cream with Hydroquinone and sunscreen
（Black Opal 高级双效美白防晒淡斑霜）

$ Eucerin Redness Relief Daily perfecting lotion
（优色林抗红舒缓完美保湿乳）

$ Olay Total Effects Visible Anti-Aging Moisturizing Treatment Fragrance Free
（玉兰油多效修复抗衰老精华乳）

$ Paula's Choice HydraLight Moisture-Infusing Lotion
（宝拉珍选 清爽保湿抗氧化乳液）

$ St Ives Swiss Formula Cucumber & Elastin Eye & Face Stress Gel

（圣艾芙小黄瓜弹性胶原蛋白紧肤啫喱）

$$ Nicomide T Cream

（Nicomide T 霜）

$$ Vichy Aqualia Thermal Cream Light

（薇姿温泉矿物保湿霜（清爽型））

褒曼医生的选择： Nicomide T Cream（Nicomide T 霜），在药店的柜台里有卖，不需要处方，这种产品已经被证明对于痤疮和玫瑰痤疮的改善是很有帮助的。

眼霜

如果有黑眼圈的话，你可以使用含有维生素 K 的眼霜，它可以帮助你解决因血流淤积而出现的黑眼圈。

眼霜

$ Porcelana Dark Circles Under Eye Treatment

（Porcelana 黑眼圈治疗）

$ Vita-K Solution Super Vitamin K for Dark Circles Under Eyes

（Vita-K Solution 治疗黑眼圈）

$$ Avène Ystheal+Eye Contour Care

（雅漾柔白活肤眼霜）

$$ Paula's Choice Resist Super Antioxidant Concentrate（Serum）

（宝拉珍选 岁月屏障全方位抗氧化精华）

$$ Quintessence Clarifying Under Eye Serum

（康蒂仙丝减轻黑眼圈精华）

$$ Vichy Bi-white Reveal Eye

（薇姿双重菁润焕白修护眼霜）

褒曼医生的选择： Quintessence Clarifying Under Eye Serum（康蒂仙丝减轻黑眼圈精华），因为它还含有维生素 A。

剥脱

使用面部磨砂膏对于很多类型的皮肤都是很有帮助的，但是对于 OSPT 类型的皮肤并不是那么有效，因为严重的剥脱会导致 OSPT 类皮肤出现炎症和黑斑。如果你使用维 A 酸类产品，你将发现它们可以帮你的皮肤自然剥脱。

购买产品

通过阅读商标来选择护肤品可以扩大你对产品的选择范围，所以你可以选择那些含有对你有益成分的产品同时避免增加炎症或油脂分泌的产品。如果你发现你喜欢的产品没有在我介绍的表里，请登陆 www.derm.net/products 并告诉我你最喜欢的产品，这样我可以将这些产品介绍给其他相同皮肤类型的人。同时你也要检查你的洗发水、护发素、浴泡和剃毛产品里的成分，因为它们也会接触你的皮肤并可能引起刺激。

可以使用的护肤成分	
减少炎症的成分	
• 芦荟	• 齿叶乳香树
• 牛蒡根	• 甘菊
• 黄瓜	• 右泛醇（维生素原 B_5）
• 甘草查尔酮	• 甘草萃取物
• 锦葵属植物	• 烟酰胺
• 红藻	• 玫瑰水
• 水杨酸	• 水飞蓟素
• 乙酰磺胺	• 硫磺
• 茶树油	• 锌
减轻痤疮的成分	
• 壬二酸	• 过氧化苯甲酰（如果你有皮肤红肿，不要使用）
• 氢醌（OSPT 类型深色的皮肤应慎用）	• 维生素 A
• 水杨酸	• 茶树油（有些人对其过敏）
预防色沉的成分	
• 烟酰胺	• 大豆
减轻色沉的成分	
• 当你出现暗斑，黄褐斑或难看的色素沉着时可以使用的成分。	
• 熊果苷	• 壬二酸
• 熊果提取物	• 黄瓜萃取物
• 柳叶菜属植物	• 曲酸

- 甘草提取物，又称光甘草或光果甘草
- 桑葚萃取物
- 氢醌（OSPT 类型深色的皮肤如果使用应该要注意）
- 水杨酸（有时也称为β羟基酸或 BHA）

避免的清洁成分
避免任何含有既稠又多泡沫的产品、避免使用的护肤成分
如果你有潜在的痤疮

- 丁基硬脂酸盐
- 桂皮油
- 可可粉
- 椰子油
- 油酸癸酯
- 异丙基硬脂酸盐
- 异丙基
- 异丙基豆蔻酸盐
- 异丙基棕榈酸盐
- 异丙基
- 异丙基
- 荷荷巴油
- 十四烷基豆蔻
- 十四烷基丙酸
- 棕榈酸酯辛基
- 硬脂酸辛酯
- 薄荷油

如果你有皮肤敏感和/或皮疹

- 对羟基苯甲酸酯
- 香料
- 丙稀乙二醇（PPG-2）
- 羊毛脂
- 过氧化苯甲酰

适合你皮肤的防晒霜

通常浅肤色的 OSPT 类型的皮肤要避免日照，因为他们知道日照将会增加他们脸上的雀斑并导致晒伤。同时有油性并有色素沉着的 OSPT 类型的皮肤是很幸运的，因为中性的肤色显得容光焕发，日晒后出现华丽的棕色。然而，中间色调到深色皮肤的 OSPT 皮肤应该使用防晒霜以预防因 UVB 和 UVA 照射而形成的暗斑。这就是为什么无论你是什么肤色都要使用宽光谱防晒霜，这样就可全天候阻止 UVA 和 UVB 射线。因为 OSPT 类型皮肤是油性皮肤，所以使用凝胶、清爽的乳液和喷雾要比使用很油的面霜和乳液感觉更好。OSPT 类皮肤非常敏感，所以使用含有二氧化钛和氧化锌的物理性防晒要比使用化学防晒更合适，因为化学防晒会引起皮肤刺痛和烧灼感。即使你使用防晒产品，你也将会发现日晒后你的皮肤可能还是会变成浅棕色，因为没有任何一种防晒霜可以 100% 地阻挡太阳射线。

同时请记住，如果你有新近出现的黄褐斑或急性晒斑，你最好是完全避免日晒。作为额外的安全考虑，选择一款能够既能抗炎、美白，又能同时防晒的产品。

推荐的防晒产品：

$ Aveeno Positively Radiant Daily Moisturizer SPF 15 with UVA-UVB
（Aveeno 活性亮肤保湿日霜 UVA/UVB SPF15）

$ Avène Very high protection sunscreen cream SPF30
（雅漾自然防晒霜）

$ Neutrogena Healthy Skin® Visibly Even ™ Daily SPF 15 Moisturizer
（露得清健康皮肤清透保湿日霜 SPF15）

$ Olay Total Effects Moisturizing Vitamin Complex，UV Protection
（玉兰油全效保湿维生素，含防晒成分）

$$ Paula's Choice barely there sheer matte tintw/SPF20
（宝拉珍选 清透修色隔离粉底液 SPF20）

$$ Vichy UV PRO Secure Light SPF30+PA+++
（薇姿优效防护隔离乳（清爽型））

$$$ Philosophy "Pigment of your Imagination" sunscreen
（Philosophy "想象中的色斑" 防晒霜）

褒曼医生的选择： Philosophy "Pigment of your Imagination"（Philosophy "想象中的色斑" 防晒霜），因为既能美白又可以防晒。

应避免使用的防晒成分

由于皮肤敏感，很多 OSPT 类皮肤使用防晒霜后，里面的某些成分都能引起皮肤刺痛，烧灼和红肿的反应。如果发生了这些情况，应立即停止使用这些产品并避免这些引起反应的成分：

阿伏苯宗

苯甲酮

丁基苯甲酰甲烷

异炳基苯甲酰甲烷

甲氧基肉桂酸

苯亚甲基樟脑

PABA 对氨基苯甲酸

苯基苯并咪唑 磺氨基酸

你的化妆

你可以使用含防晒成分的化妆品来遮盖痤疮、暗斑或红肿，这些成分也可以帮你预防上述问题。若想控制痤疮可以寻找那些含有水杨酸的产品，它们可以大大改善痤疮并增加皮肤的剥脱，同时可以减少油脂分泌（例如露得清 Skin Clearing Oil-Free Makeup）。你可以找含美白成分（如大豆）的粉底（例如露得清 Visibly Even Liquid Make Up（露得清清透液体粉底））。OSPT 类型的皮肤不应使用厚重、油性的粉底，而是应该使用那些不含油的产品。很多化妆品品牌都会推出三种不同性质的粉底，分别是含油、不含油的和具有特殊功能的粉底（例如含防晒的粉底）。不含油的粉底是最适合你的。如果不使用粉底，取而代之的是使用含有防晒成分的粉饼，这是另一个很好的选择。

OSPT 类型的深色皮肤很需要寻找一类深色的粉底。Iman 牌的化妆品专门为深色皮肤研究了适合她们的粉底（可在 Walgreen's 和 Target 找到），所以你应该选择一款非油性并适合你的粉底。兰寇推出了品牌为 Color ID 的新粉底，适合深色皮肤的人使用。

如果推荐的乳液和凝胶不能完全消除你皮肤的油光，你还可以通过面部粉饼调节皮肤的反光度。它还有一个优点，即含有防晒成分的面部产品可以保护你的皮肤不受紫外线的侵害，避免因紫外线刺激而产生的色素沉着。我推荐的产品可以遮盖红肿和暗斑，同时可以吸收和遮盖皮肤的出油，并且还可以有防晒效果。

推荐的含有防晒成分的粉

$ Avène Couvrance compact oil free
（雅漾焕彩无油遮瑕隔离粉底膏）

$ Maybelline PureStay SPF 15 Powder
（美宝莲完美粉饼 SPF15）

$ Neutrogena Healthy Defense Protective Powder SPF 30
（露得清健康防护粉饼 SPF30）

$ Paula's Choice Healthy Finish Pressed Powder SPF15
（宝拉珍选完美防晒蜜粉饼 SPF15）

$$ Estee Lauder Amber Bronze Cool Bronze Loose Powder SPF 8
（雅诗兰黛雅琥珀古铜清凉散粉 SPF 8）

$$ Jane Iredale's Amazing Base Loose Minerals SPF 20
（Jane Iredale's 迷人的矿物质粉 SPF 20）

$$ Philosophy Complete Me high pigment mineral powder，SPF 15

（PhilosophyPhilosophy 完成自我矿物粉，SPF 15）

$$ Vichy Aera Mineral BB Asia SPF 20

（薇姿轻盈透感矿物修颜霜）

褒曼医生的选择：以上都可以。

推荐的控制痤疮或控油的粉

$ Avène Translucent Mosaic Powder

（雅漾焕彩透亮遮瑕粉饼）

$ Clear Finish Great Complexion Pressed Powder by Avon

（雅芳清晰良好肤色散粉）

$ Maybelline Shine Free Oil Control Loose Powder

（美宝莲控油粉）

$ Neutrogena Skin Clearing Facial Powder

（露得清清爽粉底）

$$ Bobbie Brown Sheer Finish Loose Powder

（Bobbie Brown 纯粹完成蜜粉）

$$ Clinique Stay Matte Sheer Pressed Powder

（倩碧停留亚光纯粹粉饼）

$$ Jane Iredale Pure Matte Finish Powder

（Jane Iredale 纯亚光定妆蜜粉）

$$ Stila Loose Powder

（Stila 蜜粉）

$$$ Shu Uemura Face Powder Matte

（植村秀亚光蜜粉）

$$$ Lancome Dual Finish Fragrance Free Powder

（兰蔻双重遮瑕粉）

褒曼医生的选择：Lancome Dual Finish Fragrance Free Powder（兰蔻双重遮瑕粉）是无香精的产品，并且非常适合敏感皮肤。

推荐的粉底

$ Avène Fluid Foundation Corrector

（雅漾焕彩无油遮瑕隔离粉底乳）

$ Iman Second To None Oil-Free Makeup with SPF 8-for darker skinned people

（Iman 独一无二无油化妆品，适合深色肤质，SPF8）

$ Neutrogena Skin Clearing Oil-Free Makeup- for acne
（露得清爽肤无油祛痘妆）

$ Neutrogena Skin Clearing® oil-free compact foundation- for acne
（露得清爽肤控油祛痘粉饼）

$ Neutrogena Visibly Even Liquid Make Up for dark spots
（露得清清透祛斑液体粉底）

$$ Acne Treatment Foundation by DermaBlend for acne
（DermaBlend 治疗痤疮粉底）

$$ Covergirl Clean Oil Control Makeup for Light Coverage
（封面女郎洁肤油妆，适用于浅色皮肤）

$$ Fresh Face Luster Powder Foundation
（Fresh Face 光泽粉底）

$$ Mary Kay TimeWise® Dual-Coverage Powder Foundation for darker and lighter skinned people
（玫琳凯时光精灵®两用粉饼，暗色浅色肤质均适用）

$$ Vichy UV PRO Secure Light SPF30+ PA+++
（薇姿优效防护隔离乳（清爽型））

$$$ Chanel Double Perfection Fluide Matte Reflecting Makeup SPF 15
（香奈儿双效完美粉底，SPF15）

褒曼医生的选择：Neutrogena Skin Clearing Oil-Free Makeup（露得清无油清透粉底）（我的深色皮肤的患者喜欢梅林凯，Iman 和 MAC 的粉底）。

咨询皮肤科医生

皮肤处方类治疗方案

如果你已经使用了我推荐的每日护理方案和非处方治疗两个月，但你发现你仍然会突发痤疮，下一步，你就应该再咨询皮肤科医生。针对痤疮，我将建议你先尝试处方类抗生素凝胶和维 A 酸，如果仍未能解决问题，你可以考虑口服抗生素。请按照我每日护肤方案的第二阶段进行。如果你长期口服抗生素，我建议你一同服用益生菌，这样可以调节肠道菌群并保持消化系统健康。

无论你是得了痤疮，玫瑰痤疮或面部红肿，这个处方方案对你将会很有帮助。局部使用抗生素会有治疗痤疮和抑制炎症两种功能。

护肤方案

第二阶段	
早上	晚上
第一步：用洁面乳洗脸	第一步：用洁面乳洗脸
第二步：使用爽肤水（可选项）	第二步：使用爽肤水（可选项）
第三步：当你长暗斑的时候，使用美白剂（可选项）	第三步：如果需要，在暗斑上使用美白剂（可选项）
第四步：使用处方类抗生素凝胶	第四步：使用处方类抗生素凝胶
第五步：使用防晒霜（必须）	第五步：如果你没有暗斑，你可以使用达芙文或汰肤斑，如果你有暗斑你可以用美白剂代替第四步。
第六步：使用含有防晒成分的化妆品	第六步：如果你是混合型皮肤，你可以在干燥皮肤上使用保湿霜（可选项）

　　早上使用处方类洁面乳清洗你的脸，之后如果喜欢的话你可以使用爽肤水，在暗斑上使用美白剂，然后在全脸涂抹抗生素凝胶。如果最近你长了痤疮，你也可以在每天早上的最后一步在痤疮上使用治疗痤疮的产品（见推荐非处方产品列表）。如果你白天需要抗痘产品，你可以将它随身携带。

　　下一步，如果愿意你可以使用防晒霜和化妆。

　　在晚上，按照同样的护肤方案，使用我推荐的维A酸。如果你有暗斑，使用汰肤斑，因为它含有美白产品（氢醌），另外可以使用达芙文或其他产品。由于使用维A酸可以使混合型皮肤（油性测试得分在 27 ～ 35 分）感觉皮肤干燥，如果是这样，你可以使用保湿霜。

处方类洁面乳

- PanOxyl 洁面乳
- Rosanil 洁面乳
- Rosula 洁面乳
- Triaz 洁面乳
- Zoderm 洁面乳

　　褒曼医生的选择：以上所有的都很好，与你的皮肤科医生讨论，选择一款最适合你的洁面乳。

使用处方类维生素 A 治疗皱纹，痤疮和暗斑

- 达芙文凝胶（阿达帕林）
- Tazarac and Avage（他扎罗汀）凝胶或面霜
- Tri-luma 汰肤斑

针对痤疮或炎症的处方药凝胶

- 必麦森凝胶
- Clinda 凝胶
- 达芙文 凝胶
- Duac
- Metro 凝胶
- Plexion
- Rosac 含有防晒的面霜
- Triaz

褒曼医生的选择：高德美的达芙文凝胶：我建议使用的凝胶，因为它可以治疗痤疮，皱纹和暗斑。另外，对于油性皮肤它也不会作用太强。

如果这些治疗不是很有效，针对急性痤疮最后的选择是处方药异维 A 酸。虽然它非常有效，但是可以引起肝脏的问题和畸胎，因此只有在很严重的情况下才可以使用这种方法。咨询你的医生，并接受医生的建议。

治疗暗斑

这些处方产品含有高浓度的氢醌，因为氢醌可以抑制产生色素的酶，因此它们可以帮助祛除暗斑和其他色素沉着。使用护肤方案第二阶段中推荐的一种产品来美白你的皮肤。

处方治疗暗斑的美白剂

- 氢醌
- Epiquin Micro
- 通用苯二酚也是可以的
- Lustra
- Solaquin Forte gel
- Tri-luma 汰膚斑

褒曼医生的选择：高德美的 Tri-luma 汰肤斑有三重作用，包括可以减轻炎症的激素、维 A 酸和淡化暗斑的美白产品。

针对你皮肤类型的步骤

在大多数情况下，深色皮肤的 OSPT 型人会对外用药物产生非常好的效果，所以过多的护肤步骤不仅是没有必要，有时可能还会有害。不过你需要耐心等待，因为局部用药往往需要一段时间才能看出效果。

通常来说，深色的 OSPT 类皮肤需要避免光疗，因为这些治疗可以导致他们皮肤发炎，并使黑斑加重。但是有一种光例外，那就是蓝光治疗，蓝光可以杀死细菌和帮助治疗痤疮。你需每周去接受一两次的治疗，坚持六周。这个治疗每次花费大概是 150 美元，你的医疗保险可能会覆盖这种治疗。

另一方面，如果你的肤色是浅色至中间色调（范围从像尼科尔·基德曼一样的白色，到像珍妮弗·洛佩斯的中度颜色），你可以请你的皮肤科医生为你进行强脉冲激光 IPL 治疗。浅色 OSPT 类皮肤比深色 OSPT 类皮肤不易产生炎症，那些浅色皮肤的暗斑在接受 IPL 治疗后可以迅速变浅，另外蓝光治疗也可以治疗痤疮。要想了解更多信息，请阅读"对油性、耐受性皮肤的进一步帮助"。

额外的选择

深色皮肤的人和那些不喜欢（或承担不起）IPL 激光的人可以通过接受化学剥脱来解决他们的问题。接受一次含有 20% 或 30% 水杨酸的治疗，它可以帮助你祛除表层的皮肤，同时触发细胞快速分裂，促进色素在细胞自然更新的过程中剥脱。对于 OSPT 类皮肤，氢醌也可以有效地治疗痤疮和暗斑。如果你是深色皮肤，你可以求助于那些专长于治疗深色皮肤问题的皮肤科医生，因为如果化学剥脱使用不当，你脸上的暗斑就会加重。这种化学剥脱每次大概花费 120 ～ 250 美元，你将需要 5 ～ 8 次的治疗。

正在使用的皮肤护理方法

对于 OSPT 类型的皮肤来说预防"痤疮 - 炎症 - 色斑"循环的发生是最好的方法。如果你想做到这一点，你需要按照我建议的皮肤日常护理方案，并使用我推荐的产品。如果你喜欢，你可以试用几种简单的美容治疗。总而言之，你一定要避免炎症，吃合适的食物，无论何时都要给自己减压。在年轻的时候养成好的生活习惯可以解决你的皮肤问题。管理好你的皮肤的确需要付出努力，但随着时间流逝，你将会非常喜欢你的皮肤。当你上年纪的时候，你不会像其他类型的皮肤那样需要花费大量金钱和精力用于抵抗衰老，你的皮肤将会美丽一生。

第六章
OSNW：油性、敏感性、非色素性、皱纹皮肤

龙虾型皮肤

"在海滩待上半个小时，我的皮肤就会红得像煮熟的龙虾，我实在晒不成棕褐肤色，但我仍不想放弃……"。

关于你的皮肤

已故的英国剧作家诺埃尔·科沃德所作的一首著名的讥讽、诙谐的歌曲，"疯狗和英国人（走在正午的阳光下）"，他无疑想到了 OSNW：

日本人不在意是否晒黑，中国人不想晒黑，而印度人和阿根廷人在 12 点到 1 点雷打不动的要去睡觉……

所以正如科沃德所说，只有无畏的英国人坚持在中午晒太阳，这其实是 OSNW 的民族特点，这一点存在于苏格兰、爱尔兰、德国和北欧背景的许多人之中，皮肤白皙，晒太阳也很少有色素。他们的皮肤缺少黑色素，但他们有顽强的决心：他们想晒成棕褐肤色，但任何人都是不可能的。这种皮肤类型也常常脸部潮红，患有玫瑰痤疮，但他们的皱纹主要是由阳光伤害引起。

OSNW 名人

你可以称罗伯特雷德福是一名超级成功者。他是在电影《虎豹小霸王、骗中骗、候选人及总统班底》里作为一名演员而成名的，雷德福也是一名获奥斯卡奖的导演，一名长期的环境保护积极分子，也是圣丹斯电影学院的创办者。自从 1978 年以来，他促进了年轻的新兴派导演的工作，一开始便让一些重要人才，如凯文·史密斯、昆汀塔伦蒂诺和吉姆贾木许得到了广泛关注。

雷德福还拥有一家餐馆和一个滑雪胜地。也许他对滑雪的热爱使得他经常受到曝晒，从而导致这个金发碧眼、令人倾慕的英俊偶像变成了一个满脸皱纹的老者。白皙的、红色的皮肤、金黄色的头发及蓝眼睛，他这所特有的爱尔兰血统揭示了雷德福是一个不易产生色素的人，照片中面部的光泽及痤疮瘢痕说明他极有可能是一个油性、敏感的皮肤类型。作为男人中的男人和女人的梦中情人，雷德

福从来不会避免日晒或使用防晒霜去保护他非色素性的皮肤，现在他却出现了皱纹。他是滥用阳光的典范，但无论如何仍有数百万人会认为他很英俊，包括我自己在内。

不要晒成棕褐肤色，不要晒伤

当他们在写 Coppertone （某助晒油品牌）广告歌的时候，"晒成棕褐色，没有晒伤……"，他们不会谈及你的皮肤类型。暴露于中重度阳光你总会中度或重度的晒伤。我在临床中看到的许多 OSNW 都有皱纹、红血丝、玫瑰痤疮，均是由遗传和不顾健康的举动联合造成的。避免阳光对你来说是必须要做的。

为什么?

正如科沃德在他的歌曲中指出，几个世纪的遗传性适应没有为炎热的阳光准备相同的色素类型（比如科沃德提到的亚洲人、印地安人及西班牙裔）。那就是他们明智地待在家里的原因。与此同时，有勇无谋的英国人（及其他缺乏黑色素的 OSNW）满不在乎地悍然要伤害皮肤。

如果皮肤减少色素沉着，结果是很糟的。尽管我不建议任何人晒成棕褐肤色，但是容易产生色素沉着的皮肤晒黑时，至少他们有机会接触阳光，对他们来说日常几次短暂的阳光照射，光的危害是比较小的（如上午 10 点前和下午 4 点后）。然后当皮肤逐渐增加光照时，色素会被激活，并给皮肤提供相应的保护。

但大部分 OSNW 都缺乏晒成棕褐皮肤的基因及怎样去晒的常识。在约束自己工作一年后，他们就像喜欢大海的旅鼠一样冲去海滩，想弥补在室内度过的紧张时期。相反地，他们将白皙、未受保护的、不易留色素的皮肤晒得通红。一生中一次或多次灼伤皮肤易患非黑色素瘤皮肤癌，同时皱纹也是这种皮肤类型的困扰。

当他们出现在我办公室时，鲜红色的脖子以及更为鲜红的面孔加上其他一系列的晒伤症状是他们的特征，他们会一脸窘相地坦白："我在沙滩玩得过度了"。我可不是在开玩笑！

然而，当看到他们的所作所为时简直令人抓狂，而我又情不自禁地因为欣赏他们的勇气而原谅他们。是这种精神创造了大英帝国，但是你应该把晒伤自己的这种精神用在别处。在阴雨连绵的天气结束时，英国人渴望去拥抱明媚开朗的阳光也不是完全错误的。抑郁症在多云地区是比较普遍的，比如在阿拉斯加，实际上阳光是对季节性情感紊乱的一种治疗，在灰暗的、寒冷的天气及阳光稀少的时候会产生失落及无精打采的情绪。紫外线有助于增强内啡呔及让你感觉不错的激素的产生。当你抹着防晒霜，穿着遮挡阳光的衣服时，你是可以从阳光中得到这些好处的。

一些想把皮肤晒成棕褐色的人认为阳光对皮肤有利，或者可以改善痤疮。事实并非如此。紫外线辐射会导致皮肤油脂分泌增加，从而导致黑头粉刺数量的增多，而且研究还证实夏季痤疮的发病率更高。

R 开头的词，玫瑰痤疮

另一个要将养成日常使用防晒霜习惯主要原因是因为阳光曝晒可以导致血管破裂，从而出现玫瑰痤疮症状，例如面部潮红或出现红血丝。这是因为阳光照射加速了胶原蛋白的流失，削弱了血管周围的支撑。事实上，越来越多的医学证据表明，玫瑰痤疮在多数情况下都是由阳光损伤造成的。

OSNW 皮肤是最容易患玫瑰痤疮的类型之一，如果你已经咨询过皮肤科医生，你可能已经得到了这一诊断。研究表明，尽管有 1400 万美国人患有玫瑰痤疮，但 78% 的美国人不知道这种病，而且还有很多人虽然已经患了玫瑰痤疮，但自己还不知道。

什么是玫瑰痤疮？

玫瑰痤疮的四个常见症状有：

症状 1：面部发红

症状 2：有丘疹脓疱样的痤疮

症状 3：面部明显的血管扩张

症状 4：增大的皮脂腺导致鼻子变红、变大

你可能同时有一个或有多个这样的症状，每一个症状都需要不同的治疗。不过只有一个症状并不意味着你可能出现其他的症状。如果你有任何一种症状就应该尽早就诊，这样可以避免玫瑰痤疮进一步恶化。

该病的后期阶段是可以并应该避免的。最著名的一名玫瑰痤疮患者是喜剧演员 W.C. Fields。圆鼻子形成的滑稽外貌实际是玫瑰痤疮的一个症状，如果需要的话这是可以治疗的，但最好预防这种症状的出现。我在这个章节中提供的治疗方法对此是有帮助的。

罗斯玛丽的故事

罗斯玛丽是一个大企业成功的注册会计师，面色白皙，金发碧眼。她的淡蓝色及奶油色的套装透出她的优雅。在看到我关于玫瑰痤疮研究项目的广告后，她来到了我们在迈阿密大学的诊所。虽然她不是我们研究项目的候选人，但当我们分析了她的皮肤状况之后，能明显地看出她的绝望。42 的罗斯玛丽还算年轻，但是她已经咨询过 9 个不同的皮肤科医生，一直努力地想控制她的皮肤护理问题。

在尝试他们的意见后，她痛苦地放弃了，这对她来说是在经历了职业和个人生活的成功后最大的难题。

我既惊讶又难过地看到一个穿戴着无可挑剔的圣约翰西装和 Mikimoto 珍珠的高级职业女性，在讨论她的皮肤时泪流满面，"真是不公平，为什么我同时有粉刺和皱纹！"她哭着说。她倾诉由于自己的皮肤问题，这些年一直生活在羞于见人的自我意识里。

在青春期时，她长着粉刺，使用了几种抗生素。她经常咨询皮肤科医生，但她从没使用过维 A 酸，这是一种治疗急性痤疮的常规药物。随着年龄的增长，她一直都长着粉刺，现在她有玫瑰痤疮的症状，包括经常脸红，鼻周会出现断裂的毛细血管，并且现在已经扩展到面颊和下巴了。过去她总是通过粉底来遮掩，但现在她已经度过了 40 岁生日，涂抹在眼周皱纹与眉毛之间的粉底会结成块。在受到市面上铺天盖地"抗衰老"产品宣传的影响，罗斯玛丽开始了一个新的抗皱纹运动。但是这些产品对她而言刺激性太强并使她皮肤变红。她感到绝望，所以她对我们玫瑰痤疮研究的广告作出了回应。

首先，我向罗斯玛丽说明她的皮肤问题是其皮肤类型中的典型，并且我有治疗方案。我会给她使用抗炎药及抗氧化剂来加强对敏感皮肤的护理，以预防炎症及抗衰老。我所推荐的化妆不贵，所以她可以把钱省下来去做专业治疗，这样可以改善她皮肤的状况和外观。

罗斯玛丽的玫瑰痤疮迫切需要含硫磺的处方药来安抚发红的皮肤。另外，我还建议她使用专门治疗敏感性皮肤的一种无刺激、无油性的防晒霜。一种强脉冲激光可以减少她面部的红血丝，并且减轻她双颊发红的症状。

尽管这些治疗费用很昂贵，但考虑到她花在咨询皮肤科医生、寻找皮肤护理产品、使用不当产品后闭门静养的时间，罗斯玛丽决定为此付款。

近距离地观察你的皮肤

正如罗斯玛丽所经历的一样，患有玫瑰痤疮都会感到压力。研究表明玫瑰痤疮患者通常都缺乏自尊，当玫瑰痤疮加重时他们更不想见人。但如果你患有这种疾病，更好的办法是面对现实并接受治疗。虽然不是每个 OSNW 都患有玫瑰痤疮，但如果你有 OSNW 的任何症状并患有玫瑰痤疮，我的治疗方案将会很有帮助。

像罗斯玛丽一样 OSNW 的皮肤，你可能经历下列任何一项：

- 面部发红
- 红色斑片
- 很难晒成棕褐色，经常晒伤
- 青春痘

- 油性皮肤
- 毛孔粗大
- 面部发红，红斑脱屑，尤其鼻子周围更明显
- 面部可见红色或蓝色的血管
- 出现粉刺、皮肤灼热、发红，或者对很多护肤品都感觉刺痛
- 出现中央凹陷的发黄或肤色样小包，这些增大的皮脂腺被称为"皮脂腺增生"
- 鼻子增大
- 皱纹、眉间纹及鱼尾纹
- 增加非黑色素瘤皮肤癌的风险（基底细胞癌与鳞状细胞癌）

大部分 OSNW 都发红。"我的脸在照片里看起来都很红"是最常听到的抱怨。可能你也会注意到脸上会有淡黄色的中间凹陷的凸起。长时间的皮脂腺分泌增加导致鼻子变大。太阳照射会加重玫瑰痤疮本身和所有关于红斑痤疮的症状。

你的皮肤护理记录

大多数来我办公室的 OSNW 在找到我之前都已经看过好多医生了，他们的皮肤病常常有几十年了。在三十岁之前，痤疮是 OSNW 最大的皮肤问题。许多人发现这种称为"青春痘"的东西并没有随"青春"的结束而消失。三十多岁的人因为皮脂腺分泌最汪盛，会分泌更多的油脂，从而使皮肤更粗糙。尝试不同产品后常常会使情况更糟，因为敏感皮肤会对很多护肤品的成分都有过敏反应。

超过四十岁的 OSNW 仍可能患有痤疮或玫瑰痤疮。另外，在你三四十岁时（唉，有时甚至是在你二十多岁时）也开始出现皱纹。它看起来可能是所有问题中最糟的。一个让人欣慰的事实是由于女性四五十岁绝经，油性减少后痤疮也随之好转。（如果你是男人，很遗憾，你的皮脂腺会一直孜孜不倦地分泌到八十岁。）

休和珍是一对六十多岁的苏格兰夫妇，他们居住在苏格兰的一个乡村。现在已经退休了，他们都喜欢户外活动。休热爱高尔夫，珍则喜欢园艺。他们有几个朋友是我的患者，因为早些年休曾因患面部非黑素瘤性皮肤癌而做过切除手术，当休和珍飞往 Key West 旅行时，他们的朋友坚持让他们来我这里进行检查。

休和珍是典型的苏格兰人，棕色头发、蓝眼睛及红润的脸庞。我喜欢休自嘲时的幽默感，当他脱下毛衣让我检查他的背的时候，他开玩笑说他是一个"感谢上帝，让他成为美式性感的象征"。珍，一个退休教师，性情温和正派，这与她曾对几代儿童进行基础教育的经历密切相关。

珍和休在胳膊和额头处有棕色的、表面脱屑的隆起，这是极度晒伤的表现。当我询问他们的病史时我找到了原因。尽管在休每周一次的中午高尔夫球赛和珍多种多样的园艺中普通防晒霜能起到保护 OSNW 皮肤作用，但是还有更糟的情

况。那就是他们在南部的年假之旅。当日历翻到 8 月 1 号这页时，他们一家就驱车到那座 20 世纪 20 年代就为休家族所拥有的老式意大利风格别墅里度假。

他们 OSNW 的皮肤缺少与地中海阳光相匹配的黑色素，但是这却阻止不了他们的行动。他们会晒伤、然后脱皮，在每一次假期都重复晒伤、脱皮。想起来就令人害怕！

现在他们正在为此而付出代价。检查他们皮肤时我发现休身上有日光性角化病（癌症前期损害），还有珍身上看上去很可疑的黑色痣。幸运的是，经过活组织检查证明都不是恶性的。我使用处方药艾达乐（Aldara，咪喹莫特乳膏）来治疗癌症前期损害。但他们必须要做每年的常规检查。

他们那饱受岁月雕琢的脸庞上，留下很明显的阳光晒伤痕迹。但是大多数人还是不能更好地意识到这个问题。当他们治疗完毕后准备离开时对我表示了感谢。随后休朝着珍做了手势，然后操着低沉的方言问我："医生，珍需要保妥适（Botox，A 型肉毒杆菌毒素）注射吗？"

我先是端详了一下珍皱纹密布的脸，她睿智的眼睛显得生动活泼，映射出她美丽的心灵。然后我就转向休说，"她这样子非常完美！""我也这么认为！"他肯定地说。

褒曼医生的底线

遵循你的皮肤护理方案并严格避光，这将帮助你避免皮肤问题的恶化。不要试用抗老化产品。遵循我的忠告，找到适合你的产品，不要在昂贵的护肤品上浪费金钱。正确的医疗手段将带给你与众不同的风采。

皮肤日常护理

何种护肤品最能符合你的需求？你主要是要关注油脂分泌和面部潮红，以及使你面部血管破裂的趋势。因此你需要不会出现刺激的产品来抑制痤疮、粉刺和皮肤潮红。为了找到合适产品，你可能尝试过推销的"适用于敏感皮肤"的产品，但发现这是有刺激性的或极度油腻的，因为很多敏感皮肤护理品更适用于干性皮肤。

你不管是有活跃期的玫瑰痤疮、粉刺，还是有过面部潮红、起痘、皮肤刺痛、出现皮疹的经历，本章节阐述的治疗方案都对你大有裨益，应每日坚持。

我所推荐的所有产品都包含至少以下一种作用：

- 预防并治疗皮肤潮红
- 预防并治疗丘疹粉刺
- 预防并治疗皱纹

此外，你的皮肤日常护理程序也有助于解决其他皮肤问题：

- 帮助预防非黑素瘤性皮肤癌
- 帮助预防年长 OSNW 者遇到的皮肤脆弱问题

抗炎和防氧化产品能有助于控制多种因炎症而导致的 OSNW 症状，所以我要告诉你们如何在日常疗法中使用它们。请参考我提供的两种方案，决定哪一种是你适用的。接下来，你能在本章各分类里选择我所推荐的合适的产品。

使用一种或两种疗法总共 6 周到 2 个月，如果你认为你需要进一步的帮助，请咨询皮肤科医生，他能提供处方类洗面乳和口服药物，以及能极大改进你皮肤的护肤治疗。若是急诊，你可能需要抓紧预约皮肤科医生，因为通常都需要等候很长时间。

皮肤日常护理方案

阶段一
针对皮肤发红的疗法

早上	晚上
第一步：用抗炎洁面乳洗脸	第一步：用抗炎洁面乳洗脸
第二步：使用抗衰老精华素	第二步：使用精华素或保湿霜
第三步：使用保湿霜（可选项）	第三步：使用维A酸产品
第四步：使用含SPF的粉底或防晒凝胶	

针对痤疮的疗法
阶段二　皮肤日常护理方案

早上	晚上
第一步：用含过氧化苯甲酰的洁面乳洗脸	第一步：用过氧化苯甲酰洁面乳洗脸
第二步：局部处理丘疹粉刺	第二步：使用带有抗炎成分的精华素或保湿霜
第三步：使用抗衰老精华素	第三步：使用维A酸产品
第四步：使用保湿霜（可选项）	
第五步：使用含SPF的粉底或防晒凝胶	

早晚使用含有抗炎成分的洁面乳，可以通过控制皮肤表面油脂而达到治疗痤疮的效果。那些包含水杨酸成分的产品是个不错的选择。若你皮肤只是轻微油性，你可以选择是否使用保湿霜。如果你想要选用保湿霜的话，你要选择含有抗炎成分的保湿霜。如果你有一个比较高的油性分值（O 值在 35 分或更多）而且皮肤有光泽的话，则不需要使用保湿霜。

晚上，用一款洁面乳温柔地卸妆。然后再使用亮白的夜用精华素，或面膜、润肤露，含有抗炎成分的啫喱也是可以的。

洁面乳的选择

对于你的皮肤类型我不推荐使用化妆水，因为这样会增加脸上发红症状。但是，如果你的分数是中等的"S"（25 ～ 33 分），而且主要问题是痤疮的话，那么你可以使用磨砂膏，但一周不要超过 2 ～ 3 次。确保轻微地使用，以免引起炎症。对于你的皮肤类型，我不太赞成使用磨砂膏，因此请谨慎使用。如果你的"S"分数高于 33，或是有潮红和玫瑰痤疮，就不要使用磨砂膏了。你可有针对地选择使用泡沫洁面乳。如果你有痤疮，选择"抗痘洁面乳"或者如果你有玫瑰痤疮，就选择改善潮红的洁面乳，如 RoC 舒缓清爽洁面乳。

推荐的洁面产品

$ Avène Cleance Soapless Gel
（雅漾清爽洁肤凝胶）

$ Biore Shine control foaming cleanser
（碧柔控油洁面乳）

$ Eucerin Redness Relief Soothing Cleanser
（优色林舒缓洁面乳）

$ Neutrogena Clear Pore Cleanser（contains benzyl peroxide）
（露得清清莹洗面奶（含苄基过氧化物））

$ Neutrogena Sensitive Skin Solutions Oil-Free Foaming Cleanser for Oily Skin
（露得清深层活力无油洁面乳）

$ Kiehls Blue Herbal Gel Cleanser with Ginger
（契尔氏蓝色草本洁面啫喱）

$ Clarins Purifying Cleansing Gel with Yucca
（娇韵诗清爽雅致洁面啫哩）

$ Paula's Choice Normalizing Cleanser Pore Clarifying Gel
（宝拉珍选 净颜平衡洁面凝胶）

$ PCA SKIN pHaze 31 BPO 5% Cleanser

$ RoC Calmance Soothing Cleansing Fluid
（RoC 舒缓洁肤液）

$ Vichy Purete Thermale Solution Micellaire
（薇姿泉之净舒安洁肤水）

$$ Citrix Antioxidant Cleanser

（Citrix 抗氧化洁面乳）

$$ Rodan and Fields Calm 1 Wash Facial Cleanser

（Rodan and Fields 舒缓洁面乳 1 号）

$$ Lancome GEL CONTRÔLE Purifying Gel Cleanser

（兰蔻纯净洁面乳）

$$ Rodan and Fields

（舒缓洁面乳 1 号）

$$ Peter Thomas Roth Beta Hydroxy Acid 2% Acne Wash

（彼得罗夫 2%β- 羟基酸粉刺露）

$$$ Darphin Purifying Foam Gel

（迪梵 纯净泡沫凝胶）

褒曼医生的选择：Citrix Antioxidant Cleanser（Citrix 抗氧化洁面乳）。

推荐的磨砂膏

$ Avène Gentle Purigying Scrub

（雅漾去角质净柔磨砂凝胶）

$ Avon Clearskin Facial Cleansing Scrub

（雅芳面部清洁磨砂膏）

$ Biore Pore Perfect Pore Unclogging Scrub

（碧柔完美疏通毛孔磨砂膏）

$ St Ives Swiss Formula Medicated Apricot Scrub For Oily or Acne Prone Skin

（圣艾芙 瑞士配方杏磨砂膏，适合油性或暗疮皮肤）

$ Clearasil Maximum Strength Formula Blackhead Clearing Scrub

（Clearasil 强效配方黑头清洁磨砂膏）

$ Neutrogena Oil-Free Acne Wash 60 Second Mask Scrub

（露得清去油痤疮磨砂洗剂）

$ Clean & Clear Blackhead Clearing Scrub

（可伶可俐黑头清洁磨砂膏）

$ Vichy Purete Thermale Exforliating Cream

（薇姿泉之净去角质磨砂霜）

$$ Anthony Logistics for Men Facial Scrub

（安东尼 Logistics 男士面部磨砂膏）

$$ Peter Thomas Roth AHA/BHA Face & Body Polish

（彼得罗夫含 AHA/BHA 的面部及身体磨砂膏）

褒曼医生的选择：如果你有痤疮，可选择使用 Clearasil Maximum Strength

Formula Blackhead Clearing Scrub（Clearasil 强效配方黑头清洁磨砂膏）；如果你面部潮红或有玫瑰痤疮，避免使用磨砂膏。

控制痤疮产品

当你痤疮出现得很活跃时可以使用这些产品。但我不建议挤压痤疮，如果你不能控制自己，请遵循第五章"正确挤痘方法"。

推荐的痤疮治疗

$ Avène Diacneal

（雅漾祛油清痘乳）

$ Neutrogena Acne wash

（露得清痤疮洁面乳）

$ Paula's Choice 2% Beta Hydroxy Acid Liquid Solution

（宝拉珍选 2%β- 羟基酸溶液）

$ Vichy Normaderm Day Cream

（薇姿油脂调护修润日霜）

$$ Avon Clearskin Overnight Blemish Treatment

（雅芳洁肤隔夜修复处理）

$$ Exuviance Blemish Treatment Gel

（爱诗妍暗疮治疗凝胶）

$$$ Erno Lazlo Total Blemish Treatment

（Erno Lazlo 暗疮治疗）

褒曼医生的选择：Paula's Choice 2% Beta Hydroxy Acid Liquid Solution（宝拉珍选 2% β- 羟基酸溶液）。

闭合性粉刺 / 治疗

$ Eucerin Clear Skin Formula Conceal & Heal Treatment Pencil

（优色林遮瑕笔）

$ Paula's Choice Soft Cream Concealer

（宝拉珍选轻柔盈润遮瑕膏）

$ Vichy Normaderm Anti-imperfection Essence

（薇姿油脂调护抑痘精华霜）

$$ Biotherm Acnopur Emergency Anti-Marks Concealer for Blemish Prone Skin

（碧欧泉 Acnopur 紧急抗暗疮皮肤膏）

$$ Clinique Acne Solutions Concealing Stick
（倩碧粉刺清除棒）

$$$ Guerlain Crème Camphréa
（娇兰樟脑霜）

褒曼医生的选择：Eucerin Clear Skin Formula Conceal & Heal Treatment Pencil
（优色林遮瑕笔）。

保湿霜

对于大多数油性皮肤来说保湿霜是没有必要的。但是，主要与 OSNW 相关的潮红和皱纹通常应用保湿霜治疗是有效的，所以我会给出一些推荐的产品，但同时警告你应该远离会使你敏感皮肤恶化的产品。如果你的皮肤非常油（O 高于34），那么你需要使用精华素、面部溶液或乳液。

含有抗炎成分的产品既能用于治疗频繁出现的皮肤潮红，也能舒缓皮肤并避免面部潮红和皮肤敏感。当你抑制了皮肤发红后，你就可以应用抗氧化保湿霜和精华素来预防皱纹。

为了预防皱纹，很多 OSNW 患者尝试过抗老化产品，但是这些可能含有刺激性成分，比如果酸和其他活性成分，这都会刺激 OSNW 皮肤从而引起痤疮，面部灼热或发红。

相反，使用含有抗氧化的保湿霜和精华素，能预防皱纹和其他老化特征。此外，我推荐你增加抗氧化食物的摄入，甚至口服抗氧化营养品。我将在"对油性，敏感皮肤的进一步帮助"部分进行做更详细的解释。

因为你不使用爽肤水，所以精华素（如果需要，一些保湿霜也可）对于 OSNW 型皮肤人来可以起到理想的"传送带"作用，因为它们会包含较高的活性成分，能更好渗地透入皮肤以消除皱纹，但是警惕可能会引起炎症的成分。诀窍是把合适的护肤成分调节成"鸡尾酒"，把抗皱成分和舒缓成分调和在一起，相得益彰。

强效而昂贵的抗氧化物，比如绿茶成分可以以高浓度形式存在于精华素之中，在皮肤上的保留时间也更长久些，相比之下存在于洁面乳里则更比较容易被洗掉。通过滴管瓶取出的精华素质地更醇厚，因此只要一点就可以覆盖很多皮肤。几滴就可以涂抹全脸。当你进入阶段 2，使用处方抗衰老产品时，你可以使用精华素作为"传送带"系统。对于皱纹皮肤，这是高效的组合，相比那些在开始阶段效果甚微、通常油腻的抗皱霜更加有效。

展望未来，现在正在开发的一些保湿霜会含有更高的活性成分，但是价格可能会很高。抗氧化物也有助于预防皱纹，如果你超过 30 岁，可选含维 A 酸的化妆品和处方类维 A 酸来帮助祛除已有的皱纹。

推荐的抗炎保湿霜

$ Avène Skin Recovery Cream

（雅漾修护保湿霜）

$ Aveeno Ultra Calming Moisturizing Cream

（Aveeno 超舒缓保湿霜）

$ Eucerin Redness Relief Soothing Night Cream

（优色林抗红修复舒缓晚霜）

$ St Ives Swiss Formula Cucumber & Elastin Eye & Face Stress Gel

（圣艾芙 小黄瓜弹性胶原蛋白紧肤啫喱）

$ RoC Calmance Soothing Moisturizer

（RoC 舒缓保湿霜）

$ Vichy Normaderm Day Cream

（薇姿油脂调护修润日霜）

$$ Clinique CX Soothing Moisturizer

（倩碧 CX 舒缓润肤霜）

$$ Nicomide T Cream （可以不用处方在药师处购买）

$$ Paula's Choice Skin Relief Treatment

（宝拉珍选皮肤减压治疗）

　　褒曼医生的选择：RoC Calmance Soothing Moisturizer（RoC 舒缓保湿霜）及 Aveeno Ultra Calming Moisturizing Cream（Aveeno 超舒缓保湿霜）。这两种产品都含有草药小白菊，具有抗炎及抗氧化的作用。

推荐的精华素及保湿霜

$ Aveeno Ultra Calming Moisturizing Cream with SPF 15

（Aveeno 舒缓保湿霜 SPF 15）

$ L'Oreal Dermo-Expertise Wrinkle De-Crease Daily Smoothing Serum

（欧莱雅抗皱舒缓日霜）

$$ Paula's Choice HydraLight Moisture-Infusing Lotion

（宝拉珍选 清爽保湿抗氧化乳液）

$$ Bobbi Brown Shine Control Facial Gel with green tea

（芭比布朗绿茶面部控油啫喱）

$$ MD Skincare Antioxidant Firming Face Serum

（MD 面部抗氧化紧肤精华）

$$ Clarins Skin Beauty Repair Concentrate

（娇韵诗舒柔修护精华液）

$$ Caudalie Face Lifting Serum with Grapevine Resveratrol

（欧缇丽紧致皮肤精华液（含葡萄藤白藜芦醇））

$$ Murad Cellular Serum

（慕拉细胞精华）

$$ Tolerance Extreme by Avene（anti-inflammatory）

（雅漾耐受极限（抗炎））

$$$ Decleor Contour Firming Serum

（思妍丽轮廓紧肤精华）

$$$ Skinceuticals Serum 10（anti-aging）

（修丽可精华 10（抗衰老））

褒曼医生的选择： Murad Cellular Serum（慕拉细胞精华）。

推荐的防皱产品

$$ Afirm 3X（含视黄醇）

$$ Avène Eluage Cream

（雅漾修颜紧肤霜）

$$ Avène Eluage Concentrate Gel

（雅漾抚纹精华露）

$$ Biomedic Retinol 30 by La Roche Posay

（理肤泉 Biomedic 维 A 霜 30）

$$ Paula's Choice Resist Super Antioxidant Concentrate（Serum）

（宝拉珍选 岁月屏障全方位抗氧化精华）

$$ Philosophy Help Me（contains retinol）

（Philosophy 帮帮我（含视黄醇））

$$ Replenix retinol smoothing serum

（Replenix 视黄醇舒缓精华）

$$ Vichy Liftactiv CxP Day Cream

（薇姿活性塑颜新生日霜）

褒曼医生的选择： 所有含视黄醇的产品都很好，用小口铝管包装并尽量减少暴露于空气中。

眼霜

眼霜并不是必须要使用的，我个人选择常规地将面部保湿霜涂抹在眼周。然

而，如果你更愿意用单独的眼霜，你可以选择下列这些产品并在涂抹保湿霜之前使用。

眼霜

$ Derm e Pycnogenol eye gel with green tea
（碧萝芷绿茶眼部凝胶）

$ Sudden Change Eye Gel with Green Tea
（绿茶瞬间焕颜眼部啫喱）

$$ Avène Elgage Eye Contour Care
（雅漾修颜淡纹眼霜）

$$ Osmotics Antioxidant Eye Therapy
（Osmotics 抗氧化眼霜）

$$ Paula's Choice Resist Super Antioxidant Concentrate（Serum）
（宝拉珍选 岁月屏障全方位抗氧化精华）

$$ SkinCeuticals Eye Balm with Silymarin
（修丽可滋润眼霜含西利马林）

$$ Vichy Liftactiv CxP Eye Cream
（薇姿活性塑颜新生眼霜）

褒曼医生的选择：SkinCeuticals Eye Balm with Silymarin（修丽可滋润眼霜含西利马林），一种有效的抗氧化剂。

面膜

当你有痤疮或皮肤发红或其他症状爆发每周 1 ～ 2 次的情况，请使用面膜。

推荐的面膜

$ Rachel Perry Clay and Ginseng Uplifting Mask with MSM & Bromelain
（Rachel Perry 火山泥和人参提升面膜含 MSN 和凤梨酵素）

$ Paula's Choice Skin Balancing Carbon Mask
（宝拉珍选活性炭矿泥平衡面膜）

$$ Kiehls Soothing Gel Mask
（Kiehls 舒缓凝胶面膜）

$$ Peter Thomas Roth Therapeutic Sulfur Masque
（彼得罗夫硫磺治疗面膜）

$$ Vichy Aqualia Thermal Mask

（薇姿温泉矿物保湿面膜）

$$$ Laura Mercier Hydra Soothing Gel Mask

（Laura Mercier 保湿舒缓凝胶面膜）

褒曼医生的选择： Peter Thomas Roth Therapeutic Sulfur Masque（彼得罗夫硫磺治疗面膜）——硫磺有助于减少发红症状。

护肤品选购

通过阅读商标来选择护肤品可以扩大你对产品的选择范围，所以你可以选择那些含有对你有益成分的产品同时避免增加炎症或油脂分泌的产品。如果你发现你喜欢的产品没有在我介绍的表里，请登陆 www.derm.net/products 并告诉我你最喜欢的产品，这样我可以将这些产品介绍给其他 OSNW 类型的人。

你需要寻找的护肤成分	
防止皱纹的抗氧化剂	
• 罗勒	• 咖啡因
• 中华虫草	• 辅酶 Q10（辅酶）
• 小白菊	• 染料木素
• 姜	• 人参
• 葡萄籽提取物	• 绿茶，白茶
• 艾地苯醌	• 叶黄素
• 番茄红素	• 石榴
• 丝兰	• 水飞蓟素
• 碧萝芷	
减少炎症	
• 芦荟	• 罗勒
• 乳香锯缘青蟹	• 牛蒡根（牛蒡）
• 洋甘菊	• 泛酰胺，又称原 VitB$_5$
• 小白菊	• 姜
• 锦葵	• 甘草提取物
• 烟酰胺	• 红藻类
• 水杨酸（也叫 β- 羟基酸或者 BHA）	• 磺胺醋酰
• 硫磺	• 茶树油
• 柳兰	• 锌

改善痤疮	
• 过氧化苯甲酰（参考下文）	• 维 A 酸
• 水杨酸	• 茶树油

美容品一般禁忌	
• 丙酮	• 酒精
• 过氧化苯甲酰（见下详述）	

OSNW 禁忌：过氧苯甲酰

过氧苯甲酰（BP）是最常见的针对痤疮局部用药之一。它有助于杀菌和控油。尽管有效，但可能引起 OSNW 敏感皮肤灼热、刺痛和发红等症状。但是，并非所有的 OSNW 患者都会遇到这样的问题，很多痤疮患者都从使用中受益。S 分较低（从 30～34 分）的患者或许可以使用过氧化苯甲酰。而像高伦雅芙（Proactiv）® 修复液之类的产品会更容易接受，因为它的过氧苯甲酰的含量较低（2.5% 或更低）。使用过氧化苯甲酰产品结合抗炎产品，比如 RoC Calmance 舒爽洁肤液，将有助于过氧化苯甲酰的使用。

需避免的护肤成分	
为防止刺激皮肤，你应避免：	
• 乙酸	• 秘鲁香脂
• 苯甲酸	• 肉桂酸
• 乳酸	• 薄荷脑
• 羟基苯甲酸	• 季铵盐 -15
为减少痤疮或黑头，你应避免：	
• 硬脂酸丁酯	
• 化学添加剂，如棕榈酸异丙酯，异硬脂酸异丙酯，异硬脂醇新戊酸酯，肉豆蔻酰，癸油酸，硬脂酸锌，辛棕榈，硬脂酸，丙二醇 -2（PPG-2），肉豆蔻丙酸	
• 肉桂油	• 可可脂
• 椰子油	• 薄荷油
• 十四酸异丙酯	• 羊毛脂
• 异硬脂酸异丙酯	

为减少皮肤发红，你应避免：

- 羟基酸（乳酸，乙醇酸羟基酸）
- 过氧化苯甲酰
- α-硫辛酸
- 维生素 C

皮肤防晒

把皮肤晒成褐色并不适合你，但是社会上如此之多的外力驱使女士们渴望自己如同模特、女演员或电视上看到的人物那样拥有健康的肤色。我认为还是做回自我，使用最适合自己的护肤品去完美自己的特质。

克里斯汀小姐，芳龄 19 岁，面容姣好，她的面部特征遗传自挪威裔的母亲，是个万人迷。她的金发碧眼和容易出现面部潮红的特点则是遗传自北欧祖先。但是她现在已经不生活在那片祖先曾经生活过的"夜半太阳"之地（北极圈附近），克里斯汀是 Texas 人（像我一样），自小她娇嫩的北欧肌肤就暴露于南方的烈日之下。更糟的是，克里斯汀是大学啦啦队长，她以优雅的南部口音告诉我，"Texas 啦啦队长就得是褐色皮肤的"，相信我，我完全理解。

看起来克里斯汀和她的拉拉队员在模仿她们从电视上看到的某些角色，也就是电影《Baywatch》（海魂）中的泳美人。深褐色的皮肤，配上三点式比基尼，《Baywatch》（海魂）中的男男女女引领了一股时尚潮流，克里斯汀则是趋之若鹜。

但是她的皮肤却不配合，当她试着晒成棕褐色，皮肤却一而再、再而三地灼伤、脱皮，就像是烈马在试图甩下身上的骑士。若她的皮肤能说话，它肯定在说："求求你别再晒我了！"

但是皮肤不能说话，所以我得替它说话"过度暴露在阳光下，对任何人都不好，尤其是像你这样的白种肤色的 OSNW"。我告诉她。克里斯汀虽不愿接受这一事实，但她极低的 N 分却表露无遗：OSNW。"那就表示我无法安全地晒成棕褐色，真的没有一丝可能吗？"她疑惑地问"没错，远离海滩，涂抹防晒霜，在你生命中的每一天。"我建议她。我向克里斯汀透露一个我知道的小秘密。你所见到的在表演秀中的来来往往的迷人褐色并非来自海滩暴晒，而是来自化妆品。他们化妆成褐色皮肤，却鼓励无数美国人为了看起来时尚而在今天牺牲他们皮肤的未来。

克里斯汀先是震惊了，接着很愤怒，最后愿意接受我的计划。但是她承认还有点问题，很多防晒霜都刺激她的皮肤，引起刺痒、刺痛及灼热。我给她介绍了一款无油型的产品，结果对她敏感的皮肤很是理想；更重要的是，她已经决定对暴晒的时光说永别。

像克里斯汀一样，防晒霜也是你的生活必需品。除了晚上之外的时间你都需要使用。日常使用 SPF30 的，当在户外或艳阳高照的时候使用 SPF45 ~ 60 的。

为了保证防晒霜的最好效果，要清洁皮肤上的油脂后再使用防晒霜。防晒露或防晒凝胶会比防晒乳更好，因为霜剂会使皮肤看起来更油腻。含有防晒成分的粉剂也是很好的选择。

推荐的防晒产品：

$ Aveeno Ultra Calming Daily Moisturizer with SPF 15
（超舒缓保湿日霜 SPF15）

$ Eucerin Sensitive Facial Skin Extra Protective Moisture Lotion with SPF 30
（优色林多重保护敏感肌肤保湿乳 SPF30）

$ RoC Age Diminishing Daily Moisturizer With UVA/UVD Sunscreen SPF 15
（RoC 年轻保湿日霜 SPF15）

$$ Applied Therapeutics® Daily Protection Sunscreen Gel SPF 30
（Applied Therapeutics® 日间防晒隔离啫喱 SPF30）

$$ Biotherm Sunscreen Hydrating Sunscreen Gel SPF 15
（碧欧泉保湿防晒啫喱 SPF15）

$$ Kiehls Ultra Protection Water-Based Sunscreen SPF 25
（契尔氏超强保护水性防晒霜 SPF25）

$$$ Natura Bisse C+C Vitamin Fluid SPF 10
（Natura Bisse C+C 维生素液 SPF10）

$$$ Prada Hydrating Gel Tint SPF 15
（普拉达补水凝胶 Tint SPF15）

褒曼医生的选择： Aveeno Ultra Calming Daily Moisturizer with SPF 15（超舒缓保湿日霜 SPF15），因为它含有菊科药草成分，既能抗氧化又能消炎。

使用方法：每天早上将约硬币大小面积的产品轻涂在面部、颈部和胸部。如果你待在太阳下超过一小时，每小时都要重复使用防晒霜。

应避免的防晒霜成分：
由于使用防晒霜，而导致皮肤灼烧、发痒或变红

- 阿伏苯宗
- 二苯甲酮
- 甲氧基肉桂酸酯

你的化妆

因为云母有助于控油，所以你可以使用粉饼或眼影粉；腮红会吸收油分，而且

作用持久。根据国家玫瑰痤疮基金会的说法，矿物质能有助于帮助人们治疗玫瑰痤疮，因为它是非刺激性的、自然保护皮肤。尽管一些公司宣称他们的化妆品也能防晒，但我还是推荐在防晒霜之后使用矿物质化妆品，以确保有足够防晒的效果。

化妆粉底

$ Avène Fluid Foundation Corrector

（雅漾焕彩无油遮瑕隔离粉底乳）

$ Avon Clear Finish Great Complexion Foundation with salicylic acid

（雅芳含水杨酸的自然色粉底）

$ Paula's Choice barely there sheer matte tintw/SPF20

（宝拉珍选 清透修色隔离粉底液）

$$ DermaBlend Acne Treatment Foundation

（DermaBlend 治疗痤疮粉底）

$$ Neutrogena Skin Clearing Oil Free Foundation

（露得清爽肤无油粉底）

$$ Philosophy "The Supernatural" Airbrush canvas foundation

（Philosophy "超自然" 气刷油画粉底）

$$ Vichy Aera Teint Pure Fluid Foundation

（薇姿轻盈透感亲肤粉底液）

褒曼医生的选择：Philosophy "The Supernatural" Airbrush canvas foundation（Philosophy "超自然" 气刷油画粉底），它有 SPF15 并且可以很好地控油。

粉剂

$ L'Oreal Ideal Balance Pressed Powder for Combination Skin with SPF 10 Sunscreen

（欧莱雅完美均衡粉 SPF10）

$ Neutrogena Skin Clearing Powder with salicylic acid

（露得清水杨酸清爽粉底）

$$ Avène Translucent Mosaic Powder

（雅漾焕彩透亮遮瑕粉饼）

$$ Avon Clear Finish Great Complexion Pressed Powder with Salicylic acid

（雅芳含水杨酸的浓缩粉底）

$$ Garden Botanika Natural Finish Loose Powder has antioxidants and aloe

（Garden Botanika 含抗氧化剂和芦荟的自然散粉）

褒曼医生的选择： Garden Botanika Natural Finish Loose Powder（Garden Botanika 含抗氧化剂和芦荟的自然散粉）。

为增强防晒，在防晒霜之后涂抹一层含 SPF 的粉。这将有助于预防阳光射透防晒霜，从而增加进一步的保护。

推荐含防晒的粉饼

$ Maybelline PureStay SPF 15 Powder

（美宝莲完美粉饼 SPF15）

$ Neutrogena Healthy Defense Protective Powder SPF 30

（露得清健康防护粉饼 SPF30）

$ Paula's Choice Healthy Finish Pressed Powder SPF15

（宝拉珍选 完美防晒蜜粉饼）

$$ Avène Couvrance compact oil free

（雅漾焕彩无油遮瑕隔离粉底膏）

$$ Estee Lauder Amber Bronze Cool Bronze Loose Powder SPF 8

（雅诗兰黛琥珀铜酷青铜散粉 SPF8）

$$ Jane Iredale's Amazing Base Loose Minerals SPF 20

（Jane Iredale's 迷人矿物质散粉 SPF20）

$$ Philosophy Complete Me high pigment mineral powder，SPF 15

（Philosophy 完成自我矿物粉 SPF 15）

$$ Vichy Aera Mineral BB Asia SPF 20

（薇姿轻盈透感矿物修颜霜）

褒曼医生的选择： 这些产品都很好，Jane Iredale 可以从皮肤科医生那里获得。

粉底要避免的成分：
油

粉饼要避免的成分：
避免含异丙基十四烷酸酯的粉饼，选择控油产品。

脸红时：
• 避免D＆C红色染料（黄嘌呤素，单偶氮苯胺，荧光母素，靛蓝类染料）
• 选择天然红色素，而不是洋红

咨询皮肤科医生

皮肤护理策略处方

作为 OSNW，你可能患有痤疮，皮肤潮红、红血丝、玫瑰痤疮和皱纹这三方面的问题。所以我提供了三种"第二阶段"的疗法，配合处方药分别治疗以上三种主要问题。请咨询你的医生，根据你的症状选择一种疗法并坚持至少两个月。你可以根据需要而灵活遵循。使用我所推荐的疗法时，要确保只有先解决了皮肤发红、红血丝和玫瑰痤疮后，才能着手解决皱纹问题。

皮肤日常护理

第二阶段：针对痤疮	
早上	晚上
第一步：以处方洁面乳洗脸	第一步：以处方洁面乳洗脸
第二步：使用抗生素凝胶	第二步：使用抗生素凝胶
第三步：使用保湿霜（可选项）	第三步：使用抗炎型保湿霜
第四步：使用含有抗炎成分的粉底或粉饼，比如水杨酸	第四步：使用维A酸，比如Tazarac（含他扎罗汀的）面霜

早上用处方类洁面乳洗脸，然后使用抗生素凝胶。如果只是轻微油性皮肤，你可以选择使用保湿霜。如果你选择保湿霜的话，选择那些含有抗炎成分的产品。使用含有抗炎和防晒配方的粉饼和 / 或粉底。

晚上像早上一样进行清洁皮肤，然后使用抗生素凝胶，然后是保湿霜。稍等一会儿，等有效成分吸收后，再使用维 A 酸。

此外，如果你想用处方类面膜治疗痤疮或红血丝，你可在第二阶段治疗方案中使用，具体为应用 Medicis 产的 Plexion PCT 面膜，每周 1 ~ 2 次。

处方类洁面乳
- Duac 洁面乳
- PanOxy 洁面乳
- Rosanil 洁面乳
- Rosula 洁面乳
- Triaz 洁面乳
- Zoderm 洁面乳

褒曼医生的选择： Triaz 洁面乳（如果你能耐受过氧苯甲酰和乙醇酸）。这款产品含锌，可以减少炎症。如果你有很高的 S 分（34 分或更高），这款产品对你的皮肤就过于刺激，在这种情况下，可使用 Rosanil。

针对痤疮的抗生素凝胶

- 必麦森
- Duac
- Plexion
- Triaz
- 克林达凝胶

褒曼医生的选择： 克林达凝胶。它的凝胶配方对油性肌肤很有效。另外，这款产品不需要冷藏。

治疗玫瑰痤疮和红血丝

玫瑰痤疮的发病分为不同的阶段，但无论是在哪个阶段，OSNW 型人总是能在其中发现自己的身影。所以不管你是简单的面部发红还是正患有严重的玫瑰痤疮，我推荐的处方药和美容治疗都很有帮助。若你有玫瑰痤疮的症状，我建议你首先使用抗炎疗法。若你需要进一步解决问题，你可以逐渐转为使用处方药和美容治疗。

<table>
<tr><td colspan="2" align="center">阶段二
针对皮肤发红、玫瑰痤疮和红血丝</td></tr>
<tr><td>早上</td><td>晚上</td></tr>
<tr><td>第一步：以处方洁面乳洗脸</td><td>第一步：以处方洁面乳洗脸</td></tr>
<tr><td>第二步：使用处方凝胶减少红血丝</td><td>第二步：使用同早上一样的处方凝胶</td></tr>
<tr><td>第三步：使用含有抗炎成分的粉底或粉饼</td><td>第三步：使用抗炎保湿霜</td></tr>
</table>

早上使用从本章节这部分前面产品名单里选出的处方洁面乳洗脸面部，接下来使用抗生素凝胶。若你仅是轻微油性皮肤，你可选择含有抗炎成分的保湿霜。使用化妆粉饼和／或粉底来治疗炎症和防晒。

晚上，跟早上一样做清洁，使用同样的处方药来舒缓面部红斑。要等有效成分充分吸收后再使用保湿霜。

此外，如果你想用处方类面膜治疗痤疮或红血丝，你可在第二阶段治疗方案中使用，具体为应用 Medicis 产的 Plexion PCT 面膜每周 1 ～ 2 次。

针对面部红血丝的处方药：

- Plexion 凝胶（10% 磺胺醋酰钠 /5% 硫）
- Avar 凝胶（10% 磺胺醋酰钠 / 5% 硫）
- Klaron 露（10% 磺胺醋酰钠）
- MetroGel（0.75% 甲硝唑）
- Noritate 润肤霜（1% 甲硝唑）
- Sulfacet-R（10% 磺胺醋酰钠 5%/ 硫）
- Rosanil 洁面乳（10% 磺胺醋酰钠 /5% 硫）
- Rosasol 乳液（含 SPF，1% 甲硝唑）
- Rosula 凝胶（10% 磺胺醋酰钠 5%/ 硫）
- Rosac 防晒霜（10% 磺胺醋酰钠 /5% 硫）

褒曼医生的选择：Rosac 防晒霜包含镇静玫瑰痤疮的药物并且可以用来防晒。

应避免的药物

局部性类固醇面霜可以暂时改善皮肤发红。但是长时间使用将加重面部发红、玫瑰痤疮和痤疮，原因是会出现反弹作用。类固醇暂时收缩血管，减轻发红，但是随后血管就会"反弹"扩张。最后将导致只要不使用类固醇，血管就会扩张，产生对药物的依赖性。类固醇能导致可见的面部血管，并加重痤疮和红血丝。

其他药物也能加重面部红血丝，所以要注意烟酸、米诺地尔、硝苯地平、胺碘酮环孢菌素、硝化甘油和西地那非。此外，如果你在服药解决其他健康问题，请咨询你的医生是否有药物会加重面部红血丝。

玫瑰痤疮治疗：多样化选择

医生相信某种症状会导致其他的症状。比如，频繁的面部发红能导致血管的破裂。通常人们去治疗时都抱怨破损的血管"搞的我看起来像个酒鬼"。但是别担心，可以一劳永逸地消除掉这些症状。首先尝试我推荐的处方药，因为它们能帮助预防，很多情况下，也能治疗。如果你发现 8 ~ 12 周后没有效果，你就咨询一下医生使用先进的光学技术（下部分阐述）。我已经治疗上千例，男女都有，对于这个问题，通常这种或那种疗法都会有帮助。

治疗皱纹的药物

如果你控制了皮肤发红、红血丝或其他玫瑰痤疮的症状，你就可以开始使用处方药物来预防和治疗皱纹。第二阶段疗法，在日常医疗中增加维 A 酸。只有在消除了面部发红，红血丝和玫瑰痤疮后，才能转入此特殊疗法。因为在那时，维 A 酸会对你的皮肤过度刺激。但是如果痤疮是你的主要问题，你就可立即开始使用维 A 酸，因为维 A 酸既能有助于痤疮，也能预防皱纹。在 20 世纪 70 年代，很多人首先开始使用维 A 酸治疗痤疮。几年后，宾夕法尼亚大学的 Albert Kligman 和 Jim Leyden 博士发现使用维 A 酸治疗痤疮的人皱纹少了很多。看吧：新的除皱法诞生了！

第二阶段疗法
预防皱纹

早上	晚上
第一步：以处方洁面乳洗脸	第一步：以处方洁面乳洗脸
第二步：使用抗生素凝胶	第二步：使用抗生素凝胶
第三步：使用保湿霜（可选项）	第三步：将两滴抗氧化成分的血清与豌豆大小的达芙文面霜混合使用
第四步：使用含有抗炎成分的粉底或粉饼	第四步：使用含有抗氧成分的保湿霜（可选项）

早上用处方洁面乳洗脸，使用抗生素凝胶。如果需要，你可使用保湿霜，选择含有抗氧化或抗炎成分的保湿霜。使用化妆粉和 / 或粉底来抗炎和防晒。

晚上，像早上一样清洁皮肤，使用抗生素凝胶。将两滴精华素与维 A 酸混合后涂抹于面部，避免接触眼部皮肤。如果你想使用保湿霜，选择含有抗氧化和 / 或抗炎成分的非处方保湿霜。

此外，如果你想用处方类面膜治疗痤疮或红血丝，你可在第二阶段治疗方案中使用，具体为应用 Medicis 产的 Plexion PCT 面膜每周 1 ～ 2 次。

针对皱纹的处方药物

- 0.1%Avage 霜
- Alustra（含视黄醇）
- 达芙文凝胶（阿达帕林）
- 0.1%Tazarac 霜
- 0.05% 或 0.1%Tazarac 凝胶
- 维 A 酸（几种浓度）

褒曼医生的选择：我最喜欢为 OSNW 的敏感皮肤写一张达芙文凝胶（阿达帕林）的处方，因为这种药较其他维 A 酸更温和。

你皮肤的美容手段

作为 OSNW，你面临 3 大主要问题：面部红血丝，皮脂腺过于活跃以及皱纹。我建议的步骤会有助于治疗这三方面的问题。在你的皮肤类型中，你的血管扩张后，不会像其他皮肤类型一样适当地收缩。

从长期来看，IPL 光学治疗可能会通过刺激纤维母细胞（一种真皮中可以合成胶原的细胞）来帮助减少皱纹；从短期来看，IPL 可以引起真皮轻微肿胀从而引起细小皱纹消失，平滑皮肤肌理。尽管将来的研究会评价此种疗法是否对长期抗皱有效果，但是它却已经明确证实对面部发红和红血丝有良好的疗效。

但是请注意，玫瑰痤疮和老化过程却不会因这些治疗而停止，因此进一步治疗和急躁采取预防措施就成为必要。尽管能延缓玫瑰痤疮和老化的进程，但是我建议的美容手段却无法终止这一过程。

强脉冲光和血管激光

强脉冲光和多种血管激光联合治疗可以高效治疗皮肤发红、红血丝以及其他玫瑰痤疮的症状，它们之间可以产生协同作用。关于此种疗法更多信息，请查阅"对油性和敏感皮肤的进一步帮助"部分。

治疗进展期的玫瑰痤疮

大多数推荐的美容手段都有助于改善血管扩张的症状。花费高达 400 ~ 500 美元而且不在保险报销范围。尽管需要 2 ~ 5 次治疗来消除面部可见的血管，但是一旦被消除，通常就一劳永逸，从而使病情稳定下来。以后每年的维护性治疗就足以解决任何新出现的症状。

对于玫瑰痤疮后期可能出现的鼻子增大症状，有不同的疗法供选择，包括手术、磨削术和激光。这些步骤都能除去鼻子上增大的皮脂腺。尽管各步骤的设备不同，但是原理一致，都是切开皮肤的表层和中间层。这样会不舒服，需休息大约 10 天，伤口需包扎 4 天，手术 10 日后，皮肤就愈合了。鼻子会保持粉红达 6 个月，可通过化妆来掩饰一下。这是玫瑰痤疮的最后阶段，坦白说，我并没有看见多少人进展到这一步。通过口服抗生素可以预防到达这一阶段。在某些情况下，医疗保险可以覆盖这一范围。

其他可选疗法

若想获得更多先进的除皱疗法，你可以考虑美容治疗，比如使用保妥适（Botox，肉毒杆菌毒素）和皮肤填充剂。但是要首先确保你已经把玫瑰痤疮和面部发红的症状控制在一定的范围之内。我要预先提醒你注意在治疗过程中由于摩擦、使用冰和麻醉剂，你会比其他皮肤类型的人更容易出现皮肤发红的症状。但是发红通常二十分钟左右就会消除。关于此种疗法更多信息，请查阅"对油性和敏感皮肤进一步帮助"部分。

皮肤的持续性护理

正午阳光（或者说，任何时候的阳光）都会危害你敏感、易于发红的皮肤。常规使用防晒霜，遵循日常护理方法来解决皮肤问题。抗炎、抗氧化的食物和护肤品的成分会有很大帮助。不要尝试抗老化产品。正确的美容手段（肉毒杆菌毒素注射，填充剂和强脉冲激光）会有效解决你皮肤类型的大部分顽固性问题。

第七章

OSNT：油性、敏感性、非色素性、紧致皮肤

"我已经30多了，但是我的皮肤仍然长青春痘，而且还会像小孩一样脸红。这太让我尴尬了。拜托，我已经老大不小了！我的皮肤什么时候才能成熟啊？"

关于你的皮肤

如果是 OSNT 型的皮肤，你皮肤的最大问题就是脸红，在社交活动中总是把你出卖。没有任何一个人希望自己的秘密被广而告之，但是 OSNT 型的皮肤就就像测谎器一样，把他们的情感全部写在他们的脸上。

开会时紧张？这个全部表现在你的脸上。是否迷上了那个刚认识的人？这个也很难隐藏。如果你需要冷静的头脑或酷酷的表情，你最好还是别想了。因为你的脸总是出卖你，你能做的只是学会如何放松，做能让你冷静下来的事情，同时要避免使用含有某些成分的护肤品。如果可能的话，还要避免使你皮肤产生炎症反应的一些生活场景。不用担心，这并不是因为你的皮肤薄，也许你的皮肤患有玫瑰痤疮，这在 OSNT 型的皮肤中是很常见的，这种情况影响了 1400 万美国人。

OSNT 名人

作为一名演员，芮妮·齐薇格可以挥洒自如地表现出需要表达的情感。在《甜心先生》这部电影中，当她告诉汤姆·克鲁斯"你只是对我打个招呼，而我的心却轻易被你俘获"，她的坦白，她的弱点还有她的敏感赢得了汤姆·克鲁斯的爱，同时也获得了观众的赞许。她靠这一特点赢得了许多女性的认同，这其中也包括布里奇特·琼斯这一角色。芮妮·齐薇格成功的诀窍在于通过她完美的，近乎透明的皮肤演绎她的感情。她能够把 OSNT 型的皮肤反映思想这一特点发挥在她的作品之中。

芮妮·齐薇格面色白里透红，她有玫瑰痤疮患者所具有的"红脸症"，这类人当受到各种各样的刺激时，面部会很快变红。她好像很容易脸红，推测可能存在轻度的玫瑰痤疮倾向，这种现象在她祖先的国家挪威和瑞士是比较普遍的。因

为我们都是从德克萨斯州来，我认为也许是得 - 墨蘸酱（Tex Mex，是我最喜欢的食物之一）这种食物引起她的面部发红。

在照片中，她面部的皮肤很有光泽，说明她事实上是油性皮肤。她的皮肤很精致，没有色素沉着。尽管白种人很容易长皱纹，但是她没有皱纹。我一点也不怀疑芮妮·齐薇格很小心地保护她的皮肤不被太阳暴晒。尽管在《BJ单身日记2：理性边缘》中为饰演布里奇特·琼斯她希望增肥使自己的脸看起来更丰满一点，但是她绝不接受暴晒。我从没有看到过她的任何一张照片是棕色的皮肤，但是有她坐在红色的地毯上穿着迷人睡衣露出白色的肩膀和美腿的照片，展示出她迷人的毫无瑕疵的白色肌肤。

她是那种宁愿让自己看起来白皙也不愿意过早的长皱纹或暴晒后得皮肤癌的一类演员（人们喜欢乌玛·瑟曼，妮可·基德曼和朱丽安·摩尔）这些金发碧眼的美女由于基因的原因很容易长皱纹，但是好的生活习惯，例如不吸烟，避免日晒可以使她们的美丽延长数十年。

R开头的词，玫瑰痤疮

ONST型的皮肤很容易出现玫瑰痤疮，玫瑰痤疮的英文是 Rosacea[rəuˈzeiʃiə]。玫瑰痤疮尽管是医学名词，但是它是集中了你了解的所有皮肤症状。虽然近78%的美国人没有听说过这种情况，但它是发现和早期控制这种疾病的必不可少的方法。通过影响你的皮肤征兆来判断，你可以控制它，甚至有时候排除它们，既而防止进一步的发展。

脸红是怎么发生的呢？第一，很多敏感类型主要是血管扩张，这是由于神经递质的敏感性升高（与激素类似）。第二，就像比尔·克林顿那样，很多 ONST 的个体都拥有浅色的皮肤，这种皮肤比深色的皮肤更容易暴露出因血管扩张而引起的脸红。随着时间的流逝，血管失去了回缩至正常尺寸的能力，所以它会一直保持扩张状态。这些显而易见的红蓝血管看上去像"蜘蛛痣"。很多爱尔兰人和苏格兰人后裔的皮肤都是这种类型，我自己的家庭也是如此。如果你想检查自己是否患有玫瑰痤疮，请参考第6章"R开头的词，玫瑰痤疮"部分。

医生认为某些症状可以诱发其他症状的发生。例如，时常发生面部发红可导致血管破裂，患者会抱怨这种皮肤"让我看上去像个酒鬼"。但是不用担心，应用脉冲光可以使这种情况永远地消失。我已经治疗了上千例有这种问题的男性和女性。

如果你是 OSNT 皮肤，皮肤颜色深而且有过灼热和刺痛感，但是没有明显的脸红和血管扩张，你将发现我的皮肤日常护理方案、推荐的美容治疗手段和生活方式的建议会有很大帮助。但是如果对于严重的玫瑰痤疮来说，这些美容手段就不是必须要采用的了。

如果你是亚洲人，测试结果显示你的皮肤属于 OSNT 类型，你应该再次检查你的测试结果，因为亚洲人皮肤的特殊性可以出现一些令人误解的得分。很多亚洲人都缺乏一种处理酒精的酶，当他们喝酒时可以导致他们脸红。因此，如果你是亚洲人，而且只有喝酒时才会脸红，你也许不属于真正的 OSNT 类皮肤。大部分亚洲人的皮肤属于 P（色素）类范畴，他们更多担心的是脸上的暗斑而不是皱纹。

伊莎贝拉的故事

伊莎贝拉拥有着蓝色的眼睛，她的祖先是西班牙裔的阿根廷人，她思维敏捷，而且喜欢打扑克。在拉斯维加斯参加世界比赛前的 6 个月时，她来找我并告诉我她的担心，因为每当她手气很好并拿到一手好牌的时候，她的脸就会变红。这样就把她完全出卖了，她的对手就会知道她手里拿到的是什么样子的牌。如果想赢得比赛，她就必须拥有一张典型的"扑克脸"（指某人表情如扑克牌中的 JQK 牌面人物一样，面无表情）。

尽管针对面部发红做了很多的研究，仍旧没有很好的方法能够治愈。不过我可以提供一些可行的建议，将脸红的情况降低到最小的程度。第一，我建议使用一些适用于敏感皮肤的可以遮盖红色的化妆品。针对面部发红的情况，淡黄色的粉底和粉饼要比粉红色那些遮盖性要更好。"那你就不要用腮红了"，我还告诉她。

想要永久解决脸红的问题，可以使用放松局部的抗炎和补充营养的方法，这些方法在减少压力和炎症中扮演着各自的角色。沙司（Salsa，一种酱料，是拉丁美洲人特别喜爱、带有辛辣味的蕃茄酱汁。）是伊莎贝拉老家的一种调味料，伊莎贝拉非常喜欢吃，但是我建议她避免食用这种调味料。她同时也同意戒酒，甚至最棒的阿根廷葡萄酒也不喝了，这样可以避免因酒精引起的血管扩张。

另外，为了减少皮肤的发红和出油，我给了她一种抗炎的皮肤护理方案，让她每天都使用。伊莎贝拉这次是抱着坚定的信念决定来解决她的问题，于是我就告诉她一种更先进的方法，强脉冲光（IPL）治疗，这种治疗可以有效地治疗她极度活跃的血管。

伊莎贝拉应用了我设计的皮肤护理方法，改变了她的饮食结构，同时接受了 6 次的 IPL 治疗，之后她脸红的情况减轻了。为了保险起见，她在打牌时使用了黄色的粉底。从拉斯维加斯回来之后，她高兴地打电话给我，告诉我在锦标赛的最后一轮获胜了，随即被筛选参加国际比赛。

和伊莎贝拉一样，如果你不想你的对手猜到你的想法，可以使用厚厚一层的粉底，或使用药物控制面部的发红。但是一定要确定使用我推荐的专门为敏感皮肤设计的产品，以避免引起进一步的刺激、刺痛和皮肤发红。不过有些男士反倒觉得红扑扑的脸蛋是有魅力的表现，所以如果你有勇气的话，你也可以坚持下去，说不定会也是一件好事情。

在 S（敏感性）的测试中，如果你的分数是 34 分或更高，你也许会遇到一种或多种皮肤炎症的问题：玫瑰痤疮，痤疮，皮肤过敏或对某些护肤品的成分有烧灼感。不管是什么原因造成的皮肤问题，我推荐的方法将会对你有所帮助。

如果你的脸上有严重的痤疮和过多的毛发，月经期也不规则，这可能说明你有多囊卵巢综合征。如果你在治疗痤疮时遇到困难，同时还因其他症状不适，请咨询你的妇科医生。

近距离观察你的皮肤

如果是 OSNT 皮肤，你也许有以下经验：

- 面部发红
- 粉刺
- 面部出油
- 红色斑片
- 中间凹陷的黄色或皮色突出物，这些扩大的皮脂腺被称为"皮脂腺增生"
- 痤疮，灼热，发红或对很多皮肤护理产品有刺痛反应
- 面部会有很多皮疹或粉红色鳞屑性斑片，特别是在鼻子周围
- 很难晒成棕褐色，经常晒伤
- 面部可以看到红或蓝色的血管

尽管玫瑰痤疮和玫瑰痤疮样症状令人不适和尴尬，但这些经常发生于油性皮肤或敏感性皮肤上的情况是可以预防和治疗的。而且，面部发红也不都是由玫瑰痤疮引起。

22 岁的邦妮是一名有挪威血统的音乐 DJ，她拥有着一头金色的头发，白晰的皮肤和大大的蓝眼睛。虽然她近视很严重，但是她讨厌戴眼镜。"戴上眼镜之后，让我看起来像个怪物！"在她第一次约见医生的时候，她用紫色的隐形眼镜代替了眼镜，穿着银色的高跟鞋，还染着金属色的指甲油。相当时髦。她的主诉是眼周皮肤红肿发炎。

一年前，她的朋友告诉她面部发红的原因是因为玫瑰痤疮，所以邦妮尝试着去解决这个问题。她停止了一直使用的护肤品，换成了针对敏感皮肤设计的产品。但是没有什么改善。于是她去看了医生，医生让她使用治疗玫瑰痤疮的药物，但是也没有效果。她又改变她的饮食结构同时还戒了酒，但是这也没有什么帮助。她又开始使用专门为敏感皮肤设计的丝塔芙洁面乳，使用了之后也没有什么改变。

奇怪，邦妮又咨询了另一个皮肤科医生，这个医生对她进行了局部皮肤斑贴试验，以确定是不是过敏的原因，但是结果不支持过敏。

最后她来找我，我决定再次为她做过敏原检测，但是她对常见的过敏原并不过敏。进一步为她检查罕见的过敏原时，不出所料，她对蓝色指甲油里的一种成分过敏。当她用手接触她眼睛周围的时候，这种成分就会引起皮肤过敏。这种情况每天都会发生，每次邦妮化妆时或戴隐型眼镜时候都会发生，毫无疑问，她眼睛周围也都会发红而且发炎。当我建议邦妮不要再用这个牌子的指甲油的时候，她抱怨道"我如果不用这个指甲油，就感觉自己好像什么衣服也没穿似的"。幸好，她决定接受我的建议，一个月之后她的问题解决了。我推荐了一个低敏品牌的指甲油，"这个指甲油的颜色对我来说太嫩了！"她说。尽管如此，这种指甲油对于容易发生指甲油过敏的人来说都是最好的选择，除非出现罕见的过敏情况（如邦妮对金属蓝色过敏），否则这种指甲油就是完全的。

这种对指甲油里的化学成分发生过敏的情况并不是罕见。当你摇动指甲油瓶时，里面帮助指甲油混匀的那些含镍的小球也可以使某些人过敏。新的英国硬币在铸造时里面也含有高浓度的镍成分，当那些对镍过敏的人用手接触这些硬币之后，再接触他们的面部，他们的面部就会发红、受刺激。

虽然我的每日保养方案对很多 OSNT 的皮肤有帮助，但是需要除外其他那些对特殊成分过敏的高敏感皮肤的人，在他们的日常生活中一定要很注意过敏的发生。即使按照我给你的方案，你也要注意你皮肤的变化。你可以进一步咨询一下变态反应专科医生（过敏科医生）以帮你确定是否对某些特殊的食物、产品或环境因素过敏。

OSNT 与衰老

激素可以调节皮肤油脂分泌。在人类的生命周期中，刚出生的时候是油脂分泌的最高峰，第二次分泌高峰是 9 ～ 17 岁——也就是所谓的痤疮期。此后，油脂分泌就恢复到成年人的正常水平了。对于女性来说，皮脂腺水平到更年期之后就开始下降。对于男性，他们的皮脂腺水平是到他们 80 岁的时候才开始下降的。换句话说，OSNT 类型的皮肤油脂分泌是随着时间的推移而有所改善的（女性的改善比男性相对来的早一些）。随着年龄的增加，由于油脂分泌产物引起的痤疮也会减少。最终过了更年期就好了。然而，这些女性并没有摆脱困境，根据她们的经验，在更年期时，她们会出现阵发性潮热，其结果是导致面部皮肤发红。

为了防止或减少衰老的痕迹，很多人都使用抗衰老的护肤霜，但是 OSNT 类型的皮肤应避免使用这类产品。一方面 OSNT 类型的皮肤不需要使用这种产品，另一方面它们里面含有的果酸和其他成分会刺激你的皮肤。它们的剥脱作用对其他类型的皮肤很有帮助，但是对 OSNT 类型的并不适合。对于 OSNT 类皮肤最好的预防方法是常规使用防晒霜和抗炎的护肤产品，同时要注意饮食。

不管相不相信，拥有 OSNT 都是很幸运的事情。年轻人也许不相信我，但是我能说的是：等到 40 岁你就会了解了。

当其他类型皮肤的人在使用各种各样的方法去延缓自己衰老的迹象时，你却会非常开心地在镜子里看着自己年轻的面孔。相信我，很多人愿意拥有你这种皮肤呢！你最大的资本是很少长皱纹。更重要的是你的皮肤不会出现那些很多人都有的黑斑和斑点。

OSNT 是幸运的，他们是可以省下那些昂贵治疗费，例如 Botox（保妥适，肉毒杆菌毒素）注射，胶原注射，拉皮手术和磨削治疗，因为他们的皮肤不会轻易长皱纹也不容易出现松弛。如果你读了这本书的其他章节，你将会发现如果有需要，我会毫不犹豫提出那些针对抗衰老治疗的方法。但是，对于 OSNT 类型的皮肤，我却有不同的建议：不要在那些昂贵的治疗上浪费时间和金钱。你根本都不需要这些治疗。你可以远离那些面部治疗如面部熏蒸，化学剥脱，微晶磨削等。那么是否有适合你的先进的皮肤护理方案呢？那当然，在这一章的治疗部分中，你将会看到针对你皮肤主要问题——面部发红和痤疮，有效的干预措施。

非黑色素癌

有过暴晒史的浅色 OSNT 皮肤存在患非黑色素瘤性皮肤癌的风险。尽管你不容易长皱纹和斑点，你还是应该一直涂防晒霜以预防皮肤癌。在一个关于基底细胞癌的研究中指出，非黑色素瘤性细胞癌的发生率与皮肤出现皱纹是成反比的。换句话说，你皱纹长的越多，你的基底细胞癌的发生率会越低。因此，如果你受过太阳暴晒，但是你的基因使你较少长皱纹，也许你的皮肤会发生癌变。

怎样识别非黑色素瘤皮肤癌

这里有两种非黑色素瘤皮肤癌，所以定期检查一下以确定你自己是否是这两种疾病。

1. SCC（鳞状细胞癌）：SCC 一般显示为发红或结痂的斑片，好发于曝光部位，例如在面部，耳朵，胸部，手臂，腿和后背。虽然它们类似于结痂，但是又和结痂不完全相同，因为它们不会愈合。SCC 可能被白色的鳞状物覆盖，看起来很像一个疣。如果你有持续 3 个月或以上的斑片，这种斑片与我们描述的相似的话，请咨询你的皮肤科医生。

2. BCC（基底细胞癌）：BCC 的肿块看上去是白色的，有光泽，像珍珠一样。这种肿块常常在中间有突起的嵴，另一个表现是在肿块的边缘会出现些许血管。尽管没有外伤和任何损伤，BCC 的外观看起来会像火山口并形成结痂。有时候，在突起的边缘还会出现珍珠样或堤状隆起。

避免皮肤癌是非常重要的事情，除此之外，日晒增加还会引起血管损伤，例如日晒可以导致产生难看的蜘蛛痣，皮肤发红。日光暴晒可以加速胶原蛋白流失削弱血管周围的支撑物。事实上，在医学上越来越多证据表明很多关于玫瑰痤疮的例子都是由日晒造成的损害。

褒曼医生的底线：

可以把节省护肤品的钱，用在放松治疗上，例如按摩或瑜珈，或去看皮肤科医生。你的医疗保险一般可以报销你第一次看皮肤科医生的的开销。记住，如果你在户外花大量时间，这会大大增加你得玫瑰痤疮和皮肤癌的几率。这就是两个让你可以每天都涂大量防晒霜以保护你的皮肤的很好的原因。

每天的皮肤护理

什么样的护肤产品才是你最需要的呢？你最需要注意的是皮肤出油、面部发红、日渐加重的血管破裂。因此，你需要不会刺激你皮肤的产品，这样可以控制痤疮和红斑。如果你正在使用标有"敏感皮肤"的产品，你可能会发现这些产品很刺激或很油，因为这些产品一般是为干性皮肤设计的。我建议所有产品是针对以下一种或多种情况的：

- 预防或治疗玫瑰痤疮
- 预防或治疗油性皮肤

另外，你每天的保养方案也将帮你解决其他皮肤问题：

- 预防和治疗炎症

我提供了 3 种不同的非处方类保养方法。如果你有面部发红，爆发痤疮，突发的面部刺激，皮疹，玫瑰痤疮，那你就选第一阶段的治疗方法。如果你有活动性痤疮，你就使用第二阶段介绍的方法。当你的问题解决了之后，你就可以进行保养护肤阶段了。另外，你可以选择我在这一章中推荐的有针对性的产品。

如果这些护肤方法你坚持使用 6 个星期之后，你发现你还需要更多的帮助，请咨询皮肤科医生，他们会给你开处方，处方之中可能会有以下洁肤乳和口服药。

皮肤日常护理方案

<table>
<tr><td colspan="2" align="center">第一阶段
针对玫瑰痤疮和面部发红</td></tr>
<tr><td>早上</td><td>晚上</td></tr>
<tr><td>第一步：用洁面乳洗脸</td><td>第一步：用洁面乳洗脸</td></tr>
<tr><td>第二步：使用抗炎凝胶或乳液</td><td>第二步：使用抗炎产品</td></tr>
<tr><td>第三步：使用控油产品（可选择性使用）</td><td></td></tr>
<tr><td>第四步：使用防晒霜</td><td></td></tr>
<tr><td>第五步：使用含有防晒成分的非油性粉底或粉饼</td><td></td></tr>
</table>

在早上，用洗面乳洗脸并使用抗炎凝胶或乳液。如果你在油性测试中得分很高（35分以上），你可以在你涂防晒和化妆之前使用控油产品。即使你一天都待在屋里也要使用防晒霜。

晚上，用洁面乳轻轻地卸妆。然后使用轻柔的夜间乳液或含抗炎成分的凝胶。当出现痤疮或皮肤发红时，可以使用面膜或剥脱治疗，当皮肤平缓之后再使用保养的乳液和凝胶。如果你的皮肤不油腻（油性测试得分在27～35分），以选择乳液为主。如果油性得分很高（超过35分），最好选择凝胶。

<table>
<tr><td colspan="2" align="center">第一阶段
不需要医生处方
针对痤疮</td></tr>
<tr><td>早上</td><td>晚上</td></tr>
<tr><td>第一步：使用洗面乳洗脸</td><td>第一步：使用洗面乳洗脸</td></tr>
<tr><td>第二步：在长痘的地方用祛痘治疗</td><td>第二步：使用抗炎凝胶</td></tr>
<tr><td>第三步：使用控油产品</td><td>第三步：使用含有维A酸的产品</td></tr>
<tr><td>第四步：使用含有防晒成分的非油性粉底或粉饼</td><td>第四步：使用保湿霜（如果皮肤感觉干燥可以选择使用）</td></tr>
</table>

早上，用洗面乳洁面，如果需要可以在痤疮上使用祛痘治疗。之后在涂防晒或化妆之前使用控油产品，要一直使用防晒产品。

在晚上，使用洗面乳轻轻地卸妆，然后使用夜间面膜、抗炎乳液或凝胶。当痤疮或发红严重时请使用面膜，在皮肤症状舒缓后可以使用精华素来保养。如果你的油性分数在 27 ~ 35 分，你的皮肤又是轻微混合型的，由于我推荐的面膜可能对你来说有点太干，这时精华素是最好的选择。精华素和面膜对于油性分数 35 分以上的 OSNT 型皮肤都很有好处。

<table>
<tr><td colspan="2" align="center">第一阶段
不需要医生处方
在痤疮和红斑控制之后的保养方法</td></tr>
<tr><td>早上</td><td>晚上</td></tr>
<tr><td>第一步：用洁面乳洗脸</td><td>第一步：用洁面乳洗脸</td></tr>
<tr><td>第二步：使用控油产品</td><td>第二步：使用抗炎凝胶</td></tr>
<tr><td>第三步：使用含有防晒成分的非油性粉底或
粉饼</td><td>第三步：使用含有维A酸的产品</td></tr>
<tr><td></td><td>第四步：如果皮肤觉得干可以使用保湿霜</td></tr>
</table>

早上，用洁面乳洗脸，然后使用控油产品，之后使用防晒霜和彩妆。

晚上，用洁面乳轻轻地卸妆，然后依次使用夜间面膜，含有抗炎成分的乳液或凝胶。等 3 ~ 5 分钟后，使用含有维 A 酸的产品。最后，如果你感觉皮肤干或你皮肤测试的分数在 27 ~ 35 分，你可以使用保湿霜。

洁面乳

我推荐使用含有抗炎成分的洗面产品，这样可以很好的去除皮肤表面的油脂。那些含有水杨酸，乙酰磺胺或硫磺的产品是很好的选择。

推荐洁面产品

$ Avène Cleance Soapless

（雅漾清爽洁肤凝胶）

$ Biore Shine control foaming cleanser

（碧柔控油洁面膏）

$ Eucerin Redness Relief Soothing Cleanser

（优色林抗红舒缓洗面乳）

$ Neutrogena Acne Wash

（露得清痤疮洁面乳）

$ PanOxyl® Bar 5 by Stiefel

（施泰福 PanOxyl® 皂）

\$ Paula's Choice One Step Face Cleanser

（宝拉珍选 清透双效洁面凝胶）

\$ RoC Calmance Soothing Cleansing Fluid

（RoC 舒缓洁肤液）

\$ Vichy Bi-white Normaderm Cleansing Gel

（薇姿油脂调护洁面啫哩）

\$\$ On a Clear Day Superwash by Philosophy

（Philosophy 清新一天洗面乳）

\$\$ DDF Salicylic Wash 2%

（DDF 2% 水杨酸洁面乳）

\$\$ Quintessence Purifying Cleanser

（康蒂仙丝 纯净洁面乳）

\$\$ Vichy Normaderm Deep Cleansing Gel

（薇姿深层洁面啫喱）

\$\$\$ Darphin Intral Cleansing Milk

（迪梵 Intral 防敏感洁面乳）

\$\$\$ Guerlain Pure Dew Cleansing Foaming Gel

（娇兰清爽洁面泡沫）

\$\$\$ PCA SKIN pHaze 31 BPO 5% Cleanser

褒曼医生的选择：Eucerin Redness Relief Soothing Cleanser（优色林抗红舒缓洗面乳）含有甘草素，还有抗炎成分。

爽肤水

大多数 OSNT 皮肤不需要爽肤水，使用爽肤水可以加重皮肤发红和红肿，因为爽肤水里经常含有一些成分（例如薄荷醇），这种成分可引发皮肤泛红。如果是严重的玫瑰痤疮皮肤患者，应该完全避免使用爽肤水。

然而，如果你喜欢爽肤水，可以选择一款含有抗炎成分（例如金缕梅）的。如果你使用的化妆品经常引起皮肤发红或刺痛，你可以选择一款专门为敏感皮肤设计的爽肤水，例如 Skin Medica Acne Toner。

有痤疮倾向的 OSNT 型皮肤

如果你的皮肤有痤疮，但是面部只有少许红斑，你可以选择使用含有过氧苯甲酰的产品。比较流行的高伦雅芙有专门针对有痤疮倾向的 OSNT 类型皮肤而设计的一系列护肤品套装，它们通过过氧苯甲酰来缓解痤疮。这一类的任何产品都可以用我推荐的产品代替，也可以联合使用。然而，你不能只单独买这种化妆品套装中的一种，你需要买一系列产品，所以花费也很多。很多类似的含有过氧化苯甲酰的产品是可以通过医生开具的处方购得，这样可以为你省下一些钱。

针对痤疮推荐的产品

$ Clean & Clear Clear Advantage Acne Spot Treatment
（可伶可俐高级痤疮治疗膏）

$ Eucerin Clear Skin Formula Conceal & Heal Treatment Pencil
（优色林清洁皮肤遮盖配方与治疗治愈笔）

$ Neutrogena On the Spot Acne Treatment
（露得清快速痤疮治疗法）

$$ Biotherm Acnopur Emergency Anti-Acne Treatment for Blemish Prone Skin
（针对有斑皮肤的碧欧泉 Acnopur 紧急抗痤疮治疗）

$$ DDF 10% Benzoyl Peroxide Gel & Sulfur 3%
（DDF10% 过氧化苯甲酰和 3% 硫的凝胶）

$$ Kiehl's Blue Herbal Spot Treatment
（契尔氏蓝色草本祛斑治疗）

$$ Peter Thomas Roth AHA/BHA Acne Clearing Gel
（彼得罗夫 AHA/BHA 痤疮清洁凝胶）

$$ Philosophy On a Clear Day Acne Treatment Gel
（Philosophy 清新一天痤疮治疗凝胶）

$$$ Proactive Repairing Lotion
（高伦雅芙修复乳液）

褒曼医生的选择：DDF 10% Benzoyl Peroxide Gel & Sulfur 3（DDF10% 过氧化苯甲酰和 3% 硫的凝胶）。

然而，这种产品对于异常敏感的皮肤来说可能太强了。如果的确出现了刺激的情况，你可以选择含有 2.5% 过氧化苯甲酰的产品。

有发红和红肿倾向的 OSNT 型皮肤者

虽然对于痤疮很有帮助，但是易发红的 OSNT 皮肤可能无法忍受高浓度的过氧化苯甲酰类产品和其他上述提到的治疗。相反，可以找那些含有甘草查尔酮，菊科植物和其他抗炎成分的产品，列表如下。

推荐抗炎产品：

$ Avène Cicalfate Cream

（雅漾活泉修护霜）

$ Eucerin Redness Relief Soothing Night Cream

（优色林舒缓平滑晚霜）

$ Olay Total Effects Visible Anti-Aging Vitamin Complex with VitaNiacin Fragrance Free

（玉兰油全效无香料抗衰老维生素）

$ Paula's Choice Clear Targeted Acne Relief Toner 2% Salicylic Acid

（宝拉珍选 净颜祛痘爽肤水）

$ Vichy Normaderm Day Cream

（薇姿油脂调护修润日霜）

$$ Clinique CX redness relief cream

（倩碧 CX 舒缓面霜）

$$ Mary Kay Calming Influence

（玫琳凯舒缓效应）

$$ Prescriptives Redness Relief Gel

（Prescriptives 舒缓凝胶）

褒曼医生的选择： Eucerin Redness Relief Soothing Night Cream（优色林 舒缓平滑晚霜），因为它含有甘草查尔酮或 RoC，还有含有抗炎菊科类药物 Aveeno 产品。

保湿霜

由于你的皮肤会出油，所以保湿剂可能会阻塞你的毛孔，加重油脂分泌。然而，如果你的油性分值在 27 ～ 35 分，你也许可以使用少量的含抗炎和抗痤疮成分的保湿剂。但是你要确定只用在皮肤比较干的区域。

针对发红的保湿剂

$ Aveeno Ultra-Calming Moisturizing Cream

（Aveeno 超舒缓保湿霜）

$ Avène Anti-Redness light Moisturizing Cream

（雅漾修红保湿乳）

$ Eucerin Redness Relief Daily perfecting lotion

（优色林完美舒缓乳液）

$ RoC Calmance Intolerance Repair Cream

（RoC 舒缓不耐受肤质修护霜）

$ Vichy Thermale EAU

（薇姿润泉舒缓喷雾）

$$ Clinique CX redness relief cream

（倩碧 CX 舒缓面霜）

$$ Rosaliac Hydrante Perfecteur by La Roche-Posay

（理肤泉保湿舒敏精华）

褒曼医生的选择：Rosaliac Hydrante Perfecteur by La Roche-Posay（理肤泉的保湿舒敏精华），因为它含有富含硒和烟酰胺的矿物水，这两种都是很好的抗炎成分。

混合型皮肤的保湿剂

$ Aveeno Ultra-Calming Moisturizing Cream

（Aveeno 超舒缓保湿霜）

$ Avène Skin Recovery Cream

（雅漾修护保湿霜）

$ Eucerin Sensitive Facial Skin Q10 Anti-Wrinkle Sensitive Skin Cream

（优色林面部皮肤敏感 Q10 抗皱霜）

$ L'Oreal Pure Zone L'Oreal Dermo-Expertise Skin Relief Oil-Free Moisturizer

（欧莱雅纯净舒缓保湿霜）

$ RoC Calmance Intolerance Repair Cream

（RoC 舒缓不耐受肤质修护霜）

$$ Biotherm Biopur Melting Moisturizing Matifying Fluid

（碧欧泉 Biopur 保湿液）

$$ Paula's Choice HydraLight Moisture-Infusing Lotion

（宝拉珍选 清爽保湿抗氧化乳液）

$$$ Dior Energy Move Skin Illuminating Moisturizer

（迪奥动力驱动皮肤亮白保湿霜）

褒曼医生的选择：L'Oreal Pure Zone L'Oreal Dermo-Expertise Skin Relief Oil-Free Moisturizer（欧莱雅纯净舒缓保湿霜）。

剥脱剂

与你的皮肤医生或美容师讨论你是否有需要使用剥脱剂。如果需要，要求使用含有抗炎成分的剥脱剂，例如硫磺和水杨酸。

面膜

当皮肤很油时，使用面膜是很有帮助的。你可以在参加重要活动之前使用面膜，甚至每天都可以使用面膜；经常使用面膜是没有伤害的。

推荐的面膜产品

$ Neutrogena Blackhead Eliminating Treatment Mask
（露得清黑头清除面膜）

$ Paula's Choice Skin Balancing Carbon Mask
（宝拉珍选 活性炭矿泥平衡面膜）

$$ Astara Blue Flame Purification Mask
（Astara 蓝色火焰净化面膜）

$$ DDF Hydra Comfort Gel Mask
（DDF 保湿舒缓凝胶面膜）

$$ DDF Sulfur Therapeutic Mask
（DDF 硫磺治疗面膜）

$$ Murad Purifying Clay Masque
（慕拉净化粘土面膜）

$$ SkinCeuticals Clarifying Clay Masque
（修丽可澄清粘土面膜）

$$ Vichy Aqualia Thermal Mask
（薇姿温泉矿物保湿面膜）

褒曼医生的选择： DDF Sulfur Therapeutic Mask（DDF 硫磺治疗面膜）。

去角质

我建议只对某些类型的皮肤做剥脱，对于 OSNT 的皮肤应避免做剥脱，因为表皮剥脱可能导致炎症。你应该尽可能的使用柔软的洗脸布轻柔的洗脸。避免任何粗糙的洁面产品，例如"一次性洁面布"和"洁肤棉片"。这些产品是专门设计成轻微磨削的，而不是为 OSNT 设计的。

琳达，一位 39 岁的两个小孩的母亲，她在咨询了另外 3 个皮肤科医生之后来见我。她接受了很多的治疗，但是她的青春痘还是与以前一样。她三年来一直使用同一块洁面棉。有一次她换了一块新的洁面棉，她的痤疮有了大大的改善。对于 Linda 来说，洁面棉就像一个满布细菌的兵营，引起了她的痤疮和毛囊炎。每个人都应该 4 ～ 6 周就更换一块洁面棉，因为一边使用抗生素治疗一边再用老的洁面棉去感染你的脸是非常错误的。然而，在任何情况下，OSNT 的皮肤都应该使用洁面布。

购买的产品

你推荐的皮肤护理产品包括抗炎成分安抚皮肤发红的情况。阅读成分标识还包括附加的一些有益的成分可以放宽你在产品上的选择。要一直避免那些可能引起过敏、发炎或增加油脂分泌的产品。如果你在我推荐的产品之外找到合适的产品，请登陆 www.derm.net /products 发表你的心得，以便你与相同皮肤类型的人们分享你的发现。

使用护理的成分	
• 芦荟	• 甘菊
• 黄瓜	• 维生素原 B_5
• 菊科植物	• 甘草查尔酮
• 甘草精华	• 烟酰胺
• 水杨酸	• 茶树油
• 锌	

皮肤护理避免使用的成分	
• 乙酸	• 尿囊素
• 硫辛酸	• 秘鲁香液
• 苯甲酸	• 樟脑
• 苯乙烯酸	• 桂皮油
• 可可油	• 椰子油
• 二甲氨基乙醇	• 异丙基
• 异丙基十四酸盐	• 乳酸
• 薄荷醇	• 羟基苯甲酸
• 薄荷油	• 季铵盐 -15

你的皮肤防晒

清洁皮肤并减少皮肤表面的油脂后再使用防晒霜效果更好。防晒乳液或防晒凝胶要比防晒霜好。

推荐的防晒产品：

$ Aveeno Ultra-Calming Daily Moisturizer SPF 15

（Aveeno 超舒缓保湿日霜 SPF15）

$ Eucerin Sensitive Facial Skin Extra Protective Moisture Lotion with SPF 30

（优色林防护保湿乳液 SPF30）

$ L'Oreal Dermo-Expertise Futur-e Moisturizer for Normal to Oily Skin with SPF 15

（欧莱雅专业中性至油性皮肤保湿霜 SPF15）

$ Neutrogena UltraSheer Dry Touch SPF 30

（露得清超凡清爽防晒霜 SPF30）

$ Paula's Choice barely there sheer matte tint w/SPF20

（宝拉珍选 清透修色隔离粉底液 SPF20）

$ Purpose Dual Purpose Daily Moisturizer SPF 15

（Purpose 日间防晒保湿霜 SPF 15）

$$ Avène Very high protection sunscreen cream SPF30

（雅漾自然防晒霜）

$$ Biotherm Biosensitive Soothing Anti-Shine Oil-Free Fluid Moisturizer SPF 15

（碧欧泉防敏感保湿霜 SPF15）

$$ Philosophy Complete Me Mineral Powder foundation with SPF

（Philosophy 完成自我矿物粉，含防晒成分）

$$ Philosophy The Supernatural Powder Foundation with SPF

（Philosophy 超自然粉底，含防晒成分 with SPF）

$$ Prescriptives Daily Protection SPF 30

（Prescriptives 日常保护 SPF 30）

$$ Vichy UV PRO Secure Light SPF30+ PA+++

（薇姿优效防护隔离乳（清爽型））

$$$ Chanel Skin Conscience Total Health Oil Free Moisture Fluid SPF 15

（香奈儿 皮肤良心全效健康无油滋润乳液 SPF15）

$$$ Prada Day Care Shielding Concentrate

（普拉达每日护理防护精华）

褒曼医生的选择： Philosophy Complete Me Mineral Powder foundation（Philosophy 成就我矿物粉底）可以使你的脸色更好，还可以控油，可以防晒。

即使用了含有 SPF 的化妆品（粉底和粉饼），仍然要使用防晒。取一小点产品均匀的涂抹于全面、颈部和胸部。每隔 6 个小时使用一次，如果你在户外直接接触日晒，应该每小时涂抹一次。如果你想了解使用防晒霜的全部方法，你可以复阅第 2 章。

避免使用的防晒成分 （如果你对防晒产品过敏）	
• 阿伏苯宗	• 苯甲酮
• 丁基甲氧基二苯甲酰基甲烷	• 异丙基联苯甲酰甲烷
• 含甲氧基的肉桂酸	• 苯亚甲基樟脑
• 对氨基苯酸	• 苯基苯并咪唑磺酸

你的化妆

OSNT 类型的皮肤可以通过使用功能性化妆品来减轻、治疗和遮盖你的皮肤问题。根据你皮肤问题的严重性，你可以有各种各样的选择。

对于那些眼周发红的皮肤，你可以使用含有消炎成分产品帮助遮盖，例如露得清 skin soothing eye tints（露得清眼部打底提亮霜）。那些油性测试得分 34 分以上的更喜欢用粉饼代替粉底，对于那些 34 分以下的也许可以用遮盖性的粉底。对于那些有痤疮或玫瑰痤疮的皮肤，可以使用含有水杨酸的粉底和粉饼，例如露得清 Skin Clearing Oil Free powder and foundation（露得清皮肤清洁无油压制粉和粉底）。

一般来说，OSNT 类型的皮肤可以使用那些药妆的粉饼，尤其是你在有痤疮的情况下。但是如果你需要遮盖红脸和斑点，你可以选择非油性黄色的粉底来你遮盖你的红脸问题，例如 Giorgio Armani Fluid Sheer Foundation #6 formula。 或者也可以使用那些有色彩的化妆品，例如紫色 Biotherm's Pure Bright Moisturizing Makeup Base 可以帮助你遮盖面部的红色。这个产品的防晒指数为 SPF25，故它可以代替防晒霜。油性分值在 34 分以上的人也许会认为这个产品比较油，但是如果你的油性分值在 27 ~ 33 分之间，你也许会喜欢它的遮盖性。

如果有眼皮发红比较严重的话，你应该避免使用闪光、柔光的或亮彩的眼影，这种让产品发光的成分很有可能引起皮肤刺激。因为那些霜剂可能会在油性皮肤上出现条纹，所以推荐的粉质眼影和腮红代替霜剂的产品。

推荐的粉底

$ Almay Clear Complexion Blemish Healing Makeup
（Almay 清透瑕疵恢复粉底）
$ Avène Fluid Foundation Corrector
（雅漾焕彩无油遮瑕隔离粉底乳）

$ Neutrogena Skin Clearing Oil Free Foundation
（露得清爽肤无油粉底）

$$ MAC StudioFix Powder Plus Foundation
（MAC 彩妆粉底）

$$ Vichy Aera Teint Pure Fluid Foundation
（薇姿轻盈透感亲肤粉底液）

$$$ Giorgio Armani Fluid Sheer
（乔治阿玛尼液体粉底）

褒曼医生的选择：Almay Clear Complexion Blemish Healing Makeup（Almay 清透瑕疵恢复粉底），因为它含有具抗炎作用的水杨酸，所以可以用来清除青春痘，它还含有芦荟和甘菊。价格也很便宜。

推荐的粉饼

$ Bonne Bell No Shine Pressed Powder with Tea Tree oil
（Bonne Bell 茶树油无闪光散粉）

$ Neutrogena SkinClearing® oil-free pressed powder
（露得清爽肤无油粉饼）

$$ Avène Translucent Mosaic Powder
（雅漾焕彩透亮遮瑕粉饼）

$$ Avon Clear Finish Great Complexion Pressed Powder
（雅芳清漆大肤色粉饼）

$$ Laura Mercier Foundation Powder
（Laura Mercier 粉底）

$$ Paula's Choice Healthy Finish Pressed Powder SPF15
（宝拉珍选完美防晒蜜粉饼 SPF15）

$$ Philosophy Complete Me Mineral Powder foundation with SPF
（Philosophy 完成自我矿物粉，含防晒成分）

$$$ Lancome Matte Finish Shine Control Sheer Pressed Powder
（兰蔻亚光控油粉饼）

褒曼医生的选择：推荐使用 Avon Clear Finish Great Complexion Pressed Powder（雅芳清漆大肤色粉饼），因为它含有抗炎和控油成分，它有很多颜色，价格也很便宜，是不错的选择。

咨询皮肤科医生

处方类护肤方案

很多 OSNT 都患有玫瑰痤疮，只是各自的疾病发展阶段不同。无论在哪种阶段的玫瑰痤疮，这章中提供的日常保养、处方药品和保养的程序都有助于病情恢复。

虽然抗生素凝胶和乳液可以减少引起皮肤炎症的细菌，含硫磺或乙酰磺胺的洁面产品也会减轻炎症并且预防痤疮和玫瑰痤疮大范围发作，但你要避免使用霜剂产品，因为它们对你的皮肤来说太油了。只有在你皮肤发红的时候才可以使用这类产品，如果你被诊断为玫瑰痤疮，这类产品也会带给你相当好的效果。我提供了两种护肤方案，一种是针对面部发红的，另一种是针对痤疮的。我将会告诉你如何结合使用处方药和我在这一章中前面介绍的其他非处方产品。

皮肤日常护理方案

<table>
<tr><td colspan="2" align="center">第二阶段
针对玫瑰痤疮和炎症</td></tr>
<tr><td>早上</td><td>晚上</td></tr>
<tr><td>第一步：用处方类洗面乳洗脸</td><td>第一步：用处方类洗面乳洗脸</td></tr>
<tr><td>第二步：使用处方类抗生素凝胶或乳液</td><td>第二步：使用处方类抗生素凝胶或乳液</td></tr>
<tr><td>第三步：使用含有防晒成分粉质粉底</td><td>第三步：使用抗炎保湿霜</td></tr>
</table>

在早上，洗脸后使用抗生素凝胶以帮助减少炎症。下一步，你可以使用含有 SPF 的粉质粉底。

晚上再次洗脸。随后使用抗生素以帮助改善玫瑰痤疮，最后，使用抗炎保湿霜。

每周使用一次处方类抗炎面膜，例如 Medicis 的 Plexion 面膜。

推荐处方类针对抗炎洁面产品

Plexion cleanser by Medicis（乙酰磺胺和硫磺）

Rosanil Cleanser by 高德美（乙酰磺胺和硫磺）

Rosula Aqueous Cleanser by Doak（乙酰磺胺和硫磺）

Zoderm Cleanser（8.5% 过氧苯甲酰）

褒曼医生的选择：以上的都很好。

推荐医用处方类含抗炎和抗生素的乳液和凝胶：

§ Avar Gel by Sirius（乙酰磺胺磺胺和硫磺）

§ Avar Gel Green by Sirius（乙酰磺胺和硫磺）

§ Azelex gel by 艾尔建（azelaic acid）

§ Clinda Gel by 高德美（Clindamycin）

§ Clindets by 施泰福（Clindamycin）

§ Finacea gel by Berlex（azelaic acid）

§ Metrogel by 高德美（Metronidazole）

§ Nicosyn by Sirius（乙酰磺胺和硫磺）

§ Noritate cream by 德美克（Metronidazole）

§ Novacet by BioGlan（乙酰磺胺和硫磺）

§ Plexion SCT cream by Medicis

§ Sulfacet-R by 德美克（comes tinted and nontinted）（sulfacetamide and sulfur）

§ Rosanil by 高德美（乙酰磺胺和硫磺）

§ Rosula Aqueous Gel by Doak（乙酰磺胺和硫磺）

褒曼医生的选择： 咨询你的皮肤科医生，了解哪一种适合你。

如果这些外用药品不是那么有效，可以考虑使用口服处方药物抗生素控制炎症，例如米诺环素、多西环素或四环素。虽然这些口服药很有效，但是它也有潜在的风险：在有些时候，它也可以抑止口服避孕药的作用，引起一些霉菌感染，并且使你对日光更敏感。如果想了解哪些是你可以选择的口服抗生素，请咨询你的皮肤科医生、内科医生或药剂师。

Periostat 是一种新药，通用名为强力霉素（多西环素），最近的一些研究指出它可以帮助解决玫瑰痤疮。因为这种药用药剂量很低，所以它不会引起上面所说的并发症，可以长期使用。

皮肤日常护理方案

第二阶段	
针对痤疮	
早上	**晚上**
第一步：使用处方洁面产品洗脸	第一步：使用处方洁面产品洗脸
第二步：如有斑需要治疗，可以使用非处方针祛斑的产品	第二步：使用抗生素凝胶并等5～10分钟
第三步：全面部使用抗生素凝胶	第三步：使用维A酸
第四步：使用粉底	第四步：选择性的使用保湿霜
第五步：使用控油的粉饼	

早上，使用医用洁面产品后，接着使用非处方治疗痤疮的产品。然后，使用抗生素凝胶。最后，你可以使用控油粉底和粉。

在晚上，再次洁面。然后使用抗生素凝胶治疗痤疮，等 5 ～ 10 分钟，直接使用维 A 酸。如果皮肤觉得干或你是混合性皮肤，你也可以使用保湿霜。

每周一次见你的皮肤科医生接受水杨酸剥脱治疗。

处方类洁面产品

施泰福 BREVOXYL 洗面乳液适用于敏感肤质，含过氧苯甲酰

施泰福 PanOxyl 皂

Plexion 磺胺醋酰硫乳液（含有乙酰磺胺和硫磺的洁面产品）

Medicis Triaz 洁面乳（过氧化苯甲酰、乙醇酸、锌）

褒曼医生的选择：如果你能耐受过氧苯甲酰，可以选择含有此成分的产品。如果不能，找你的皮肤科医生要 Plexion（磺胺醋酰硫乳液）。

处方抗生素凝胶和乳液

BenzaClin（氯林可霉素和过氧化苯甲酰）

高德美克林达凝胶（抗生素凝胶）

施泰福 Duac 凝胶（抗生素和过氧化苯甲酰）

德美克 Klaron 洗剂（乙酰磺胺）

Triaz by Medicis（过氧化苯甲酰，乙醇酸，锌）

褒曼医生的选择：Stiefel Duac Topical Gel（施泰福 Duac 凝胶）是一种含有过氧苯甲酰的抗生素，它不需要冷藏。那些很敏感的还有发红的 OSNT 类的皮肤可能更喜欢不含有过氧苯甲酰的 Klaron。

维 A 酸的使用

如果你患有皮肤发红和痤疮两种问题，你也许会在使用维 A 酸时遇到耐受性差的问题。如果你想了解有关维 A 酸的使用指导，请参考"对油性和敏感性皮肤的进一步帮助"部分。

针对痤疮推荐使用的含维 A 酸的产品

达芙文凝胶（阿达帕林）

Retin A Micro（维 A 酸）0.04% 或 0.1%

Tazarac（他扎罗汀凝胶）凝胶 0.05% 或 0.1%

针对你皮肤类型的治疗程序

所有的含硫磺、乙酰磺胺、抗生素的护肤产品和口服药品都可以帮助治疗面部发红和改善玫瑰痤疮。红光和蓝光治疗同样也可以帮助你减轻痤疮。这些光可以通过杀死面部细菌来治疗痤疮。你可以制定一个时间表，每隔2周接受一次治疗，总疗程为 10 ～ 12 次。

在这段时间，没有局部的或口服药物可以治疗玫瑰痤疮的另外两种表现形式：扩张的血管（蜘蛛痣）和黄色的毛孔粗大的鼻头。很多医学方法可以有效地治疗扩张的血管，包括电针、注射盐水、激光、IPL（强脉冲光等）。

很多为扩张血管推荐的美容治疗大概花费在 400 ～ 500 美元。这些是医疗保险之外的范围，通过接受 2 ～ 5 次的治疗可以使血管消失。请相信，这种治疗是有效的，因为这些血管一旦消失就不会复发，而且每年维护性的治疗对控制新的再生血管是很有效的。

布莱恩是个牧师，他参加了由我主管的一个药物临床试验，我们是希望通过这个实验来提高对蜘蛛痣的治疗。这个试验结束之后，试验医生为了答谢受试者，对其提供了光疗。布莱恩对这次试验的药物没有任何反映，因此为了祛除他面颊的蜘蛛痣我对他进行了 IPL 和 Levulan（5 氨基酮戊酸，增光敏药物）的综合治疗。这次的治疗解决了从年轻时代就一直困扰他的尴尬问题，所以他非常开心。在过去，教区的居民看到他脸红就传言他是一个酒鬼。当他在高速公路上行驶稍微有点超速时（当他着急去为弥留者做最后的超脱时，这种情况经常发生），警察看到他的脸很红，就推断他是酒后驾驶。这个治疗之后，布莱恩反映他以前的症状已经消失了，他们也不再怀疑他酗酒了。

IPL 和 Levulan

针对玫瑰痤疮的情况，我最喜欢的治疗方法是结合使用 IPL 和 Levulan。这两种治疗可以很有效地减少玫瑰痤疮的主要症状，如油脂分泌，血管和黄色丘疹。你皮肤的皮脂腺和红血管可以吸收 Levulan，这样可以使它们对光更加敏感，当 IPL 作用在皮肤上时可以收缩和消灭部分皮脂腺和红血管。作用结果是皮脂腺分泌减少。OSNT 抱怨最多的是大量的油脂分泌导致皮脂腺增大形成黄色的丘疹，这个治疗可以帮助祛除这种症状。另外，IPL 可以祛除很多面部可见的血管和改善面颊部发红问题。因为扩张的血管可以吸收特定波长的激光并且被消灭，而那些正常的皮肤却不会触及，所以 IPL 可以帮助解决这些问题。如果想了解更多关于这种治疗的信息，请看"对油性、敏感性皮肤的进一步帮助"部分的内容。

治疗严重玫瑰痤疮

对于玫瑰痤疮后期可能出现的鼻子增大症状，有不同的疗法供选择，包括手术、微晶磨削术和激光。这些步骤都能除去鼻子上增大的皮脂腺。尽管各步骤的设备不同，但是原理一致，都是切开皮肤的表层和中间层。这样会不舒服，需休息大约 10 天，伤口需包扎 4 天，手术 10 天后，皮肤就愈合了。鼻子会保持粉红达 6 个月，可通过化妆来掩饰一下。这是玫瑰痤疮的最后阶段，坦白说，我并没有看见多少人进展到这一步。通过口服抗生素可以预防到达这一阶段。在某些情况下，医疗保险可以覆盖这一范围。

应避免的美容操作

虽然你会被各种各样的可以帮助你解决皮肤问题的服务和产品所诱惑，但是以下情况是浪费时间和金钱的：

微晶磨削：对你敏感的皮肤太刺激了。

面部护理：对于你容易发红的皮肤，面护太热并容易使你发炎。

非烧灼性激光，除了被专门设计为改善玫瑰痤疮和祛除血管的激光之外，它主要还是针对皱纹的，所以你不需要它。

另外，你也许不需要注射 botox（保妥适）或填充除皱（胶原蛋白和透明质酸），因为你没有皱纹。但是如果你想改变眉形或使嘴唇更丰满，你也是可以使用以上产品的。

持续的皮肤护理

既然 OSNT 的皮肤类型很可能会出现玫瑰痤疮，所以你的皮肤永远不可能像其他类型的皮肤一样永无烦恼。但是，如果你可以按着我的计划尽早开始治疗，在大部分情况下，你可以避免玫瑰痤疮发展至最严重的阶段。基于我给了很多 OSNT 类型皮肤（男性和女性）以有效的建议，因此我对我的推荐很有信心。就像我已经提到的，如果你现在开始好好护理你的皮肤，你可以期待你的皮肤随着年龄增长有所改善。

对油性、敏感性皮肤的进一步帮助

在这一部分，你将会了解到以下针对油性和敏感皮肤的产品信息和使用方法，同时我还推荐了有益于你皮肤的生活方式、饮食和营养品。

使用维 A 酸产品

由维生素 A 衍生而来，但是两者之间有不同的化学结构，维 A 酸类可以限制油脂产物，减少皮肤出油，防止长痤疮以及减少色素沉着。维 A 酸类还可以帮助有皱纹倾向的人改善明显的皱纹，以及帮助易出现色沉类型的人改善色沉，甚至可以防止油性皮肤将来长痤疮。如果你的皮肤有玫瑰痤疮，痤疮和皮肤发红，我建议你缓步开始使用维 A 酸类产品，并且从低浓度的维 A 酸类产品开始。你大概需要数周去适应维 A 酸类产品导致的发红和脱屑，但是相对使用的长期效果而言，这种代价还是值得付出的。如果使用维 A 酸类产品之后你的皮肤如果出现发红和感到非常刺激，你可以停止使用或试用另一个牌子，或者减少使用量。如果使用两周后不再出现发红的情况，你可以根据说明隔晚使用一次。你的皮肤可以慢慢习惯维 A 酸类产品，所以不要放弃。使用大概 6 个月的时间，你就会感觉到你的皮肤不能没有维 A 酸类产品。

维 A 酸的使用

1．在手里，混合豌豆大小的维 A 和几滴精华。

2．涂抹于面部和颈部，由下向上，不要让你的手背接触。把微量的维 A 酸用指尖轻轻地涂抹在下睑的皮肤（不要在上眼睑或其他眼部周围涂抹），注意不要太靠近眼睛。

3．每 3 晚使用一次，连续两周，或者这样使用一直到皮肤没有发红或剥落。

4．在两个星期结束后，在晚上使用混合物，频率为两天一次，疗程为两个星期。

5．这两周之后，可以每天晚上使用，或者也可以按需使用。

IPL 和血管激光

皮肤科医生使用脉冲光（简称 IPL）来解决色斑，血管，扩大的皮脂腺引起的油脂分泌和痤疮问题。目前有各种各样的 IPL 仪器，但是我比较喜欢科医人公司生产的的 Quantum（强脉冲光子炫彩美容仪），因为它比在美容沙龙使用的仪器能量更大。IPL 也可以和一种叫 Levulan（增加光敏性）的药结合使用，因为这种药可以增加皮肤对光的敏感度以加强皮肤对光的吸收效果。当与 Levulan 结合使用时，这种光的治疗就被称为光动力治疗或 PDT。

这种治疗对 OSPT 和 OSPW 类型皮肤的色斑和油脂分泌都很有效。同样的，这种治疗对 OSNT 和 OSNW 类型皮肤的玫瑰痤疮症状也很有效，包括面部潮红和可见的血管及其他症状。IPL 也可以与各种各样的血管激光联合治疗。面部毛细血管可以吸收血管激光或强脉冲光发出的能量，之后，血管被加热凝固后闭塞，而皮肤完好无损。我最喜欢的血管激光是 Dornier 940nm 激光，它的能量可以被一种血液的成分（脱氧血红蛋白）吸收。这种激光不会像其他许多血管激光那样损伤皮肤从而导致瘀青。这种激光也可以用在黑色的皮肤上。我们通常建议先全面部使用 IPL 治疗，然后用 Dornier 激光作用在比较大的血管上。

光疗或激光治疗的准备

你在做 IPL 之前使用维 A 酸类一个月以上会减少 IPL 的治疗次数。达芙文或汰肤斑对去除黑斑的效果都很好。

在治疗的当天不要涂防晒霜、化妆品和保湿霜。当你到达诊所后，医生或护士会帮你清洁面部的油脂。很多医生喜欢在治疗前先用微晶磨削处理你的皮肤，这样可以使皮肤表面变得光滑一些，同时这样可以增强治疗效果，不过这是可选而不是必须的步骤。

会发生什么情况

在接受光治疗之前，先用 Levulan 凝胶敷在面部 30 分钟或更长时间，然后把它去掉。之后医生可以进行 IPL 或者其他光治疗。治疗大概 10 分钟后你会感觉有点温热，但是不需要担心，一点也不痛。由于使用 Levulan 可以使皮肤对光更敏感，所以你在治疗后 36 小时内需采取防晒措施以防吸收过多外界光线。

接下来的治疗

你将会发现治疗之后你的皮肤对光更敏感，如果你不使用 SPF45-60 的广谱防晒霜，你的皮肤会被晒伤。所以治疗后立即使用防晒霜 2 天以避免晒伤。IPL 治疗后的几天，你的面颊会出现微红，就像刚刚洗过热水澡的感觉。除了防晒外，你可以继续日常的工作。

光动力疗法治疗后

PDT 治疗后，你的皮肤会看起来发红，还会脱皮，3～7 天后会出现结痂。

痤疮经过蓝光治疗之后

这种治疗后不需要休息时间。

血管激光治疗之后

有些血管激光治疗可以引起严重淤青，所以在接受治疗之前请与你的皮肤科医生讨论，这样你就会知道你将来会出现什么情况。我的诊所使用的是 Dornier 940nm 激光，治疗后不需要休息时间，也没有瘀青或光敏感，所以你接受治疗后可以马上回到日常生活工作中去。

治疗后护理

接受过这些光和激光的治疗后，你要继续保持皮肤保养。

你的治疗效果

接受几次治疗之后，你会发现那些褐色斑会变浅和脱落，但是千万不要强行撕去痂皮。

针对皮肤发红，血管扩张和其他玫瑰痤疮等症状接受的治疗，几次治疗之后你会发现你的皮肤纹理和肤色都会有很大的改善。你皮肤发红的情况会减少，血管扩张会消失或不明显，同时你的皮肤也会感觉更光滑。

这些治疗根据光源的不同价格也不一样，价格大概在 200 ～ 700 美元之间。你需要多少次治疗呢？医生会根据你皮肤问题的严重程度来推荐使用哪种光和决定治疗次数。人们一般大概需要 4 ～ 10 次治疗，以后需要每年维护性治疗。

Levulan 与光治疗的结合（无论是蓝光还是彩光）都可以对治疗早期的皮肤癌有帮助。虽然不能治愈恶性黑色素瘤，但是可以解决早期的非黑素瘤性皮肤癌。

应用保妥适（肉毒杆菌毒素）治疗皱纹

随着时间的流逝和年龄的增长任何面部的动作都会引起皱纹，如眯眼睛、微笑或皱眉。如果你的皱纹令你沮丧，加之你也不介意注射的话，你可以考虑注射 A 型肉毒杆菌毒素。这种方法可以通过肉毒杆菌毒素使面部肌肉放松从而改善皱纹。目前，肉毒杆菌毒素是唯一被 FDA 批准的治疗这种面部皱纹的项目，这种治疗早在 20 世纪 80 年代已经安全的用于除皱了。Reloxin 的研究评估（在欧洲和拉丁美洲被称为 Dysport）还需要一段时间才能被 FDA 批准。另外，在市面上还有种称为 Myobloc 的注射治疗方式，这种 Myobloc 的注射效果大概维持 6 个星期，对于那些还没有准备好接受保妥适的长期效果的人（保妥适可以持续 6 个月）可以试一下。

保受适治疗

术前准备：

在你预约治疗的前 10 天，应该避免使用让你皮肤产生瘀青的营养品和药物，比如抗炎药（布洛芬产品如 Advil 雅维 和 Motrin 美林，以及阿司匹林、绿茶、维生素 E、银杏和圣约翰草）。但是你可以使用泰诺，这种药不会像其他药品一样对血小板功能产生影响。购买含有山金车或维生素 K 联合维 A 酸的护肤品，联合治疗后可以预防或治疗淤青。

在你接受治疗的当天，一定要记得尽可能的放松，其实这是很容易做到的。如果你的医生在你治疗的部位没有使用局部麻醉，例如额头、眉间或鱼尾纹，一定要要求在接受治疗前大约 20 分钟使用局部麻醉。你可以在药店买到局部麻醉药物（名字叫 EMX 或 EMLA），这种药是不需要处方的，在你接受治疗之前 20 分钟开始使用。

期望的效果是什么

这个治疗是通过非常细的针进行注射的，比通常用的注射用针细很多。我的经验是，使用局部麻醉后，大多数人是没有什么感觉的。眉间纹需要 3 针，鱼尾纹每侧需要 3 针，额头大概需要 5 ~ 8 针。治疗过后，你的皮肤会有很多小的皮丘，就像被虫子咬了似的。这种情况大概维持 30 分钟。注射后，淤青也是有可能发生的，所以注射之后如果发现淤青，请记住使用含有山金车 / 维生素 K 和维 A 酸成分的护肤品。

Botox 注射后的护理

你的医生要求你在 10 分钟之内运动注射的部位。换句话说，如果你接受除皱治疗，她将要求你做皱眉和放松的动作。肉毒杆菌毒素治疗后患者可以立即进行皮肤护理和化彩妆。

Botox 治疗后期待的效果是什么？

3 天后，你将会发现治疗的位置活动受限，10 天后你将看到整个效果。治疗 2 周后，如果你对治疗结果不满意，你可以去找你的医生复诊。如果你治疗部位的肌肉还是可以动，或者你发现有不对称的情况——一侧不平整，或者你只能动一边，那么就意味着治疗的效果没有达到预期。

如果出现了这种情况，你可以请你的医生为你补打 Botox 以解决不对称的问题。

你的治疗效果

你的皱纹也许不能完全消失，但是皱纹下面的肌肉应该已经不能动了。Botox治疗后，如果你按着推荐的皮肤保养方法对皮肤进行保养，大概需要4至8个月你的肌肉不能动，以后皱纹才会再出现。

Botox按照注射部位收费，每个部位大概需要花费200～500美元。眉间纹、鱼尾纹和额纹被当作3个部位，大概的花费即600～1500美元。这并不包括每3～6个月补注射的费用。

皮肤填充剂

皮肤填充剂包括胶原蛋白产品（像Zyplast和Cosmoplast）和透明质酸类产品（Restylane，Hylaform，Captique，Juvederm），这些产品正如其名：通过胶原蛋白注射和透明质酸注射帮助填充那些像沟一样的皱纹，这两种化学制剂可以帮助皮肤延缓衰老。

术前准备

我建议做填充的准备就像Botox的准备一样。大部分医生喜欢使用几种类型的填充剂。一定要与你的医生讨论哪种类型能得到，哪种类型是你最需要的。

期待的效果是什么？

在接受治疗之前，很多医生就像口腔科医生一样在你的口腔里做局部麻醉，以麻醉你鼻子和嘴之间的整个区域。这可以使你在接受注射治疗时感觉不到疼痛，但是在治疗结束后这种麻药可持续一个小时以上。你也可以选择局部表面麻醉。表麻并不能让你的嘴唇麻木，但是如果你想在治疗后马上回去工作的话这种方法比较方便。我很多患者都喜欢使用表麻。即使使用了表麻，在你每次注射治疗时仍可以感觉到轻微的疼痛。透明质酸填充剂，例如Hylaform，Restylane和Juvederm，要比胶原蛋白注射例如CosmoPlast疼一些，因为胶原蛋白填充剂包括了利多卡因麻醉剂。每个皱纹大概需要3～5针的注射。

治疗之后，你接受治疗的部位会出现轻微的红肿。这种情况20分钟后会有改善，一般第2天就会完全好了。肿胀的程度取决于使用什么样的填充剂。胶原填充剂注射后要比透明质酸填充剂注射后引起的肿胀程度轻很多。先注射胶原，然后注射透明质酸可以减轻肿胀，同时可以减少这两种产品引起淤青的风险。胶原蛋白可以提供支架，同时，透明质酸可以通过吸收注射部位的水分来起到填充的作用。

皮肤填充后的护理

治疗后建议马上冰敷。如果你有出现淤青的经验，另一种必须要的护理就是在治疗的部位使用含有维生素 K/ 山金车和维 A 酸类的药物。患者接受皮肤填充之后可以马上进行皮肤护理和化妆。

治疗之后期望的效果

如果你的皱纹很困扰你，而且你也已经决定接受这类的治疗，那些你不想要的皱纹就会马上消失。

你治疗的效果

虽然治疗之后的效果还是很不错的，但是你的那些深皱纹不一定能完全消失。在治疗之前，你的医生会和你讨论治疗后的效果是什么样的。

这个治疗大概需要花 300 ~ 1500 美元，甚至更多，这个费用主要取决于你需要治疗的皱纹数量。大多数填充产品都需要每 4 ~ 6 个月再次补注射一次。市场上出现一种新的填充产品叫 Sculptra，这种产品大概可以维持 2 年左右的时间。它可以每 3 ~ 5 个月注射一次，直到达到最佳的效果为止。对于治疗各种各样的皱纹或很深的皱纹，这种产品是非常理想的选择，它也可以与 Botox 或其他填充剂一起使用。

对于油性皮肤和敏感皮肤推荐的生活方式

对于结合了这两种性质的皮肤类型，避免暴晒是很重要的，因为这可以增加患皮肤癌和玫瑰痤疮的风险。一项研究表明，在 1000 名受调查的患者中，日光暴晒可以引起 81% 的人爆发玫瑰痤疮。为了防止出现"吸烟者皱纹"，我强烈建议你戒烟。很多人已经成功戒烟了。一定要记住，如果你第一次失败了，请务必一而再、再而三地戒下去。

对于没有色沉的敏感性皮肤，从始至终都要通过降低皮肤敏感性防止玫瑰痤疮和皮肤发红。一定要避免那些可以刺激炎症反应的成分、环境和各种行为（内在的和外在的）。如果可以，在比较凉快的环境锻炼比较好。你要是对氯不过敏的话，游泳就是比较理想的锻炼方式。

无论什么时候，你都应该避免热而且潮湿的环境，例如桑拿房。又热又潮湿的环境可以导致你的皮肤肿胀，进而毛孔阻塞和出现痤疮。

避免环境温度的骤变，因为温度骤变会导致刺激面部，导致面部发红。热情的北欧人经常刚蒸完桑拿就出去雪地里玩。我不是说你一定会尝试这样做，但是这种温度的剧烈变化对你的皮肤会造成严重的破坏。对于你来讲应尽量避免在寒冷的环境中滑雪和冬季活动。敏感类型皮肤很容易被风吹伤，所以你可以用比较厚的保湿霜来保护你的皮肤。在特别冷的温度下，一定要用围巾之类的织物保护你的皮肤。

在夏天总是在空调房里面进进出出也不是很好。最好安排好你的生活方式，尽量避免这种剧烈的温度变化。不要刚刚还坐在火边然后马上冲出门外。计划好你的行动，让你的皮肤有时间逐渐去适应温度的改变。

避免外部过热或过于刺激的情况。在浴缸里泡澡时洗澡水过热或水里的某些洗涤用的化学成分可能会加重玫瑰痤疮。游泳池里的氯也会加重你的皮肤问题。如果你碰到墨汁、碳粉、油脂或其他化学成分时，一定要避免让这些成分接触到你的脸。还有那些香水、清洁产品甚至空气清新剂，里面含的成分也可以引起你皮肤的反应。

尽量少喝热饮，待水晾凉了之后再喝，这可以避免刺激血管引起血管扩张。尽量享用凉开水和冰茶，例如绿茶或薄荷茶。在夏天或在热的环境中工作，吃冰棍可以降低你的体温。在你脖子上搭一条凉毛巾，穿透气的衣服，也可以降低体温。很多人发现穿棉布质的衣服要比化纤面料的衣服凉快。

蒸脸会刺激油脂分泌，而且某些抗衰老的成分会对敏感皮肤产生刺激，引起痤疮和面部发红。皮肤的摩擦也可能引起痤疮，特别是痤疮多发区。例如，油性且敏感皮肤的男性，他们经常会抱怨在他们颈部戴领带的部位会出现痤疮，因为领子总摩擦他们的皮肤，所以那个位置容易长痘。选择衣领宽松一些的衬衣会好一些。

研究显示，如果是油性皮肤，减少压力是很必要的，因为长期在压力下可以增加油脂分泌，加重痤疮并增加黑色素的产生。我们对 22 个大学的学生做了调查研究，发现在考试期间，他们长痤疮的情况会加重的。压力也会削弱皮肤的保护屏障，使皮肤变的更加敏感。

你可以培养一种减轻压力的意识。如果你发现你的压力很大时，你可以随心所欲地做点什么以作为你缓解压力的方式。有时你感觉紧张或有压力，你可以做深呼吸，这样可以帮助你充分放松。当你生气或焦虑时你要把握自己：你要懂得退让，学会说"随它去吧"。请务必在每天做一些减压的活动，例如散步，和宠物玩耍，和朋友聊天或者任何其他可以使你放松的事情。对你自己好点，这样可以缓解压力，也可以缓解你那仿佛情绪晴雨表的皮肤。

玛格丽特是一位拥有着白皙的皮肤，火红头发的小提琴音乐家，她有着艺术家的气质。任何时候，只要在排练中指挥不耐烦的跟她说话，她的脸就会唰一下变得非常红。毫无例外，第二天，玛格丽特的下巴上肯定长满了痤疮，她试图用粉底去遮盖但是没有用，但是这样对她的敏感皮肤更加刺激。

我给玛格丽特一套抗炎的皮肤护理方案并告诉她每天使用，并告诉她尽量在表演当天避免酒精（因为酒精可以使血管扩张）。玛格丽特在寻求减轻压力的方法中，她发现她喜欢享受安静的思考，这样可以让她暂且离开充满声音的世界。接受治疗几周之后，玛格丽特感觉很平静，对指挥的爆发反应淡定多了，于是她皮肤的症状也得到了控制。

还有更好的消息，喜怒无常的指挥要到另一个地方去工作了，所以她如释重负。峰回路转，管弦乐队的新指挥是个法国人，这名法国人会鉴赏两件事：上好的红色葡萄酒和绝佳的红发艺术家。

管理好你的压力是你每周都应该做的，这里有几种选择：

接受一个令人放松的按摩

做个安静的醒神的瑜珈

漫步在大自然之中

在安静的地方沉思

应用舒缓的精油

听平静舒缓的音乐

与心爱的宠物玩耍

在迈阿密的海滩上喜欢看大海的波涛，每次对我来说都很有用！

身体治疗

皮肤的问题不只局限于你的脸上，你身上每个部位都可以长痤疮（和黑点）。这就是为什么我希望向你推荐一些新的有帮助的建议。在世界上某些地方，例如以色列、日本和意大利，那些水疗 SPA 和度假村提供一些含有高浓度矿物质和硫的沐浴疗法，这对解决皮肤痤疮很有帮助。在沐浴的过程中，硫磺对你的身体会起到如前述（在面部使用时）的同样作用。在美国的温泉胜地如阿肯色州著名的温泉和西弗吉尼亚州的伯克利温泉会提供矿泉浴，但是你最好要确定其中所含的矿物质成分。

浴疗法

在 19 世纪的欧洲和美国，浴疗即矿泉水浴和温泉浴已经成为当时 SPA 会所的主要服务了。

这些温泉中的活性成分是硫磺，它们可以预防炎症、瘢痕、感染，同时也可以减少皮肤长痤疮、瘙痒和皮疹。在皮肤病学的研究中，硫磺已经被证实对于玫瑰痤疮和痤疮是非常有效的，但是硫磺的功能还不止如此，硫磺看上去对各种皮肤问题都有一定的帮助。

饮食

所有油性敏感性的皮肤都应该防止炎症和痤疮。研究表明很多食物都可以引起痤疮，但是另一些食物又可以防止痤疮。因此这里有一些食物方面的建议，以帮助你控制油脂分泌。

食用高糖食物可以导致痤疮，同时食用低糖饮食可以帮助控制痤疮。原因是：高糖量的食物（糖果，饮料，某些水果，精加工粮食，例如面包，蛋糕和冷麦片）会导致血糖水平迅速增高。血糖增高刺激胰岛素释放，过多的胰岛素又会导致痤疮的产生。痤疮被推测与肥胖相关。这也就是说为什么你减肥可以得到一箭双雕，一是可以通过进食低糖饮食减少胰岛素的分泌，同时还可以减轻你的痤疮。众所周知，乳酪制品可以刺激胰岛素产生，所以你也应该尽量避免食用乳酪制品。

然而，长久以来被视为痤疮患者禁忌的巧克力已经不再被认为会引起痤疮了。维生素 A 也被证实与可以减少油脂分泌。富含维生素 A 的食物有肝脏、贝类、鱼肝油（可以食用液体或胶囊），还有黄油和其他全脂乳制品。虽然蔬菜里不含维生素 A，但是蔬菜可以提供 β- 胡萝卜素，一种与痤疮有关的营养元素。还有很多食物对维生素 A 进行了强化补充，包括牛奶、速食燕麦、谷类早餐、代餐棒。而红薯、芒果、菠菜、哈密瓜、杏干、蛋黄和红辣椒里面含有 β- 胡萝卜素。

如果食用含有高浓度的矿物碘的食物也是可以导致痤疮的，因为它们可以引起毛孔肿胀，所以会引起痤疮爆发。要想减少碘的含量，应避免食用加碘盐、虾和海洋植物。相反，要想食用不加碘的盐，可以选择 Celtic 海盐（可见 http://www.celtic-seasalt.com）。

OSPT 和 OSPW 也应该避免喝啤酒，因为其中含有酒花（蛇麻花）。酒花可以增加啤酒的香气和口感，但是它也像雌激素样作用，可以增加你的黑斑和黄褐斑。啤酒花也是可以引起痤疮的，已经发现酒花采集工人由于他们常接触酒花而增加了痤疮的生成概率。

对于 OSNT 和 OSNW 类型皮肤会有玫瑰痤疮的症状，例如面部潮红，某些食物会加重你的这种情况。酒，特别是红葡萄酒，可以加重你的玫瑰痤疮以及面部潮红。避免那些像咖啡因一样的刺激性食物，因为它会引起血管扩张。醋，辣椒，辛辣的调味品，辣酱、胡椒（包括黑胡椒）和腌肉都会引起血管扩张，其中任何一种都会加重面部发红的症状。那些发酵的食物例如奶酪和腌肉，以及香肠和热狗也同样可以加重你的病情。

总体而言，我建议你不要喝酒，不要吃太热和太辣的东西。为了识别你具体的刺激源，可以记录每餐的食物，然后与你的症状的发生情况作对比。这样就可以确定你应该避免哪些食物了。对于 OSN 类型的皮肤，减轻炎症的理想食物有鸡蛋、鱼和冷沙拉。Ω-3 脂肪酸对抗炎很有帮助。在野生的大马哈鱼、亚麻籽油、富含 Ω-3 脂肪酸的鸡蛋、野生动物、食草动物的肉、野生植物里都富含有 Ω-3 脂肪酸，营养品中也是如此，例如卡尔森牌的鱼肝油或北海鳕鱼肝油（液体或胶冻的都可以）。

鱼肝油保养品可以减少炎症，但是食用这种产品需要注意一下两点，一是经过防汞处理的，二是无腥味的。虽然金枪鱼富含 Ω-3 脂肪酸，但是汞污染是一个很严重的问题，特别对于孕妇、哺乳期或准备怀孕的妇女来说，食用金枪鱼是很有危险的。国家女性和家庭政策研究中心就上述问题提出建议，对于上面提到的女性应限制鱼的消费量，每周限定不高于 12 盎司（340 克），特别是金枪鱼的消费限制在每周 6 盎司（170 克）。但是鲑鱼、鳟鱼、鲽鱼、罗非鱼、虾和沙丁鱼除外，因为它们被汞污染机会的很小。

素食者（还有不吃鱼和蛋的人）很难摄取 Ω-3 脂肪酸。众所周知，亚麻籽和亚麻籽油都是素食者的脂肪主要来源，但是对于很多人来说，这些脂肪很难被转换成那些重要的形式，如 DHA 和 EPA，这两种成分都是只有在动物脂肪中才会存在的。然而，对于那些纯素食者来说，DHA 的唯一来源是海藻和 vegicaps 的 O-Mega-Zen3 DHA 胶囊（可以从 www.nutru.com 找到）。

OSNT 类型的皮肤对于发展成非黑素瘤皮肤癌（鳞状细胞癌和基底细胞癌）的风险是很大的。这也就是我为什么推荐你食用一些含抗氧化剂的食物和保养品的原因了，因为食用含抗氧化剂的食物和保健品可以降低你患皮肤癌的风险。抗氧化剂可以清除那些导致皮肤癌变的自由基和有害酶而发挥作用。你应该定期食用石榴和各种浆果，因为里面含有抗氧化剂。另外 β 胡萝卜素也被证实对于某些类型的癌症有预防作用。

其他的一些植物里有些植物营养素也被证实可以提供一些抗癌的成分，例如菠菜、甘蓝和西兰花中含有叶黄素。番茄含有番茄红素，这种成分也对某种类型的癌症有帮助。对于 OSNW 和 OSPW 类型的皮肤，食用含抗氧化剂的食物和保养品可以预防皱纹。抗氧化剂还可以减少自由基，自由基可导致的氧分子在体内失衡并引起细胞的减少和迅速老化。大多数水果、蔬菜里都含有抗氧化剂，特别是浆果，樱桃还有朝鲜蓟。绿茶是非常强的抗氧化剂，因此我推荐含有这种成分的化妆品和保健品的原因。另外，你自己也应该定期喝茶。苹果皮也被证实含有大量抗氧化剂，因此吃苹果时一定要连皮一起吃掉。

在澳大利亚的一项研究中显示蓝莓是含抗氧化剂最多的食物，但小红莓和石榴里也富含抗氧化剂。在这些食物过季时，你可以通过饮用富含这些水果的浓缩果汁来获取它们的有益成分。在水中加一两汤匙混在一起喝，这既补充了水分又补充了抗氧化剂。一定要确定食用不加糖的品牌（例如 Hain 牌小红莓汁和 Pom

牌石榴汁），因为太多的糖会引发痤疮。番茄（富含番茄红素，这已经被证实对抗癌很有帮助）和罗勒（在沙拉和意大利面里含有）都含有抗氧化剂。

很多蔬菜里也含有充足的抗氧化剂，像菠菜、甘蓝、萝卜、生菜、花椰菜、韭菜、玉米、红辣椒、豌豆和芥菜。蛋黄和橘子里面的抗氧化剂是叶黄素。虽然从食物里摄取抗氧化剂是非常好的，但是身体对这些抗氧化剂和其他有益成分的识别和处理是已经被设定的，所以说如果你愿意也是可以通过摄取营养品来获得这些抗氧化剂的。葡萄和葡萄籽都富含抗氧化剂。葡萄籽可以通过加工成保养品来食用。

保健品

推荐每天使用 100mg 的锌，因为锌已经被证实对于痤疮患者很有帮助。或者你更喜欢吃富含锌的食物，例如牡蛎。维 A 酸的保养品也是降低油脂分泌的选择。一勺北欧天然北极鳕鱼肝油可以提供 1000 ～ 1250 单位的维生素 A，这个剂量是安全的。雅芳的 VitAdvance Acne Clarifying Complex 含有维生素 A、C 和 E，同时锌、硒和硫辛酸也是很好的选择，同样 Murad APS 纯净皮肤维生素营养品也不错。

第三部分
油性、耐受性皮肤类型的护理

"美容皮肤科学领域的百科全书，倡导科学的皮肤分类，同时引领时尚，是皮肤科医生和时尚达人的实用宝典，译者读后受益匪浅"

—— 译者

● 刘方

首都医科大学附属北京朝阳医院皮肤科医生，医学博士。美国 Boston University（波士顿大学）皮肤系博士后研究员

第八章

ORPW：油性、耐受性、色素性、皱纹皮肤

特氟龙皮肤类型

"每过十年都会带来一些新的皮肤问题吗？每天早上，当我顺手拿起放大镜时，我不喜欢我见到的：毛孔扩张、黑头粉刺、皱纹、黄褐斑。你是说皮肤保养产品？我试过了，但那些似乎都没有效果"

关于你的皮肤

放下那个放大镜！它只能显示你已经知道的问题。如果你的调查问卷结果显示你是 ORPW 型皮肤，那就不要惊讶你要面临皮肤护理方面越来越多的挑战了。除了敏感肌肤的问题以外，你几乎无法避免任何一个皮肤问题，总盯着你的脸也无济于事。

油脂过度分泌、毛孔扩张以及黑斑从你青春期开始就影响你的容颜。我不能保证瞬间就能把它们治愈，也不能保证你的肌肤问题会随着年龄增长而得到解决。虽然对于 ORPW 型皮肤的女性来说，皮肤的油质分泌在步入中年后会减少，但它可以留下扩张的毛孔，并能在长过痤疮的地方留下痤疮瘢痕。更重要的是，衰老过程也会导致皱纹。所以随着年龄的增长，ORPW 肤质的人在这两方面都会受到打击。

ORPW 型的名人

碧姬·巴铎是 ORPW 型皮肤的典型代表。她有着又长又卷的金发、性感的身材、上翘的嘴唇，而且由于她对肉欲的放纵，使她在全盛期成为了肉欲的化身。作为性的象征，她成了法国版的玛丽莲·梦露。

从她深黑的双眼，以及容易晒黑的皮肤，我推测她是油性、色素性皮肤类型。我从未见过她长有痤疮的照片，所以我猜测她是耐受性皮肤。她易被晒黑可以保护她的皮肤，使她避免患皮肤癌。而对于有相同习惯的金发碧眼白种美女们来说，皮肤癌就可能毁掉她们的皮肤。尽管和很多 ORPW 型肤质的人一样，

碧姬·巴铎的肤色晒到恰到好处并且看起来很棒，但她一定会在以后的岁月里为此付出代价。

巴铎在相机和阳光面前暴露一切，或者说几乎是一切，而不是像玛丽莲·梦露那样用躲避阳光来保护她像奶油一样苍白的皮肤。在由巴铎主宰的20世纪50年代，晒黑的皮肤第一次被认为是有魅力的。在欧洲，20世纪中叶前的几个世纪的时间内，晒黑的皮肤一直被视为没有魅力、不时髦并且卑微的象征，因为那些从事体力劳动的人——只有那个群体的人——才需要忍受阳光照射；而住在有厚厚宫墙的宫殿里的统治者们则不需要。但是第二次世界大战以后，法国的里维埃拉因受富有的上流社会人士欢迎而负有盛名，同时晒黑也随之流行起来。美女先锋海伦娜·鲁宾斯坦是其中一员，但是她很小心地使用遮光剂并且坐在阳伞下保护自己的皮肤。借助电影和晒黑走红的小明星如巴铎，这种晒黑的吸引力在大众中蔓延。人们发现阳光以及晒黑的皮肤被视为健康的、性感的、快活的。至今，仍是这种观点驱使着人们将皮肤晒黑。

从巴铎50岁以后的照片上几乎无法认出她来，那些照片显示出她皱纹很深的面容和皮革一样的皮肤，而这一切都源于她过度的日晒。那时，巴铎富有并已隐退，可以不必太在意这些了。或许她脸上深深的皱纹使她去商场或博物馆的时候免受被包围之苦。但是既然你没有她那种困扰，那就从她的错误中吸取教训，使用防晒产品保护自己以免皮肤过早老化。

无需实验

所有ORPW型的皮肤都易起皱纹。但是如果你放弃吸烟和日晒，恰当的护肤品可以帮助缓和你的肌肤问题。但是注意：大多数非处方药物制品对你那粗糙的、适应任何天气的皮肤来说浓度都不够。

耐受性的皮肤有一个显著的特征：不敏感。这就意味着你可以尝试各种不同的产品而不会有不良反应。对你来说，没有敏感性皮肤的任何特征，比如皮疹、烧灼感或刺痛。敏感性皮肤的人们对于各种产品有偏执般的恐惧，害怕尝试新产品。但是你可以在百货商店的化妆品柜台试用各种各样的产品。你可以用任何你随手能拿到的香皂来洗脸。当你去拜访亲戚或者住旅馆时，你可以使用那里的香波而不会出现皮肤干燥或刺痛的反应。

你的皮肤类型证明了为什么"适于任何肤质"的护肤品是不会有效的。你需要能够提升肌肤活力的产品和成分，而敏感性皮肤则需要安抚，降低肌肤的反应性。在相应的章节，我建议敏感性类型的人士远离高浓度的产品，而在本章，我强调ORPW型的人士选择能满足你顽固皮肤所需的含高浓度活性成分的产品。

布鲁斯的故事

布鲁斯，四十岁出头，相貌英俊，曾是一名高级主管，退休后在百慕大过着优裕的生活。他第一次去找我是在他和当时的女朋友在迈阿密度假的时候。当时他的症状是双颊上有黑斑。这些黑斑近几年来逐渐发展，现在已经加重了。尽管他并不担心它们有危险或是癌性的，但他不喜欢它们的外观。

更重要的是，他很不好意思地承认它们给他造成了困扰，因为他认为男人不应该关注皮肤的表现。他收到一张百慕大的一个皮肤护理美容沙龙的面部护理卡。但是去做美容，哪怕只是想想都令他感到尴尬。

在我迈阿密的工作室——一个没有人会发现他的秘密地方——他的黑斑得到了治疗。我很高兴他终于克服了顾虑并且信任我。

在向我咨询期间，布鲁斯获悉，因为美容师不能提供给他耐受性皮肤足够有效的成分，面部按摩是不能奏效的。这一认知让他很惊讶。美容师也无法开出他真正需要的强效的维 A 酸类处方药，比如维 A 酸凝胶或者他扎罗汀凝胶。当我把这些告诉他时，他坐直了身体并关注起来。

"我要做的只是遵循这个处方？现在我有点喜欢它了。"布鲁斯轻松地说道。而且，因为汰肤斑，我推荐的这个处方产品有着一个充满医学味道的名字，布鲁斯不再担心可能会有人在他的浴室柜子里看见它了。虽然汰肤斑是为他脸上的黑斑而开的处方，但是对于预防皱纹同样有效。尽管布鲁斯不愿意向他的高尔夫球友们承认，但他当时的确是在接受抗衰老的治疗。

近距离地观察你的皮肤

像布鲁斯一样拥有 ORPW 型肤质的你可能经历过以下这些问题：

- 粗大的毛孔
- 又油又亮的皮肤
- 很难找到不让皮肤更油腻的防晒霜
- 阳光照射区域的皮肤有黑斑
- 皱纹
- 不时发作的痤疮疹
- 可以使用大多数护理品和化妆品
- 如果肤色浅，患皮肤癌的风险会增加

我向各种皮肤类型的人都推荐使用防晒霜，但是由于你的皮肤偏油性，所以有必要找到一款不会加重你皮肤出油情况的产品。在本章的稍后部分，我将提供利用非处方和处方产品的皮肤日常护理计划。处方药对你来说尤其重要，因为处方药见效快并且最有效，而弱效的产品会让你看不到效果。

你的皮肤是如何衰老的

ORPW 型皮肤的状况随着时间逐渐发生变化。这种肤质的年轻人的问题是出油，而年长时不再多油而开始出现皱纹。到你五十多岁的时候，你的肤质甚至能转变成 DRPW 型皮肤。这就是为什么在你年轻的时候就使用维 A 酸类处方药非常重要的原因。对你来说这些产品具有理想的双重作用：它们可以减轻你出油的同时防止皱纹的产生。

老化能改善出油情况，同时能减少黑斑的生成。由于你的荷尔蒙水平降低了，所以色素生成也减少了。然而使用激素替代品可以出现与之相反的结果。对 ORPW 型肤质的患者来说，激素替代疗法是把双刃剑，它虽然有助于阻止皱纹的发展，却会使色素沉着加重。我建议你和妇科医生在综合考虑你的个人史和家族史后再做决定。

为了防治皱纹和黑斑，我建议避免日晒、每天做皮肤护理、使用维 A 酸类产品，以及采纳本章相应节段里提出的其他建议。必要时，可以使用仿晒剂，使用仿晒剂并不会出现色素性皮肤人士所担心加重黑头的情况。它能暂时地在死去的皮肤细胞表面着色，但却不会活化导致黑斑的皮肤色素。如果想更多地了解仿晒剂的用法，那么请看第十章——仿晒剂。

我需要使用什么样的产品？

为了解决皮肤皱纹问题，ORPW 型肤质的患者很容易被销售花招所骗，购买那些适用于干性皮肤的抗皱霜。在给 400 位患者做的皮肤类型调查问卷中，我发现大多数油性皮肤的人都使用保湿霜。涂抹大量晚霜会加重出油和黑头，并且一定对你有负面效果。尽管大多数美国人都被愚弄，认为每个人都应该使用保湿霜，事实上并非如此。

提升皮肤的水合程度尽管可以使细小干燥的皱纹暂时被填充，但它并不能减少皱纹的生成。除非保湿霜里添加抗氧化剂和维 A 酸，否则是不能阻止皱纹产生的。虽然干性皮肤需要保湿霜，但你一定不需要（除非你的调查问卷的分值接近油性与干性皮肤的交界值，即 27 ~ 35 分）。

未得到良好服务的皮肤类型

多数产品研发人员不能配制出专为你设计的产品。在化妆品柜台里，针对敏感皮肤的产品比比皆是，而针对耐受性皮肤的却一个都没有。对化妆品生产商来说，你的问题是"最容易"解决的。但事实上你那有着多重问题的皮肤并不是耐受性皮肤中最容易对付的。你的皮肤有耐受性又爱出油，将所有刺激性的成分有力地屏蔽了。其不利的一面是将所有成分甚至你皮肤所需要的有益成分统统拒之门外。这就是为什么非处方药强度的产品很难奏效的原因。你有见过专为"耐受性皮肤"设计的护肤品吗？

厂家不能规定谁去购买他们的非处方产品。因此他们生产强度较弱的、敏感皮肤也能安全使用的产品，以避免用户对他们的产品出现不良反应而造成的负面宣传。

因为皮肤分型已成为众所周知的事情，并且人们知道自己的皮肤类型，我希望生产厂家以后能够为不同的肤质提供与其肤质相吻合的特定产品。如果这个愿望实现了，那么 ORPW 型皮肤的人将不会"不被服务"了。

目前，一个处方的维 A 酸类对 ORPW 型的人是最有效的，因为它不但可以减少油脂的分泌，还能阻止黑头和皱纹的产生，甚至减少已生成的黑头与皱纹。想知道更多关于维 A 酸类的资料以及使用方法的话，请参阅"给油性、耐受性皮肤的进一步帮助"买最便宜的清洁剂以及防晒霜，因为你耐受性的皮肤并不需要婴儿般的呵护。省下钱去买那些真正能改善你皮肤的处方药。

阿曼达是一个博物馆馆长，声音沙哑，我在一个鸡尾酒会上遇见了她。她一听说我是一个皮肤科医生，就马上掐灭香烟并留在我身边，准备问我皮肤护理方面的问题。"在我十几岁的时候，我的皮肤是油性的，"她解释道："在我二十多岁时，我的脸颊就像一个战场，上面布满了扩张的毛孔和明显可见的皮脂腺，这使我的皮肤看上去坑坑洼洼。在我三十多岁的时候，黑斑出现在我的脸颊和上唇，"她陈述到："现在，我刚过四十岁，皱纹出现了。"我同情地摇了摇头。这时，阿曼达点燃了另一支烟并倾诉到："我就像一个破口袋。既然你是皮肤科医生，请告诉我，我到底应该做什么？我发现说大多数这些所谓的产品不但无效反而使情况更糟。"我把我的名片递给她。她盯着它看。"你是主任，真的吗？"她怀疑的读到。"噢，难以置信，你看起来如此年轻"。

我受够了，毕竟二手烟对我的皮肤也是有害的。我建议她打电话咨询，并向她保证，如果有必要的话我会很乐意把她介绍给一位年长的同事，然后起身走向甲板。

我并不是在招揽生意。像阿曼达这样的 ORPW 肤质的人，去诊所找皮肤科医生看病的支出一定是值得的。皮肤科医生可以向他们推荐强效的处方药以及医学护肤程序，那会真正地让他们的皮肤看起来不一样。

我提供给你的建议一定是有效的，但是，没有捷径。令你的皮肤呈现出最佳状态需要个人的不懈努力，终生使用维 A 酸、防晒霜、抗氧化剂以及恰当的饮食。你皮肤的将来由自己决定。

褒曼医生的底线：

尽量做到以下几点。你可以使用最强效的产品。同时不要忘记戒烟、防晒以及选择含足量水果和蔬菜的健康饮食结构来预防皱纹的产生。

针对你皮肤类型的日常护理

你的皮肤护理程序的目标是：在黑斑处使用能释放曲酸、熊果苷和氢醌等脱色成分的产品，在皱纹处使用含维 A 酸类和抗氧化剂的产品。我建议所有这些产品都按照我下面列出的去做，或至少遵循其中的一条。

- 预防色斑
- 预防和治疗皱纹

同时，你的每日方案有助于关注其他的皮肤问题：

- 对付皮肤出油
- 发现黑头和毛孔粗大

30 岁以下 ORPW 的人常被皮肤出油所困扰，但是对于 30 岁以上的 ORPW 的人来说，出油状况将逐步减轻，但常有可见皱纹的增加。因此对于年轻的 ORPW 来说，目标就是减少出油，同时用适当的皮肤护理来预防皱纹的发生。而对于年长者，首要任务是皱纹的预防和治疗。

我将提供包括非处方产品和处方药在内的两个阶段的方案给你。在我看来，使用非处方类的产品护理皮肤并不能去除皱纹——你需要使用维 A 酸或注射保妥适（A 型肉毒毒素制剂）、Juvederm（玻尿酸）。你可以首先选择上述处方治疗，然后再用非处方方案行 8 周的皮肤护理方法或者遵医嘱。因为在美国的很多城市，找皮肤科医生看病需要等待数月，因此如果你认为自己需要治疗的话，我建议尽快预约医生。你可以通过登陆 www.aad.org 来选择你所在地区拥有执业资质的皮肤科医生就诊。

如果你不想用处方药物治疗，选择有不确定性的非处方推荐方案，那你可以选用化妆水、防晒霜、粉底以及含维生素 A 的夜用乳液或凝胶，后者为维 A 酸但作用相对较弱。因维 A 酸的含量不足，所以为了增强疗效，你可以放心地选择几种不同的含维生素 A 的皮肤护理用品，以此来增强疗效。

日常皮肤护理方案

第一阶段	
早上	晚上
第一步：使用控油洗面乳清洗	第一步：使用含羟基乙酸或水杨酸成分的洗面乳清洗
第二步：使用化妆水（可选择）	第二步：在整个面部使用皮肤美白精华液
第三步：在色斑上使用美白产品	第三步：使用含维生素A或抗氧化剂的皮肤精华液
第四步：使用控油产品（可选择）	第四步（可选择）：使用保湿霜
第五步：使用保湿霜（可选择）	
第六步：使用防晒霜	
第七步：使用具有SPF值或吸油功能的粉饼	

早晨，首先用控油洗面乳洗脸，随后你可以选择应用化妆水，然后在色斑部位外用美白产品。接下来，如果O评分得分大于33，需要选择控油产品；如果属于混合性皮肤（O评分在27～33），需要在干燥区域皮肤上使用保湿霜（避免在T区应用）。但是，对于全脸都感觉轻微干燥的混合性皮肤，整个面部都可以使用保湿霜。（Alison：应用控油产品和保湿霜本身没有问题，但我们需要分辨使用的是控油产品还是保湿产品。）然后是防晒霜，最后使用具有SPF值或吸油功能的粉饼。

夜间，首先用含羟基乙酸或水杨酸成分的洗面乳洗脸，然后在整个面部外用皮肤美白精华液来帮助预防色斑，接下是选择使用含维生素A或抗氧化剂的皮肤精华液来帮助预防皱纹，最后可以选择使用保湿霜。

你也可以在晚上洗脸后使用面刷来促进表皮剥脱，可以参考本章后面部分我推荐的产品。

洗面乳

早晚使用洗面乳来保持皮肤的清洁，从而达到控油和防止毛孔扩张的目的。ORPW类型皮肤应当选择洁面凝胶或泡沫洁面乳，避免使用洁面霜及冷霜。另外选择控油洗面乳和含羟基乙酸或水杨酸成分的洗面乳对你也有益处。

推荐洗面乳：

$ Bonne Bell Ten-O-Six Deep Pore Cleanser for Normal to Oily Skin
（鲍妮拜尔10-O-6深层毛孔洁面乳，适合中性至油性皮肤）

$ Neutrogena Oil Free Acne Wash

（露得清去油痤疮洗剂）

$ Nivea Visage Oil Control Cleansing Gel For Oily Skin

（妮维雅控油洁面凝胶，针对油性皮肤）

$$ Biotherm Biopur Pore Refining Exfoliating Gel Exfoliator for Oily Skin

（碧欧泉 BiopUR 净肤去角质凝胶 – 适合油性皮肤的去角质剂）

$$ Exuviance Purifying Cleansing Gel

（爱诗妍清爽洁肤凝胶）

$$ Joey New York Pure Pores Cleansing Gel w/Vitamin C

（乔伊·纽约维他命 C 清爽毛孔清洁凝胶）

$$ PCA SKIN pHaze 13 Pigment Bar

（PCA 皮肤 pHaze 13 色素性香皂）

$$ Philosophy On a Clear Day Super Wash For Oily Skin

（Philosophy 全日爽肤洁面膏 – 适合油性皮肤）

$$ Vichy Bi-white Deep Cleansing Foam

（薇姿双重菁润焕白泡沫洁面霜）

$$$ Lancome ABLUTIA FRAÎCHEUR foaming cleanser

（兰蔻 ABLUTIA FRAÎCHEUR 泡沫洁面剂）

$$$ N.V.Perricone Pore Refining Cleanser

（裴礼康毛孔细致洁面乳）

褒曼医生的选择：PCA SKIN pHaze 13 Pigment Bar（PCA 皮肤 pHaze 13 色素性香皂）中包含曲酸、烟酰胺等美白成分。

化妆水的使用

应使用含有控油、美白和抗氧化成分的化妆水。如果使用处方维 A 酸，应选择含有 α 或 β 羟基酸的化妆水；另外也可以使用含维生素 A 的化妆水。O 评分在 33 分以上的人或许可以省略润肤这一步，单纯使用化妆水。

推荐化妆水：

$ Baxter Herbal Mint Toner

（Baxter 草本薄荷化妆水）

$ Dove Face Care Essential Nutrients Clarifying Toner

（多芬无瑕透白滋养润白柔肤水）

$ Pond's Clear Solutions，Pore Clarifying Astringent，Oil-Free

（旁氏完美亚光系列毛孔细致紧肤水）

$$ Natura Bisse Toning Lotion for Oily skin

（Natura Bisse 油性皮肤爽肤水）

$$ Skinceuticals' Equalizing Toner

（修丽可平衡调理水）

$$ Yonka Lotion PG Toner

（Yonka PG 爽肤水）

$$ Vichy Bi-white Cosmetic Water

（薇姿双重菁润焕白柔肤水）

$$$ NV Perricone Firming Facial Toner

（裴礼康紧肤水）

褒曼医生的选择：Skinceuticals' Equalizing Toner（修丽可平衡调理水）中含有迷迭香和羟酸。

控油产品

如果 O 评分在 33 及以上的话，你可以单独使用控油产品来代替化妆水，也能和化妆水联合使用。你也可以选择控油粉底和干粉。吸油面巾纸的使用能帮助你全天候控油，所以许多油性皮肤的人都喜欢随身携带。

推荐控油产品：

$ Seban pads

（Seban 棉片）

$ Seban liquid

（Seban 液）

$ Vichy Normaderm Day Cream

（薇姿油脂调护修润日霜）

$$ Clinac OC Oil control gel by Ferndale

（克林可 控油 芬代尔控油啫喱）

$$ Mary Kay Beauty Blotters® Oil-Absorbing Tissues

（玫琳凯 Beauty Blotters® 吸油纸）

$$$ Clarins Mat Express Instant Shine control gel

（娇韵诗 Mat Express 光彩立现控油啫喱）

褒曼医生的选择：Clinac OC Oil control gel by Ferndale（克林可控油系列），研究表明它不影响防晒霜的效果。

色斑的治疗

应在洗面乳和化妆水之后但在使用其他产品之前使用美白产品来治疗色斑。在开始有色斑迹象的时候就开始应用，直至色斑完全消退为止。使用含有维生素A和其他能促进细胞更新成分的产品，例如 α 或 β 羟基酸，它们不仅治疗色斑还能预防色斑的产生。烟酰胺和大豆能够防止褐色色斑的形成。应使用那些去除雌激素成分的大豆产品，如 RoC，露得清和 Aveeno 公司的产品。如果使用非处方的皮肤美白产品连续 8 周仍未见疗效，皮肤科医师将会给予处方美白产品。

推荐治疗色斑的产品：

$$ La Rouche-Posay Active C Light
（理肤泉活力维生素 C 美白霜）

$$ Murad Age Spot & Pigment Lightening Gel
（慕拉淡斑啫喱）

$$ Skinceuticals Phyto Corrective Gel
（修丽可色素修补凝胶）

$$ Vichy Bi-white Reveal Essence
（薇姿双重菁润焕白精华乳）

$$$ Dr Perricone's ALA Face Firming Activator with DMAE
（Dr 裴礼康硫辛酸紧致凝露）

$$$ Estee Lauder Re-Nutriv Intensive Lifting Serum
（雅诗兰黛双重滋养白金级紧肤精华液）

$$$ Prescriptives Skin Tone Correcting Serum
（Prescriptives 皮肤修护精华液）

$$$ Rodan and Fields Radiant Treat
（Rodan and Fields 焕彩啫喱）

褒曼医生的选择：Rodan and Fields Radiant Treat（Rodan and Fields 焕彩啫喱）中含有氢醌和抗氧化剂成分。

推荐淡化色斑的精华液：

$ OLAY Regenerist Daily Regenerating Serum
（玉兰油新生护理精华素）

$$ Dr Mary Lupo Vivifying Vitamin C
（Dr Mary Lupo 活力维生素 C）

$$ Murad Age Spot & Pigment Lightening Gel
（慕拉淡斑啫喱）

$$ pHaze 23 A&C Synergy Serum from Physicians Choice of Arizona
（pHaze 23 维生素 A&C 精华油，亚利桑那州内科医生的选择）

$$ Skinceuticals Phyto Corrective Gel
（修丽可色素修补凝胶）

$$$ Rodan and Fields Radiant Treat with HQN and antioxidants
（Rodan and Fields 含氢醌和抗氧化剂的焕彩系列）

褒曼医生的选择：pHaze 23 A&C Synergy Serum from Physicians Choice of Arizona（pHaze 23 维生素 A&C 精华油，亚利桑那州内科医生的选择）。

皱纹的预防

尽管维 A 酸对已经形成的皱纹是唯一有效的产品，但其他 OTC 产品对防皱也有一定效果。

推荐预防皱纹的抗氧化精华液

$$ La Rouche-Posay Active C Light
（理肤泉活力维生素 C 美白霜）

$$ Origins Perfect world white tea serum
（悦木之源白茶美肌精华）

$$ Pure Simplicity White Tea Line Prevention Serum
（Pure Simplicity 白茶抗皱精华）

$$ Skinceuticals C E Ferulic serum
（修丽可阿魏酸复方 CE 精华液）

$$$ Dr Perricone's ALA Face Firming Activator with DMAE
（Dr 裴礼康硫辛酸紧致凝露）

$$$ Estee Lauder Re-Nutriv Intensive Lifting Serum
（雅诗兰黛双重滋养白金级紧肤精华液）

$$$ Prada Hydrating Gel Matte（lightening ingredients）
（普拉达保湿啫喱（美白成分））

$$$ Prescriptives Skin Tone Correcting Serum
（Prescriptives 皮肤修护精华液）

褒曼医生的选择：Skinceuticals C E Ferulic serum（修丽可阿魏酸复方 CE 精华液）。

保湿霜

如果 O 评分很高（大于 35 分），你可能不需要使用保湿霜；如果 O 评分为34 ~ 44 分，你可以只在干燥区域选择使用保湿霜，如果是这样的话，应选择那些适用于油性皮肤、含有控油成分的产品。

白天选择含有防晒成分的保湿霜。晚上使用含维 A 酸的晚霜。如果是全脸涂抹保湿霜（笔者推荐适用于 O 评分在 27 ~ 33 间者），应选用含美白成分和抗氧化剂成分的产品。

推荐日间保湿霜：
$ Eucerin Sensitive Facial Skin Extra Protective Moisture Lotion with SPF 30
（优色林敏感面部加强保湿防晒乳液 SPF30）
$ Neutrogena Advanced Solutions Nightly Renewal Cream
（露得清清新晚霜）
$ RoC Retinol Correxion Deep Wrinkle Night Cream
（RoC 维 A 深层去皱晚霜）
$$ Night cream oil control and retinol Yonka Creme PG
（Yonka Creme PG 控油抗皱晚霜）
$$ Skinceuticals Renew Overnight Oily
（修丽可晚间再生精华霜，适用油性皮肤）
$$ SkinMedica Ultra Sheer Moisturizer
（SkinMedica 轻柔抗氧保湿霜）
$$ Vichy Liftactiv CxP Day Cream
（薇姿活性塑颜新生日霜）
$$$ Lancome AQUA FUSION LOTION Continuous Infusing Moisturizer
（兰蔻水源水嫩保湿霜）
$$$ Murad Combination Skin Treatment for normal/ combination skin
（慕拉平衡油脂啫喱，适用油性 / 混合性皮肤）
褒曼医生的选择：早上：Eucerin Sensitive Facial Skin Extra Protective Moisture Lotion with SPF 30（优色林敏感面部加强保湿防晒乳液 SPF30），含辅酶 Q10；晚上：Neutrogena Advanced Solutions Nightly Renewal Cream（露得清清新晚霜），含维生素 A、AHA 和抗氧化剂。

面膜

每周使用一两次面膜，是对你的皮肤进行充分营养补充的另一个好方法。在我看来，你最好去 SPA 或美容院，或者到皮肤科医生那里做化学剥脱或微晶磨削，这样可以帮助你改善细纹和色斑。但是，如果你没有足够的时间或者财力，可以尝试做面膜，虽然它只能暂时性地改善皮肤出油，但在某些特殊场合之前做面膜能让你的皮肤看起来棒极了。

推荐面膜

$ Biore Pore Perfect Self-Heating Mask
（碧柔净化毛孔面膜）

$$ Ahava Advanced Mud Masque for normal to oily skin
（Ahava 高级泥面膜，适用于正常至油性皮肤）

$$ DDF Clay Mint Mask
（DDF 清爽美白面膜）

$$ DeCleor Clay and Herbal Mask
（思妍丽香草美白面膜）

$$ Murad Clarifying Mask
（慕拉美白面膜）

$$ True Blue Spa All in a Clay's Work ™ Detoxifying Facial Mask
（True Blue SPA All in a Clay's Work ™ 舒压排毒面膜）

$$ Vichy Aqualia Thermal Mask
（薇姿温泉矿物保湿面膜）

$$$ Chanel Masque Pureté Express Instant Purifying Mask
（香奈儿紧致立现面膜）

$$$ Dr．Brandt Poreless Purifying Mask
（Dr．Brandt 毛孔清透净颜面膜）

褒曼医生的选择：True Blue Spa All in Clay's Work ™ Detoxifying Facial Mask has clay（True Blue SPA All in a Clay's Work ™ 舒压排毒面膜）含有的粘土成分有吸油作用，其甘草浸膏成分能淡化色斑。

表皮剥脱

Cleopatra（克莉奥帕特拉）就是使用表皮剥脱剂的典型代表。她拥有非常好的皮肤，她以在面部使用酸奶而闻名。可能连她自己也不知道，她这么做其实是

在用含乳酸 α 羟基酸的剥脱剂来防止色斑形成。

磨砂膏和微晶磨削方法能去除表层的死皮，使得化妆水和保湿霜中的有效成分更容易渗透皮肤。如果你每天常规使用维 A 酸类药物、含维生素 A、α 羟基酸或 β 羟基酸的产品，那么一周内使用任何类型的磨砂膏或微晶磨削产品不要超过两次。如果你不使用上述任何产品，只要不出现皮肤红斑和疼痛，那么你可以隔日使用表皮剥脱剂。

不要同时使用磨砂膏和剥脱剂；选择其一即可。过强的表皮剥脱能引起红斑并使皮肤的敏感性增加，让你感觉像是 OSPW 类型皮肤。对于剥脱剂的选择，我建议你去美容院或者 SPA，因为他们有资质使用更强效的剥脱剂，其有效成分的浓度要明显高于家庭使用的产品。注意：使用欧邦琪系列时建议分六个步骤，其中一步为使用维 A 酸，但是你也可跳过该步直接进行。

推荐磨砂膏：

$ Benefit Pineapple Facial Polish
（贝玲妃凤梨抛光磨砂乳）
$ Fresh Sugar Face Polish
（黄糖极致面膜）
$ Loreal Refinish
（欧莱雅水晶磨皮换肤霜）
$$ DeCleor Micro-Exfoliating Face Gel
（思妍丽面部轻柔磨砂啫喱）
$ Vichy Purete Thermale Exforliating Cream
（薇姿泉之净去角质磨砂霜）
$$ Dr．Brandt Microdermabrasion In A Jar
（Dr．Brandt 高效能微晶磨皮霜）
$$ Rodan and Fields Radiant Exfoliate
（Rodan and Fields 磨砂系列）
$$$ La Prairie Cellular Microdermabrasion Cream
（蓓莉晶莹微钻磨砂焕肤膏）
$$$ Prescriptives Dermapolish System
（Prescriptives 焕肤系列）

褒曼医生的选择： Dr．Brandt Microdermabrasion In A Jar（Dr．Brandt 高效能微晶磨削霜）。

推荐在家使用的剥脱剂：

$$ Alpha Beta Daily Face Peel by MD Skincare

（MD 护肤双重焕颜嫩肤日霜）

$$$ Lancome RESURFACE PEEL

（兰蔻焕颜嫩肤套装）

$$$ Natura Bisse Glyco Peeling 50% Pump

（Natura Bisse Glyco 50% 果酸焕肤精华）

褒曼医生的选择： Beta Daily Face Peel by MD Skincare（MD 护肤 双重焕颜嫩肤日霜）含有 α 羟基酸和水杨酸。

推荐微晶磨削的方法：

$$ Philosophy Resurface

（Philosophy 焕肤系列）

$$ MD Forte Oily Skin Introductory Kit

（MD Forte 油性皮肤入门套装）

$$$ Rodan and Fields Radiant Regimen

（Rodan and Fields 焕彩套装）

$$$ Obagi system

（欧邦琪治疗方案）

褒曼医生的选择： Rodan and Fields Radiant Regimen（Rodan and Fields 焕彩套装）尽管价格昂贵，但我喜欢它的成分，它非常适合你的皮肤。如果你愿意，这是个值得推荐的奢侈方式。

产品的购买：

为了方便对产品的选择，你应当阅读产品的标签，根据需要解决的特定问题来选择那些含有针对性的有效成分的产品。具体见下表。

同样，你也可能需要避免某些成分。一些产品有促进出油的成分，另一些则能使你的皮肤对阳光的敏感性增加，导致局部皮肤晒黑和色斑形成。举例来说，含有香柠檬油的香水（在伯爵茶中也存在）能使颈部的皮肤变黑。同样，如果你喝了玛格丽特酒还在太阳下活动，也会造成口周以及其他接触过液体的皮肤色素加深。

推荐成分

预防皱纹：

- α- 硫辛酸
- 辅酶 Q10（泛醌）
- 人参
- 绿茶
- 叶黄素
- 辣木属
- 石榴
- 迷迭香
- 维生素 E
- 咖啡因
- 铜肽
- 葡萄籽提取物
- 艾地苯
- 番茄红素
- 松树皮提取物（海岸松属）
- 白藜芦醇
- 维生素 C

治疗皱纹：

- α- 硫辛酸
- 二甲氨基乙醇
- 乳酸（AHA）
- 维生素 A
- 转化生长因子
- 铜肽
- 羟基酸（AHA）
- 植酸（AHA）
- 水杨酸（BHA）

预防色斑：

- 椰子（椰子汁）
- 大豆
- 烟酰胺

促使色斑消退：

- 熊果苷
- 黄瓜提取物
- 氢醌
- 甘草提取物，亦称光果甘草
- 碧萝芷
- 维生素 A
- 虎耳草爬藤提取物
- 柳兰
- 熊果
- 没食子酸
- 曲酸
- 桑葚
- 间苯二酚
- 水杨酸
- 维生素 C，亦称左旋抗坏血酸

应避免的护肤成分

因过度油脂分泌：

- 矿物油
- 凡士林
- 其他油类如椰子油

因激素活性导致的色素沉着和色斑增加：

尽管在激素替代治疗和一些外用药膏中所用的雌激素和雌二醇是雌激素，但这些成分都是植物雌激素，这些化合物是在植物中发现的，在体内有和雌激素相似的作用。

- 黑生麻（黑生麻根茎提取物）
- 染料木黄酮
- 啤酒花
- 红三叶草
- 外用雌激素，雌二醇
- 西洋牡荆（穗花牡荆提取物）
- 白果
- 植物雌激素，例如：
- 大豆（不包括 Aveeno 和露得清中去除雌激素成分的产品）
- 野生山药

导致皮肤色素增加的：

- 芹菜、酸橙、西芹、无花果以及胡萝卜的提取物
- 佛手甘油

防晒护肤

由于防晒霜的有效成分通常是脂溶性的，因此大多数防晒霜都是油性基质。油性防晒霜使你的皮肤看起来又油又亮，因此可以选择使用凝胶或喷雾剂，而具有 SPF 值的粉饼也是一个很好的选择。Philosophy 的一款有防晒功能的粉饼（SPF15）是我最喜爱的防晒霜之一，它是专为油性皮肤设计，有两种色调来适合不同的肤色，被称为"神奇的东西"。

阿伏苯宗是一种很好的 UVA 防晒霜，可以做成凝胶制剂。你还可以将 Ferndale 的 Clinac OC（克林可控油）控油凝胶和防晒霜混合或联合使用，以此来降低防晒霜的油性。

我最喜爱的防晒霜 Anthelios XL 含有麦苏宁，是比目前已有的美国产品都要好的 UVA 阻断剂。但麦苏宁还没有通过 FDA 批准，因此还不能买到。如果你离开美国的话应该多囤一些货——这可是去法国或者圣马丁的好借口！

推荐的防晒产品：

$ Nivea Visage Q10 Plus Wrinkle Control Lotion SPF 15

（妮维雅 进补时光 Q10 抗皱乳液 SPF15）

$$ Anthelios XL SPF 60 Fluide Extreme by La Roche-Posay

（理肤泉特护清爽防晒露 SPF60）

$$ Boscia Oil-Free Daily Hydration SPF 15

（Boscia 无油日用乳霜 SPF15）

$$ Exuviance Fundamental Multi-Protective Day Fluid SPF 15

（爱诗妍 基础多重防护日用乳液 SPF15）

$$ Exuviance Multi-Defense Day Fluid SPF 15 with AHAs

（爱诗妍 含果酸的多重防护日间乳液 SPF15）

$$ Joey New York Pure Pores Oil-Free Moisturizer SPF 15

（乔伊．纽约 无油保湿防晒乳液 SPF15）

$$ Neostrada Oil Free lotion SPF 15

（Neostrada 无油乳液 SPF 15）

褒曼医生的选择：Anthelios XL Fluide Extreme（理肤泉全效广谱隔离乳液）——用前需要摇匀。

你的化妆

ORPW 类型皮肤的人选择化妆用的粉底往往很困难。为了掩盖黑斑，常需要你使用更厚重的粉底，但这可能会导致皮肤色泽不均匀。如果你超过 40 岁，使用厚重的化妆品还常让皱纹更加明显。

如果没有明显色斑，你可以选择透明粉底，接下来再用一层干粉。如果色斑显著，则应当选择既能掩盖色斑、又适合油性皮肤使用的厚重粉底，比如爱诗妍抗皱果酸遮瑕膏 SPF20。在用粉底前先使用 Clinac OC 控油凝胶，它能帮助预防粉底导致的皮肤色泽不均。

由于你往往得不到足够的防晒保护，因此你应当尽可能的使用有 SPF 值的化妆品。同样下表也列出了具有防晒功能的遮瑕膏和唇彩。

推荐粉底：

$ Avon Beyond Color Perfecting Foundation with Natural Match Technology SPF 12

（雅芳 天然贴合完美色彩粉底 SPF12）

$$ Bobbie Brown Oil Free Even Finish Foundation SPF 15

（Bobbie Brown 无油完妆粉饼 SPF15）

$$ Exuviance CoverBlend Concealing Treatment Makeup SPF 20

（爱诗妍 抗皱果酸遮瑕膏 SPF20）

$$ Laura Mercier Oil-Free Foundation

（Laura Mercier 无油清爽粉底液）

$$ Vichy Aera Teint Pure Fluid Foundation

（薇姿轻盈透感亲肤粉底液）

$$$ Dior Skin Compact with SPF

（迪奥 粉饼含 SPF 成分）

$$$ Lancome Maquiaquicontrole Oil-Free Liquid Makeup with antioxidants

（兰蔻 Maquiaquicontrole 无油抗氧化粉底液）

褒曼医生的选择：任何具有 SPF 值的产品。

推荐干粉：

$ Neutrogena Healthy defense

（露得清健肤露）

$ Paula's Select Healthy Finish Pressed Powder with SPF

（宝拉 完美防晒蜜粉饼）

$$ i.d.bareMinerals Foundation - SPF 15 Sunscreen by i.d.bare escentuals

（i.d. 天然矿物质粉饼 - SPF 15 防晒霜来自 i.d. 自然香调）

$$ Joey New York Clear Oil Blotting Powder（no sunscreen but contains cucumber）（乔伊．纽约零毛孔细油粉（不含防晒成分，含黄瓜））

$$ The Supernatural Airbrushed Canvas by Philosophy

（Philosophy 超自然矿物散粉）

$$$ Lancome Star Bronzer Bronzing Powder Powder Compact SPF 8

（兰蔻古铜明星细致粉饼 SPF 8）

褒曼医生的选择：Neutrogena Healthy Defense（露得清健肤露）——我爱它的价格以及多种颜色选择。

推荐遮瑕膏：

我最喜欢 Avon Beyond Color Line Diminishing Concealer SPF 15（雅芳净瑕无痕遮瑕膏 SPF 15），因为它是我见到的唯一的 SPF 15 的遮瑕膏。

推荐唇彩：

Avon Beyond Color Plumping Lipcolor with Retinol SPF 15

（雅芳抗皱润彩唇膏 SPF 15）

Vichy Lip Stick

（薇姿润唇膏）

你也可以使你化妆的需要成为一项爱好。寻找粉饼也能成为一项时尚宣言。

我的干燥皮肤并不需要用粉饼，但我却酷爱收集粉饼：拥有 Jay Strongwater 很多老款的以及漂亮新款的粉饼，在每个圣诞节都去寻找雅诗兰黛新款粉饼，我得承认我对在 EBay 上购买粉饼上瘾。对那些油性皮肤的人来说，随身携带一个美丽的粉饼，可以经常用它来补妆，在照相前也能用它来防止皮肤明显的出油迹象。

咨询皮肤科医生

皮肤护理对策的处方

我将提供两个阶段的两种处方方案；首先是治疗色斑，对皱纹也同样有效；一旦当你的色斑消退，仍继续对皱纹进行治疗。维 A 酸类药物，对包括皱纹、出油、色斑在内的所有皮肤问题都有疗效。如果 O 评分高（在 35 以上），最好选择维 A 酸的凝胶制剂；如果 O 点评分为中或低（27 ~ 35），你可以忍受乳膏制剂，不会觉得太过油腻。如果想获得更多有关维 A 酸的知识和使用方法，请参考"给油性、耐受性皮肤的进一步帮助"部分。

皮肤日常护理方案

第二阶段 治疗色斑	
早上	晚上
第一步：用洗面乳清洗	第一步：用含羟基乙酸的洗面乳清洗
第二步：在色斑上使用美白处方药物	第二步：在色斑上使用美白处方药物
第三步：O评分较高者，使用控油凝胶；O评分较低者，使用保湿霜	第三步：使用维A酸或者抗氧化精华素
第四步：使用防晒霜	第四步：使用保湿霜（可选择）
第五步：使用具有SPF值的粉饼	

早晨，首先使用含有效成分如羟基乙酸的洗面乳洗脸，然后在色斑上使用美白处方药物。接下来，如果你的 O 评分在 35 及以上，使用非处方的控油产品；O 评分在 27 ~ 34，选择具有 SPF 值的保湿霜。接下来，使用防晒霜（如果愿意的话，你可以把控油产品和防晒霜混合使用）。最后，用上具有 SPF 值的粉饼。

晚上，要用含羟基乙酸成分的洗面乳洗脸，然后在色斑上使用美白处方药物和维 A 酸（你也可以使用另外一种含有皮肤美白产品和维 A 酸的汰肤斑处方药）。如果你的 O 评分在 27 ~ 34 范围内，最后一步需要使用保湿霜。

你可以一直坚持这套方案，直到色斑改善为止（大约8周左右），接下来转变成维持方案。

	第二阶段 治疗和预防皱纹的维持方案
早上	晚上
第一步：用洗面乳清洗	第一步：用含羟基乙酸的洗面乳清洗
第二步：根据O评分选择使用控油凝胶或保湿霜	第二步：使用维A酸或者抗氧化精华素
第三步：使用防晒霜	第三步：使用保湿霜（可选择）
第四步：使用具有SPF值的粉饼	

在早晨，首先使用洗面乳洗脸，然后要取决于你的O评分，如果你的O评分在35分及以上，使用非处方的控油产品；O评分在27～34，选择具有SPF值的保湿霜。接下来使用防晒霜，最后，用上具有SPF值的粉饼。

在晚上，要用含羟基乙酸成分的洗面乳洗脸，然后使用处方药物维A酸或者非处方的抗氧化精华素。最后，如果你愿意，可以使用保湿霜。

我个人最喜欢的维A酸类药物是汰肤斑，因其含有漂白剂（氢醌）和维A酸（维A酸中的活性成分），因此对皱纹和色斑都有效。

推荐处方药物	
治疗色斑：	
• Claripel Lightener with SPF	• Eldoquin Forte（美白祛斑乳膏（氢醌霜））
• Epi-quin	• Lustra
• Solaquin Forte	• Tri-Luma（汰肤斑）
对抗皱纹和色斑：	
• Alustra	• Avage 0.1% 霜
• 达芙文凝胶（阿达帕林）	• Retin A micro（几种浓度）
• Tazarac 0.05% or 0.1% 的凝胶	• Tazarac 0.1% 霜
• Tri-Luma（汰肤斑）	

不同皮肤类型的治疗

像激光和光疗之类的治疗并不适用于深肤色的人。相反，具有深肤色的ORPW

类型皮肤应当选择外用产品来抑制出油和色斑形成。由于耐受性皮肤的人可以使用含有更强作用成分的产品，而不用担心敏感性的问题，常可获得比敏感性皮肤更明显地改善，因此你能更快地看到效果，有望在 4 ~ 8 周的时间内见到色斑变淡。同样，深肤色的 ORPW 类型皮肤还可以使用化学剥脱剂来改善皮肤，如含有 20 ~ 30% 水杨酸或者混合有羟基乙酸和其他脱色成分的产品。皮肤护理方案中的维 A 酸类能增强剥脱剂的渗透，然后通过加速细胞的分裂来促进皮肤尽快修复。

如果你的肤色很深，应当选择那些擅长治疗深肤色人群的皮肤科医生，因为如果化学剥脱剂使用不当的话，可以导致色斑加重。这些剥脱剂每片价格在 120 ~ 250 美元不等，通常需要连续使用 5 ~ 8 片。

收缩毛孔

包括脸部按摩和微晶磨削在内的皮肤护理并不能真正地缩小毛孔。但是，如果使用含有 α 羟基酸、水杨酸和维生素 C 这些非处方推荐的产品，可以让你的毛孔获得暂时性的收缩。

控油

对于浅肤色的人来说，可以应用光疗，诸如 Levulan 的 IPL 能通过收缩分泌皮脂的腺体从而达到控油的目的（具体请看"给油性、耐受性皮肤的进一步帮助"中的光疗一节）。

皱纹的治疗

目前已有包括注射肉毒杆菌毒素（保妥适）、真皮填充剂在内的一些方法来对付皱纹。（详细请参见"给油性、耐受性皮肤的进一步帮助"中的保妥适和真皮填充剂部分）。激光和其他种类的光疗对皱纹的治疗也显现出一定的前景，但是对他们的有效性还存在争议。另外，目前有一种新的方法：Thermage 热酷紧肤系统，尤其适用于 ORPW 类型皮肤。请参阅"给油性、耐受性皮肤的进一步帮助"中 Thermage（热酷紧肤）一节。

持续的皮肤护理

避免日晒和禁烟可以保护皮肤，使用维生素 A 和维 A 酸也能逆转光损伤和皮肤的老化，还要注意摄入含丰富抗氧化成分的食物。如果经济条件许可，你可以选择那些能带来真正效果的治疗方法。耐受性且没有色素沉着的皮肤能保护你免受不良反应的困扰，而这些不良反应往往出现在其他类型皮肤治疗后。最新的方法就在这里为你呈现！

第九章

ORPT：油性、耐受性、色素性、紧致皮肤

容光焕发的皮肤类型

我虽然有一些皮肤问题，但是除了一些色斑和少量痤疮之外没什么难以处理的，我对拥有这样的皮肤相当满意。为了让皮肤看上去更棒，我可以再做点什么吗？

关于你的皮肤

你的皮肤绝对属于容易打理的类型，这一类型皮肤的优点远远大于缺点。油性、耐受性以及紧致性的皮肤让你看起来很不错，也很年轻。当然，你也有痤疮（特别是在青年时期）和一些色斑，但你的皮肤看起来仍容光焕发，正如很多ORPT类型皮肤的人认为的那样。

幸运的是，你很少出现敏感类型皮肤常见的皮肤刺痒，发红以及过敏。年轻时油性皮肤让人苦恼，但是对于女性来说，随着绝经期的来临，出油状况常会改善。而你讨厌的色斑，也有好的一面：造成色斑的色素加深能保护你远离皮肤癌。最后，与其他类型皮肤忙于尝试各种抗衰老方法不同，紧致的皮肤能让你看起来年轻。你的皮肤让人羡慕，但应常规使用防晒霜（即使你是深肤色），同时还应摄入富含抗氧化成分的水果和蔬菜。

ORPT类型皮肤常见于深肤色人群，正如我在佛罗里达州行医时，很多加勒比海裔美国人就是该类型。具有中等肤色的人群也可以表现为该类型，如拉丁美洲人、亚洲人和地中海地区人群。另外，在其他种族背景的浅肤色人群也能见到，如爱尔兰人、英国人以及其他人群，通常是红发且伴有雀斑，后者是色素加深的一种表现。所以，即便调查表结果显示你属于ORPT类型皮肤，但你不具备我列出的所有症状，也不必担心结果是错误的。所有的ORPT类型皮肤具有一些共同的普遍问题，但是也有些显著的区别。所以本章我将讨论不同肤色ORPT类型皮肤的一系列症状和趋势，以及相应的治疗选择。

拥有 ORPT 皮肤的名人

奥普拉·温弗莉很可能属于ORPT——这一有色人种常见的皮肤类型。很明

显她拥有和大多数非裔美国人一样的深色皮肤。她看上去很年轻，所以她的皮肤显然是紧致的。如果把她现在和以前很年轻时候的照片比较一下，几乎很难看出任何变化。这就是紧致的皮肤。幸运的奥普拉！我一位很亲近的同事，她是皮肤科医生，几乎从不错过奥普拉的节目，从她那里得知奥普拉很可能是油性皮肤，至于敏感性还是耐受性，以我的教育背景猜测应当是耐受性皮肤……为什么呢？因为奥普拉从来都是毫不犹豫地与她众多的粉丝分享她个人的奋斗和成功经历，如果她是敏感性皮肤，我打赌我们早就听过了（没错，我也是她的粉丝。）。

作为 ORPT 型皮肤，色斑和出油很可能是奥普拉的主要皮肤问题，但这在她的可控范围内。这听上去很不错，要知道工作上的一些因素能潜在地加重她的皮肤问题。长时间的化妆能使皮肤出油增多和痤疮爆发，而电视台的强光灯会暴露难看的、难以掩藏的色斑。工作的压力也是一个方面，这也许是为什么奥普拉总是作为尝试放松减压以及治疗的开拓者的原因。最重要的是，要做真实的自己。这种特别的容光焕发是从奥普拉内心深处散发出来的，使她具备磁石一样的吸引力。但这也丝毫不妨碍她拥有容光焕发的 ORPT 型皮肤！

肤色和 ORPT

本章的建议能使你的皮肤看上去更加容光焕发，无论你是深色还是浅色 ORPT 皮肤。尽管很多人都是这种皮肤类型，但是大多数都是非裔美国人、拉丁美洲人和亚洲人。顺便说一下，即便亚洲人皮肤看起来肤色浅，但是通常和深色皮肤的反应相似。如果你是亚裔，建议你将自己归类在深色的 ORPT 皮肤，因为这将影响本章后面给你的皮肤护理建议。

我发现浅色 ORPT 的人通常有好的基因背景和有利于皮肤健康的习惯，这能帮助他们对抗岁月的摧残。他们经常摄入大量的水果和蔬菜，不吸烟，不有意在太阳下暴晒。可以说所有这些都是好的做法，能防止皱纹产生。对于其他也在阅读本章的人来说，如果你也不想要皱纹，谨记：除了基因方面，生活方式的相关因素也有很大的影响。

精神治疗师茉莉亚在新英格兰的一个小镇行医。在快五十岁的时候，她原本的暗金色的头发有很多变得灰白，苍白的脸上出现了散布的雀斑。她来到我佛罗里达的家是为了来检查面部的雀斑是否为皮肤癌。黑素瘤比较好发于像茉莉亚这样具有浅肤色且伴有雀斑的 ORPT 人士。幸运的是没有出现问题。但我告诫她要进行常规的皮肤科随访检查。我还注意到她的皮肤看上去很年轻。尽管茉莉亚已经过了绝经期，但她看起来只有很少的皱纹，皮肤松弛得很轻微。她看上去像三十几岁。于是，我非常好奇地询问她的生活方式。

茉莉亚和她大学时期的爱人结婚，生活在一个美丽的村镇，孩子们健康可爱，而且她热爱她的工作，觉得没有什么事情比帮助别人更美好。茉莉亚和她的家人过着"有机的"生活已经十多年了，一直摄入大量的健康水果和蔬菜。每天的休息时间，茉莉亚都在镇子里散步锻炼身体。你瞧，她也不需要听我的防晒大论。为了防止雀斑，茉莉亚从十几岁起就常规使用防晒霜。这是从她的金发母亲那里学到的，她母亲是一位狂热的防晒主义者，在茉莉亚和她的兄弟们很小的时候就给他们涂抹"白乎乎的东西"

最终，茉莉亚的淡定和幽默让她的内心在世间沧桑里保持纯净，正如防晒霜保护她的皮肤一样。生活里的平衡也反映在她光滑无皱的脸上。防晒霜也没有伤害到它。

这些年来，我见过很多和茉莉亚一样拥有浅色 ORPT 皮肤的人，不知为何，他们都是设法做所有正确的事，或者大多数是正确的。这也是我为什么总是强调基因是你命运的一部分，但是命运中另外一部分是看你如何对待这些基因的。

另一方面，对于深色 ORPT 皮肤的人，最常见的问题是你对皮肤很放松。很多人都想当然这样认为，但这很容易让皮肤受到不必要的苛刻对待。超级名模纳奥米·坎贝尔就是这种皮肤类型，皮肤紧致而年轻。即便是坎贝尔吸烟，要知道吸烟可以引起皮肤的衰老和起皱，但她的紧致皮肤仍然能够在中年时保护她免受香烟的毒害。但是，浅色 ORPT 的人像坎贝尔那样的话，并不能维持平衡，它会像 ORPW 那样产生皱纹。

你的皮肤问题

像坎贝尔那样的深色 ORPT 类型和像茉莉亚那样的浅色 ORPT 类型遇到的皮肤问题以及治疗的选择上有轻微差异，我将通过本章分别进行讨论。

所有深色 ORPT 类型皮肤都易于形成色斑，其诱因可以是任何形式的皮肤损伤和炎症，包括割伤、烧伤、挫伤和擦伤。过敏反应发生的几率要比敏感性皮肤少见。大多数人使用效果较强的外用产品都比较容易起到预防和减少色斑的作用，而敏感性皮肤并不能使用这些产品，所以应该感谢你的耐受性皮肤。向内生长的毛发也能导致色斑，深色 ORPT 类型皮肤的男性在胡须部位往往遇到这种情况，特别是在他们剃须的时候。

在女性的唇部上方、面颊及面部其他部位可以出现多余的毛发。而深色 ORPT 类型皮肤的毛发颜色也更深，这使得一些多余的毛发更为明显。但是，脱毛往往会带来更多的问题：使用蜡或化学脱毛剂能导致皮肤的损伤并遗留色斑。用镊子拔除毛发也能伤及皮肤进而形成色斑。

你的第二个主要问题是痤疮和面部的油光。你可能对油性皮肤开战，不断和讨厌的"痘"战斗，并因在照片里看起来满脸油光感到失望，并因不能忍受油腻腻的感觉而拒绝使用必要的防晒霜。这里有技巧：要找到不会增加你皮肤自身油性的防晒霜及其他产品。

狄娜是一个有着椭圆脸形的漂亮的黎巴嫩女孩，刚刚从迈阿密的酒店管理专业毕业。她来找我，是因为她为她的"每天都油光光的"皮肤感到难过，特别是前额和下颏部位，"即使是脖子部位也感到油腻腻的"她抱怨道。当她做实习生时，曾负责一家知名酒店的前台接待工作，有一次酒店短时停电，"当时酒店的客人告诉我他们凭我脑门的反光在黑暗的走廊里找到了出口，我都要尴尬死了"她抱怨道。我和她一起回顾了她的早晚皮肤护理程序，并向她推荐了几款洗面乳和化妆水。但两周后仍没有改善。我感到很困惑，于是进一步挖掘原因。我问及狄娜个人护理其他方面的情况，当我了解到她每天使用适于干性发质的洗发水和护发素洗护她那头中等长度、乌黑亮丽的头发时，哈哈，我找到部分原因了。

为了使头发柔滑，护发素之类的产品常含有洗完头后仍然留在头发上的成分。这对你的头发是有利的，但对你的皮肤来说却是个大问题。给头发做完洗护后，务必洗脸以洗去所有的残余成分。你还得小心杀虫喷雾剂、隔离霜、发胶、修护护发素、洗手液，以及其他可能接触到你面部的产品，因为它们均可以使皮肤变油腻。

要尽可能去寻找那些能控油和抗炎又不引起油脂分泌增加或激发黄褐斑的产品。护肤品中广泛包含的一些成分会刺激激素（如雌激素）的功能活动，激发色素形成，因而形成黄褐斑，这就是我列成分清单的原因。我将用精选出的对ORPT型皮肤最有效的产品，提供给你作为日常护理的建议。如果你更喜欢去商场购买并试用产品的话，那就核对成分，确保避开那些含"雌激素"的产品——正如我在本章"购买产品"部分所详述的那样。

以前你可能因为要解决几种皮肤问题使用过一些护肤品，结果却适得其反。其他产品则可能对你那耐受性强的皮肤又不够有效。因此，问题是在二者之间找到平衡。

塞莱娜的故事

塞莱娜，35岁，是一名税务和房地产代理人，当她走进我的诊室时，我注意到她是一位个子高高的、引人注目的、无懈可击的女性。她身着剪裁讲究的灰色细条纹套装，里面是一件簇新的白衬衫，与她那保养得很好的黑皮肤形成鲜明的对比。她来访的原因是为了她两颊上的黑斑，每年冬季都会这样。

在研究她的生活方式（可能的诱因）时，我了解到她是一位单身女性，一个自己都承认的工作狂，她满负荷地工作，典型的"每天工作十二小时，每周工作七天"，当这些黑斑突然出现的时候，她不明白为什么会这样。

日晒会刺激色素沉着，因此我问她使用防晒霜的情况。她承认她从未想过要用这些，"我不是一个在阳光下消磨时间的人，何必麻烦呢？"她答到。她很少去阳光下，也从不去海滩。塞莱娜一天的生活通常是这样度过的：起床、洗漱、在豪华公寓的跑步机上慢跑、喝一杯蛋白质饮料，然后准时在早上 6：15 进冲她那辆银白色的、镶浅色玻璃的凌志，直接把车开到她工作的写字楼的停车场。一周七天，天天如此。她的办公室安有窗户，她极少午休，更不可能去晒太阳了。

在我仔细调查她的病因时，我真的被难住了。

"我想知道我是不是过敏了"她提到。

在我准备给她做过敏方面的测试时，我仍不太确定，因为变态反应多见于敏感性皮肤。

"那你平时喜欢做什么？"我进一步追问。

"晚上和朋友一起去听音乐，大概是每月一次"她答到，"当然，我坚持每个冬季都滑雪"。

"多久一次？"

"嗯，在法律学院时我就开始滑雪了，在 Vail 有一个小的滑雪场，我想去滑雪的话任何时候都可以"她答到。

当听到这些的时候，我知道，我找到原因和解决的办法了。

我向她解释，如果没有任何屏障（比如一条围巾、一个口罩、或者强效保湿霜）来保护皮肤的话，那么冬天的天气就可以导致皮肤发炎，即使像她这种耐受性皮肤也难免。因为浅色皮肤的发红现象很明显，所以深色皮肤的炎症反应不如浅色皮肤明显。尽管如此，对于深色肤质的人来说，炎症也会导致黑斑，也就是被皮肤科医生称为"炎症后色素沉着"的状况。轻视皮肤的微小问题、使用旅馆的肥皂（它能减弱皮肤的屏障功能）、空中旅行、冷空气、风、以及低湿都起到一定作用，最终在她两颊留下了黑斑。我教她在滑雪时使用防护的面霜并围上围巾。我力劝她避免使用粗糙的旅馆肥皂。第二年我收到了她的一张圣诞卡，上面有她围着围巾站在一个斜坡上的照片"那很管用！"她写道。

近距离地观察你的皮肤

就像塞莱娜，ORPT 型肤质的人可能只有一些微小的皮肤问题，但如果他们使用劣质产品或者甚至认为他们的皮肤在任何情况下都可以自我保护的话，就可能发现也在步其后尘。

不论你是深色、浅色、还是中等肤色的 ORPT 型肤质，都可能有以下经历：

- 脸在照片中显得格外有光泽
- 粉底涂不均匀
- 遮光剂感觉油腻

- 脸上长黑斑
- 皮肤容易晒黑
- 面部有细小皱纹
- 不时长痤疮

不论你肤色如何，我都不建议你去晒黑皮肤或者过度地日晒。我建议所有ORPT型肤质的人都常规使用防晒霜。大多数 ORPT 型肤质的人，会像凯瑟琳·泽塔·琼斯一样，晒得恰到好处。她与丈夫迈克尔·道格拉斯共同拥有一个在美丽的百慕大群岛上的家，无疑提供了很多晒黑皮肤的诱惑。但纵使你能像泽塔·琼斯那样将皮肤晒得看起来很棒，也要抵制住冲动，选择使用仿晒剂。日后你会明白这样做的益处并感谢我的。（想了解它们的使用说明，请看第十章"仿晒剂"。）

深色 ORPT 肤质的人

在调查我的黑人患者时，我发现几乎没人涂防晒霜，并认为不需要它。深色肤质的人的确有一些内在的防护阳光的装置，但仅靠黑色素是不能阻止黑斑生成的。关于这点的证据我每天都能看见。因为我的很多患者都不是白人，而他们来找我的最常见原因就是想治疗他们的黑斑。

过度的日晒不仅会激活色素的生成，触发黑斑；还能造成其他有害影响。当你接受过多的阳光时，你的机体会暂时抑制免疫系统的反应机制，这段时间从一天到三天不等。因此，在过度日光照射后的几天里，你会更易患感冒和流感，这就是为什么有的人会得夏季感冒。（当然，在寒冷天气得冬季感冒是由于其他原因）。病毒感染，比如疱疹，可能会由于这种暂时的免疫抑制而更容易出现。

不管肤色和肤质如何，对每人而言，最基本的底线首先是遮阳。应日常使用防晒霜，而不是偶尔用一次。

对于深色肤质的人来说，找到颜色合适的防晒霜、粉饼和粉底霜可能比较困难。例如，亚洲人皮肤有 200 种以上的色度，但据我所知，没有一家化妆品厂家提供 200 个色度的粉底。很多油性皮肤的人不喜欢防晒产品的油腻感，而很多深色皮肤的人发现乳白色的产品会让他们的皮肤变成紫罗兰色或者带着白色。找到合适的面霜同样很关键。幸运的是，由于化妆品厂家意识到需要开发适用于深肤色人群的护肤品，现在可以买到不同色彩的面霜。

深肤色的 ORPT 型皮肤的你可能经历过以下问题：
- 在受过刺激的部位出现黑斑
- 脸部油光光的，尤其在使用防晒霜后
- 使用防晒霜后皮肤呈苍白或者紫色
- 很难找到合适颜色的粉底

- 粉底打不匀
- 因内生毛发而导致的黑斑
- 眼睛下方的黑眼圈

浅肤色的 ORPT 肤质的人

就像深肤色的 ORPT 肤质的人一样，浅肤色的 ORPT 者也常会长黑斑。不同点在于，对浅肤色的 ORPT 来说，它们更像是雀斑。因此，你可能需要学习躲避太阳。记不记得在"飘"中，斯嘉丽在双肩上抹乳酪来去除阳光留下的雀斑？她很可能是一个浅肤色的 ORPT 者。（难道你认为，现实生活中美国南方的美女会知道乳酪中含有促进表皮剥脱而有助于消除黑斑的乳酸（α 羟酸的一种）吗？）

由于某些原因，浅色的 ORPT 型皮肤比深色的更易长色斑。浅肤色者的雀斑和日晒斑可以通过激光和光疗而大大改善。深肤色者因黑色素含量高，会吸收过多的激光和光的能量，能破坏治疗区域内的正常皮肤。

如果你是浅肤色的 ORPT，你可能会经历过：

- 脸部油光光的，尤其在使用防晒霜后
- 脸上和身上长雀斑
- 手上、胳膊上、腿上有日晒斑
- 患恶性黑素瘤的风险增加，尤其是若你有一头红发

不利于紧致性皮肤的因素

ORPT 型皮肤的你也许有着对你有利的基因，但这并不意味着你对坏的皮肤护理习惯免疫。举个例子，我们将两个肤质相似但略有不同的人做比较，例如一个是 ORPT 型肤质（就像你），另一个是 ORNW 型肤质。虽然过度日晒和吸烟不会给你"紧致性"的皮肤带来很多的皱纹，但对于已经濒临危险的浅肤色的 ORPT 来说，它们尤其可以增加患皮肤癌的可能性。同样的，坏习惯可以将你转换成皱纹性皮肤。因此养成良好的习惯很重要，它可以保持你的皮肤处于良好的状态。（更多关于紧致性皮肤与皱纹性皮肤的比较请看第二章。）

既然浅肤色的 ORPT 患恶性黑素瘤的风险较高，那么始终如一地使用防晒霜就很必要了，尤其是暴露在阳光下时。恶性黑素瘤是致死率最高的皮肤癌，这就是为什么我主张所有色素性、紧致性皮肤的人确保检查任何可疑的新生物。如果你有白皙的皮肤，红头发以及雀斑，请每年做一次皮肤检查以寻找黑素瘤。黑素瘤如果及早治疗是可以完全治愈的。

尼柯勒五十岁，是一个迷人又时尚的红发女子。她来我们的诊室咨询抽脂减肥的事。她说在这之前从未进过皮肤科医生的诊室，并得意地坦言说她的脸部从

未做过任何治疗。她的皮肤看起来不需任何帮助。她的皮肤天然的光滑、干净，不加修饰，白里透红。幸运的尼柯勒！

在给她安排抽脂时间之前，我给她做常规的皮肤检查。我发现她的后背有一个形状不规则的黑痣。作为一个澳大利亚人，尼柯勒属于黑素瘤的高危人群。尽管她没有过度日晒的历史，但黑素瘤也常能在没有过度日晒的情况下发生，甚至在遮盖部位，比如后背也能出现。事实上，像尼柯勒这样红发者具有高危性缘于他们的基因。那颗痣的活组织检查证明了它的确是一个早期的黑素瘤。

讽刺的是，尼柯勒抽脂的决定在无意中竟挽救了自己的性命。否则她的好皮肤会让她远离皮肤科医生的诊室，听任黑素瘤发展，到发现它的时候可能已经太晚了。

如果你是ORPT，学会识别黑素瘤的早期预警信号，以便于你迅速行动，这是非常重要的。皮肤科医生严肃地对待所有黑素瘤，而且经过专业训练的我们可以识别它们。我建议你要做正规的、彻底的、专业的检查，你还应该关注并定期检验所有的痣。

做检查以排除黑素瘤

留心以下四项内容：

1. 不对称性：痣的两边不成镜影关系。
2. 边界：边界不清，难以确定痣的起止点。
3. 颜色：不止一种颜色或者出现黑色、白色、红色以及黄色。
4. 直径：大于或等于一个铅笔擦的大小。

如果你的痣具备以上的任何一种特征，要赶快去看皮肤科医生。如果你或者你的家族有黑素瘤的病史，那就每六个月预约一次常规的皮肤检查。这些费用都在医保范围之内。如果你有一头红发，或你是澳大利亚人，又或者有多次日晒伤的历史，那么你患黑素瘤的风险也就增加了。

皱纹性皮肤的癌症谱

皱纹和皮肤癌似乎在谱系的两端。有的人易长皱纹而有的人得皮肤癌。关于皮肤的衰老和遗传学，我们仍有许多未知。我们的确知道的是：某项研究表明，患有某种非黑素瘤的皮肤的皮肤比不患皮肤癌的皮肤较少出现皱纹。我的底线是：好基因配合良好的皮肤护理，可以给你年轻、岁月无痕的皮肤；良好的皮肤护理和避免过度日晒相配合则可以摆脱自然规律，预防皮肤癌的产生。

衰老和ORPT皮肤

随着年龄的增加，你的皮肤问题可能会减少。但如果你是浅肤色并且容易长晒斑者则是个例外，因为随着年龄增长可能会出现更多的晒斑。大多数 ORPT 在五六十岁时仍很喜欢自己的皮肤，而这个年龄的其他皮肤类型的人可能在二十年前就在四处寻求抗皱霜或者整形外科了。

综合几方面的原因来说，你很幸运。首先，由于你已度过更年期，油脂分泌呈下降趋势。其次，雌激素水平（能促成黑斑和黑斑病）将随着年龄增加而降低，从而使黑斑等问题改善。激素水平在妊娠、使用避孕药时有波动，但在更年期则是稳定的。当然，如果你选择激素替代疗法，你会继续遭受黑斑的痛苦。干性、皱纹性皮肤可以通过激素替代疗法（HRT）得到改善，但这不是你的问题。你需要向你的妇科医生咨询，并评估家族史及其他危险因素后，再决定是否接受激素替代疗法。但是总体来说，ORPT 型皮肤并没有接受这一疗法的迫切需要。

褒曼医生的底线：

享受你容光焕发的皮肤，但不要将其视为当然！遵循我的每日皮肤护理方案和其他建议，这将帮助你那 ORPT 型的皮肤保持零问题和低保养费用。正确的习惯，比如使用防晒霜、戒烟，以及摄入充足的抗氧化剂将使你的皮肤常葆青春。保护你的皮肤，那么你的皮肤也会保护你。

针对你皮肤类型的日常护理

你的皮肤常规护理的目标是：通过控油产品、漂白成分，以及有助于预防黑斑生成的成分，减少出油和黑斑。我要推荐的所有产品都有以下一条或者更多的作用。

- 预防并治疗黑斑
- 对付出油问题

你的皮肤能够应付强效的漂白剂。我会推荐一些有效的产品，它们足够强效，但却不厚重或者油腻，因此它们不会使你的皮肤看上去更油。

皮肤日常护理方案

黑斑是你的头号皮肤问题。尽管一些 ORPT 们并不受油性皮肤的困扰，但另一些人受此困扰。我将向你提供一个两阶段的方案。第一个阶段的方案是一个非处方药治疗方案，由两部分构成：一部分是去除黑斑，另一部分是维持以防止复发。第二个阶段的方案是一个处方药治疗方案，也由两部分构成。第一部分是治疗，第二部分是维持。仔细检查你选择的方案，稍后我会在本章里按类别推荐各种产品，你可以在每个类别中挑选你所需要的产品。

你可以选择立刻去见你的皮肤科医生，直接进入处方药治疗方案；也可以先尝试使用 8 周的非处方药治疗方案，如果无效，再去找皮肤科医生（马上预约，因为你可能得排两个月才有空缺的名额）。虽然非处方产品不像处方药那么强效，但它们往往对轻度的黑斑有效，并且常常含有能帮助改善痤疮的成分。不过，因为你耐受性的皮肤能承受处方药中高浓度的活性成分，我建议你尽量使用处方药。遗憾的是，这些药大多不在医保范围内。但幸运的是，医保至少覆盖了你为了取处方药而去诊所看病的费用。

第一阶段　非处方产品
为了去除黑斑

早上	晚上
第一步：用洗面乳洗脸	第一步：使用同早上相同的洗面乳
第二步：使用一样羟基乙酸产品，比如化妆水，或者舒适的剥脱剂	第二步：在色斑上使用美白产品
第三步：使用有防晒系数的防晒霜	第三步：使用含维生素A的产品
第四步：使用有吸油或者有防晒系数的粉饼	

早上，使用洗面乳来清洁面部，接着，使用含有羟基乙酸的化妆水或者剥脱剂。然后，使用防晒霜。最后，使用粉饼。现在很多化妆品公司都有一系列颜色的化妆品以满足浅色和深色的 ORPT 型人群。

晚上，使用和早上一样的洗面乳来清洁面部。然后，在色斑上使用美白产品，最后，使用含有维生素 A 的面霜。这有助于控油，防止将来生成色斑，同时提供基础的皱纹预防。眼霜和眼部精华液用不用均可，在早上的治疗方案里，你可以在使用防晒霜之前使用它们，而在晚上，则在面霜之前使用。

如果你选择尝试这个方案，那就持续 8 周。如果你发现它成功地消除了你皮肤的黑斑，那就转入下面的非处方药维持方案，以防止新的黑斑出现。

如果 8 周后这个方案不能成功的去除你脸上的黑斑，就该去找皮肤科医生、开始执行我稍后在本章里提供的处方药物方案了。

第一阶段　非处方产品
为预防黑斑

早上	晚上
第一步：用洗面乳洗脸	第一步：使用同早上相同洗面乳洗脸
第二步：使用羟基乙酸的化妆水或者剥脱剂	第二步：使用含维生素A的产品
第三步：使用含防晒系数的防晒霜	

早上，用洗面乳洗脸。接着使用面部剥脱剂，或选择化妆水。然后使用防晒霜。如果觉得皮肤偏油，你也可以选择含有防晒系数的面部粉饼。

晚上，使用和早上相同的洗面乳洗脸，然后使用含有维生素 A 的产品，以进一步地控油和预防皱纹及黑斑。可随意选择眼霜和眼部精华液，在早上使用防晒霜前、晚上用保湿霜之前使用。

推荐的清洁产品

$ Aveeno Positively Radiant Cleansing Pads

（Aveeno 活性亮肤清洁垫）

$ Neutrogena Rapid Clear Oil-Control Foaming Cleanser

（露得清快速清洁控油泡沫洁面乳）

$$ Avon ClearSkin Purifying Gel Cleanser

（雅芳净碧净化洁面啫喱）

$$ Effaclar Foaming Purifying Gel by La Roche-Posay

（理肤泉 Effaclar 泡沫净化洁面啫喱）

$$ M.D.Forte Facial Cleanser II

（M.D.Forte 洗面乳 II）

$$ MD Formulations Facial Cleanser

（MD 配方洗面乳）

$$ Peter Thomas Roth Glycolic Acid 3% Facial Wash

（Peter Thomas Roth 3% 羟基乙酸洗面乳）

$$Prescriptives All Clean Sparkling Gel Cleanser For Oilier Skin

（Prescriptives 全面清洁净脂幻彩洁面啫喱）

$$ Skinceuticals Simply Clean Pore Refining Cleanser

（修丽可简洁细滑毛孔洁面啫哩）

$$ Vichy Bi-white Deep Cleansing Foam

（薇姿双重菁润焕白泡沫洁面霜）

$$$ Clarins Purifying Cleansing Gel

（娇韵诗清爽雅致洁面啫喱）

$$$ Clinique Acne Solutions Cleansing Foam

（倩碧净颜洁面泡沫）

$$$ Estee Lauder Sparkling Clean Oil-Control Foaming Gel Cleanser

（雅诗兰黛净脂焕采洁面凝露）

褒曼医生的选择：Aveeno Positively Radiant Cleansing Pads with soy（含有大豆精华的 Aveeno）Aveeno 活性亮肤清洁垫。大豆内的雌激素成分已被去除。

化妆水的使用

你最好使用含有能控制油脂生成、吸油、剥脱表皮或者淡化黑斑成分的产品。

推荐的化妆水：

$ Avon Clearskin Purifying astringent
（雅芳净碧爽肤液（含有水杨酸，有助于清洁毛孔和加速黑斑消退））
$ The Body Shop Soy & Calendula Gentle Toner
（美体小铺 大豆 & 金盏花温和化妆水（含有大豆的化妆水，能预防黑斑形成））
$$ GlyDerm Solution 5%（含有羟基乙酸）
$$ La Roche-Posay's Biomedic Conditioning Solution
（理肤泉 Bio-medic 爽肤水）
$$ Vichy Bi-white Cosmetic Water
（薇姿双重菁润焕白柔肤水）
$$$ Lancome's TONIQUE CONTRÔLE
（兰蔻抗皱收缩水（有助于吸收面部油脂））

褒曼医生的选择：Avon Clearskin Purifying astringent（雅芳净碧爽肤液），因为水杨酸能打开毛孔并去除黑斑。

控油产品

这类产品提供了即时控油的选择，可以在任何你需要的时侯使用。

推荐的控油产品

$ Mary Kay Beauty Blotters Oil-Absorbing Tissues
（玫琳凯吸油面纸）
$$ Clinac OC Oil Control Gel by Ferndale
（产于 Ferndale 的克林可 控油啫喱）
$$$ Origins Zero Oil
（悦木之源零出油清爽液）

褒曼医生的选择：Clinac OC Oil Control Gel by Ferndale（产于 Ferndale 的克林可控油啫喱）。如果你有轻度的痤疮，那就选含过氧化苯甲酰的克林可 BP。

治疗黑斑

如果你有黑斑，你可以在患处使用能减轻黑斑的产品，要确保在清洁和使用化妆水之后、在使用其他推荐产品之前使用。在黑斑刚开始出现征象时就使用，一直到黑斑完全消退为止。如果这些非处方的皮肤美白产品不够有效，那就咨询皮肤科医生，他们可以给你开处方类的美白产品。

另外，你可以使用含有维生素 A 的产品，因其可以加快细胞更新速度从而预防色斑的发生。在没有色斑时仅使用含有维生素 A 的凝胶剂或者保湿霜；当有色斑时，加用含有能减弱色斑成分的化妆水或凝胶。

推荐含有维生素 A 的产品

治疗和预防色斑

$ Black Opal Essential Fade Complex

（Black Opal 淡出复杂精华）

$ Roc Retinol Actif Pur Anti-Wrinkle Moisturizing Treatment with Alpha Hydroxy Acid

（RoC 维 A 抗皱防护乳，含有 α- 羟酸）

$$ Afirm 3X

$$ AHA Renewal Gel II By Dr．Mary Lupo

（Dr．Mary Lupo 果酸新活啫喱 II）

$$ Biomedic Retinol Cream 60by La Roche-Posay

（理肤泉 Biomedic 维 A 酸霜 60）

$$ PCA SKIN pHaze 23 A&C Synergy Serum

（PCA SKIN pHaze 23 A&C Synergy 精华液）

$$ Philosophy- Help Me with Retinol

（Philosophy- 维 A 酸的救助）

$$ Vichy Liftactiv Retinol HA

（薇姿活性塑颜抚纹霜 SPF18 PA+++）

$$$ Estee Lauder Diminish Anti-Wrinkle Retinol Treatment

（雅诗兰黛去皱紧肤精华）

褒曼医生的选择：Black Opal Essential Fade Complex（Black Opal 淡出复杂精华）含有能治疗斑点的氢醌和预防斑点的维生素 A。

你是幸运的，因为有很多种产品都是特别为你研发的，有些包装好的套装是不错的选择。

推荐针对黑斑的皮肤护理套装

$$ Lighten by Philosophy

（Philosophy 的美白套装）

这个套装含有一支祛斑凝胶和可以加入防晒霜中（使其拥有脱色素能力）或加入祛斑凝胶中的维生素 C。Philosophy 想象中的色斑防晒霜补足了这一套装。

$$$ Obagi NuDerm

（欧邦琪祛斑美白套装）

这个六步方案相比于其他套装来说，用起来更费时，但对于耐受性皮肤来说，花费的时间是值得的。在第五步中，一个处方的维 A 酸类产品是必需的。

$$$ Radiant by Rodan and Fields

（Rodan and Fields 辐射系列）（高伦雅芙公司）

这个四步套装包含有洗面乳、化妆水、漂白凝胶以及防晒霜。尽管防晒霜是白色的，但它会被迅速吸收，不会使肤色较黑的人看上去脸色发白或者呈紫罗兰色。

褒曼医生的选择：这几种我都喜欢。

保湿霜

常规使用保湿霜是没有必要的，反而还会使皮肤显得更油。然而，在干燥、寒冷或者有风的环境里，就需要使用保湿霜来保护你的皮肤。如果你有黑斑，寻找含有大豆、维生素 B3、桑葚、曲酸、氢醌、或者甘草提取物的保湿霜。早上，涂抹保湿霜后使用一样有 SPF 的产品或者防晒霜。

针对你的黑眼圈，使用含有维生素 A 和维生素 K 的眼霜。

推荐的保湿霜

$ Eucerin Sensitive Facial Skin Extra Protective Moisture Lotion with SPF 30
（优色林加强保湿防晒乳液 SPF30）

$ Neutrogena Healthy Skin Anti-Wrinkle Cream Original Formula
（露得清独家配方健康皮肤抗皱霜）

$ Olay Total Effects Visible Anti-Aging Moisturizing Treatment
（玉兰油多元全效修护霜（含维生素 B3））

$ RoC Retinol Correxion Deep Wrinkle Night Cream
（RoC 维 A 深层去皱晚霜）

$ Vichy Normaderm Day Cream
（薇姿油脂调护修润日霜）

$$ Night cream oil control and retinol Yonka Creme PG

（Yonka Creme PG 控油抗皱晚霜）

$$ Skinceuticals Renew Overnight Oily

（修丽可晚间再生精华霜，适用油性皮肤）

$$ SkinMedica Ultra Sheer Moisturizer

（SkinMedica 轻柔抗氧保湿霜）

$$$ Murad Combination Skin Treatment for normal/ combination skin

（穆勒 平衡油脂啫喱，为油性 / 混合性皮肤）

褒曼医生的选择： Aveeno Positively Radiant Daily Moisturizer with SPF（Aveeno 活性亮肤保湿日霜 SPF）。

推荐的眼霜和眼部精华液

$ Porcelana Dark Circles Under Eye Treatment

（Porcelana 黑眼圈眼霜）

$ Vita-K Solution Super Vitamin K for Dark Circles Under Eyes

（超级维生素 K 眼霜）

$$ Vichy Bi-white Eye

（薇姿双重菁润焕白修护眼霜）

$$ Quintessence Clarifying Under Eye Serum

（康蒂仙丝黑眼圈嫩白凝胶）

褒曼医生的选择： Quintessence Clarifying Under Eye Serum （康蒂仙丝黑眼圈嫩白凝胶），含维生素 A 和维生素 K，能减轻黑眼圈。

面膜

一周使用一到两次面膜能提供给你的皮肤所需要的强效成分。你最好去 SPA 或美容院，或者到皮肤科医生那里做化学剥脱或微晶磨削，并且我将在这一节里特别向你推荐"咨询皮肤科医师"这样可以帮助你改善细纹和色斑。但是，如果你没有足够的时间或者财力，可以尝试下面所列的产品。虽然它只能暂时性地改善皮肤出油，但在某些特殊的正式场合之前使用会很有帮助。

推荐的面膜

$ Biore Pore Perfect Self-Heating Mask

（碧柔净化毛孔面膜）

$$ Ahava Advanced Mud Masque for normal to oily skin

（Ahava 高级泥面膜，适用于正常至油性皮肤）

$$ DDF Clay Mint Mask
（DDF 清爽美白面膜）

$$ DeCleor Clay and Herbal Mask
（思妍丽 香草美白面膜）

$$ Gly Derm Gly Masque 3%
（果蕾水亮保湿面膜 3%）

$$ MD Formulations Vit-A-Plus Clearing Complex Masque
（MD Formulations 维生素 A+ 清洁面膜）

$$ Murad Clarifying Mask
（穆勒 美白面膜）

$$ Vichy Aqualia Thermal Mask
（薇姿温泉矿物保湿面膜）

$$$ Chanel Masque Purete Express Instant Purifying Mask
（香奈儿紧致立现面膜）

$$$ Dr．Brandt Poreless Purifying Mask
（Dr．Brandt 毛孔清透净颜面膜）

褒曼医生的选择：Gly Derm Gly Masque 3% with glycolic acid（含羟基乙酸的果蕾水亮保湿面膜 3%）。

面部剥脱剂

尽管这些剥脱剂没有你在美容沙龙或者 SPA 里得到的那些强效，但如果每天坚持使用，它们的确能带来益处。

推荐的面部剥脱剂

$ Avon ANEW CLINICAL 2-Step Facial Peel
（雅芳新活 2 步面部剥脱剂）

$$ Alpha Beta Daily Face Peel by MD Skincare
（MD 护肤 双重焕颜嫩肤日霜）

$$$ Lancome RESURFACE PEEL
（兰蔻焕颜嫩肤套装）

$$$ Natura Bisse Glyco Peeling 50% Pump
（Natura Bisse Glyco 50% 果酸焕肤精华）

褒曼医生的选择：Alpha Beta Daily Face Peel by MD Skincare（MD 护肤 双重焕颜嫩肤日霜），含有 α 羟基酸、水杨酸和对此型皮肤有益的成分。

去角质

你可以从温和的表皮剥脱剂中获益，每周不要超过 2 ～ 3 次。次数过多会导致发炎和黑斑生成，尤其是如果你的肤色较黑。

推荐的角质剥脱剂

$ Buf Puf

（面用洁肤海绵）

$ L'Oreal Pure Zone Pore Unclogging Scrub Cleanser

（欧莱雅清透磨砂洁面乳）

$ St Ives Swiss Formula Invigorating Apricot Scrub

（圣艾芙杏子磨砂洁面膏）

$ Vichy Purete Thermale Exforliating Cream

（薇姿泉之净去角质磨砂霜）

$$ DDF Pumice Acne Scrub

（DDF 消炎洁肤磨砂乳）

$$ Dermalogica Skin Prep Scrub

（Dermalogica 磨砂洁面乳）

$$$ Dr．Brandt Microdermabrasion In A Jar

（Dr．Brandt 高效能微晶磨砂霜 罐装）

褒曼医生的选择：L'Oreal Pure Zone Pore Unclogging Scrub Cleanser（欧莱雅清透磨砂洁面乳）。

如何购买产品

扩大你选择产品的范围，通过阅读标签，选择含有益成分的产品，并避开能导致色素沉着或加重出油的产品。某些食物提取物比如柠檬或酸橙（以及佛手甘油等香精油类）可能使皮肤对阳光更敏感，以及进一步的晒黑皮肤和黑斑生成。坐在阳光下享受玛格丽特鸡尾酒的人可能会注意到被酸橙汁泼溅到的皮肤上出现了色斑。有雌激素样效应的成分可能会加重与激素相关的黑斑，如黑子。如果你发现你喜欢的产品不在以下推荐产品之列，请登陆 www.derm.net/products，并与我分享你的经验。

皮肤护理成分的使用

去除黑斑

- 熊果苷
- 小黄瓜萃取物
- 曲酸
- 桑葚提取物
- 维生素 A
- 维生素 C

- 熊果提取物
- 氢醌
- 甘草提取物
- 维生素 B3
- 水杨酸

加快皮肤更新速度

α羟酸，比如：

- β- 羟基酸（水杨酸）
- 羟基乙酸
- 植酸
- 视黄醇

- 柠檬酸
- 乳酸
- 视黄醛

需要避免的皮肤护理成分

使皮肤变黑的：

- 芹菜、酸橙、荷兰芹、无花果以及胡萝卜的提取物
- 佛手甘油

引起雌激素样效应，加重色素沉着水平的：

- 高金雀花碱
- 大豆，除了在 Aveeno，RoC，露得清产品中出现的（这几种化妆品里已经将雌激素的成分去除了）
- 局部应用的雌激素、雌二醇

针对你皮肤的日光防护

确保使用防晒霜来预防黑斑。即使你的皮肤很黑，也必须这么做。霜剂的遮光剂会使你的皮肤看上去更油腻，而且会增加细纹。这就是为什么大多数 ORPT 型皮肤的人更喜欢用粉饼和凝胶。粉饼的遮光剂对你的皮肤类型来说最合适不过了，因为它们除了隔离日光以外，还能吸收油脂。深肤色的患者需要寻找带颜色的防晒霜，或在使用防晒霜的同时使用粉底或粉饼。

推荐的日光防护产品

$ Aveeno Positively Radiant Daily Moisturizer with SPF
（Aveeno 活性亮肤保湿日霜 SPF）

$ Avon Brighter Days Light Moisture Lotion SPF 15
（雅芳新活透白防御霜，SPF15）

$ Neutrogena Healthy Defense Facial Powder
（露得清健康防护粉饼）

$ Olay Total Effects
（玉兰油多效修护系列）

$$ Anthelios XL Fluide Extreme by La Roche-Posay
（理肤泉全效广谱隔离乳液）

$$ Applied Therapeutics® Daily Protection Sunscreen Gel
（Applied Therapeutics 日常护理防晒啫喱）

$$ i.d.bareMinerals Foundation - SPF 15 Sunscreen
（纯矿物质粉底，SPF15）

$$ Mary Kay TimeWise® Day Solution With Sunscreen SPF 15
（玫琳凯时光精灵新日间防晒醒肤乳 SPF15）

$$ Pigment of Your Imagination Sunscreen by Philosophy
（Philosophy 特效防敏淡斑液）

$$ Skinceuticals Daily Sun Defense SPF 20
（修丽可全日防晒霜 SPF20）

$$ Vichy UV PRO Secure Light SPF30+ PA+++
（薇姿优效防护隔离乳（清爽型））

$$$ Prada Reviving Bio-Firm Gel SPF 15
（普拉达再生紧肤啫喱 SPF15）

褒曼医生的选择：Applied Therapeutics® Daily Protection Sunscreen Gel（Applied Therapeutics 日常护理防晒啫喱），它不会令深色皮肤显得很白，同时对那些 O 评分很高的人来说是非常棒的。

你的化妆

化妆可以遮盖黑斑，但很多粉底在油性皮肤表面容易形成条纹。可改用干粉和粉质粉底，你也可以先涂上粉底，然后再在表面涂一层粉。你要寻找具有防晒功能的产品（一定不要涂太多）。一些新式粉底含有可淡化黑斑的成分，比如大豆。

粉底是我消费最多的产品。我选择兰蔻肤色密码魔法粉底，因为它有很多种色彩和质地。兰蔻有很多适合你的粉底。O 评分高的、30 多岁的人喜欢使用兰蔻 teint idole 无痕舒适粉霜。

　　如果你的主要问题是出油和条纹，应避免使用液体粉底；可使用淡色防晒霜，表面涂抹控油粉。用干粉并使用粉扑来减少皮肤油光感。

推荐粉底

$ Iman Second To None Oil-Free Makeup with SPF 8
（Iman 首屈一指无油化妆品，SPF 8，适合肤色较深人群）

$ Neutrogena Visibly Even Liquid Make up
（露得清清透液体粉底）

$ Revlon COLORSTAY® MAKEUP with SPF
（露华浓不脱色 ® 防晒化妆品）

$$ Bobbi Brown Oil-Free Even Finish Foundation SPF 15
（芭比布朗无油完妆粉底，SPF15）

$$ Vichy Aera Teint Pure Fluid Foundation
（薇姿轻盈透感亲肤粉底液）

$$$ Fresh Freshface Foundation with SPF 20
（清新清晰面容粉底，SPF20）

$$$ Lancome Color ID with SPF 8
（兰蔻肤色密码魔法粉底，SPF8）

褒曼医生的选择：Lancome Color ID（兰蔻肤色密码魔法粉底），MAQUICONTR-ÔLE, or TEINT IDOLE（兰蔻无痕舒适粉霜）。

推荐面部使用的粉饼：

$ Clean and Clear Shine Control Invisible Powder
（可伶可俐清洁和清透控油隐形粉）

$ Covergirl Fresh Complexion Pocket Powder
（封面女郎鲜粉肤色袖珍粉饼）

$ Maybelline Oil Control Pressed Powder
（美宝莲控油压缩粉饼）

$$ Bobbie Brown Sheer Finish Loose Powder
（芭比布朗透明磨光散粉）

$$ Laura Mercier Foundation Powder

（罗拉玛斯（两用）粉饼）

$$ MAC Studio Finish Powder/Pressed

（MAC（彩妆）工作室完成粉 / 压缩粉饼）

$$ Philosophy "Complete Me" high pigment mineral powder，SPF 15

（Philosophy"全我"高颜料矿物粉，SPF15）

$$$ Shu Uemura Face Powder Matte

（植村秀亚光蜜粉）

褒曼医生的选择：Maybelline Oil Control Pressed Powder（美宝莲控油压缩粉饼），便宜并容易买到。

咨询皮肤科医生

如果在遵循我的非处方疗法 2 个月后，你仍然被斑点困扰，下一步，你应该去看皮肤科医生，并在医生许可下，逐渐使用维 A 酸类制剂，以消除黑斑及其他部位色素沉着。可以根据你是否有活动性黑斑或者你是否想预防黑斑来选择治疗方案。

含维 A 酸的产品可以减少油脂的产生，减少皮肤出油和阻止导致黑斑的色素沉着。你可以将维 A 酸类产品与 α 羟酸（AHAs）类产品，如乳酸或羟基乙酸，和 / 或 β 羟酸（也叫 BHA 或水杨酸）联合使用，后者可加速细胞更新，阻止毛孔堵塞。

处方类美白产品对你是最理想的选择。选择含有对苯二酚或壬二酸的产品。使用凝胶可以避免乳膏的油腻。

第二阶段	
处方类产品，为了去除黑斑	
早上	晚上
第一步：用羟基乙酸洁面产品	第一步：洁面
第二步：使用含有羟基乙酸的美白凝胶	第二步：使用汰肤斑（汰肤斑乳膏）
第三步：使用防晒霜	

早上，使用含羟基乙酸的洁面产品洗脸，然后使用美白凝胶。最后，使用防晒霜。晚上，先洗脸，然后使用维 A 酸类产品。

第二阶段	
处方类产品，为了预防黑斑	
早上	晚上
第一步：用清洁剂洗脸	第一步：用与早上相同的清洁剂洗脸
第二步：使用乙二醇化妆水或剥脱产品	第二步：使用维A酸类产品
第三步：使用防晒霜	

在这种方案中，你只需要在你的基础方案中加用维 A 酸。早上，使用一种推荐的洁面产品，然后使用面部剥脱产品。最后，使用防晒霜。

晚上，使用同样的洁面产品洗脸。然后，使用维 A 酸类产品。

ORPT 人群如何使用维 A 酸

对于如何使用这些产品的介绍，可参看"对油性、耐受性皮肤的进一步帮助"。

去除黑斑的处方产品	
• Alustra by Medicis	• 施泰福的 Claripel
• SkinMedica 公司的氢醌	• ICN 祛斑霜
• 高德美公司的汰肤斑	
减少出油和改善褐色斑的处方产品	
• 达芙文凝胶	• 0.1% 维 A 酸凝胶
• 0.1% Tazarac 凝胶	
对于混合型皮肤（低油脂评分）	
• 0.1%Avage 乳膏	• 0.025% 维 A 酸乳膏
• 0.1%Tazarac 乳膏	
处方类羟基乙酸清洁剂	
• Triaz 3% CLEANSER by Medicis	

针对你皮肤类型的护理程序

深肤色 ORPT 通常发现局部外用产品对去除黑斑有效，这意味着你可以避免昂贵的、不必要的、有时候甚至是有害的治疗方案。但是要有耐心，因为外用产品需要用上一段时间才能有效果。

光疗

对于浅肤色的人，光疗，如联合 5- 氨基酮戊酸制剂的 IPL 治疗，可以通过缩小分泌油脂的腺体来减少油脂分泌（具体请参看"给油性、耐受性皮肤的进一步帮助中光疗"一节），如果你的肤色较黑或黑，我建议不要进行光疗，因为光疗会导致炎症而加重黑斑。

化学剥脱

化学剥脱是肤色较黑人群的一种选择，也是那些不愿接受昂贵的 IPL（强脉冲光）治疗人群的一种选择。你的皮肤科医生会使用 AHA 和 BHA 给你做面部化学剥脱治疗，这比你在市面或 SPA（美容养生馆）看到的产品作用要强。这些剥脱剂含有 20% ～ 30% 的水杨酸，或者混有羟基乙酸和其他脱色剂。我强烈推荐向你的皮肤科医生要求做 PCA 换肤或 Jessner's 换肤，这很适合你。但是，如果你更喜欢去 SPA（美容养生馆），可要求使用羟基乙酸或改良的 Jessner's 换肤。

如果你肤色较黑，一定要去找有治疗类似黑肤色经验的皮肤科医师——化学换肤治疗不当将会导致黑斑加重。每次换肤费用在 120 ～ 250 美元之间；推荐 5 ～ 8 次为一个疗程。

微晶磨削

微晶磨削也可以让黑斑更快消失。肤色黑的人应该更小心且只能找皮肤科医生操作。过度磨削会加重黑斑。

缩小毛孔

护肤产品、面部美容、微晶磨削、或化妆品都不能缩小毛孔。你能看到的任何毛孔的缩小只是由产品中的某些成分导致毛孔周围的皮肤轻度肿胀造成的，所以毛孔暂时看起来缩小了。可以试试产品章节中推荐的 AHA 和 BHA 及维生素 C。这些可以真正缩小毛孔，虽然也只是暂时的。

持续保养你的皮肤

采用我推荐的控油和预防色沉方案，你可以从简单护肤方案中获得最大的收益。得感谢你拥有易于护理的皮肤类型，很舒服又光彩照人！

第十章
ORNW：油性、耐受性、非色素性、皱纹皮肤

令人骄傲的皮肤类型

皮肤保养何必如此小题大做？简直是浪费时间。我的皮肤同其他人一样。我真的不需要花那么多精力。只是最近我发现有些皱纹。

关于你的皮肤

你的皮肤很舒适，你并不在意它。由于大多数的美国人都是你这样的皮肤类型，大部分护理品，例如药店里出售的化妆水或者洁面皂都适合你，因此看起来效果还不错。和敏感皮肤不同，你的皮肤可以耐受很多化学品而无刺激感或者发红。因此，你可以放心使用任何一款护理品。当其他人还在为皮肤护理发愁时，你无法想象他们为什么会这样。你认为你的皮肤理所当然是这样的。

不像色素沉着的皮肤类型，你不需要和黑斑做斗争。也不像干性皮肤，你很少需要保湿，除非你老了，否则油膏对你也不会有吸引力。尽管在你青春期时会经历暗疮和皮肤出油，但这也很正常，你可以到药店买一些治疗暗疮的药物，就像其他人一样。

防晒霜？你很可能没为它费过心。大多数防晒霜感觉很油，你听说少量的阳光照射对防治痤疮是有好处的。如果你偶尔被晒伤，那怎么办？像其他人一样处理。问题是 ORNW 者的大多数皮肤问题是在人生的后期困扰你，而你并没有为此做好准备。皱纹、皮肤下垂、还有其他的老化信号似乎一夜之间就会出现。而你措手不及，因为你习惯了这种简单的皮肤保养。当衰老来临时，这些保养的效果就不那么好了。你从没想过会这样，但是当你照镜子时，你开始担心了——就像其他人那样。

ORNW 名人

尽管我并不知道她皮肤护理的秘密，但是我猜想好莱坞女星、电视明星、加州女孩希瑟·洛克利尔是一个 ORNW。既是性感尤物，也是全美美女的代表，是所有少女争相模仿的偶像。就像其他美国人一样，洛克利尔是一个混血儿。她清

爽的气质，白皙的皮肤，还有蓝色的眼睛都遗传自她母亲的苏格兰血统，而他父亲的印第安血统使得洛克利尔拥有醒目的颧骨，修长柔软的双腿以及眼中闪耀的灵光。

就像她的双重血统一样，洛克利尔的性格和职业起到了互补的作用。她出演黄金时段肥皂剧《王朝》，并一举成名，其后在热播电影《飞跃情海》《政界小人物》和正在上映的《LAX》中扮演角色，给人留下了性感、精明、行事果断的女人形象。但从所有的报道来看，虽然她有着惊世骇俗的容貌，但这位明星却谦逊而随和，另据传记频道介绍，她喜欢 Taco Bell（墨西哥风味速食），就像我一样。

在最近的一次采访中，对其魅力的来源，这位女星承认自己也感到疑惑"我毫不知情"洛克利尔说，"我不知道，也不想知道，我也不问"另一个位知情人士透露她曾承认，"当我照镜子时，我看见我只是一个正在长大的女孩，穿着背带装，长着参差不齐的牙齿，一张娃娃脸和瘦小的身体"。

显然，电视观众看到的不止这些。尽管她早期的照片显示她是油性皮肤类型。但她看起来像是从未有过多的痤疮和色斑，而这些正是令敏感性、色素性皮肤者备受折磨的，因此可以确定她是耐受性且极可能是非色素性皮肤。

现在她四十岁出头，无论是出现在小荧幕上，还是走在红地毯上，洛克利尔看起来仍然非常好。因为她的过度晒黑史，我称她为皱纹性皮肤。回顾洛克利尔的宣传照和快照，从她的处女作《王朝》剧照到她不断晒黑的明星照，都能看到的是她眼周的皱纹，但她的美丽和活力如此诱人，所以即便有了皱纹，她也依然那么动人，但若是其他人就没这么可爱了。最近几年，洛克利尔看起来最终听取了皮肤科医师的建议，至少部分放弃了晒黑。也许，她被劝说使用仿晒产品，或者至少不再晒黑她那绝美的脸。

保养好你的皮肤

在四十岁之前，你的目的是控油，而此后，你的主要目的是抗皱。ORNW 型的人喜欢做面部护理，以清除丘疹（小脓疱）、黑头和白头粉刺，这普遍适用于油性皮肤。尽管对于其他类型皮肤来说会太干或刺激，油性、耐受性皮肤类型却可以尽情享用它们。记住一点：寻找一款富含抗氧化剂成分的产品，这可以阻止皱纹形成。

不要让你的美容师挤出你的黑头或白头粉刺，这样会留瘢痕。也不要自己在家挤压，要经常克制自己去挤压的冲动。用含有水杨酸的清洁剂或者胶带如碧柔去温和地清洁毛孔。

在我看来，护理品和维 A 酸类处方药，能比通过美容更好地解决你这种类型的皮肤问题。而且，它们更便宜、省时。维 A 酸类药还可以帮助预防皱纹，这是你这型皮肤的另一个问题。

舒适皮肤不利的一面

拥有"舒适"的皮肤有一些不利因素。其他类型皮肤者因从年轻时就要应对许多皮肤问题，因此经常使用护肤品，而你从来不涉及这些。这些产品可能也有抗衰老的作用，你从没有享用过。

例如，在你十几岁、二十几岁、三十几岁时，当你的同龄人为痤疮而烦恼时，你只是偶尔会长几个小丘疹、小脓疱。结果，你从来没有用过祛痘产品，如维A酸，它除了可以减轻痤疮还有抗衰老功效。当油性皮肤的人用粉底和粉饼来遮瑕时，你从未为此烦恼过，但也错过了这些产品的防晒功效。因为你的皮肤很油，你很少使用保湿产品，所以你也从未得到这些产品内所含其他成分的眷顾，如抗氧化剂、维A酸类、防晒霜或其他抗衰老成分。黑肤色的ORNW者从不需要向皮肤科医师咨询去除黑斑的问题，因而也错过了抗衰老的准备。

浅肤色的ORNW者生成黑色素较少，而黑色素是一种可以保护皮肤免受太阳光损伤的天然色素。在没有色素保护或防晒措施情况下，你的皮肤更易暴露于有害的射线，风险也更大。

衰老和ORPW皮肤

由于所有这些因素，在你三十多岁以后，许多ORNW者试图开始弥补。衰老在你不经意间悄然而至。你会注意到你的前额或眉间开始出现细纹。你的下颌或颈部开始松弛。细纹在你的嘴角蔓延。我会提供处理这些问题的皮肤护理和治疗方案，如果你刚二十多岁或更年轻，要提前注意了。现在就开始保护你的皮肤吧。

苏姗娜的故事

苏姗娜是一位38岁的空姐，是我在飞往日本的航班上认识的。当其他乘客睡觉时，我正在写这本书，当我四处走动活动我的双腿时，她问我在做什么。

"我在写一本关于皮肤护理的书"，我解释说，"我是一名皮肤科医师。"

"我正要找你谈谈"，苏姗娜回答说。20年来，她一边当空姐，一边养育两个孩子，苏姗娜从来没时间担心自己的皮肤，她也不在意，直到现在。

"突然间，我的眼周和眉间出现细纹。现在我终于有时间关注我自己了，"她坦言，"我想注射保妥适，但是我有两个孩子在上大学，我付不起。"

当问及苏姗娜的护肤方案、用药史、皮肤关注程度时，我了解到由于她天生皮肤好，她从来不用防晒霜、保湿产品、粉或化妆粉底。她也不吃补品。当了20年空姐，让她更容易出现皱纹。我解释说，早在从1994年开始，飞机上允许乘客吸烟，这让其他乘客以及和像苏姗娜一样的空姐成为二手烟民，被动吸烟可激活自由基，损伤皮肤，加速皮肤老化。此外，UVA 可透过飞机窗户，激活像胶原酶类的破坏性酶，可降解皮肤组织中的胶原，导致皱纹产生。

尽管她的油性皮肤在一定程度上保护了她的皮肤免受机舱内干燥环境的伤害，但不能保护皮肤免受自由基的损伤。

对抗自由基损伤，我建议她口服抗氧化补品，同时，白天使用含抗氧化剂的氧化锌隔离霜，晚上使用维 A 酸乳膏（Avage）。注射保妥适可以帮助消除眼周的细纹，但预防措施也同样重要。

她的皮肤护理，包括口服补品、处方药 Avage（80 美元）、防晒霜，这样的话，每 3 个月将花费大约为 120 美元，再加上为治疗鱼尾纹和额头纹而进行的保妥适（Botox）注射，平均到每个月大概为 150 美元的花费。一个月共花费大约是175 美元，每天约 6 美元，这是对苏姗娜抗衰老最经济有效的方案。通过在昂贵而且无效的产品上节省花费，她可以支付保妥适并避免以后的皮肤衰老。

近距离地观察你的皮肤

像苏姗娜一样，拥有 ORNW 皮肤，你可能会遇到下面的问题：

- 偶尔面部皮肤发亮
- 少许痤疮
- 经常有长期的日晒史
- 用大多数护理产品都没有问题
- 不容易晒黑
- 很少需要保湿
- 较早出现皱纹

皱纹是怎么形成的

虽然皱纹看起来在一夜之间出现，但其实不然。皱纹是逐步形成的。首先，在你的 20 多岁时，你会在面部运动区域如眼周出现"表情纹"这些表情纹会在其支配的肌肉松弛后消失。然后，一般在你 30 多岁时，你会出现相应肌肉松弛后仍然可见的"静止纹"不要忽视第一阶段皱纹的警告信号。它们出现的越早，你一生中出现深皱纹的概率越大。这是你这种类型的皮肤必须预防皱纹形成的原因。

好消息是你皮肤的弹性和油腻会允许你耐受我推荐的多种治疗。但是，首先，也是最重要的一点，你必须避免日晒，它会损伤皮肤、加速皱纹形成。

现处于中年的我的母亲有非常棒的皮肤。皮肤干净且没有皱纹，对于她的年龄来说看起来很年轻（别紧张，妈妈，我没说你的年龄！）由于她的白皙皮肤和蓝眼睛在阳光下会很快被灼伤，她很早就知道避免日晒保护皮肤。结果，她保持了她的好皮肤。相反，她的母亲喜欢阳光并用皱纹证明了这一点。尽管我的母亲有产生皱纹的基因，她的护肤行为保护了她的皮肤。

我母亲的经验验证了我在这本书中反复提到的观点：在皮肤老化过程中，基因只是一个方面，生活习惯同等重要。你可以从紧致性变为皱纹性，这取决于生活方式如抽烟和日晒等。反之亦然。例如，女演员芮妮·齐薇格和金·贝辛格拥有相似的典型非色素性皮肤。这样的肤色对日晒损伤很敏感，容易形成皱纹。从基因上说，芮妮和金两个人都是容易产生皱纹的皮肤类型。但是，严格的防晒和良好的皮肤护理却能让她们的皱纹性皮肤克服了劣势，任凭岁月流逝，她们的皮肤依然能够保持年轻。你也可以做到。

美黑霜

所有的仿晒剂，包括乳膏、洗剂、凝胶、喷雾或者在"幻想晒黑"美容沙龙里用软管给你喷的东西，含有相同的活性成分。它叫二羟基丙酮（DHA），一种与皮肤表层里的氨基酸相互作用的糖。这种产生"晒黑"的褐变反应就像含糖食物，如苹果切开暴露于氧化剂后会变成褐色一样。市面上很多仿晒产品含有3%～5%的二羟基丙酮（DHA）。由于肘、膝和手掌部位皮肤的表皮层较厚，含二羟基丙酮（DHA）的产品在这些部位产生的褐变反应更强，所以在这些部位应减少用量。

使用这些产品时，为达到均匀的晒黑，在使用之前要先用去角质乳膏。仿晒剂不提供有效的防晒保护，SPF值只有1或2，在使用后只保持1～2小时。因此，你还要使用防晒霜。

有些无需阳光照晒的仿晒剂也含有抗氧化剂，以抵御阳光损害。研究表明，美黑产品中含有抗氧化剂时，最终的结果是更自然、橙色更少。这是我为什么推荐你选择穆勒一类的产品，它的SPF值为15。

室内晒黑

室内晒黑最初以"安全晒黑方式"推向市场。这种宣传立得住脚吗？我看不是。晒黑床使用长波紫外线（UVA）晒黑皮肤。由于UVA与UVB不同，它不会导致即刻皮肤发红或晒伤，所以人们不会意识到由此带来的长期皮肤损伤。UVA比UVB危害更大，因为UVA可深达皮肤真皮层，可损伤胶原蛋白和其他重要的皮肤蛋白。你今天看到的漂亮的晒黑（古铜色）可能会导致皮肤过早老化、黑斑和明天或从现在开始往后的几十年里的皮肤肿瘤。如果你正在考虑用晒黑床晒黑皮肤，请停止。它会对你的皮肤造成无法挽回的伤害。

非日光美黑室

非日光美黑室于 1999 年出现。工作室雇用流动或固定人员，在你的周围 360 度移动，用助黑液均匀地涂满你的全身。虽然这种方式保证了产品涂得均匀，并可获得均匀的黑（古铜色），美黑室的喷雾方式确实有缺点。

最近食品和药品管理局（FDA）顾问告诫市民防止不必要的二羟基丙酮（DHA）暴露，这可能发生在非日光的美黑室。当眼睛、嘴唇和黏膜被喷上 DHA 后，部分会被人体吸收。FDA 建议提醒市民遮盖并保护敏感部位以避免被喷洒及无意中摄入 / 或吸入含 DHA 的产品。如果你去美黑室，谁负责确保你受到保护？不管法律怎么说，你要对自己负责。显然，吸入不会发生在你在家用乳膏或乳液时。

尽管有这条忠告，研究发现，人们并没有从晒黑室工作人员那里得到足够的警告或保护。最近发表在美国皮肤病学杂志的一项研究，调查了非日光晒黑工作室的设施。尽管多数商家会建议客户闭上眼睛，但这种保护是不够的。77% 的商家会建议客户在喷药期间屏住呼吸。只有一家为客户提供额外的保护，如护目镜、凡士林唇膏、塞鼻孔的棉球等。我的建议？如果你选择喷雾，用护目镜保护眼睛，凡士林保护嘴唇，喷雾的时候屏住呼吸，记住自己携带，因为美容沙龙可能不提供。

如何预防皱纹？

有其他的方法减缓你这种类型皮肤产生皱纹的倾向。其中一个很重要的方法是确保你获得对抗自由基和延缓衰老的抗氧化剂。它们可以从食物中获得，尤其是水果和蔬菜，但是我发现，当人们控制饮食时，如在阿特金斯或南海滩，很多人会减少对水果的摄入。如果你的饮食缺乏充足的水果和蔬菜，你可以从食物和补品中摄取。我将会在后面的"给油性、耐受性皮肤的进一步帮助"中介绍。此外，请在本章稍后部分找到我列出来的在护理品中发现的抗氧化成分，以及我推荐的含有这些成分的产品，它们适合你的油性皮肤。除了预防皱纹形成，你还应该治疗已经形成的皱纹，我将提供多种治疗建议。

你的治疗选择

面部运动器械许诺可以紧致脸部并预防皱纹形成，在市面上销售的种类很多。这种器械通常要放在口腔里，你需要与之做对抗性运动。对于某些肌肉，面部运动增加会导致更多的皱纹形成，就像在你的眼周和口周运动区域容易形成细纹一样。

自己在家做面部运动怎么样？面部肌肉运动会像锻炼身体一样让皮肤更紧致吗？它会减少衰老迹象吗？很多患者都这样问我。我不推荐做面部肌肉运动，因为没有证据证明它有效。我有点怀疑，因为衰老源于面部脂肪减少，导致皮肤松弛。另一方面，拉伸某些肌肉可在一定程度上提拉面部皮肤，但是很难说你在增强某些肌肉张力的同时没有增加那些你想放松的肌肉的运动量。

肉毒杆菌毒素，如 A 型肉毒毒素（保妥适）可抑制形成皱纹的肌肉运动，如眼睛周围的鱼尾纹和皱眉纹，也可以预防皱纹的形成。我个人希望它是真的，因为我自己也在用。

幸运的是，有很多种方法可以有效治疗皱纹。你将会喜欢上一些产品和某些成分，而这些对其他皮肤类型具有刺激性，比如含有 α 硫辛酸和二甲氨基乙醇的产品，它们可以使皮肤轻度肿胀，从而使面部细纹膨胀消失。有一款产品是含有二甲氨基乙醇的露得清光彩活力眼霜。它对 ORNW 型皮肤效果很好（虽然只是暂时性的"治疗"）。

ORNW 型皮肤也可以使用一种可帮助控油和预防皱纹形成的处方药维 A 酸治疗。虽然有一种叫做 Avage 的乳膏对很多皮肤类型作用太强，但你可以耐受。此外，由于你在外伤和炎症后不会出现黑斑，你可以接受更深层的去皱治疗如激光换肤、皮肤磨削和深层化学换肤，但其他容易发生色素沉着的皮肤类型的人应排除在外。我将在本章后面的操作部分向大家推荐一些能从中获益的方案。

最新出现的优于保妥适的皱纹治疗也适合 ORNW 型皮肤。这些更先进的治疗手段效果可能比保妥适持续时间更长，费用更低。目前，很多用于皱纹部位充填的真皮填充剂，已经获得 FDA 认证。最近，天然人体糖分玻尿酸制成的 Captique，已经被批准用于面部除皱治疗。经常与含胶原蛋白的填充剂如考斯美普（Cosmoplast）联用。Captique 往往可以纠正面部皱纹。随着越来越多的填充剂和肉毒素的推出，销售商之间的竞争越来越激烈，这将会导致价格的下调，也让更多的人能消费得起。

皱纹性皮肤的人经常对很多新上市的、昂贵的乳膏感到好奇，它们被宣传为"优于保妥适"。尽管用乳膏也可获得同样效果的宣传听起来很诱人，但是除了补水，我从来没有看见这些乳膏的效果，而这是任何一种乳膏都可以达到的效果。有些乳膏采用被叫作肽的天然成分，可以使皮肤表面看起来光滑一些。

它们的作用就像是泥墙缝一样，虽然使皮肤表面变得光滑，但并不能永久地改变皮肤。我建议你节约钱财选择你真正需要的：如处方药维 A 酸、肉毒杆菌毒素如保妥适、真皮填充剂如 Hylaform，Hylaform Plus，Captique，Restylane，Juvederm 和 Cosmoplast。

如果你现在二十岁多岁，或者更年轻一点，不要不在乎你的皮肤。从现在开始，停止一切加速皮肤衰老的习惯，如吸烟和日光浴，同时，可以补充抗氧化剂、使用防晒霜、口服非处方类维 A 酸和处方类维 A 酸制剂用于防止皮肤老化，如果你是三十岁或者更大一点，你可能开始出现皱纹。在由于肌肉运动过多而容易出现皱纹的部位，使用肉毒杆菌毒素或维 A 酸制剂能防止皱纹的增多。戴上墨镜以防止眯眼，也将有助于减少眼周皱纹的产生。

褒曼医生的底线：

要充分利用强力的治疗方法除皱，你的皮肤可以搞定。在修复了损伤之后，要把你的注意力转移到预防上。

你的皮肤的日常护理

皮肤日常护理的目标是解决皱纹、过多的油脂分泌。控制皱纹和油脂分泌的产品包括抗氧化剂和维 A 酸或维 A 酸醛，所有我推荐的产品都有以下的一种或者更多功效：

- 预防和控制皱纹
- 控制过多油脂分泌

此外，在日常的护理程序还要有助于解决其他皮肤问题，通过：

- 预防皮肤癌

ORNW 皮肤必须解决的问题是皱纹和油脂过多；其次是避免皮肤癌发生。为了解决皱纹，我将提供一个包含两阶段疗法的建议，即先是非处方方案，然后是处方方案。大多数人希望所咨询的皮肤科医生有一两种可用于除皱的新方法，如激光、皮肤磨削、化学换肤、真皮填充物或其他方法。我的两种皮肤护理方法将有助于为你的皮肤接受的这些治疗做好准备。

这些方案也包括含有维 A 酸和抗氧化剂的产品，可能有助于减少患皮肤癌的风险。

日常皮肤护理步骤：

第一阶段	
非处方类	
早上	晚上
第一步：使用含有抗氧化剂的产品清洁面部	第一步：使用含有抗氧化剂的产品清洁面部
第二步：应用含抗氧化剂的爽肤水、啫喱和乳液	第二步：使用面部磨砂
第三步：使用防晒霜	第三步：使用一款含维A酸或维A酸醛的产品
第四步：如果有必要，使用一种无油基质的粉底	

早上，使用含有抗氧化剂的清洁产品洗脸，防止产生皱纹。然后再应用含有抗氧化剂的爽肤水、啫喱或乳液。如果你的 O 评分非常高（35 分以上），使用爽肤水。如果你的评分较低（20 分或以下），选用乳液或啫喱。

如果 O 点评分较高（大于 35 分），你应该使用 Clinac（克林可）控油和防晒啫喱的混合物。根据你的爱好，可以使用不同的控油产品，但我认为 Clinac（克林可）的控油效果是最好的。我们从在美国迈阿密大学进行的一项研究了解到，Clinac（克林可）与防晒霜联合使用，并没有降低防晒霜的效力。

如果你的 O 点评分为 24 ~ 34 之间，你就应该应用含有抗氧化剂的防晒乳液而不是 Clinac（克林可）。最后，如果你喜欢，再应用一种无油基质的粉底。

晚上，使用和早上一样的清洁剂，然后再应用含有维 A 酸或维 A 酸醛的产品。你这型皮肤不必使用眼霜，但如果非要用的话请在洗脸后使用。

你可以一直使用此方案。这些非处方产品是除维 A 酸／维 A 酸醛产品以外，同其他处方药物一样有效，我不建议你到皮肤科医生那里得到一个诸如 Avage 的维 A 酸类处方药，因其效力更强。

清洁剂

ORNW 皮肤使用含有抗氧化剂的清洁产品的好处是有助于预防皱纹。

推荐清洁剂：

$ Avon True Pore-Fection Skin Refining Cleanser
（雅芳细肤清透深层洁面乳）

$ Clean & Clear Morning Burst Facial Cleanser with Bursting Beads
（可伶可俐含磨砂珠的清晨洁面乳）

$ L'Oreal Pure Zone Pore Unclogging Scrub Cleanser Step 1 with Salicylic acid
（欧莱雅用于第一步的洗面奶，含有水杨酸用于疏通毛孔，并有磨砂作用）

$ Pond's Clear Solutions Deep Pore Foaming Cleanser for Oily to Normal Skin
（旁氏完美亚光系列控油洁面乳，适合于中性到油性皮肤）

$$ Biomedic Purifying Cleanser by La Roche-Posay
（理肤泉 Biomedic 净化肌肤洁面乳）

$$ Laura Mercier Oil-Free Gel Cleanser
（Laura Mercier 无油洁面啫喱）

$$ Mary Kay TimeWise® 3-In-1 Cleanser
（玫琳凯幻时® 3 合 1 洁面乳）

$$ Peter Thomas Roth Anti-Aging Cleansing Gel
（彼得罗夫抗衰老洁面啫喱）

$$$ Chanel SYSTÈME ÉCLAT - LA GELÉE
（香奈儿净颜磨砂洁面乳）

$$$ NV Perricone Vitamin C Ester CITRUS FACIAL WASH with DMAE
（裴礼康含二甲氨基乙醇的维生素 C 酯柑桔洁面啫喱）

褒曼医生的选择：使用含抗氧化剂维生素 E 和乙醇酸的 Biomedic Purifying Cleanser by La Roche-Posay（理肤泉 Biomedic 净化肌肤洁面乳），或者含绿茶、迷迭香和啤酒花的 Pond's Clear Solutions Deep Pore Foaming Cleanser（旁氏完美亚光系列控油洁面乳）。

爽肤水的使用

爽肤水是为你的皮肤提供无油配方的抗氧化剂的一个好方法，你也可以使用有控油性能的啫喱或乳液。

绿茶是一个非常有益的抗氧化剂。已被证明的好处是能预防皮肤癌和皱纹的产生。你要选择诸如 Replenix 乳液这样一个褐色的含绿茶成分的清洁剂。但是要注意颜色应该是褐色的，否则绿茶含量不够，不能达到你使用的目的。

推荐的爽肤水、啫喱、乳液

$ Zia Natural Skincare Ultimate Toning Mist for Normal/Oily Skin
（姬芮天然护肤的终极爽肤喷雾，适用于普通及油性皮肤）

$$ Avon BeComing Get Supple Hydrating Mist
（雅芳包含抗氧化剂的保湿喷雾）

$$ CRS cell rejuvenation serum by Derma Topix
（Derma Topix 的修复乳液）

$$ Replenix serum with green tea by Topix
（Replenix 的绿茶抗氧化精华）

$$ Skinceuticals Serum 20
（修丽可 20% 高浓度精华液）

$$ Vichy Normaderm Prone Skin Lotion
（薇姿油脂调护舒缓柔肤水）

$$$ Caudalie Face Lifting Serum with Grapevine Resveratrol
（欧缇丽 含白藜芦醇面部活力乳液）

$$$ NV Perricone Face Firming Activator

（裴礼康面部紧肤活化精华）

褒曼医生的选择：Replenix serum with green tea by Topix（Replenix 的绿茶抗氧化精华）。

控油

爽肤水不能控制油脂产生，因为它们不能留在皮肤上。我们需要使用一些粉（见本章稍后推荐产品）及其他能吸油的一些产品达到控油的目的。

推荐的控油产品：

$$ Bobbie Brown Shine Control Face Gel
（芭比波朗面部控油啫喱）
$$ Clinac BP（for acne）
[克林可 BP（用于痤疮）]
$$ Clinac OC
（克林可控油）
$$ Seban pads
（Seban 棉垫）
褒曼医生的选择：Clinac OC（克林可控油）。

保湿霜

早晨你不需要使用保湿霜，使用推荐的乳液代替就可以了。但是，如果你的 O 评分较低（35 以下），就要在晚上加用保湿霜了。

推荐保湿霜：

$ Dove Face Care Essential Nutrients Night Cream
（多芬完美赋颜系列多重修护霜）
$ Neutrogena Visibly Firm night cream
（露得清紧致活力晚霜）
$$ Replenix CF cream
（Replenix CF 霜）
$$ Vichy Liftactiv CxP Essence
（薇姿活性塑颜新生精华乳）
$$$ Skinceuticals Renew Overnight Oily
（修丽可晚间再生精华霜，适用油性皮肤）

褒曼医生的选择：Replenix CF cream（Replenix CF 霜），因为它包含大量的、具有强力抗氧化性能的绿茶成分。

眼霜

眼霜不是必需的，但如果你要用，就要选具有抗衰老成分的产品。

眼霜：

$ Neutrogena Radiance Boost Eye Cream
（露得清光彩活力眼霜）

$ Olay Age Defying Revitalizing Eye Gel
（玉兰油新生活肤眼霜）

$$ Cellex C Eye Contour Gel
（左旋 C 眼部修护啫喱）

$$ MD Skincare Firming Eye Gel with Vitamin C
（MD 维生素 C 护肤紧致眼霜）

$$ Skinceuticals Eye Gel
（修丽可眼凝胶）

$$$ Dr Brandt Lineless Eye Cream
（Dr．Brandt 无痕焕采眼霜）

褒曼医生的选择：Olay Age Defying Revitalizing Eye Gel（玉兰油新生活肤眼霜）。

预防皱纹

虽然我会在本章稍后部分建议使用处方维 A 酸防止皱纹，局部使用能防止皱纹的唯一有效的非处方产品是维 A 酸，但其效力取决于产品的浓度。我在此推荐的都是很好的产品。

推荐预防皱纹产品：

$ Neutrogena Healthy Skin
（露得清健康肌肤霜）

$ RoC Retinol Actif Pur Anti-Wrinkle Night Treatment
（RoC 维 A 抗皱晚霜）

$$ Afirm 3X

$$ Biomedic Retinol Cream 60 by La Roche-Posay
（理肤泉 Biomedic 维 A 酸霜 60）

$$ Philosophy Help Me Retinol Night treatment

（Philosophy 维 A 酸夜间修复霜）

$$ Reti-C Int ensive Corrective Care by Vichy

（薇姿双重维他命焕彩修颜霜）

$$ Rétinal by Avene

（雅漾 Rétinol 维 A 酸）

$$ Vichy Liftactiv Retinol HA

（薇姿活性塑颜抚纹霜 SPF18 PA+++）

褒曼医生的选择：Afirm 3x，Biomedic Retinol cream（理肤泉 Biomedic 维 A 酸霜），或 Philosophy Help Me are very similar（Philosophy 维 A 酸夜间修复霜），选择最容易找到和 / 或最便宜的。

去角质

对于 ORNW 皮肤，在家使用去角质磨砂或使用皮肤微晶皮肤磨削工具都能达到与在皮肤微晶磨削 SPA 或美容沙龙同样的效果。

$ Buf-Puf

（Buf-Puf 面用洁肤海绵）

$ L'Oreal Refinish Microdermabrasion Kit

（欧莱雅塑形微晶焕肤套装）

$ Olay Daily Facials Intensives Smooth Skin Exfoliating Scrub

（玉兰油每日面部嫩滑去角质磨砂）

$$ Philosophy The Greatest Love Microdermabrading Scrub

（Philosophy 至爱皮肤磨砂）

$$ Vichy Purete Thermale Exforliating Cream

（薇姿泉之净去角质磨砂霜）

$$$ La Prairie Microdermabrasion System

（La Prairie 面部磨砂系统）

褒曼医生的选择：Buf-Puf 面用洁肤海绵。我一直钟情于这款奇妙的产品。

购买产品

你可以通过阅读产品标签，明确产品所含成分，确定你是否购买。你可以选择那些含抗皱的有益成分，又不导致出油的产品。如果你发现你喜爱的产品，而在本章中没有收录，请访问 www.derm.net/products，与我分享你的经验。

用于皮肤护理的成分	
预防皱纹	
• 咖啡因	• 辅酶 Q10
• 铜肽	• 人参
• 葡萄籽提取物	• 绿茶
• 啤酒花	• 艾地苯醌
• 叶黄素	• 番茄红素
• 辣木	• 松树皮提取物（滨海松树）
• 石榴	• 迷迭香
• 维生素 C	• 维生素 E
治疗皱纹	
• 硫辛酸	• 铜肽
• 二甲氨基乙醇	• 乙醇酸（单一水基果酸）
• 乳酸（单一水基果酸）	• 植酸（单一水基果酸）
• 视黄醇	• 水杨酸（BHA）
• 转化生长因子 -β	• 维生素 C

皮肤护理需要避免的成分：	
由于过于油腻：	
• 矿物油	• 其他油类如红花油
• 凡士林油	

皮肤的日光防护

对于 ORNW 皮肤，使用防晒霜是特别重要的。如果你的 O 评分高（高于 35），你将需要使用面部防晒粉底。无论你喜欢使用哪种防晒化妆品，例如粉饼，粉底液和 / 或打底液，或你喜欢单一产品例如防晒霜，我建议日常使用防晒产品的 SPF 值至少要达到 15。如果你的 O 评分为 30 ～ 34，选择防晒啫喱。O 评分低于 30 者更适合防晒乳。

如果你不想使用 SPF 的防晒粉底液和 / 或粉，可以使用下面列出的防晒霜。

何时以及如何使用防晒霜

每天早上涂抹防晒霜，即使你不打算去户外。待在家里也不能确保你不受日晒损伤。紫外线能很容易地穿透窗户进入建筑物、汽车和飞机内。把防晒霜放在你的车里、办公桌、手袋里，以备不时之需。

使用时，挤出一段，涂抹到全脸、颈部，双手和胸部。请确认你选择产品的SPF 值 ≥ 15。如果长时间暴露于外界，如在海滩，或其他有阳光的环境里，你可以每隔一小时重复使用 SPF 值 45 ~ 60 的防晒霜。你可以在防晒霜上覆盖一层粉底或者混合 Clinac（克林可）控油，以尽量减少油腻感。

将防晒霜涂遍全身，尽管许多人认为衣服可以遮挡紫外线，但这远远不够，一件 T 恤的防晒系数仅有 5，紧密编织的衣物才能提供更好的防护。

你可以将防晒霜涂抹在眼周，除非你感到瘙痒、灼热或刺激感。在炎热的天气，如果你参加体育运动，随着出汗和汗液的蒸发，你会感到防晒霜跑进眼睛里，为防止这种情况，不要在眼睛周围使用防晒霜。你可以使用含有防晒作用的遮瑕膏或者粉底液代替防晒霜。

Mexoryl 是一种提供卓越的紫外线保护的成分，但它尚未在美国获得批准，所以你需要在国外购买包含该成品的防晒产品。

推荐的防晒产品：

$ Neutrogena Ultra Sheer Dry Touch Sunblock
（露得清超凡清爽防晒霜），有"一触即干"的特点
$$ Anthelios XL Fluid Extreme SPF 60 by La Rouche
（理肤泉特护防晒喷雾 SPF60），含 mexoryl 和多种其他防晒成分
$$ Daily Protection gel，SPF 30 by Applied Therapeutics
（Applied Therapeutics 日常保护凝胶，SPF 30）
$$$ Clarins Oil-Free Sun Care Spray SPF 15
（娇韵诗无油防晒喷雾 SPF15）

褒曼医生的选择：Anthelios XL Fluid Extreme SPF 60 by La Rouche-Posay（理肤泉特护防晒喷雾 SPF 60），如果你无法获得这款产品，我的第二个选择是 Neutrogena Ultra Sheer Dry Touch Sunblock（露得清超凡清爽防晒霜）。

你的粉底

使用粉饼而不是含油的粉底液能够吸收油脂。许多粉底液上标有"无油"的标签，但一些声称能控油的产品实际本身含油。要了解事实，你需要一张含 25%

棉的二号纸，滴一滴粉底液在纸上，含油的粉底液会在纸上留下油环，环的大小是和粉底液的含油量成正比的，环越大，含油越多。

推荐的无油粉底液

$ Avon BEYOND COLOR Perfecting Foundation with Natural Match Technology SPF 12

（雅芳自然粉底液 SPF 12）

$$ Bobbie Brown Oil-Free Even Finish Foundation SPF 15

（芭比波朗无油粉底，SPF 15）

$$ Laura Mercier Oil-Free Foundation

（罗拉玛斯亚无油粉底液）

$$ Vichy Aera Teint Pure Fluid Foundation

（薇姿轻盈透感亲肤粉底液）

$$$ Lancome MAQUICONTRÔLE Oil-Free Liquid Makeup

（兰蔻去油粉底液）

褒曼医生的选择：含有防晒系数的产品，我钟爱 Lancome MAQUICONTRÔLE（兰蔻粉底液），因为它含有抗氧化成分。

我推荐的具有吸油作用的粉底：

$ Cover Girl Fresh Look Pressed Powder

（封面女郎粉饼）

$ Maybelline Shine Free Oil-Control Pressed Powder

（美宝莲控油粉饼）

$ Revlon SHINE CONTROL MATTIFYING POWDER

（露华浓控油粉饼）

$$ Bobbie Brown Sheer Finish Loose Powder

（芭比波朗透薄超柔粉底）

$$ Garden Botanika Natural Finish Loose Powder

（Garden Botanika 自然粉底，包含抗氧化成分）

$$$ Versace Loose Powder

（范思哲粉底）

褒曼医生的选择：Garden Botanika Natural Finish Loose（Garden Botanika 自然粉底）。

咨询皮肤科医生

皮肤护理的处方策略

ORNW 皮肤的处方方案与非处方方案大致相同，但为预防和治疗皱纹提供了更积极、更有力的成分。这就是为什么你需要在晚上使用处方维 A 酸。

皮肤日常护理方案

第二阶段	
早上	晚上
第一步：使用含抗氧化成分的清洁剂	第一步：使用与早上相同的清洁剂
第二步：涂抹含抗氧化剂成分的爽肤水、啫喱或乳液	第二步：使用与早上相同的爽肤水
第三步：单纯使用防晒霜或与一款控油产品合用	第三步：在使用维A酸之前涂抹一层保湿霜（可选择）
第四步：使用粉底液或者吸油粉底，或者二者合用	第四步：使用处方维A酸

早上，使用含抗氧化剂成分的清洁剂清洁面部，然后使用含抗氧化剂成分的爽肤水、啫喱或者乳液，接下来，如果你的 O 评分较高（大于 35），将豌豆大小的 Clinac（克林可）控油 和同样多的防晒啫喱混合，涂于面部。

如果你 O 评分在 24～34 之间，使用含有抗氧化剂的防晒霜。最后，使用粉底液或者吸油粉底，或者二者合用。

晚上，使用同样作用的清洁剂清洁面部，然后再应用处方维 A 酸。对于 ORNW 型皮肤我更喜欢凝胶，所以我的选择是 0.05% 浓度的 Tazarac 凝胶。

如果你愿意，你可以每三天使用一次维 A 酸，或者你先使用一层保湿霜，然后就可以每天在保湿层上使用维 A 酸。这些可以帮助你避免因使用维 A 酸而引起的皮肤发红或过度剥脱。如果你使用保湿霜，选择含有抗氧化成分的，我喜欢 Replenix 人参霜。

使用这个处方方案时，你应该每周仅使用一到两次磨砂膏。维 A 酸有助于表皮剥脱，因此，皮肤磨砂没有太大的必要。当你感觉皮肤粗糙或暗淡时，可以使用磨砂膏，但要轻柔一些。

治疗皱纹的处方类维 A 酸：

- Avage 霜
- 达芙凝胶或霜剂

- 维 A 酸微凝胶
- Tazarac 凝胶或霜剂

皮肤护理程序

此型皮肤护理的主要问题是治疗皱纹。遵循我的皮肤护理建议，不仅可以防止皱纹产生，还可以对抗已经形成的皱纹，你可以遵照我下面推荐的护理步骤去做以摆脱皱纹。

对抗皱纹的程序

你有一系列对抗皱纹的选择，包括注射保妥适，真皮填充物，或皮肤磨削术。要获取有关这些的完整信息，请阅"对油性、耐受性皮肤的进一步帮助"。

皮肤磨削术

尽管这种先进的方法有助于多种皱纹的消除，但是，口周的顽固皱纹，被称为"吸烟者之线"，是难以治疗的。浅肤色的人（其中包括大多数 ORNW 皮肤）在皮肤磨削术上还有另外一个选择（不可与微晶磨削混淆）。

在皮肤磨削过程中，医生使用很小的砂轮磨削掉表皮，深达真皮（皮肤由表皮与真皮两层构成，真皮为较深的一层）。这种皮肤去除程度远远大于使用微晶磨削，微晶磨削是使用微小的晶体轻轻磨削皮肤，仅能去除死亡的皮肤细胞的表层。

在皮肤磨削术后，你需要休息几天，因为术后 4 到 7 天，皮肤会因开放性的创伤而疼痛，一旦皮肤开始愈合，可能会有数天到数周的红斑期，所幸可以用化妆品遮盖。

一旦皮肤愈合，好处是皮肤看起来光滑多了，皱纹减少了，但是这个方法也存在一定的风险，包括磨削部位皮肤瘢痕形成和变薄。所以，除非找到一个很有经验的、从事此项工作的医生，否则，我不建议你去做皮肤磨削。众所周知，这种医生不多，你需要集中各种资源去找到一个合格的皮肤科医生。

与有色人种相比，浅肤色的 ORNW 者是皮肤磨削术的最适合人群，因为他们不会在磨削部位产生黑斑。（紧致性皮肤的人不建议做皮肤磨削，因为对他们而言，皱纹不是问题）

尽管这种方法听起来让人提心吊胆，但是，我还是惊讶于它的无痛性和明显的效果。你可能听说过二氧化碳激光除皱，它通常被应用于治疗口周的顽固性皱纹。但因为二氧化碳激光的长期并发症，它已经不再受宠。而皮肤磨削术已经安全应用了 35 年。

皮肤微晶磨削术

皮肤微晶磨削术是在皮肤科诊所、皮肤护理美容沙龙及 SPA 广受欢迎的一种方法，它能除去表面的死皮，使皮肤感觉更光滑。操作者是用一种可喷出雾状微晶的设备来除去皮肤的表层。作为 ORNW，你可以任意地享用皮肤微晶磨削，尽管坦率地讲，使用磨砂膏或家用微晶皮肤磨削工具能达到同样的效果，且花费更少。（你可以把节省下来的钱花在真正需要的地方：如处方类维 A 酸和皮肤填充物），但是，你若想在聚会中闪亮，同时也有时间和财力，你完全可以去做。或者是尝试使用一次性物品，如多芬必需营养素洁面垫巾。请看上面列出的家用磨砂和微晶磨削工具。

电波拉皮（Thermage）

一种叫做电波拉皮的新仪器可以治疗深部皱纹，如口周、鼻周和颈部的松弛皮肤（被称作火鸡颈纹），请参阅"对油性、耐受性皮肤的进一步帮助"。

SPA 的步骤

对于 ORNW 皮肤，SPA 是很棒的选择，它与化学换肤一样，有助于祛除角质。

微电流是很多美容院流行的面部电气设备，刺激脸部肌肉收缩或拉长，旨在放松紧绷的肌肉、拉紧松弛的肌肉，但目前尚不清楚这种治疗是否有效，因为衰老的外观主要是由于随着年龄的增长脂肪不断丢失，导致皮肤失去原有的形态。

作为 ORNW 皮肤，考虑美容沙龙服务时，应考虑到：美容沙龙所提供的服务对你来说可能力度不够强大，因为你的皮肤需要较高强度的化学换肤，这通常在美容沙龙里是没有的。比起那些敏感性皮肤的顾客，你需要申请更高的浓度。

激光怎么样？

非烧灼性激光器如发光二极管和强脉冲光治疗可能会成为未来预防或治疗皱纹的重要手段。现在，该技术应用于抗皱方面的功能还在不断完善。令人沮丧的是，我看到不少患者已经接受了五六千元的治疗，却没有发现他们的皮肤有多少改善。

我相信，有一天激光用于除皱治疗的效果将与它高昂的花费成正比，但现在还没有。（注：这些技术对去除血管、红斑和色斑是很棒的，但这不是 ORNW 皮肤所关注的）。

持续呵护你的皮肤

重点放在预防皱纹方面。如果一切都太迟了，不要害怕硬着头皮做一些真正有用的事情！在使用强烈的护理程序后，其他皮肤容易出现的一些副作用，你的耐受性强、无色素的肤质可以帮你远离这些。

第十一章

ORNT：油性、耐受性、非色素性、紧致皮肤

女神皮肤类型

"我总是因我的皮肤受到称赞，但老实说，我不能完全接受。我没有做任何特殊的保养，所以它一定是遗传的。我家族中所有的女性都有美丽的皮肤。我想我只是幸运而已。"

关于你的皮肤

无瑕疵、色调均匀、容光焕发、不易衰老

如果你是一个 ORNT，祝贺你赢得了皮肤彩票——虽然你可能永远不会知道有一个这样的彩票。你很少考虑你的皮肤，它很容易护理，但它总是看起来不错。

你不理解皮肤护理有什么值得大惊小怪的。你不会梦想突然有一大笔钱去做美容或手术。

坦率地说，如果你是一个 ORNT，我很惊讶你会买这本书。为什么呢？因为你有一个最简单的皮肤类型，它容易护理、不受年龄影响、适应所有化妆品。对你而言，幸运的基因与良好的护肤习惯结合起来，就能创造无龄皮肤。适度的油性，紧致的皮肤是你远离衰老的征象。在外伤或炎症后，你的皮肤细胞没有任何产生色斑的倾向。如果你是浅肤色，你可能会有一些晒黑的麻烦，那又算什么呢？要在一生都拥有年轻的皮肤和一时晒黑的冲动之间权衡，很容易让你做出正确的选择，尤其是当你想到晒黑会促进老化。与敏感性或干燥性的皮肤不同，ORNT 没有痤疮、红肿、色斑或干燥。

ORNT 名人

法国电影演员、国际一流美女凯瑟琳·德纳芙是典型的 ORNT 皮肤。尽管已超过 60 岁，她仍能保持高雅，得体，体现出女性诱人的魅力。无论是在银幕中的当代人物或经典角色中，还是在银幕下与 Marcello Mastroianni（她第二个孩子的父亲）的生活中，戏里戏外，德纳芙都诠释了 ORNT 型皮肤是如何抵御衰老过程的。

少年时期的德纳芙，一夜之间从一个漂亮的、深肤色的演员成为一个永恒的形象：浅黄色头发、轮廓分明，瓷器般光滑皮肤是她的魅力所在。德纳芙表现出冷静的、让人产生距离感的金发碧眼的形象有赖于她完美的、毫无色素瑕疵的、紧致的皮肤。

虽然德纳芙神话般的皮肤得益于令人羡慕的遗传因素，但至少，身为演员的她也很明智地在保持这种先天的优势。像许多法国女人一样，她可能很早就开始细心地进行皮肤护理，并避免阳光照射。当然阳光可以毁掉她那完美的肤质。

德纳芙出演过 90 多部电影，她的脸已经成为她无形的财产。如今德纳芙仍然活跃在银幕上，德纳芙式的长盛不衰的明星之路揭示了耐受性的、紧致性皮肤的持久活力。此外，还得益于她生活在欧洲，因为在欧洲对演员年龄的态度更加包容，不像在美国那样以年轻人为主导。

德纳芙绝不是拥有这型皮肤的唯一名人。还有许多当代女演员、表演者和知名人士，包括 Katie Couric，Kelly Ripa 和 Kate Hudson（我可以公开他们的公众形象和照片）。从他们身上你可以识别 ORNT 皮肤，因为它总是散发着吸引力。

伊丽莎白·雅顿、赫莲娜、雅诗兰黛等化妆品行业的巨头，有什么共同之处？她们大概也都是 ORNT 皮肤。虽然我从来没有见过她们，但是从照片以及她们无瑕皮肤的报道中我可以推断出来。ORNT 皮肤是她们最好的说服其他妇女遵循她们建议的营销工具。赫莲娜是最早提倡避免日晒和使用防晒霜的人。她在人们普遍认识及科学证实之前就观察到日晒的不利影响。赫莲娜从来不认为好皮肤是理所当然的。即便是其他美容巨头，如雅诗兰黛或伊丽莎白雅顿那样，他们光泽、亮滑的皮肤在数十年后也不能青春常驻。尽管他们神话般完美的皮肤激励人们去购买她们的产品，但这并不意味着他们提供的产品能 100% 地满足各型皮肤的需求。我想教育人们的一个原因是期望人们明白他们各自皮肤的独特需求。

你皮肤的历史

青年时期，你的皮肤可能往往偏油性，但当你到了 40 多岁，你会发现你的皮肤开始正常化，变得不那么油腻。而其他类型的皮肤，40 岁就开始与干燥作斗争了，你的皮肤却是恰到好处。一些人为自己拥有这样的皮肤感到骄傲，他们使用各种膏剂及其他产品去避免日晒和吸烟，以保持肌肤的美丽。另一些人的很多行为都会对皮肤造成伤害：吸烟，日光浴，没有充足的睡眠和随意使用手头的肥皂却毫不在意。在这种情况下，你的皮肤似乎真正体现了基因的力量。

肤色较深的 ORNT 皮肤不必为痤疮和色斑的恶性循环而烦恼，而同样问题常常会困扰其他类型的有色人种。虽然偶尔有割伤或创伤比如烧伤，刮伤或刺激，可能会导致暂时的暗斑。这种情况很少见，所以不必将预防色斑纳入日常皮肤护理方案。深色 ORNT 皮肤可能在怀孕时因荷尔蒙分泌的变化出现色斑，并暂时成为 P（色素）型。但是，不要担心，当你的荷尔蒙恢复到怀孕之前的水平后，你的皮肤会恢复成原来的非色素性，或是无色素状态。与有色人种不同，浅色的 ORNT 皮肤不易发生与激素有关的色素沉着。

案例故事：哈瑟和莎朗

哈瑟和莎朗是最好的朋友。她们都是全职母亲，是其女儿们在同一娱乐团体时认识的。哈瑟自称是一个"杂种人"，漂亮，沙色头发，蓝眼睛。她笑着告诉我，她继承了部分苏格兰—爱尔兰，部分切诺基，部分山地人的基因。而莎朗，身材娇小、咖啡肤色皮肤，来自一个富裕的非裔美国家庭，她的祖先创立了一个重要的学院。她们 30 出头，来找我是想看看我有什么方法可以预防老化。没有任何急需解决的皮肤麻烦或问题，这本身就表明，她们是容易护理的皮肤类型。她们唯一关心的是，她们是否应该做一些事情防止老化，尽管岁月并没有在脸上显示出任何迹象。

果然，问卷结果显示，她们都是 ORNT，没有过敏的化妆品，没有皮肤干燥，没有色斑问题。两个肤色完全不同的朋友却有相同的皮肤类型，多么让人吃惊！但是，这并不让我感到惊讶。尽管人的肤色不同，但都可以拥有同样的 ORNT 肤质。

我向她们解释，虽然对色素因素的评分系统，"皮肤色素沉着"在我的皮肤问卷中并不包含对种族的区分，它更加关注的是类似于讨厌的褐色斑点的问题。莎朗的皮肤比哈瑟深，但与哈瑟一样，也是典型的肤色均匀的 ORNT。

当我告诉她们，她们主要的皮肤问题是预防皮肤癌和控油，她们感到很欣慰。

我的主要建议是：哈瑟要严格地每年进行一次皮肤测试，以确保她没有皮肤癌。莎朗因为肤色较深，不具有患皮肤癌的高危因素。就像哈瑟，浅肤色的 ORNT 存在患非黑素瘤性皮肤癌的风险，特别是在她们未加防护，过度暴露于阳光照射之下时。

近距离观察你的皮肤

与哈瑟和莎朗一样，拥有 ORNT 皮肤，你可能会遇到下列中的某项问题：

- 光滑，油性皮肤
- 需要一点保湿
- 很少皱纹
- 打粉底时出现条纹
- 毛孔粗大

- 黑头
- 皮脂腺增生
- 偶尔的痤疮
- 皮肤癌（见下文方框，以便你可以识别征兆）

基因决定你的皮肤产生多少色素（黑色素）。大多数无色素皮肤比色素型皮肤产生的黑色素少。就像哈瑟这样浅肤色的无色素皮肤会比深肤色 ORNT 少，如莎朗。黑色素增加能降低患皮肤癌的风险。皮肤色素少，对太阳有害影响的保护就会减少。因此，浅肤色的 ORNT 比深肤色的 ORNT 更容易患皮肤癌。因此，需要自我检查，并定期约皮肤科医生进行仔细检查。

如何识别一个非黑色素瘤皮肤癌

SCC（鳞状细胞癌）可能会表现为曝光部位，如脸、耳朵、胸部、手臂、腿部和背部的红色、鳞屑性斑片形成结痂，久不愈合。他们可能表面上覆盖着硬的鳞屑类似于一个疣。如果任何地方出现类似于这样的皮损一个月以上都应该去看皮肤科医生。

BCC（基底细胞癌）可能表现为白色，有珍珠光泽的小结节；也可能表现为中央隆起边缘凹陷，周边可见毛细血管扩张。也可能是在无原发皮损的地方突然出现火山口样溃疡，有时在中央溃疡的周围出现向内卷曲的边缘。

面部扩大的皮脂腺很容易与基底细胞癌混淆，因为它们都是黄色肿块。务必请皮肤科医生检查任何可疑的地方。患皮肤癌的风险是这一类型皮肤唯一不利的一面。认真对待，并定期检查。

基因如何控制皮肤老化

基因调节胶原蛋白和弹性蛋白的产生，这两种蛋白是维持皮肤硬度和弹性最主要的蛋白质。许多护肤品含有这些成分，目的是可以为皮肤局部提供这些蛋白。但是，没有研究证实这些说法，我也不认为他们的承诺具有说服力。

化妆品公司还试图利用基于基因检测的皮肤老化科学定位出相应的护肤品。但是，我们还不知道如何利用这些信息来创造一个有效的产品。也许我们会在 10 年或 20 年后实现，但是现在，在我看来，个性化的、以基因为基础的护理承诺，只是一种聪明的营销手段和美丽的包装，用来把不足为奇的旧产品高价出售。除非我们知道如何复制出使皮肤更好的遗传因素，否则，就我们目前所知，只有未来积极的生活方式才是最有帮助的。

大多数人想知道，"我可以保持优雅到什么年龄？"虽然无论是我（或本书的问卷）都不能准确的预测。只有一些简单的确定性，以及其他一些微妙的趋势可以显示出你可以保持到何时，以及可以和必须做些什么来保持皮肤的年轻。

对于拥有紧致性、无皱纹皮肤的人来说，遗传学发挥了关键作用。认识到这一点，你可能会发现，你的母亲，祖母或其他亲属，都比他们的同龄人看起来年轻。

我经常听到我的 ORPT 患者说，"我与我母亲的家人相似，我母亲和外祖母的皮肤都很好，当我外祖母 75 岁时，她告诉别人她 60 岁，每个人都相信！"

在此良好基础上，加强一些改善皮肤的好的生活习惯，如避免日晒等。不要让坏习惯破坏它，如晒黑皮肤、吸烟或去晒黑床。即使有好的基因，如果放纵很多坏习惯，也会出现很多皱纹。我见过一对同卵双胞胎的照片，一个有阳光照射，一个没有，没有日晒的那个看起来年轻得多。

有些 ORNT 者能做到保持皮肤健康的生活方式。他们严格避免日晒，吃大量的富含抗氧化剂的水果和蔬菜。在那些有美丽皮肤传统的家庭，一个聪明的妈妈，往往会带着女儿，很早就开始进行抗老化的皮肤护理，以保持和确保她们拥有更好的皮肤。

正因为你有着非常不错的皮肤类型，才更要同情其他皮肤类型的人。不要期望你的孩子，客人或配偶能够像你一样随便使用你的护肤品，这好比同一酒店的一个味道很好的洗发水，你可以不加思考地使用，而我使用后就会皮肤瘙痒、发红 24 小时。

如何护理好你的皮肤？除非你有出油的困扰，否则你不需要做任何特别的护理，记住使用防晒霜。总的来说，我的产品建议没有什么，只要你稍微善待皮肤，不要随意使用除臭皂就够了。护理 ORNT 皮肤不是件困难的事，适当的皮肤护理就是正确的。

你的最基础护理对策

如果你的皮肤油脂过多，使用我推荐的控油产品。如果你容易出现黑头，使用处方维 A 酸。如果有必要，用粉饼代替粉底液。不需要浪费钱买爽肤水、乳液和抗老化晚霜，因为你不需要。

因为你有惬意的、耐受力很强的皮肤，可随时进行试验。你能容忍芳香的护肤霜，各种成分和防腐剂。面部按摩对你来说都算是大的皮肤治疗了，即使是美容师给你用的是对于我们大多数人都有刺激的产品，你一样可以享受它。拥有如此好的肤质，在皮肤的日常护理中随意添加什么产品对你来说都没问题。

我给你的建议包括产品，比我给其他类型皮肤的建议都大胆得多。如果你出现了问题，重新检查你的调查问卷的答案。你可能是 OSNT，因过去用的产品没有那么刺激，所以不知道皮肤的敏感性。不断变化的环境，压力的增大或生活习惯的改变也可能导致你的皮肤类型改变。

褒曼医生的底线：

无论如何，好基因和好的皮肤护理赋予了你青春亮丽、岁月无痕的皮肤，通过好的皮肤护理和避免日晒可以帮你预防皮肤癌。

日常皮肤护理

你的皮肤日常护理的重点是解决皮肤出油，选择能够提供吸油成分或含有类似成分的产品，可以在一定程度上减少油脂产生。遗憾的是，许多产品并不能够永久和完全减少皮肤的出油量。因此，持续控油至关重要。

我要推荐的产品能达到以下一个或者多个目的：

- 预防和治疗出油
- 治疗油腻

你的每日方案也将处理你的其他皮肤问题：

- 预防毛孔增大
- 治疗毛孔粗大
- 预防和治疗黑头
- 预防偶尔痤疮发作

首先，熟悉整个方案，然后，你可以在本章稍后部分选择你需要的产品。

如果实施这个方案两个月后，你仍然偶尔会有痤疮的麻烦，你不妨去咨询皮肤科医生，他可以为你提供我在第二阶段提到的维 A 酸。

日常皮肤护理

由于 ORNT 是最容易护理的皮肤类型，我建立了一个阶段的方案以减少油脂产生及帮助预防和治疗偶尔的粉刺，缩小粗大的毛孔。你可以使用化妆品来吸收多余油脂，减少面部油光。

日常护理方案：

第一阶段	
早上	晚上
第一步：使用清洁剂洗脸	第一步：使用清洁剂洗脸
第二步：使用控油产品	第二步：使用磨砂膏（可选）
第三步：使用有控油作用的、无油配方的粉底液（可选）	第三步：使用维A酸产品
第四步：使用有防晒系数的粉饼	

早上，使用推荐的清洁剂洗脸，然后使用控油剂。如果你有一个较高的○评分（高于35），你不妨使用无油配方的粉底液和／或有防晒作用的粉饼。记住：至少要使用一个有防晒作用的产品。每个人都需要防晒。你还可以准备一些吸油纸，以便在你需要时使用。

晚上，先用清洁剂洗脸，然后你可以每周使用两至三次磨砂膏。最后，使用一款含维A酸的产品，帮助减少油脂分泌。

清洁剂

要控制油脂分泌，就要保持皮肤清洁。多余油脂会堵塞毛孔，如果强行把它们排出来，会导致毛孔扩大。一些声称能收缩毛孔的产品实际上只是刺激皮肤，造成毛孔膨胀，使它们看起来暂时会小一些。没有任何东西可以永久收缩毛孔，但含有β羟基酸（BHA）的产品能够深入毛孔，清除多余油脂，从而尽量减少毛孔的扩大。所以，一定要在早晚使用清洁剂。

推荐的清洁产品：

$ L'Oreal Pure Zone Pore Unclogging Scrub Cleanser
（欧莱雅清透磨砂洁面乳）

$ Neutrogena Rapid Clear Oil-Control Foaming Cleanser
（露得清快速清洁控油泡沫洁面乳）

$ Vichy Bi-white Normaderm Cleansing Gel
（薇姿油脂调护洁面啫哩）

$$ Avon Cream Clay Cleanser Pore-Fection
（雅芳细肤清透系列洁面乳）

$$ Origins Mint Wash
（悦木之源薄荷洗剂）

$$ Peter Thomas Roth Glycolic Acid 3% Facial Wash
（彼得罗夫3%水杨酸洁面乳）

褒曼医生的选择：Neutrogena Pore Refining Cleanser（露得清毛孔细致洁面乳），包含BHA，有助于保持毛孔清洁。

爽肤水的使用

有些油性皮肤者喜欢清新，洁净的感觉，爽肤水可以满足此要求。如果你喜欢使用爽肤水，完全可以使用，虽然它们不会像控油的洁面乳、粉底液或粉饼那样控制油脂分泌。它不会伤害你的皮肤，但我认为这是一个不必要的开支。如果你使用爽肤水，你可以尝试我推荐的这些。

推荐的爽肤水：

$ Neutrogena Sensitive Skin Solutions Alcohol-Free Toner

（露得清针对敏感肌肤的无酒精配方化妆水，适合所有肌肤）

$ Nivea Visage Alcohol-Free Moisturizing Toner

（妮维雅无酒精配方保湿化妆水）

$$ Borghese Acqua Puro Comforting Spray Toner

（贝佳斯纯美水矿物护肤系列喷雾化妆水）

$$ Dr．Hauschka Clarifying Toner

（德国世家洁肤爽肤水（油性皮肤））

$$ Kiehl's Since 1851 Tea Tree Oil Toner

（契尔式始于 1851 年茶树油化妆水）

$$ Murad Clarifying Toner

（穆勒洁肤爽肤水）

$$ Origins Oil Refiner ™ Toner

（悦木之源亮白™爽肤水）

$$ Paula's Choice Final Touch Toner

（宝拉珍选完全接触爽肤水）适合普通至油性皮肤

$$$ Chanel Lotion Tendre Soothing Toner

（香奈尔舒缓爽肤露）

$$$ Darphin Niaouli Aromatic Care Toner

（迪梵白千层芳香精华）

$$$$ Natura Bisse Oily Skin Toner

（娜图比索油性皮肤化妆水）

褒曼医生的选择： Dr．Hauschka Clarifying Toner（德国世家洁肤爽肤水）。

控油产品

你可以使用 Clinac（克林可）控油产品，当出现一些小脓包时，要使用 Clinac（克林可）BP，其中含过氧化苯甲酰。维 A 酸类产品也可能有助于减少油脂分泌和防止痤疮爆发。应用无油配方的化妆品，使用粉底可以吸除多余的油脂并能改善油性的外观。由于没有可以完全控制油脂分泌的产品，那些留在皮肤表面的天然油脂，你可以选择下面推荐的产品除去。你可以使用碧柔深层清洁毛孔产品解决出现的黑头。

控油产品推荐：

$ Seban pads
（Seban 棉垫）

$ Seban liquid
（Seban 液）

$$ Clinac BP gel by Ferndale
（克林可 BP 啫喱）

$$ Clinac OC Oil control gel by Ferndale
（克林可 控油 控油啫喱）

$$$ Clarins Mat Express Instant Shine control gel
（娇韵诗快速即时控油啫喱）

褒曼医生的选择：如果你没有粉刺，选择 Clinac OC Oil control gel（克林可控油啫喱）。它不会干扰你的防晒霜的效力。如果偶尔出现痤疮，你可以使用 Clinac BP（克林可 BP）。

含维 A 酸的产品：

$ Neutrogena Advanced Solutions Nightly Renewal Cream
（露得清清新晚霜）

$ RoC Retinol Correxion Deep Wrinkle Night Cream
（RoC 维 A 深层去皱晚霜）

$$ Afirm 2x 或 Afirm 3x

$$ Philosophy Help Me Retinol Night Treatment
（Philosophy 夜间修护霜）

$$ Reti- C Intensive Corrective Care by Vichy
（薇姿双重维他命焕彩修颜霜）

$$ Vichy Liftactiv Retinol HA
（薇姿活性塑颜抚纹霜 SPF18 PA+++）

褒曼医生的选择：Philosophy Help Me Retinol Night Treatment（Philosophy 夜间修护霜），因其含有高浓度的维 A 酸，要妥善保存，以保证维 A 酸的稳定性。

推荐吸油纸：

$ Clean and Clear "Clear Touch" Oil Absorbing Sheets
（可伶可俐"魔力"吸油纸）

$ Mary Kay Beauty Blotters® Oil-Absorbing Tissues

（玫琳凯美容吸油纸 ®）

Paula's Select Oil Blotting papers

（宝拉珍选吸油纸）

$ The Body Shop Facial Blotting Tissues

（美体小铺面部吸油纸）

褒曼医生的选择：上述任何一个均可。

保湿霜

因为你是油性皮肤，所以一般不需要保湿。但是，你可能会发现，在干燥的气候和湿度低的环境时，比如在冬季，你会感觉皮肤紧绷。如果是这样，一些清爽的保湿霜能够缓解上述症状。如果你的 O 评分较低（27 至 35），你可能是混合性皮肤，也需要保湿，选择我推荐的产品之一用于干燥的部位即可。最后，由于年龄的增长，油脂分泌将减少，保湿将会成为必要的选择。

推荐保湿霜：

$ Paula's Choice Skin Balancing Moisture Gel

（宝拉珍选皮肤平衡保湿啫喱）

$$ Clinique Dramatically Different Moisturizing Gel

（倩碧特效润肤啫喱）

$$ Vichy Normaderm Day Cream

（薇姿油脂调护修润日霜）

$$$ Christian Dior Energy Move Skin Illuminating Moisturizer Cream

（迪奥动力亮采皮肤保湿霜）

$$$ Clarins Skin Beauty Repair Concentrate

（娇韵诗皮肤修护保湿霜）

褒曼医生的选择：Clinique Dramatically Different Moisturizing Gel（倩碧特效润肤啫喱），凝胶形式使它不会过于油腻。

面膜

你可以使用面膜，可暂时减少皮肤油性。在任何地方任何时候，你不想让你的脸看起来有油光时使用。

推荐面膜：

$ Olay Daily Facials Intensives Deep Cleaning Clay Mask

（玉兰油每日面部深层清洁矿物泥面膜）

$ Queen Helene Natural English Clay Mud Pack Masque

（海伦皇后泥土紧致肌肤面膜）

$$ Laura Mercier Deep Cleansing Clay Mask

（罗拉玛斯亚深层洁肤泥面膜）

$$ Nars Mud Mask

（Nars 泥面膜）

$$ Vichy Aqualia Thermal Mask

（薇姿温泉矿物保湿面膜）

$$ Yardley of London Apothecary Firm Deal Face & Body Mask

（Yardley of London Apothecary Firm 脸部与身体面膜）

$$$ Sisley Radiant Glow Express Mask with Clay

（希思黎瞬间洁净亮丽面膜）

褒曼医生的选择：Olay Daily Facials Intensives Deep Cleaning Clay Mask（玉兰油每日面部深层清洁面膜），推荐它是因为价格因素，但以上的面膜都是很好用的。

去角质

ORNT 可以应用磨砂及皮肤微晶磨削术，保持毛孔清洁无忧。

推荐面部磨砂膏：

$ L'Oreal ReFinish Micro-dermabrasion kit

（欧莱雅焕肤磨砂套装）

$$ Biore Pore Unclogging Scrub

（碧柔疏通毛孔磨砂）

$$ Resurface kit by Philosophy

（Philosophy 肌肤重生工具）

$$ The Body Shop Seaweed Facial Scrub

（美体小铺海藻面部磨砂）

$$$ Dr．Brandt Microdermabrasion in a Jar

（Dr．Brandt 皮肤微晶磨削）

$$$ Prescriptives Dermapolish System

（Prescriptives 皮肤磨削系列产品）

褒曼医生的选择：L'Oreal ReFinish Micro-dermabrasion kit（欧莱雅焕肤磨砂套装）。它配备了一个保湿霜，那些油腻的皮肤可能不需要。但是它可以当做一个美妙的护手霜使用。

购买产品

你不需要寻找什么特殊的护肤品。但是，你应该选择那些能控油的产品，并要避免含矿物油和其他油类，如葵花子油、琉璃苣籽油的产品。

护肤成分中需避免的成分：
因为油脂过多

- 琉璃苣籽油   • 矿物油
- 其他油   • 凡士林
- 向日葵油

防晒护肤

对你这型皮肤，我推荐啫喱、喷雾，有 SPF 的粉饼。粉饼最好，因为它除了防晒，还能有助于吸除多余油脂。必要时，可使用几种不种类型的产品，但我建议防晒系数最低应该达到 15。我建议你避免使用防晒霜，因为它会使皮肤感觉更油腻。但是，如果你将接受长时间的暴晒，我建议使用我推荐的防晒啫喱。如需防晒霜使用的完整说明，请参阅第二章。

推荐的防晒粉饼：

$ L'Oreal Air Wear Powder Foundation，SPF 17
（欧莱雅持久透气粉饼，SPF17）

$ Revlon Shine Control Mattifying Powder SPF 8
（露华浓控油净颜粉 SPF8）

$$ Philosophy complete me high pigment mineral powder，SPF 15
（Philosophy 全矿物粉饼 SPF15）

$$ Vichy Capital Soleil UVA/UVB SPF 28 Sunscream
（薇姿 UVA/UVB 防晒霜 SPF28）

$$ Stila Sheer Color Face Powder SPF 15
（诗狄娜润色粉蜜 SPF15）

$$$ Bobbi Brown Sheer Finish Loose Powder
（芭比布朗羽柔粉蜜）

$$$ Shu Uemura UV Under Base SPF 8
（植村秀紫外线隔离霜SPF8）。

褒曼医生的选择： Revlon Shine Control Mattifying Powder SPF 8（露华浓控油净颜粉，SPF 8）。

推荐的防晒产品，凝胶和喷雾：

$ Neutrogena Ultra Sheer Dry Touch Sunblock

（露得清超凡清爽防晒霜）

$$ Anthelios XL Fluid Extreme SPF 60 by La Rouche- Posay

（理肤泉特护防晒喷雾，SPF60）

$$ Applied Therapeutics daily Protection gel SPF 30

（Applied Therapeutics 的日常保护凝胶，SPF30）

$$ Vichy UV PRO Secure Light SPF30+ PA+++

（薇姿优效防护隔离乳（清爽型））

$$$ Clarins Oil-Free Sun Care Spray SPF 15

（娇韵诗的无油防晒喷雾，SPF15）

褒曼医生的选择： Anthelios XL Fluid Extreme SPF 60（理肤泉特护防晒喷雾 SPF60），如果你无法获得这款产品，我的第二个选择是 Neutrogena Ultra Sheer Dry Touch Sunblock（露得清超凡清爽防晒霜）。

你的化妆

你可以享用和尝试各种产品。和其他类型肌肤不同，你不会因化妆品的颜色或里边添加的色素过敏，也没有什么类型的化妆品是你应该避免的。

我推荐的粉饼和粉底液可以吸收多余油脂，减少面部油光，这些产品中的滑石和高岭土帮助吸收油脂。使用控油的粉饼可以避免油性皮肤单独使用化妆品而使化妆品难以稳定的缺点。如果你的油脂评分较低，使用粉底液就没有问题。如果你 O 评分高（高于 35 分），可以只使用粉饼不用粉底液，或使用能吸收油脂的妆前乳液。

在使用粉底液之前使用能吸收油脂的妆前乳液能使粉底液保持较长时间，你也可以单独使用妆前乳液，不用粉底液。

推荐的妆前乳液：

$ Skin Perfecting Foundation Primer oily/combo by Garden Botanika

（Garden Botanika 完美肌肤妆前乳液）

$ The Body Shop Matt It Face & Lips

（美体小铺抑油亮肤露）

$$ Clinac OC Oil Control Gel by Ferndale

（Ferndale 生产的克林可控油啫喱）

$$ Laura Mercier Foundation primer

（Laura Mercier 妆前乳液）

$$$ Clinique Moisture in Control Oil Free Lotion

（倩碧保湿控油乳液）

$$$ Lancome Hydra Controle Mat Shine control lotion

（兰蔻日用控油保湿乳液）

褒曼医生的选择： Clinac OC Oil Control Gel by Ferndale（Ferndale 生产的克林可控油啫喱）。

推荐的粉底液：

$ Neutrogena Skin Clearing Foundation and Powder

（露得清皮肤清爽粉底液及粉饼）

$ Iman Second To None Oil-Free Makeup with SPF 8

（Iman 二合一无油粉底 SPF8）

$$ Philosophy "the supernatural " foundation

（Philosophy 粉底液）

$$ Stila Illuminating Powder Foundation

（诗狄娜光魔力粉底）

褒曼医生的选择： Iman Second To None Oil-Free Makeup with SPF 8（Iman 二合一无油粉底 SPF8）——有适合深肤色的多种颜色。

推荐的控油粉饼：

$ Maybelline Shine Free Oil Control Pressed Powder

（美宝莲控油粉饼）

$$ Fashion Fair Oil Control Loose Face Powder

（Fashion Fair 控油粉饼）

$$ Prescriptives Virtual Matte Oil-Control Pressed Powder

（Prescriptives Virtual Matte 控油柔光粉饼）

$$$ Estee Lauder Oil Control pressed Powder

（雅诗兰黛控油粉饼）

$$$ Shu Uemura Face Powder Matte

（植村秀柔光粉蜜）

褒曼医生的选择： Fashion Fair Oil Control Loose Face Powder（Fashion Fair 控油粉饼）。

咨询皮肤科医生

皮肤出油是 ORNT 皮肤常见的问题，在本章稍前部分，我提供了一个日常皮肤护理方案。但是，如果你有痤疮，而且已经尝试了非处方清洁剂和去角质，你就需要进一步的帮助，需要一些处方药物解决。

我强烈建议你这样做。就如我在本章前面介绍的，在第二阶段的皮肤护理中，使用非处方化妆品的同时，加入处方类维 A 酸作为基本皮肤护理。

正如我前面提到的，在坚持使用第一阶段的皮肤护理至少两个月后，再转入第二阶段。

日常皮肤护理方案

第二阶段	
痤疮患者适用	
早上	晚上
第一步：用药物清洁剂洗脸	第一步：用药物清洁剂洗脸
第二步：使用防晒霜	第二步：使用保湿霜
第三步：使用粉底液或粉饼	第三步：使用维A酸类药物如Tazarac凝胶

早上，使用药物清洁剂洗脸，然后使用防晒霜和粉底液或粉饼。晚上，使用同样的清洁剂洗脸，如果需要的话，使用保湿霜，这个方案增加了维 A 酸凝胶，凝胶不像霜剂那样油腻。如果你的 O 评分较低（27 ～ 35 分），你可能会喜欢 Tazarac 霜代替。拿这两种药物的小样咨询你的皮肤科医生，看看你更喜欢哪种。坚持这个方案，就不会再有痤疮了。

处方药清洁剂：

- Benzac 洗剂
- Duac 凝胶
- PanOxyl 皂
- Triaz 清洁剂

处方维 A 酸：

- 达芙文
- 维 A 酸
- Tazarac

有关维 A 酸的使用，请参阅"对油性、耐受性皮肤类型的进一步帮助"。

针对该型皮肤操作步骤

ORNT 皮肤不需要任何操作，是的，没错！如果你看其他皮肤类型的章节，你会看到，在需要时我会毫不犹豫地推荐先进的美肤手段。但你真的不需要这些。何不把省下的钱为自己购置一双新鞋子呢！

这就是说，如果你想给自己一些额外的选择，有几个你可以考虑的选项。例如，你可以尝试微晶磨削术使皮肤变得光滑和柔软。有试过的女性说，皮肤微晶磨削可以使化妆品涂抹起来更顺畅，毛孔有些许改善。

不过，我认为皮肤磨砂膏能达到同样的效果，花费的成本低、时间少。当然，你可以通过填充胶原或透明质酸使你的嘴唇润泽，但像下面故事中贝蒂的情况一样——你可能不需要肉毒杆菌毒素、激光或化学换肤。

贝蒂是一个典型的 ORNT，但对自己的皮肤也很关心：不吸烟，不晒太阳，摄入正确的食物并一直坚持这样做。她来找我时，大约 55 岁。"我的朋友在这个年龄时已经接受过第二次或第三次手术，他们已经注射过保妥适和玻尿酸，他们总是谈论某种'作业'是什么或者什么'作业'还应该做，我已经到了皮肤不像从前那么好的年纪了，我感觉我落伍了，你是专家，请告诉我，我需要做什么呢？"

我告诉贝蒂，除了一些更好的皮肤护理建议，她没有必要做任何事情，我解释她是多么幸运，拥有最容易保养的皮肤类型，这种类型的皮肤不仅只需要很少的特殊护理，还可以接受温和的虐待，很少需要维护，但通常会比同龄人好"真的吗？"她问，看起来放松一点并有一点点自豪。"真的"，我说。我给了她一张能更好护理皮肤的产品清单，一个 Tazarac 处方和一个微笑。

ORNT 是幸运的。如果你养成良好的生活习惯，如避免日晒，戒烟，以及多食含抗氧化剂的食物，你就可以享受很多年的好皮肤。在你四五十岁时，你的皮肤油性会减轻。与其他类型不同，这时是你皮肤的最好时期。

在你 50 岁末和 60 岁时，你可能会开始遇到一些皮肤干燥的问题，使用弱效保湿霜就足以改善了。

激素的波动也会导致皮肤的油性。如果你是受此问题困扰的女性，可以考虑口服避孕药。咨询你的医生哪种低雄激素的产品适合你。

持续呵护你的皮肤

你该为你拥有最容易护理的皮肤而欢呼，但不要认为你的好运是理所当然的，保持良好的皮肤护理习惯，并定期检查，以确保新长出来或者变大的痣不是皮肤癌。此外，要坚持吃蔬菜。

对油性、耐受性皮肤的进一步帮助

在本节中，你会发现为油性、耐受性皮肤类型推荐的产品使用信息和指示，以及生活方式方面的建议、饮食的选择、以及有助于皮肤的补品。

维 A 酸的使用

如果根据本章的建议，你的皮肤需要使用维 A 酸，下面是一些关于它的作用，以及如何开始使用的资料。处方维 A 酸能够解决出油，褐色斑点和皱纹等皮肤问题，适用于油性、色素性、皱纹性的皮肤类型。

维 A 酸能加快皮肤细胞的分裂速度，这可以从多方面改善皮肤的外观。首先是由黑头造成的毛孔粗大，实际上是由于死亡的细胞堵塞毛孔，而造成了毛孔孔径增大。维 A 酸加快了皮肤再生，减少了皮肤死亡细胞的积聚，从而减少黑头的形成。可以跟堵塞、扩大、不堪入目的毛孔说再见了。

维 A 酸也可以减少油脂产生。尽管口服维 A 酸，如异维 A 酸可以减少皮脂腺的数量和降低皮脂腺的功能，医生也不能肯定局部使用会产生同样的效果。然而，一些患者反馈，局部使用维 A 酸后他们感觉皮肤不油腻了。

维 A 酸还能限制色斑的产生，因为如果细胞更替迅速，黑色素细胞就不能产生过多的色素。维 A 酸对防止皱纹是至关重要的，已有多个研究证明（在人体上而不是动物或细胞），维 A 酸能够防止胶原蛋白、弹力蛋白和透明质酸的破坏，减少皱纹产生。

最后，维 A 酸有助于刺激皮肤细胞，主要是生成纤维细胞产生更多的胶原蛋白和透明质酸。更多胶原意味你的皮肤有更坚实的结构，更多透明质酸意味着你的皮肤能锁住更多的水分，从此告别松弛和皱纹。虽然所有处方类维 A 酸都会改善皱纹，但是经过美国 FDA 批准的用于治疗皱纹的只有两个维 A 酸产品（Avage 和 Renova）。不过，这些产品都是霜剂，对于油性皮肤，我更喜欢凝胶。Tazarac 凝胶和 Avage 非常相似，而 Retin A Micro 与 Avage 相似，虽然这些还没有被美国 FDA 批准用于治疗皱纹，但也可以选择。大多数人可以安全地使用维 A 酸，但孕妇和哺乳期母亲以及计划怀孕的妇女应避免使用。需要注意的是，深的皱纹和顽固的暗斑可能需要一系列医疗手段加以改善。

对于色素性皮肤，我建议在开始时使用汰肤斑，它含有漂白剂，较之于单独应用维 A 酸，它可以快速清除黑斑。8 周后，或使用一管汰肤斑后，你应该改用其他推荐产品，如 Retin A 或 Tazarac 凝胶，因为维 A 酸霜可以使皮肤显得更油腻。但是，如果你是混合性皮肤，你可以使用一个在你的皮肤类型章节中推荐的霜剂。

如何使用维 A 酸

维 A 酸对于耐受性最强的皮肤也难免会有刺激性，所以我有几种方法教你正确使用维 A 酸。

1．在你的手上，挤出豌豆大小的维 A 酸。

2．涂抹于面部和颈部，由下向上，不要让你的手背接触。把微量的维 A 酸用指尖轻轻地涂抹在下眼睑的皮肤（不要在上眼睑或其他眼部周围涂抹），注意不要太靠近眼睛。

3．每 3 晚使用一次，连续两周，或者这样使用一直到皮肤没有发红或剥落。

4．在两个星期结束后，在晚上使用混合物，频率为两天一次，总共疗程为两个星期。

5．一旦你的皮肤适应维 A 酸，可以在晚上一直使用。使用的时间越长，它的功效越好。

在逐渐接受维 A 酸的过程中，晚上不用它时，你需要使用适合你皮肤类型的其他推荐产品（如精华素、保湿霜或者含维 A 酸的霜剂）。使用两次维 A 酸后（六天的时间），请检查你的皮肤感觉如何。

如果你没有遇到不适、干燥或发红，就可以隔日使用一次，同时继续交替使用不含维 A 酸的产品。如果你的皮肤开始出现脱屑（这是很常见的），你可以在角质剥脱这一章找一种推荐的磨砂产品用于去角质。一旦你不再感觉皮肤刺激，就可以开始每晚使用维 A 酸。

如果你选择了光疗和化学换肤（参见以下操作部分），这个方案将使这些操作更好地发挥作用。维 A 酸将加快皮肤细胞分裂速度，缩短皮肤愈合时间。

操作

光疗

光疗可以给油性、耐受性好的皮肤带来很多好处，可以消除黑斑，根除扩张的血管，并帮助改善细小的皱纹，但深肤色的人应避免使用，他们主要依靠外用化妆品和其他治疗方法。

如果你是浅至中浅肤色（像妮可·基德曼的肤色与詹妮弗·洛佩兹一样肤色的人），你适合于强脉冲光形式的光疗。当结合光敏剂，如 Levulan（5- 氨基酮戊酸制剂 < 光动力治疗药 >），这种疗法被称为光动力疗法或 PDT。

首先，将 Levulan 均匀涂抹于皮肤上 30 ～ 60 分钟，使皮肤及皮脂腺对光敏感，然后，用特殊的光（通常是蓝光或强脉冲光 IPL）直接照射在皮肤上。由于使用光源的不同，治疗的效果也会不一样。有多种不同的光疗仪器可以选择，由于它们的制造水平不一，要确保是由医生来操作的。没有医生的监督，美容沙龙或 SPA 里不允许使用强效光疗仪器。我个人比较喜欢科医人生产的 IPL（或者 Quantum）以及 Dusa 生产的蓝光仪器。光疗能收缩皮脂腺，减少油脂的分泌，这可以避免痤疮的发生。为达到最佳治疗效果，皮肤科医生可以将 IPL 与化学剥脱术并用。在选择这种治疗方法时，请参阅"给油性、敏感性皮肤的进一步帮助"中对这一治疗详细的说明。

由于所用光源不同，花费从 200 美元到 700 美元不等，平均疗程为 4 到 10次。治疗次数多少取决于皮肤对光的敏感程度和你是否严格遵守皮肤护理方案，使用维 A 酸制剂如 Tazarac 凝胶 或 汰肤斑，可以提高治疗效果并缩短恢复时间。但是很多人在治疗后并没有休息，一些人会感觉在治疗后 3 到 7 天内，皮肤发红或者感觉怪怪的。

IPL 或者针对色素性皮损的激光可以有效地去除暗斑，但是，为了防止暗斑复发，你必须使用防晒霜，即使在室内也不例外（UVA 可以穿透窗户），IPL 和血管激光可以有效地去除明显的红色和蓝色的血管。

保妥适

耐受性、皱纹性皮肤，包括轻微的、中等度的或者较深的皱纹，可以选择保妥适或者皮肤填充剂治疗。这些可以由皮肤科医生或者整形外科医生完成。请利用周围的资源，找到你所在地区的医生。要了解这些治疗方法的更多信息及如何使用它们，请参阅"对油性、敏感性皮肤的进一步帮助"不要把钱浪费在缩小毛孔的治疗上，这没有一点效果。它们只会使皮肤变得肿胀，使毛孔暂时看起来缩小了。

电波拉皮

我们还需要一定时间来得到这种治疗方法的良性反馈。因此，在充分了解它的效果及远期疗效之前，我并不推荐它。除了电波拉皮，目前还没有一种针对紧致衰老皮肤松弛的有效治疗。不要感到失望，因为新研制的用于局部治疗的药膏可以刺激皮肤产生更多的弹力蛋白，这对松弛的皮肤可能证明是有效的。

展望未来

除了保妥适，新的用于治疗皱纹的方法在经过足够的研究和测试后，也会是治疗皱纹的新选择。可以预见，比保妥适疗效更持久花费更少的、新的用于治疗皱纹的方法不久就能应用。现在的趋势是，在皮肤中填充脂肪或其他一些自然物质如透明质酸或胶原，来增加皮肤体积。如果你选择脂肪填充，还会有一些其他的好处。脂肪需由你身体的其他部位提供。首先，通过吸脂把脂肪从身体其他部位（通常是臀部）抽吸出来，然后注射到脸部，使松弛的部位变得丰满。

过去，许多治疗的目标是消除皱纹。但未来的治疗将直接解决面部的容积和形状，举例来说，就像葡萄干和葡萄相比较，葡萄干不只是皱巴巴的，体积也缩小了，为了使它恢复葡萄的样子，我们需要使它的体积增大，而不只是对付它的皱缩。这就是现在向综合治疗趋势发展的原因。医生们现在结合了皮肤护理、光疗、电波拉皮、保妥适和Reloxin（一种新的肉毒杆菌毒素）注射、填充剂等诸多治疗手段，将帮助你重现年轻的容貌。

生活方式建议

由于你的皮肤不容易发生皮疹和粉刺，和其他类型的皮肤相比，你可以尝试不同的SPA服务，而其他类型皮肤是必须避免的。针对皱纹和色素沉着进行的面部芳香疗法，化学换肤和面膜，或针对皱纹进行的抗氧化治疗，都是你可以放心享受的皮肤服务。减轻压力可能有助于降低油脂分泌，因此你可以使用有关放松疗法的产品，你的皮肤有足够的弹性利用它，而这也是较敏感的皮肤类型必须避免的。在洗澡时使用精油，如薰衣草、檀香、玫瑰或甘菊精油。面部按摩可能成为某些皮肤类型（痤疮）爆发的原因，但这不应该成为你的问题。你可以在皮肤护理中节省一些钱花在面部的保养上。

避免日晒，使用防晒剂，避免使用晒黑床是你的关键问题，如果你没有防晒剂，一些腮红和口红也可以起作用。用有创意的方法使你看起来有活力，而不要伤害你的皮肤。

饮食

你所吃的食物也会对你的皮肤产生影响，这就是我给你食物建议的原因。我给的食物建议帮助减少皱纹和色素沉着。这些营养建议还可以帮助减少油脂产生，特别是在皮肤较为油腻的年轻时代。维生素 A 也被证明与油脂分泌减少有关。所以你可以增加富含维生素 A 的食物的摄入，诸如肝脏、贝类、鱼肝油（液体或胶囊）、黄油和其他全脂乳制品。此外，虽然蔬菜不含有维生素 A，但许多富含 β- 胡萝卜素，它有助于人体制造、利用、和 / 或储存维生素 A。

它可以在红薯、芒果、菠菜、哈密瓜、甘蓝、杏干、蛋黄和红辣椒中存在。一些食品，包括牛奶、即时燕麦、早餐麦片和代餐酒，也含有维生素 A。此外，其他植物所含的植物营养素，也被证明有抗皮肤癌的作用，如菠菜、羽衣甘蓝和西兰花含有叶黄素，而西红柿含有另一种抗癌成分番茄红素。

抗氧化剂有助于对抗皱纹，原因是人体内的自由氧分子促使人体细胞的衰老，而抗氧化剂能对抗自由基。澳洲一项研究显示，蓝莓是抗氧化剂的的头号来源，小红莓和石榴等食品中也含有。在不能食用鲜果的季节，你可以饮用不加糖的这些水果的果汁获得营养成分。

一或两汤匙果汁，可与水混合后饮用，可同时起到水合作用和抗氧化作用。朝鲜蓟也有抗氧化作用，对预防皱纹也有帮助。而人参和黄瓜也被认为有防止色素形成和预防皱纹的作用。

抗氧化剂的其他来源是生姜，可以炒菜时使用，或作为茶享受，还有西红柿（含有番茄红素，已被证明具有抗癌作用）和罗勒（可作成沙拉和面食享用）。抗氧化剂也在蔬菜中大量存在，如菠菜、羽衣甘蓝、芥蓝菜、萝卜、生菜、西兰花、韭菜、玉米、红辣椒、豌豆和芥菜，而蛋黄、橘子中含有抗氧化剂——叶黄素。

葡萄，葡萄籽提取物抗氧化剂的含量很高。葡萄籽提取物可作为食品补充剂摄取。红酒和茶的抗氧化能力很强，对于嗜好巧克力者，我有好消息。一项研究表明，可可比红茶、绿茶和红葡萄酒的抗氧化能力还强。

苹果皮比苹果肉的抗氧化剂含量高。Idared（艾达红）和 Rome Beauty（罗马美后）是含抗氧化剂最高的两个品种。都可以制成苹果沙司和烤苹果。

通过天然食物补充抗氧化剂比食用食物补充剂好得多，但是如果不能从天然的途径获得，食物补充剂也是可以利用的。重要的是，它们不会造成任何伤害，并可能有助于防止皱纹和褐斑。

营养品

寻找一些食物和其他产品，含维生素 C、硒以及抗氧化成分。穆拉德 APS 纯粹皮肤净化补品含维生素 A、C、E、B$_5$ 和 α 硫辛酸和葡萄籽萃取物。说明书要求早晚各吃两片，但是，我建议早晚各服一片。并建议在接受外科手术及注射胶原、透明质酸、肉毒素前 10 天停止服用。

其他有效的产品如玉兰油 ESTER-C® 硫辛胶原补充，含维生素 C 和 α 硫辛酸

（含维生素 C 500mg）；玉兰油全效美丽肌肤 & 健康维生素礼包，含辅酶 Q10、叶黄素、维生素 C、E、锌；Stiefel's（施泰福）DermaVite 维生素片，含维 A 酸、C、E 和锌、硒、铜和番茄红素；雅芳 VitAdvance 清痘复合物，含维 A 酸、C、E，锌、硒和 α 硫辛酸。

维生素 A 的摄入也是减少油脂分泌的一个选择。尽管有人担扰摄入过多维生素 A 会中毒，但一项研究显示从食物中摄取的维生素 A，如鱼肝油，按正常剂量口服是安全的。因为它可以（以溶于油的方式）自然转化成维生素 D。北欧的天然北极鱼肝油是凝胶状或者是液态的。

第四部分
干性、敏感性皮肤类型的护理

"虽然这是最复杂多变的皮肤类型之一，但您可以通过合适的皮肤护理方案取得较好的效果。"

——译者

- 蔓小红
  卫生部中日友好医院皮肤科医生，医学硕士。

第十二章

DSPW：干性、
敏感性、色素性、皱纹皮肤

令人绝望的皮肤类型

"对于用在脸上的东西我特别谨慎。我的皮肤对所有东西都有反应。寻找皮肤保养品就像是在'寻宝'。我该如何摆脱这些斑点和皱纹呢？"

关于你的皮肤

这种表现为"干性、敏感性、色素性、皱纹"（以下简称 DSPW 型）的肤质让你不得有一刻放松。你的皮肤干燥、脱皮，急需保湿剂的帮助。但如果你对多种化妆品成分过敏，甚至出现皮疹、痛痒和烧灼，那么几乎没有什么产品能帮得上忙。护肤品中的化学成分如香料、清洁剂和防腐剂可以诱发过敏反应，护肤品中的天然成分如精油、椰子油、可可脂也可以引起反应。

一些用来减淡黑斑的产品常常会引发刺激，使你原本色素沉着的皮肤变红。经常有人问你是不是去了海边，但是实情却是你一直在做防晒。潮红的脸会让你看上去像被晒伤了——即使此刻正是寒冷的冬天。抗老化面霜可能会让你看上去更像一名烧伤患者，好一段时间红斑才会逐渐变暗呈现褐色，痊愈则需要数月。

改善肤质是一个需要谨慎并长期努力的过程，但这一目标并非不可实现，所以千万不要放弃。好消息就在此书中，DSPW 型皮肤类型的人会比其他类型皮肤的人获得更多的帮助。而且很幸运，针对这种皮肤的研究相当之多，我会将这些研究结果转化成合理的建议，帮你提升皮肤和生活的质量。

具有 DSPW 型皮肤的名人

凯瑟琳·赫本（1907 ~ 2003）既是一名银幕上的传奇人物，又是最早的"时尚女性"之一。她有着成功的演艺生涯、几段浪漫史，也有与屈赛一生的真爱。她的美丽、才华、精力和机智造就了她对自我的解放以及对喜爱事物的倾注。她一直在鼓舞着人们。她主演过的那些经典电影如《费城故事》《非洲女王号》和《金色池塘》展现了完美的情节，也烘托了优秀的男演员如加里·格兰特、亨弗莱·鲍嘉和亨利·方达。最重要的是，凯瑟琳的自我在影片中得到了展现。凯特·布兰切特在最近的电影《飞行者》中对她的演绎，使赫本成为好莱坞不朽的传奇。

可是凯瑟琳的皮肤很有可能是 DSPW 型。她的皮肤明显很干燥，颜色较深而且皱纹较多。最近在她的财产拍卖会中展出的私人照片显示她从头到脚都有雀斑。据说著名皮肤专家艾尔诺·拉斯洛博士曾经拒绝凯瑟琳去掉这些雀斑的请求，并说这些雀斑也是她美貌的一部分。不过我并不确定在尚未出现激光美容技术的时代，拉斯洛是否能够掌握有效地祛除雀斑的方法。在凯瑟琳的早期电影和照片中，好莱坞化妆师通过用粉底霜遮盖的办法使她看上去有一个清楚的肤色。之后的影片里凯瑟琳的皮肤逐渐变得黝黑，再后来皱纹也出现了。好莱坞演员沃伦·比蒂回忆说，当凯瑟琳 80 岁时他曾经劝她请皮肤科医生帮助改善她敏感的皮肤。可是我们依旧爱着凯瑟琳的一切，包括她脸上的雀斑。

DSPW 型皮肤的双重性

你皮肤的高敏感性超乎想象。这种皮肤类型是最难对付也是痛苦最多的类型之一，想照顾好这种皮肤异常艰难。你朋友的皮肤可能并非这种类型，所以他们很难理解你，而我却可以为你痛苦的经历证明。除非你家财万贯，可以购买上百种化妆品换着用，不好就丢进垃圾桶，否则你很难在浩如烟海的化妆品中找出适合你皮肤的那一款产品。

DSPW 型皮肤很容易出现湿疹，也叫异位性皮炎。意思就是皮肤易激惹，容易红肿以及出现扩大的斑片，瘙痒明显，得好一段时间才能逐渐康复。由于谁都能看见皮肤的改变，所以如果任其发展下去患者的身体和精神将受到双重的折磨。周围有许多人误以为这是种传染病，事情却根本不是那么回事。近期一项国际调查显示罹患湿疹对生活质量影响极大，许多患者表示他们曾经因为这种难看的外观被嘲笑、欺辱甚至遭到就业歧视。20% 的受访者说交朋友和谈恋爱也受到了严重的干扰。75% 的受访者表示有效地治疗湿疹是"改善他们生活质量的关键"。

其他类型皮肤的人们不会知道 DSPW 类型的人遭遇过的痛苦，我却能够了解，而且我还知道如何应对。我不打算作出"你的皮肤将永无困扰"之类的承诺。为了保护皮肤你始终都需要付出比别人更多的努力。可是如果能够采取正确的护理方法，你的皮肤问题将会被有效地控制，而且你的皮肤外观也会得到改善。

朱莉是一名美容杂志的编辑，她的皮肤干性而且比较有抵抗力。当她每次参加完美容方面的会议后，总会带回很多自己喜欢的护肤产品试用装。当她跟同事——杂志编辑威尔结婚之后，她发现皮肤类型为 DSPW 的丈夫不愿意试用这些产品。威尔总是紧张地阅读着产品的标签，闻一闻它们，在手上试用一点点之后坚决地拒绝使用。

朱莉开始购买一些特殊的保湿霜，这些保湿霜宣称能够解决各种皮肤问题，但是威尔也不想用。每次天气转冷开始取暖的时候，威尔干燥的皮肤就会变得更糟，看上去又痒又红，而且还对多种成分、纤维织物甚至食物过敏。他的皮肤对他们漂亮的花床单中的"易护理添加剂"过敏，于是朱莉将它们全部换成了未染色的全有机棉织物。他还不肯穿着朱莉为他买的比赛服，因为它们是涤纶的。保湿霜也能让他全身发红。食用酸性如西红柿、橙子或柚子等食物似乎也会加重他的病情。辣的东西绝对不能吃。当夫妻两人去一家餐馆用餐时，人们看到他鲜红的头颈和胳膊就开玩笑似地告诉朱莉："别让他享受太多日光浴。"

朱莉慢慢意识到威尔有着较严重的皮肤病。当有一次采访我的时候，她向我求助。我们将威尔定性为 DSPW 者，他很容易患湿疹、红斑痤疮（酒渣鼻）而且经常皮肤潮红。他的皮肤屏障受到破坏，治疗的关键就是重建这一屏障。他还需要治疗红斑痤疮。按照我的治疗指导，他寻找到了适合他的护肤产品并在饮食中添加欧米伽 3 不饱和脂肪。他还同意按照我的建议应用处方药物来治疗红斑痤疮。几个月后他对我说："简直是奇迹，我的皮肤以前完全捉摸不透，而现在我却完全有信心读懂一个产品的成分说明并做出合适的选择。"威尔依旧拒绝涤纶服装，坚持使用棉布的床单，但是在 11 月份的时候，他看上去再也不像被晒伤了，到了圣诞节朱莉已经知道该送他什么类型的保湿霜了。

被破坏的皮肤屏障

干燥和皮肤过敏均会破坏皮肤屏障功能。过敏、致敏产品或成分以及干燥寒冷的环境等一系列因素都会破坏维持皮肤完整性的细胞。屏障的破坏最终会使皮肤所需要的水分流失，另一方面，被破坏的屏障不能抵挡致敏成分的进入，进而引发炎症反应。

DSPW 类型的皮肤丧失了保护作用，你的皮肤变得相当薄，结果出现的干燥、刺痛、红斑和瘙痒让你有强烈的搔抓冲动，可是搔抓会进一步损伤你的皮肤屏障。接下来的色素沉着让受激惹的部位颜色变得很深，这些部位包括腘窝和肘窝。搔抓摩擦和皮肤切割伤不仅会带来不适，还可以引起受伤部位的黑斑，因为你的皮肤色沉等级很高，所以任何炎症都会使皮肤起反应。这是个恶性循环。

很多因素都能导致皮肤出现黑斑，包括皮肤上的搔抓和切割伤、口服避孕药、怀孕和日晒。夏天皮肤晒黑的时候黑斑会变得更黑。深色皮肤的人群皮肤受伤后色素沉着更容易发生。皮肤科医生将这种情况称作炎症后色素改变。深色皮肤和浅色皮肤的 DSPW 类型人都有可能患妊娠色斑，这与日晒和高雌激素水平有关。

你身体的任何一个部位都可以发生湿疹。如果想要找寻你是否患了湿疹，请将本书翻到第十三章"我有湿疹吗？"这一部分。皮肤干燥，红斑和刺激会在你的面颈部出现，同时伴随着耳后的干燥脱皮。刺激严重时湿疹还可以变得更糟。一些严重的患者会因为不适而影响睡眠。频繁出现的皮肤潮红会让失眠成为常态。一项研究显示中等程度的湿疹每年有 3 个月遭受皮肤潮红困扰，而严重的患者每年可以达到 5 个月。过敏、不适、局促不安和失眠很容易造成抑郁。推荐使用的激素如可的松外用药膏通常只会使皮肤症状获得暂时的缓解，随着激素长期使用导致皮肤越来越薄，病情往往越来越重。

不知道致敏原因的患者仿佛置身悬崖边，任何物理或者情绪的刺激都会使你坠入皮肤瘙痒和受激惹的深渊。

有 DSPW 倾向的湿疹患者需要避免接触致敏成分，还要改变易激惹的生活方式。培养冷静和沉思的性格，时不时再喝一杯有抗炎作用的绿茶"Zen"牌的绿茶将很适合你。（译者注：Zen 牌绿茶，日本三得利公司生产的一种高级茶饮料）

多萝西星期天去教堂时穿上了她最好的衣服，涂上了最爱的粉红色唇膏和"永恒栀子"香水。不幸的是她的香水太过"永恒"，造成了她颈部的皮疹，上装领子的蕾丝更加重了皮疹。难看的皮疹持续了一个月。当她来找我时我判断她属于 DSPW 类型者。既然香水经常致敏，我建议她不要将香水喷洒到颈部和手腕，取而代之的是先向前方空气中喷香水然后走入香水雾之中以减少过敏反应。另一个选择就是停用香水。因为一旦被激发，湿疹便会持续加重，所以为什么不在情况变得更糟之前就避免问题的发生呢？

复杂的肤质

DSPW 类型是最具有挑战性也是最复杂的皮肤类型，因为你会（或者有潜在可能）出现各种皮肤问题。

你的皮肤是干燥的，使你处于易患湿疹和相关皮肤疾病的危险之中。你的皮肤是敏感的，当接触多种护肤品或其他成分时出现红斑、刺激和皮疹。你的皮肤是色素沉着的，容易出现雀斑、褐色斑和日晒斑。你的皮肤是容易出现皱纹的，所以当老年时你会更容易出现皱纹，比其他类型的皮肤显现出更多衰老的特征。

上述因素作用的方式是有个体差异的，因此你出现什么情况取决于你的皮肤对该四种类型易感的程度。干燥和皮肤敏感可以导致痤疮、红斑痤疮和 / 或湿疹。想要了解更多的各项因素作用的评分信息以建立个性化皮肤问题，你可能会希望重新阅读第二章。

幸运的是，正确的护肤方案对 DSPW 是有效的。另外，考虑到各种的皮肤问题无法用单一的处方解决，所以我创造了不同的、个性化的皮肤护理方案，你可以在本章后面的部分找到。

皱纹产生受遗传、生活方式（如晒太阳，吸烟）和饮食等方面影响，或者是这些因素的结合。在一些人中，湿疹可能是自身免疫失衡的结果。因此，对于某些湿疹患者，阳光照射有助于他们的皮肤改善，因为日光可以调节自身免疫应答水平。通过日光浴来控制湿疹可以增加皮肤的皱纹并导致干燥，从长远来看反而促进了湿疹。阳光暴晒和炎热的气候也会使酒渣鼻恶化。

你的 DSPW 皮肤类型会有什么优势吗？是的，你患非黑色素癌的风险会低于许多其他类型皮肤者。不过请查询第七章的"如何识别非黑色素皮肤癌"部分以学习如何辨别可能有害的迹象，并确保在任何情况下每年都请皮肤科医生检查。

谢丽尔的故事

谢丽尔离婚后，她的朋友热心地送给她昂贵的抗衰老护肤品，"我觉得再次约会有不安全感"，谢丽尔对我说，"毕竟我是一个有皱纹、妊娠纹与两个孩子的 40 岁女人"。虽然护肤品是在内曼 - 马库斯销售的知名高端品牌（译者注：Neiman Marcus，奢侈品零售店运营商），可是它们却不适合谢丽尔的皮肤"第一个晚上我把这种具有奢侈甜香味、天堂般感受的面霜在皮肤上涂了厚厚一层并按摩。"谢丽尔说。但是她的喜悦是短暂的，谢丽尔醒来后发现她的皮肤仿佛被晒伤并伴疼痛。她惊恐地对我说："我看着镜中自己的脸又红又肿。"谢丽尔的皮肤没能很快地"搞定"这一状况，最终用了 3 天时间褪去了红色并留下了持续 4 周之久的褐色斑。

近距离关注你的皮肤

如果你像谢丽尔一样有 DSPW 类型皮肤，你应该经历过以下的某一点：

* 干燥脱皮
* 皮肤瘙痒
* 上覆鳞屑的粉红色斑片
* 皮肤受伤后留下深颜色斑点或斑片
* 面部潮红
* 面部破裂的血管
* 痤疮
* 黑眼圈
* 皮肤敏感性增加
* 嘴唇干燥
* 易受刺激的部位皮肤颜色加深，如腘窝和肘窝。

深浅两种颜色皮肤的人都可以是 DSPW 型。浅颜色 DSPW 型皮肤可能表现为暗斑、黄褐斑，以及从前阳光照射所致的雀斑。如果你想了解更多请参见第二章关于色素痣的部分，以了解更多关于黄褐斑的内容。

黄褐斑可以用漂白药膏治疗，但是最有效的方式是停止服用任何形式的激素（包括避孕药和激素替代疗法），因为激素会造成色素沉着。避免阳光暴晒，因为这也是加重色素沉着的因素。严格挑选合适的防晒产品，因为有些产品不能防护长波紫外线（UVA）而导致黄褐斑形成。即使在室内（如汽车和飞机内）也要涂抹可防护 UVA 的防晒霜。因为 UVA 可以穿透玻璃。好消息就是黄褐斑往往会在绝经后有所改善。

虽然深色 DSPW 型皮肤的人不发生雀斑，但他们会面临一些其他原因所致的复杂问题。深色皮肤的人往往会发生炎症后色素沉着。当红斑和瘙痒消失后，暗斑取而代之并持续一段时间，增加刺激和皮肤干燥。

在深色皮肤上发生的干燥皮肤碎屑看起来是灰色的鳞屑。许多人称之为"灰质的皮肤"一些护肤品标榜能够解决这一问题——尽管这只是干燥造成的并可以用任何合适的保湿剂来治疗。根据干燥部位的不同可以选择合适的护体乳或面霜。

调整皮肤护理品

潮湿的环境是最适合你皮肤的环境。在冬季，湿度下将会增加你皮肤的干燥和敏感，导致皮肤紧皱并瘙痒。更干的环境，比如飞机机舱或者沙漠中容易吸干你极度缺水的皮肤。当穿着羊毛等纤维制成的厚重的冬季服装时，DSPW 型皮肤干燥和瘙痒将进一步加重，皮肤敏感性也随之增加，因为这类衣服很容易刺激皮肤。

你需要根据不同的季节调节你的皮肤护理规律，不可只是盲目地遵从一种规律。关注皮肤的状态，需要的时候随时调整。在干燥的环境中要尽量频繁使用保湿剂，而需要使用一些厚重的霜剂产品。而相对潮湿的地方则需要用较薄的产品。当暗斑出现时要治疗，当斑去掉后需要继续进行保养程序。在本章节的后面，我会为你提供一些选择。

DSPW 型皮肤者，皮肤的问题会随年龄增加而越来越多。过了 40 岁之后，皮肤干燥的状况会越来越重，尤其是对于绝经前后的女性来说，需要更频繁涂抹作用更强的保湿剂。皮肤敏感度随年龄增加而增高，皮肤会因为接触了多种皮肤护理品成分而导致过敏，这种情况会一直持续到大约八九十岁的时候，只有这时人的免疫功能才会下降。因此我们要找到为数不多的适合你皮肤的产品，并坚持用下去。雀斑、晒斑，看得见的小血管（有时伴发于玫瑰痤疮）会更严重，皱纹也与日俱增，而痤疮和黑斑病反而减少。对于你皮肤的一系列问题我无法保证给你一种持久不变的解决方案，但是我可以保证如果你按照本章第二节提供的策略坚持下去情况一定会有所改善。

褒曼医生的底线：

你的皮肤保养需要花费一些金钱。你没有错误的余地，请按照我的建议进行。如果你觉得你现在患上了湿疹，去咨询皮肤科医生。对于很多种湿疹的情况，保湿剂和常规的皮肤护理是不够的。幸运的是，新处方药——爱宁达（译者注：吡美莫司乳膏，诺华公司产品）对于这种情况是有效的。

每日皮肤护理

日常护理的目标是使用含有增加皮肤水合度的成分以减轻皮肤干燥、敏感和暗斑。所有的产品我建议应该有以下一项或多项功能。

- 防治干燥
- 防治皮肤敏感
- 防治暗斑

另外，你每天的保养应该考虑到以下皮肤问题：

- 重建皮肤屏障
- 减轻炎症反应
- 预防并减少皱纹
- 防治痤疮

因为 DSPW 型皮肤有患多种皮肤问题的可能，所以要根据皮肤现况调整保养措施。你会找到祛斑、减少脸部潮红和痤疮的方法。一开始你会找到三种无需处方的治疗方案和需要处方的七种治疗方案以涵盖这些情况，当暗斑、潮红、皮肤刺激和痤疮都好转之后，治疗方案可以用作保养程序。

如果你正患着痤疮，那么你最好去看皮肤科医生。非处方药物中的的抗痤疮成分如过氧苯甲酰和水杨酸会增加皮肤干燥和刺激。皮肤科医生可以给你含硫磺成分的药物以及应用于局部的抗菌素，甚至口服药物治疗，这样就可以在不刺激皮肤的情况下治疗痤疮了。光疗法也是有效的（并不是指日光，日光可以加重痤疮）。

如果你皮肤的问题很让人烦恼，我建议你单独使用无需处方的治疗方案两周，或者一直用到见到皮肤科医生时。那么今天就预约挂号吧。

每日皮肤护理治疗方案

<table>
<tr><td colspan="2" align="center">第一阶段
无需处方，治疗暗斑</td></tr>
<tr><td>白天</td><td>晚上</td></tr>
<tr><td>第一步：洁面乳洗脸</td><td>第一步：洁面乳洗脸</td></tr>
<tr><td>第二步：面部喷雾冲洗</td><td>第二步：面部喷雾清洗</td></tr>
<tr><td>第三步：应用美白凝胶</td><td>第三步：应用美白凝胶</td></tr>
<tr><td>第四步：应用含防晒成分的保湿剂</td><td>第四步：应用含抗氧化剂的晚霜</td></tr>
<tr><td>第五步：应用含防晒成分的粉底霜（可选）</td><td></td></tr>
</table>

在早晨使用冷霜或者洁肤油清洗脸部，这比其他洁肤产品的致干燥作用要小。接下来用面部喷雾冲净面部，随即在暗斑上应用美白凝胶，之后应用含有防晒成分的保湿霜。在脸还没有干的情况下应用保湿霜以锁住皮肤的水分。最后如果需要的话，应用粉底霜。

在晚上应用冷霜或洁肤油洗脸，用面部喷雾洗净，在暗斑上应用美白凝胶，快速地外用含有抗氧化剂的晚霜。

如果你有痤疮，也可以在这个治疗方案的基础上每周外用 1 ～ 2 次含有硫磺成分的面膜。方法是在洗净面部后敷好面膜，按照说明的时间除去面膜，洗净脸部并继续其他步骤。

<table>
<tr><td colspan="2" align="center">第一阶段
无需处方，暗斑祛除后的保养</td></tr>
<tr><td>白天</td><td>晚上</td></tr>
<tr><td>第一步：洁面乳洗脸</td><td>第一步：洁面乳洗脸</td></tr>
<tr><td>第二步：应用抗氧化精华素</td><td>第二步：喷上面部喷雾</td></tr>
<tr><td>第三步：喷上面部喷雾</td><td>第三步：应用抗氧化晚霜</td></tr>
<tr><td>第四步：应用含防晒成分的保湿霜</td><td></td></tr>
<tr><td>第五步：应用含防晒成分的粉底霜（可选）</td><td></td></tr>
</table>

在早晨应用洁面乳清洁面部。你可以应用冷霜、洁面油或者舒缓洁面乳 / 乳液。下一步，外用抗氧化精华素，接下来喷上面部喷雾，随后快速应用含防晒成分的保湿剂。最后应用含防晒成分的粉底。

晚上还是用相同的洁面乳和面部喷雾，在面部仍然湿润时应用抗氧化晚霜。

第一阶段	
无需处方，用于斑已祛除但仍有脸部潮红和刺激	
白天	晚上
第一步：洁面乳洗脸	第一步：洁面乳洗脸
第二步：喷上面部喷雾	第二步：喷上面部喷雾
第三步：外用抗炎产品	第三步：外用抗炎产品
第四步：应用含防晒剂的保湿霜	第四步：应用抗氧化晚霜
第五步：应用含防晒成分的粉底霜（可选）	第五步：应用含硫磺面膜，每周1～2次

在早晨，用你选择的洁面乳洗脸并用面部喷雾清洗，应用抗炎产品（参见下面的列表）。接着应用含防晒成分的保湿霜，如果你愿意还可以用含防晒成分的粉底。

在晚上，用洁面乳和面部喷雾清洗脸部，应用早晨用过的抗炎成分，随后应用有抗氧化作用的晚霜。

每周使用含硫磺的面膜一次到两次。洗净面部并敷好面膜，然后按照说明书标示的时间除去面膜，洗净脸部并继续其他步骤。

洁面乳

DSPW 型皮肤应该避免所有会起泡沫的洁面乳。最适合你的是油性的洁面乳或者冷霜。

建议使用的洁面乳：

$ Avène T．E Cleansing Lotion
（雅漾舒缓特护洁面乳）

$ Avène Extremely Gentle Cleanser
（雅漾修护洁面乳）

$ Dove Sensitive Essentials Nonfoaming Facial Cleanser
（多芬乳霜滋润洁面乳）

$ Eucerin Redness Relief Soothing Cleanser
（优色林红斑舒缓洁面乳）

$ June Jacob Cooling Cucumber Cleanser
（June Jacob 清凉黄瓜洁颜乳）

$ Quintessnce Skin Science Purifying

（第五元素皮肤科学精华洁面乳）

$$ ATOPALM Facial Cleanser

（爱多康洁面乳）

$$ Clarins Extra Comfort Cleansing Cream

（娇韵诗舒柔洗面奶）

$$ Kiehl's Oil-Based Cleanser and Make-Up Remover

（契尔氏油性洁面卸妆油）

$$ L'Occitane Shea Butter - Extra Moisturizing Cold Cream Soap

（欧舒丹乳木果极滋润冷霜护肤皂）

$$ Murad Essential-C Cleanser

（慕拉精华 -C 洁肤护理）

$$ Niadyne NIA 24/7 Cleanser

（Niadyne Nia 24/7 洁面乳）

$$ Stiefel Oilatum -AD Cleansing Lotion

（施泰福爱丽她 AD 洁肤水）

$$ Toleriane by La Roche-Posay

（理肤泉特安系列）

$$$ Darphin Intral Cleansing Milk

（迪梵防敏感洗面奶）

褒曼医生的选择：Dove Sensitive Essentials Nonfoaming Cleanser（多芬乳霜滋润洁面乳），因为它可以将脂肪酸沉积在皮肤上有助于修复皮肤屏障。

对于非常干燥的皮肤建议使用冷霜和洁肤油：

$ Jojoba Cleansing Oil

（Jojoba 精纯卸妆油）

$ Noxzema Cleansing Cream for Sensitive Skin

（Noxzema 敏感肤质用清洁乳）

$ Paula's Choice RESIST Optimal Results Hydrating Cleanser

（宝拉珍选 岁月屏障优效保湿洁面乳）

$ Ponds cold cream

（旁氏滋润倍护系列盈润滋养霜）

$$ Kiehl's Ultra Moisturizing Cleansing Cream

（契尔氏特效保湿洁面乳）

$$ Shu Uemura Skin Purifier Cleansing Oil

（植村秀经典洁颜油）

$$ SK II Facial Treatment Cleansing Oil

（SK II 深层净透洁颜露）

$$$ Decleor Cleansing Oil

（思妍丽卸妆油）

$$$ Seikisho Cleansing Oil

（清肌晶完美卸妆油）

褒曼医生的选择：Kiehl's Ultra Moisturizing Cleansing Cream（契尔氏特效保湿洁面乳），含有芦荟成分，质地相当好。

抗炎成分的产品

抗炎成分通常表现为精华素和凝胶。效果最好的是需处方的产品，部分在药品柜台上可以买到推荐的抗炎成分的产品如下：

$ Avène Thermal Water

（雅漾舒护活泉水）

$ Eucerin Daily Perfecting Lotion

（优色林每日完善露）

$ Paula's Choice Skin Relief Treatment

（宝拉珍选皮肤舒缓剂）

$ RoC Calmance Intolerance Repair Cream

（RoC 舒缓不耐受肤质修护霜）

$$ Prescriptives redness relief gel

（Prescriptives 红斑舒缓凝胶）

$$$ B.Kamins Booster Blue Rosacea Treatment

（B.Kamins 改善恼人红斑痤疮方案）

$$$ Pevonia Rose RS2 Concentrate

（Pevonia Rose RS2 精华液）

褒曼医生的选择：Paula's Choice Skin Relief Treatment（宝拉珍选皮肤舒缓剂）具备柳树植物成分。

抗氧化精华

使用抗氧化精华前请确定你的面部没有出现红肿刺痛。如果你的脸是在红肿刺痛的状态下，这类产品对你是非常有刺激性的。

推荐的抗氧化精华有：

$ Avon ANEW CLEARLY C 10% Vitamin C Serum

（雅芳焕发精华（含 10% 维生素 C））

$$ Avène T.E Soothing Cream

（雅漾特护面霜）

$$ La Roche-Posay Active C

（理肤泉维他命 C 精华）

$$ Paula's Choice Skin Recovery Super Antioxidant Concentrate

（宝拉珍选 强效修护抗氧化精华）

$$ Skinceuticals C + E serum

（修丽可复方 CE 精华液）

$$ Vichy Reti C

（薇姿双重维 C）

褒曼医生的选择：Skinceuticals C+ Eserum（修丽可复方 CE 精华液）。

面部喷雾

DSPW 型肤质不应该使用爽肤水。因为爽肤水里往往含有使皮肤干燥的成分，以达到消除面部油光的作用。而你的皮肤需要这些油脂。爽肤水还包含能够进一步刺激你敏感皮肤的成分。

如果你的皮肤是超级敏感的，可能有些特殊的水可以对你的皮肤有益。根据近期针对洗涤剂引起的皮肤刺激的研究，使用富含二氧化碳的水冲洗（每天 1 次，每次 1 分钟），其效果比使用日常自来水洗涤要好。这个结果暗示用培露矿泉水或其他苏打水洗脸可能会有益。这个想法有点不切合实际，但是却很有趣。

在应用眼霜和保湿霜之前喷上面部护理水，这有助于锁住面部皮肤的水分，给皮肤一个可以取水的"水源"。这尤其适合低湿度的环境中，比如冬季干燥的空气和在飞机机舱中。

面部护理水来自温泉。这其中不含氯等化学成分，自来水中添加氯是为了防止藻类或者其他生物繁殖。面部护理水的成分取决于温泉的来源。薇姿水中含有硫磺，而理肤泉水中含有硒。硒和硫都有抗炎的作用。

推荐的面部护理水有：

$ Evian Mineral Water Spray

（依云矿泉喷雾）

$$ Avene Thermal Water Spray

（雅漾温泉喷雾）

$$ Chantecaille Rosewater

（香缇卡五月玫瑰花妍露）

$$ Eau Thermale by La Roche-Posay

（理肤泉舒护活泉水）

$$ Fresh Rose Marigold Tonic Water

（新鲜玫瑰金盏花汤力水）

$$ Shu Uemura Deep Sea Therapy

（植村秀深海疗法）

$$ Vichy Eau Thermal

（薇姿活泉水喷雾）

$$$ Susan Ciminelli Seawater

（Susan Ciminelli 海水）

褒曼医生的选择： Eau Thermale by La Roche-Posay（理肤泉舒护活泉水），含有硒成分，能够舒缓肌肤。

治疗暗斑

我喜欢使用处方产品以减少黑斑，不过如果你想试验非处方类产品，下面是我的建议。

推荐减轻色斑凝胶：

$ Esoterica Daytime Fade Cream with Moisturizers

（Esoterica 日间减淡色斑保湿霜）

$ Porcelana Skin Discoloration Fade Cream Nighttime Formula

（Porcelana 皮肤褪色淡斑夜间霜）

$$ La Roche-Posay Pigment Control

（理肤泉亮肤凝胶）

$$ Paula's Choice RESIST Daily Smoothing Treatment with 5% Alpha Hydroxy Acid

（宝拉珍选 岁月屏障焕采果酸柔肤精华）

$$ PCA SKIN pHaze 23 A&C Synergy Serum

（PCA SKIN pHaze 23 A&C 协同精华）

$$ Peter Thomas Roth Potent Skin Lightening Lotion Complex

（彼得罗夫强力美白复合乳液）

$$$ Dr．Brandt lightening gel
（Dr．Brandt 淡斑凝胶）
$$$ Skinceuticals Phyto +
（修丽可植物修复啫喱）
$$$ TYK White Glow - Absolute Skin Brightener
（TYK 白色焕发完全皮肤亮白霜）

裒曼医生的选择： La Roche-Posay Pigment Control（理肤泉亮肤凝胶），因为这个产品无刺激作用。

保湿剂

在一天内要经常应用保湿剂：早晨轻轻洗过脸后要用，下午和晚上要用，睡前还要用。在你的皮肤评分很低或空气干燥的时候可以选择面霜而不选用乳液。你的皮肤需要很多的水分。如果你的皮肤评分是中等，或者环境湿度较高，你可以用一些较薄的产品，如乳液。避免香味很重的保湿剂和含有精油成分。

推荐日间保湿剂（含有SPF）

$ Aveeno Positively Radiant Daily Facial Moisturizer with soy
（Aveeno 大豆活性亮肤保湿日霜）
$ Aveeno Ultra-Calming Daily Moisturizer SPF 15
（Aveeno 超舒缓保湿日霜 SPF15）
$ Avon ANEW LUMINOSITY ULTRA Advanced Skin Brightener SPF15
（雅芳重现光明先进皮肤增白霜（含 SPF15））
$ Neutrogena Healthy Skin Visibly Even Daily SPF 15 Moisturizer
（露得清健康皮肤清透保湿日霜 SPF15）
$ Olay Complete Defense Daily UV moisturizer SPF 30
（玉兰油完整抵抗日间紫外线保湿霜（含 SPF30））
$ Olay Total Effects with niacinamide
（玉兰油全效含烟酰胺护肤品）
$$ Avène Hydrance UV Rich
（雅漾活泉恒润隔离保湿霜）
$$ L'Occitane Face and Body Balm SPF 30
（欧舒丹面部身体防晒膏（含 SPF30））
$$ Paula's Choice Skin Recovery Daily Moisturizing Lotion with SPF15
（宝拉珍选 修护保湿抗氧化隔离日乳）

$$ Vichy Nutrilogie 1 SPF 15 sunscreen

（薇姿持久营养霜 1 SPF15 防晒霜）

褒曼的选择：Aveeno Ultra-Calming Daily（Aveeno 超舒缓日用保湿霜 SPF15）含有一些菊花成分能够防止皱纹、改善红肿。

推荐的夜间保湿剂：

$ Aveeno Positively Radiant Anti-Wrinkle Cream

（Aveeno 活性亮肤抗皱晚霜）

$ Burt's Bees Healthy Treatment Marshmallow Vanishing Crème

（小蜜蜂药蜀葵清爽霜）

$ Eucerin Redness Relief Soothing Night Cream

（优色林抗红舒缓晚霜）

$ RoCCalmance Intolerance Repair Cream

（RoC 舒缓不耐受肤质修护霜）

$$ ATOPALM MLE Face Cream

（爱多康抗敏保湿精华霜）

$$ Kiehl's Creme dElegance Repairateur

（契尔氏全效修护保湿霜）

$$ Toleriane Face Cream by La Roche- Posay

（理肤泉特安面霜）

$$$ Freeze 24/7 IceCream Anti-Aging Moisturizer

（Freeze 24/7 IceCream 抗衰老霜）

$$$ La Prairie Cellular Moisturizer Face

（La Prairie 细胞保湿面霜）

褒曼医生的选择：ATOPALM MLE Face Cream（爱多康抗敏保湿精华霜）保湿效果很好，其内含的假神经酰胺成分有助于修复皮肤屏障。

眼霜

你有这么多皮肤问题，为什么不让生活更轻松些，干脆就不用眼霜了呢？相反你可以在眼部护理时应用常规的保湿霜。如果你真的想选择一种，那么你可以选择以下产品，这些比较适合用于保湿。

眼霜：

$ Neutrogena Visibly Firm Eye Cream

（露得清紧致活力眼霜）

$$ Avène Elgage Eye Contour Care

（雅漾修颜淡纹眼霜）

$$ Dermalogica Intense Eye Repair

（Dermalogica 深彻修护眼霜）

$$ Paula's Choice Resist Super Antioxidant Concentrate（Serum）

（宝拉珍选 岁月屏障全方位抗氧化精华）

$$$ Skinceuticals Eye Balm

（修丽可滋润眼霜）

褒曼医生的选择： Neutrogena Visibly Firm Eye Cream（露得清紧致活力眼霜）。（当我旅行的时候，为了节省空间，我用这个眼霜当作脸部的晚霜用）。

面膜

以下推荐的面膜都含有硫，这里有两个非处方治疗方案。

推荐的含硫面膜

$ Paula's Choice Skin Recovery Hydrating Treatment Mask

（宝拉珍选 补水修护面膜）

$$ DDF Sulfur Therapeutic Mask

（DDF 硫磺治疗面膜）

$$ Peter Thomas Roth Therapeutic Sulfur Masque

（彼得罗夫 含硫治疗面膜）

剥脱剂

DSPW 型人绝对不要尝试剥脱剂，因为这会让你的皮肤更加敏感并伤害你的皮肤屏障。你应该专注于保湿。

选购产品

仔细阅读产品标签对于 DSPW 型肤质的人尤其重要，因为对你敏感的皮肤来说，很多种成分都会发生刺激。你应该选择含有那些有益成分的化妆品。下面我列出的成分分别有利于防治暗斑，保湿，去皱，抗炎。另外还会列出应该避免的成分。如果你发现你的产品不在这个列表之中，请访问 www.derm.net/products 并与我分享你的体会。

护肤成分使用

改善暗斑

- 熊果苷
- 对苯二酚
- 甘草提取物
- 桑树提取物
- 黄瓜提取物
- 曲酸
- 维生素 C 磷酸酯镁
- 阔叶野草提取物

预防暗斑

- 椰子提取物（如果你有粉刺则不要用）
- 烟酰胺
- 虎耳草爬藤提取物
- 黄瓜
- 碧萝芷 - 松树皮提取物
- 大豆

护肤产品使用

用于滋润和保湿

- 土耳其斯坦筋骨草
- 杏仁油
- 菜籽油
- 胆固醇
- 胶体燕麦
- 二甲基硅油
- 甘油
- 澳洲坚果油
- 红花油
- 芦荟
- 琉璃苣籽油
- 神经酰胺
- 可可脂（如果你有粉刺，不要用）
- 维生素原 B_5
- 月见草油
- 西蒙得木油
- 橄榄油
- 牛油树脂

用于抗皱

- 罗勒属植物
- 卡米拉冬虫夏草
- 辅酶 Q_{10}
- 姜黄素
- 菊科植物
- 人参
- 绿茶、白茶
- 叶黄素
- 咖啡因
- 胡萝卜提取物
- 铜肽
- 阿魏酸
- 姜
- 葡萄籽提取物
- 艾地苯醌
- 番茄红素

- 石榴提取物
- 迷迭香
- 大豆异黄酮

- 碧萝芷
- 水飞蓟素
- 丝兰

改善皱纹

- 铜肽
- 维生素 C（可能对你有点刺激）

- 银杏

抗炎成分

- 芦荟
- 胶体燕麦
- 维生素原 B5
- 菊类
- 甘草查尔酮
- 紫苏叶提取物
- 红藻
- 百里香
- 锌

- 洋甘菊
- 黄瓜
- 月见草油
- 绿茶
- 紫茉莉
- 碧萝芷（松树树皮提取物）
- 红三叶草（豆科）
- 柳树植物成分

护肤产品应该避免的是

对于所有DSPW型皮肤

- 泡沫洁面乳
- 爽肤水

- 大力擦洗

护肤品应该避免的成分

如果你有痤疮

- 肉桂油
- 椰子油
- 肉蔻酸异丙酯
- 薄荷油

- 可可脂
- 异丙基硬脂酸
- 羊毛脂

- 棕榈酸异丙酯，异丙酯硬脂酸，硬脂酸丁酯，异硬脂醇新戊酸酯，肉豆蔻酰，癸油酸，硬脂酸辛，辛棕榈或异硬脂酸盐，2- 丙烯乙二醇，肉豆蔻丙酸

应该避免的护肤品成分
如果你容易出现红脸

- 果酸（乳酸、乙醇酸）
- 过氧化苯甲酰
- 植酸
- 视黄醛
- 视黄醇棕榈酸酯

- 硫辛酸
- 葡萄糖酸
- 多羟基酸
- 视黄醇
- 维生素 C

防晒成分

你需要用防晒霜。如果你有黑斑的话，某些防晒产品还有祛斑作用，如 Philosophy Pigment of Your Imagination。如果可能的话，使用含有抗氧化剂的防晒霜。

推荐的产品

$ Eucerin Sensitive Facial Skin Extra Protective Moisture Lotion with SPF 30
（优色林敏感肤质防护保湿乳）

$ Paula's Choice Extra Care Moisturizing Sunscreen SPF 30+
（宝拉珍选 特效保湿隔离日乳 SPF30+）液 SPF30）

$$ Applied Therapeutics Daily Protection Moisturizing Lotion with SPF 30 or 45
（Applied Therapeutics 日常保护保湿乳液 SPF30/45）

$$ Avène Very High Protection Fragrance Free Cream
（雅漾清爽倍护无香料防晒霜）

$$ La Roche-Posay Anthelios XL cream SPF 60
（理肤泉特护清爽防晒霜 SPF60）

$$ Philosophy Pigment of the Imagination
（Philosophy 透彻美白防晒霜）

$$ Skinceuticals Ultimate UV Defense SPF 30
（修丽可加强防晒霜 SPF 30）

$$$ Darphin Sun Block SPF 30
（迪梵防晒，SPF30）

$$$ DeCleor Écran Très Haute Protection SPE 40
（思妍丽非常屏障保护霜）

$$$ La Prairie Age Management Stimulus Complex SPF 25

（蓓莉青春复合精华霜）

$$$ Orlane Soleil Vitamines Face Cream SPF 15

（幽兰维生素面霜）

$$$ Sisley Broad Spectrum Sunscreen

（希思黎面部防晒霜）

褒曼医生的选择： Philosophy Pigment of the Imagination （自然哲学透彻美白防晒霜）含有去色素成分。

咨询皮肤科医生

需处方的皮肤护理方案

如果你觉得你患了湿疹，去咨询皮肤科医生可以获得治疗湿疹的处方药物。这些药物可以用于暂时减轻红斑和瘙痒的症状，每天的护理程序会帮你重建皮肤的屏障。

下面给你提供 7 种不同的处方药物方案。根据你现在的情况选择合适的方案，如暗斑、痤疮、面部潮红或者皮肤刺痛。这里面还有一个当痤疮、暗斑和面部红斑和刺痛已经清除后作为维持保养的方案。此外我还会试着引导选择各种状况下最有效的产品。

如果你年龄小于 21 岁，你的保险可能会为你报销维 A 酸类药物的费用。如果你大于 21 岁，根据保险合约的不同会有不同的自付比例。维 A 酸类药膏大约每管 90 美元，但是这钱花得很值得。如果你正在用汰肤斑乳膏（氟氢维 A 酸乳膏，高德美公司产品。含有维 A 酸，氟轻松，氢醌三种有效成分），你可以向皮肤科医生咨询是否可以获得 10 美元的优惠。

每日护肤计划

第二阶段	
处方药物，用于没有痤疮和面部红斑、仅有暗斑的皮肤	
白天	**晚上**
第一步：使用洁面乳清洗	第一步：使用洁面乳清洗
第二步：应用凝胶处方药物	第二步：应用凝胶处方药物
第三步：应用具防晒作用的保湿霜	第三步：应用晚霜
第四步：含有防晒霜的粉底（可选）	第四步：应用处方药物维A酸

在早晨，使用洁面乳清洗，之后应用处方类凝胶药物于暗斑处。使用含有防晒成分的保湿剂，之后如果你愿意的话可以使用防晒霜。

在晚上，用洁面乳洗脸，把凝胶外用于暗斑处。之后外用晚霜，最外面涂上处方类维 A 酸药物。

整个方案中不包含抗氧化剂，所以请通过口服来补充抗氧化剂。

如何使用维 A 酸

请到"关于干燥、敏感皮肤的进一步帮助"章节以寻找维 A 酸的使用方法。

第二阶段	
处方药，对于有暗斑、痤疮无面部发红和刺痛者	
白天	晚上
第一步：应用洁面乳清洗	第一步：应用洁面乳清洗
第二步：应用处方凝胶于暗斑处	第二步：应用Plexion面膜每周1～2次
第三步：在脸上局部使用抗生素	第三步：应用处方凝胶于暗斑处
第四步：喷上面部喷雾	第四步：在脸上局部使用抗生素
第五步：应用含有防晒成分的保湿剂	第五步：按照处方指示使用维A酸
第六步：应用含有防晒成分的粉底（可选）	

早晨使用洁面乳洗脸，随后在暗斑处外用处方类减色斑凝胶，之后在脸上使用抗生素。在面部喷上面部喷雾后，涂上含防晒成分的保湿霜。最后根据你的喜好选用防晒霜。

晚上使用洁面乳洗脸之后，使用 Medicis 公司生产的 Plexion 处方面膜每周一次到两次，这种处方面膜含有乙酰磺胺和硫磺。按照说明书指示去做，使用面膜前需要洗脸，之后拿掉面膜，接下来在脸上暗斑处外用减色斑凝胶。在脸上外用抗生素成分，最后使用处方类维 A 酸药物。

整个方案中不包含抗氧化剂，所以请通过口服来补充抗氧化剂。

向你的皮肤科医生咨询 Tri-Luma 汰肤斑乳膏的详细情况，这种药物内含皮肤美白成分及降低炎症反应作用的激素和维 A 酸，它是去掉暗斑的理想药物。如果你使用汰肤斑乳膏，你可以跳过晚上第三步。连续使用 8 周，这种药膏只用于色斑处。一旦色斑祛除，就把汰肤斑换成维 A 酸类药物如达芙文（阿达帕林凝胶）、维 A 酸或快维（他扎罗汀）。这些产品是单纯的维 A 酸，不像汰肤斑乳膏一样含有皮肤美白剂和类固醇激素。

第二阶段	
处方药，适用于暗斑、痤疮、面部发红和刺痛	
白天	**晚上**
第一步：使用含有乙酰磺胺成分的洁面乳洗脸	第一步：使用含有乙酰磺胺成分的洁面乳洗脸
第二步：使用面部喷雾洗净面部	第二步：用面部喷雾洗净面部
第三步：只在暗斑处使用处方类美白药物	第三步：在暗斑处使用处方类美白药物
第四步：局部应用处方类抗生素	第四步：局部应用处方类抗生素
第五步：应用含有防晒成分的保湿霜	第五步：应用含抗氧化剂成分的晚霜
第六步：应用含有防晒成分的粉底（可选）	

在早晨，使用含有乙酰磺胺成分的洁面乳洗脸，之后用面部喷雾冲洗面部（不要用自来水），在暗斑处外用美白类药物，之后局部外用抗生素。随后使用含有防晒成分的保湿霜，最后根据你的喜好也可以使用防晒霜。

晚上，使用含有乙酰磺胺成分的洁面乳洗脸，之后用面部喷雾冲洗面部，在暗斑处外用美白药物，之后局部外用抗生素。最后在外面涂上抗氧化晚霜

对于 DSPW 类型的皮肤如果出现上述这种状况是比较难以应对的。很可能你的皮肤科医生会给你一些口服抗生素如米诺环素或者四环素来改善痤疮和面部红斑。

对于那些需要这种治疗方式的患者，我会选择 SkinMedica 公司生产的 Epiquinta 作为美白处方药物。

第二阶段	
处方药物，应对面部皮肤发红、刺痛但无痤疮的患者	
早晨	**晚上**
第一步：使用含有乙酰磺胺成分的洁面乳洗脸	第一步：使用含有乙酰磺胺成分的洁面乳洗脸
第二步：使用面部喷雾洗净面部	第二步：用面部喷雾洗净面部
第三步：只在暗斑处使用处方类美白药物	第三步：在暗斑处使用处方类美白药物
第四步：局部应用处方类抗炎药物	第四步：局部应用处方类抗生素
第五步：应用含有防晒成分的保湿霜	第五步：应用含抗氧化剂成分的晚霜
第六步：应用含有防晒成分的粉底（可选）	

　　在早晨，使用含有乙酰磺胺成分的洁面乳洗脸，之后用面部喷雾冲洗面部（不是自来水），在暗斑处外用美白药物，之后外用处方类祛斑凝胶。接下来外用处方类抑制炎症反应药膏。随后使用含有防晒成分的保湿霜，最后如果你愿意的话可以使用防晒霜。

　　在晚上，使用冷霜或者洁面油清洗脸部，用面部喷雾洗净。在色斑处外用淡化暗斑的处方类凝胶。随后外用处方类抑制炎症反应的药膏。最后涂上晚霜。

　　整个方案中不包含抗氧化剂，所以请通过口服方式补充抗氧化剂。

　　局部外用的抑制炎症的药物中，我最喜欢的是 Metro Cream。

　　向你的皮肤科医生咨询关于小剂量盐酸多西环素是否可行。这种口服药物具有消除面部红斑和炎症的作用而没有抗生素的副作用（技术来说，它甚至算不上抗生素因为剂量实在太低）。而且还有助于改善因胶原降解而形成的皱纹，因为这种药物可以抑制基质金属蛋白酶，而这种酶会导致胶原降解。

第二阶段
处方药物，用于暗斑、粉刺和红斑已经清除后

早晨	晚上
第一步：使用含乙酰磺胺的处方类清洁剂	第一步：使用冷霜或者洁面油清洗
第二步：应用抗氧化精华	第二步：应用晚霜
第三步：应用含有防晒霜成分保湿剂	第三步：外用处方类维A酸
第四步：应用含有防晒成分的粉底（可选）	

　　在早晨，使用含有乙酰磺胺的清洁剂，随后应用抗氧化精华，应用防晒保湿成分，最后如果你愿意可以用防晒剂。

　　在晚上，使用冷霜或洁面油洗脸。外用晚霜，随后在晚霜外面加用维A酸药膏。

　　去查找那些含有烟酰胺或者大豆成分的保湿剂，因为这有助于防止暗斑复发。Aveeno Positively Radiant Moisturizer（抗辐射保湿霜）含有大豆成分，玉兰油全效保湿剂含有烟酰胺，这两种产品都是不错的选择。

　　对于这个方案，我建议维A酸类选择达芙文（阿达帕林），刚开始的2周，每3天用一次，如果没有出现红斑或刺痛，每2天用一次，这样再过2周。如果还是没有出现红斑或者刺痛，再每晚都使用。

第二阶段
需处方，用于暗斑已经清除但是仍旧有痤疮和少量的红斑及刺痛时

早晨	晚上
第一步：使用洁面乳清洗	第一步：使用洁面乳清洗
第二步：使用处方类抗生素	第二步：应用处方类抗生素
第三步：应用含有防晒成分的保湿霜	第三步：应用晚霜
第四步：应用含有防晒成分的粉底（可选）	第四步：应用处方类维A酸霜

在早晨，用洁面乳清洗脸部，应用处方药物类抗生素和含有防晒成分的润肤霜，最后如果你愿意，使用含有防晒成分的粉底。

在晚上，用洁面乳洗脸并外用处方类抗生素。外用晚霜，随后在晚霜外面涂上处方类维A酸，如达芙文。如果想要得到维A酸使用的分步指导，请参考这章前部分所述。

第二阶段
需处方，当暗斑已经清除，不过仍有面部发红或刺痛时使用

早晨	晚上
第一步：使用处方类洁面乳洗脸	第一步：使用冷霜或洁肤油清洗
第二步：用面部喷雾洗净	第二步：用面部喷雾洗净
第三步：应用含有抗生素的面霜如Metro Cream	第三步：应用含有抗生素的面霜如Metro Cream
第四步：应用含有防晒成分的保湿霜	第四步：应用晚霜
第五步：应用含有防晒成分的粉底（可选）	

在早晨，使用处方类洁面乳洗脸。随后用面部喷雾洗净（不是用自来水）。随后应用含抗生素的面霜。再应用含有防晒成分的保湿霜。如果愿意可以应用含有防晒成分的粉底。

在晚上，使用冷霜或洁肤油清洗后用面部喷雾洗净。涂上含抗生素的面霜后用晚霜。

查询含有烟酰胺或者大豆成分的保湿剂，因为这有助于防止暗斑重现。比较好的选择有 Aveeno 抗辐射保湿霜含有大豆成分，玉兰油全效保湿剂含有烟酰胺。

处方类抗生素乳膏我最喜欢的是 Metro Cream（这种产品同时还有抗炎的作用）。

向你的皮肤科医生咨询关于小剂量盐酸多西环素是否可行。这种口服药物具有消除面部红斑和炎症的作用而没有抗生素的副作用。

适合你皮肤的处方类产品

下面的列表是一些适合使用处方治疗方案的处方类药物。由于这类产品中有许多种类可以选择，所以除了我的列表，还有其他可供选择。在这种情况下你需要和你的皮肤科医生商量你的处方类药物。

推荐的处方类美白产品	
• Claripel	• Epi-quin
• 处方类含有氢醌成分	• Solaquin
• Tri-Luma（汰肤斑）	

推荐的处方类抗生素	
• Clinda-Gel 克林达凝胶	• Metro Cream
• 推荐的处方类维 A 酸	
• 达芙文	• Renova 瑞诺瓦
• Retin-A Micro 蕾婷 -A	• Tazarac cream 炔维
• 汰肤斑	

推荐的处方类面膜

• Plexion By Medicis（麦迪希斯公司生产的 Plexion 面膜）

推荐处方类乙酰磺胺洁面乳

• Rosac	• Rosanil
• Rosula	

推荐的局部抗炎药物

• Elidel 艾宁达（吡美莫司）	• Metro Cream
• Protopic 普特彼（他克莫司）	

推荐的口服药物

• 红霉素	• 米诺环素
• 多西环素	• 四环素
• 阿奇霉素	

你的皮肤类型需要的程序

要改善你皮肤的干燥和敏感没有固定的程序。最好的护肤方式就是生活方式的改变和饮食方面的调理。请参阅干燥敏感皮肤一章。你的暗斑是可以消除的，你的皱纹也可以减少。

激光和光疗法

对于 DSPW 型浅颜色的皮肤，有多种激光和光疗法可以用来祛除包括雀斑在内的褐色斑点。请进一步参阅干燥敏感皮肤一章以获得更多帮助。

激光和光疗法是通过发射特定颜色的光波而产生效果的。举例来说，红宝石激光可以用做于色素性皮疹，紫翠玉激光，比如 Nd：yag 激光只针对棕色病变。强脉冲激光针对的是暗斑和血管等几种皮肤病变。

当激光或光聚焦到某一个棕色斑点时，棕色皮疹（黑色素）中的色素细胞吸收光能，逐渐变热到爆裂。而周边无色素的细胞不会受到影响。对于深颜色皮肤的患者不能使用这种方法，因为他们正常皮肤细胞也含有较高数量的黑色素因而也会受到影响。

有关更多光疗法细节，请在"油性、敏感性皮肤"这一章获得更多帮助。

化学换肤

DSPW 型深色皮肤者可以在暗点处使用温和的化学剥脱剂。乙醇酸和乳酸对于这样的皮肤类型比较适合，因为它们可以在剥脱皮肤的同时增加皮肤的水合度。此外，这些剥脱剂也有助于改善皱纹。尽管你在美容院也可以获得单一水基果酸的治疗，不过皮肤科医生可以给你更高浓度的果酸以获得更好的治疗效果。

治疗皱纹

肉毒杆菌毒素对于你的皮肤类型效果是不错的。请参阅"油性敏感皮肤"这一章中有关肉毒杆菌毒素治疗皱纹的内容。

皮肤填充剂

有很多优秀的皮肤填充剂可以用来治疗皱纹。我更喜欢那些含有胶原蛋白或透明质酸的填充剂。因为胶原蛋白和透明质酸是自然的成分，看起来很自然而且效果立竿见影。请参阅"油性、敏感性皮肤"这一章节从而获得帮助。

消脂

消脂术是一项新技术，直到现在还没有完善，所以目前我还不建议选择这种方式。我相信在将来这种方法会成为一个热点的方向，因为这种方法可以改善皮肤的外观，包括拉紧皮肤特别是出现皱纹的部分。在这个过程中可以注射维生素、胶原蛋白、弹力纤维或果酸，注射不仅适用于皱纹部分，还可以应用于全脸。

现在有些内科医生进行注射治疗，大致分为注射胶原维 C 和果酸两类。我计划进行各种配方有效性的研究。以确定哪些是有益的，哪些是有害的，哪些不起作用，以界定和规范有效的治疗。

持续关怀你的皮肤

你的皮肤现在需要高昂的维护费用，不过按照清晰的计划和易于理解的治疗方案，你一定能够管理好你的皮肤。避免会发泡的洁面乳，使用油性冷霜或洁肤油，滋润皮肤每天 1 ～ 2 次，每天涂抹防晒霜，如果你经常暴露于阳光下，防晒霜就需要涂抹得更频繁一些（每小时重复一次）。

第十三章

DSPT：干性、
敏感性、色素性、紧致皮肤

有缺陷的皮肤类型

"脱皮、发红、黑眼圈——当皮肤痒的时候我几乎要发疯，因为搔抓只能使它更加严重。"

关于你的皮肤

如果根据调查问卷你的皮肤类型是干性、敏感性、色素性和紧致性的皮肤（DSPT 型皮肤），你可能正面对这一系列的皮肤问题。你容易患湿疹、干燥、痤疮、皮肤脱皮、红斑、瘙痒和酒渣鼻。这一类疾病带来的困扰不仅仅是外观上的不适，皮肤瘙痒、红斑、酒渣鼻或痤疮非常难受。持续的刺痛让你分神。这种类型的皮肤很难避免干燥和敏感。有句英文谚语说的是"换成是你试试看？"的确，大部分的人不愿意花费一天的时间来折腾自己的脸。几乎没有人能够想象 DSPW 型皮肤的人生命中每一分钟所承受的压力。

即使在你的脸上发出红斑、干燥和脱皮等非常缺水的信号时，你的脸还是会对各种各样的成分发生反应，使你失去寻找合适护肤成分的信心。护肤品中的香料、香皂中的去污成分、粗糙的织物和刮风的天气很容易造成情况加重。强效保湿剂可以引起痤疮。难道就没有什么好消息么？好消息就是你患色素性皮肤癌的概率会略低于其他类型。不过你还是最好定期检查。

干燥敏感型皮肤可以分为四种，这四种都有皮肤屏障破坏的问题。想要了解干燥、敏感、色素沉着这些因素相互影响而导致的皮肤困扰，请参阅第十二章"被破坏的皮肤屏障"一节。中间色调肤质的人很多都是 DSPT 型，如西班牙、地中海和中东血统的人。这种类型的皮肤在非裔美国人和亚洲人中也较为常见。

DSPT 型皮肤的名人

仙妮亚·唐恩，白金唱片和音乐工业奖获得者，大众对她无与伦比的音乐喜爱有加，她的音乐深刻又不乏动感，催人舞动。但是作为这样一个音乐超新星，她始终不忘自己出身贫寒和成名前那段艰苦的岁月。早年曾忍饥挨饿、父母早逝的仙妮亚总是牵挂着那些生活在不幸中的人，她参加为儿童提供食物的慈善机构"第二次收获"，并加入了"收养无家可归宠物"的活动。

对小动物的喜爱和单纯的乡村背景，使她在保湿霜的选择上也可见一斑。根据互联网上的传言，仙妮亚喜欢 Bag Balm 牌的保湿霜，而这种保湿霜最初是奶牛工人给奶牛挤奶后涂抹于裂口的乳房上的，同时也时常用于农民皲裂的手掌。具备缓解湿疹、银屑病和其他干燥性皮肤问题的作用。绿色小瓶自 1899 年最初生产以来就没有更换过，其主要成分含凡士林、羊毛脂和防腐剂。因为生长在有着漫长寒冬的加拿大，仙妮亚很可能有干燥敏感的皮肤，如果真的如此，高效保湿霜对她正合适。她的皮肤似乎也有色斑和紧绷。在过去她肯定承受着唱片销量方面的压力，这容易引起一些干燥性的皮肤问题比如皮炎和湿疹。不过好在现在她能够跟他的丈夫罗伯特约翰——音乐制作人——共同分担压力和迎接挑战。相对于仙妮亚的 DSPT 型皮肤，她的丈夫很有可能是 DSNW 型。同为干燥敏感型皮肤可以让他们互相理解，而不同之处让他们有着跟对方持久的吸引力。

对付干燥

唐恩并不是唯一具有 DSPT 型皮肤的名人。百老汇和影视女演员雪莉·李·拉尔夫（出演过 Moesha，设计师和寻找梦想的女孩）和一名皮肤科医生合作开创皮肤沙龙，旨在针对深色皮肤做皮肤护理。许多 DSPT 型人是有色人种，在皮肤干燥的时候会出现像烟灰一样的脱皮。当市面上的产品写到防止"烟灰"（因为有灰色的皮屑），记得这是皮肤干燥的另外一个说法，使用正确的保湿霜能够缓解这种情况。

暗色调的 DSPT 型皮肤出现有干燥敏感的原因、遗传因素，也有环境和接触化学物品等外界因素。许多化妆品和用于黑色头发的化学品能够破坏皮肤的屏障并导致过敏。

当免疫系统对某种物质产生了抗体时，过敏反应就会发生。举例来说，有些人会对毒藤产生抗体，因此当这些人暴露于毒藤环境中就会出现皮疹，而其他人因为不产生抗体就不会出现皮疹。过敏原能够穿透你受损的皮肤屏障，到达血液并发生过敏反应。刺激性皮疹常与过敏性皮疹混淆，但是两者却并不相同。刺激性物质的确会引起皮疹，但是与过敏反应不同的是刺激性物质不会产生抗体。此外，受损的皮肤屏障会让你更容易受到感染。

皮疹、皮肤变红和瘙痒都是炎症反应，这会进一步破坏皮肤屏障。一旦皮肤产生炎症，你应该先冷静下来，减少刺激皮肤并试图安抚皮肤。继续损伤皮肤会进一步导致湿疹，而 DSPT 型皮肤是很容易患湿疹的。

DSPT 型皮肤与湿疹

超过一千二百万的人患有湿疹，也就是过敏性皮炎，很多时候表现为干燥性皮肤病，而且经常在同一个地方复发。好发于腘窝、手腕、指关节、踝关节和上臂屈侧。刚开始的时候是瘙痒的斑片随后变红并发炎。经常搔抓的区域会出现皮肤破坏并发生感染。对于 DSPT 和 DSPW 型皮肤，受损区域会颜色加深，需要几个月才能褪回皮肤原本的颜色。湿疹是干燥、敏感和过敏的共同结果，过敏可以由内部因素引起也可以是外部因素造成（食品、吸入成分和其他物质）。有关皮肤屏障损伤所致湿疹的更详细的信息，请参阅第二章：过敏亚型。

我有湿疹吗？

如果你有以下症状，你可能已经患了湿疹。

- 身上或脸上皮肤发痒
- 腘窝、肘窝、手腕和踝部经常有瘙痒感觉并经常需要搔抓
- 当瘙痒好转后，瘙痒部位出现色素沉着或者红色斑片
- 出现红斑干燥的部位发生皮肤皲裂，尤其是关节部位
- 瘙痒和红斑总是在同一个部位反复
- 耳朵后部的瘙痒红斑和鳞屑
- 本人或家人患有过敏史或哮喘史

关键原则就是当你感觉瘙痒的时候不要用力去搔抓，因为摩擦和搔抓会进一步破坏皮肤的屏障。我的建议是你可以把处方药和非处方药联用，以缓解湿疹。

容易患湿疹？

湿疹是一种遗传性体质，有家族史及患过哮喘和过敏症的人中更加显著。湿疹的症状往往在一岁时开始出现，大部分人在五岁前病情逐渐加重。幸运的是，很多人随着年龄增长病情逐步发生好转，未来的困扰仅仅是皮肤干燥。患有异位性皮炎的成年人往往皮肤非常敏感。

最近的一项研究表明，母乳喂养的婴儿患特应性皮炎的概率要低，原因可能是母乳有助于建立免疫功能，还可能因为母乳喂养的婴儿在免疫系统完善前，通常不会暴露于常见的过敏原之下，如豆制品等。一项有趣的研究显示，如果母亲在母乳喂养时不食用易过敏的食物如鸡蛋、牛奶、鱼、花生和大豆的，那么她们的婴儿与那些没有严格忌口的母亲的母乳所喂养的婴儿相比，患湿疹的概率还要低。

避免刺激物

缓解干燥和湿疹的三个关键干预措施是：

- 抑制炎症反应

- 重建皮肤屏障
- 增加皮肤水合度

尽管现在还没有治愈湿疹的方法，但是湿疹是可以控制的，减少日晒和加强皮肤屏障的化妆品是很重要的措施。下面我提供的选择将会包含增加皮肤水合度和重建皮肤屏障的成分，使皮肤更好的锁住水分。

环境对 DSPT 型皮肤影响

在不同的季节，DSPT 型皮肤的人所面对的问题也不同，天气变化会影响你干燥、敏感的皮肤。很难说最适合干燥、色素沉着性皮肤是哪个季节。因为在夏天，太阳照射会引起暗斑形成，因此防晒霜和皮肤亮白成分是必需的；而当气温下降时湿度也随之下降，寒冷干燥的空气会加重皮肤干燥和敏感性。冬天厚重的衣服往往纤维很粗糙，比如羊毛织物会摩擦皮肤，加重皮肤的干燥和敏感性。所以对于 DSPT 型人适宜的是凉爽湿润的环境。我不建议这样肤质的人搬到亚利桑那州居住。

杰西卡的故事

48 岁的杰西卡是夏威夷人，目前在国家银行集团工作，她作为被试者参加了一项针对黄褐斑的外用药研究。几年来杰西卡的脸上就有很多暗斑，仿佛脑门上沾上了泥点。在筹备自己 3 个月后的婚礼时，杰西卡对于自己的皮肤几近绝望："我本想在头发里插满白色栀子花，可是现实让我只能在脸上蒙上一层厚厚的纱了"

杰西卡最好的朋友在 SPA 店送了她一组六种的面部化学剥脱剂作为圣诞礼物。剥脱剂的成分含有果酸、氢醌，可是用过之后她额头的皮肤颜色更深了。我开始怀疑她的问题是否真是色素沉着或是有什么其他的原因。

在对她体格检查的时候我发现她膝盖后面、手臂屈侧（肘的反面）干燥、增厚和色素沉着。在进一步调查了她的病史后，我了解到当她还是个孩子的时候曾经患过哮喘。实际上她全家都有哮喘和皮肤干燥症状。现在，困扰她皮肤的原因水落石出，杰西卡的问题并不是什么黄褐斑，而是湿疹。

像杰西卡一样，又痒又干的皮肤可以造成皮肤颜色加深。她额头干燥的湿疹由两个因素引起：一是她为了遮盖灰白头发使用的染发剂，二是去色素的治疗破坏了她的皮肤屏障。

为了缓解皮肤干燥并重建皮肤屏障，我建议她在饮食上多摄取必要的脂肪酸，随后制订了一个改善皮肤屏障的治疗计划。我给她一只非激素类抗炎药膏艾宁达。我还建议她让给自己染发的人在染发之前先在额头处使用凡士林油，以防止染发剂刺激面部皮肤。

一个月后她来我这里复诊。这时距离她的婚礼还有两个月，她对皮肤的光滑白皙而兴奋不已。额头颜色加深的湿疹部位几乎痊愈了，她也可以停用艾宁达并继续饮食和常规疗法。又过了几个月，我收到一张照片，上面是杰西卡和她丈夫的婚礼。她看上去光彩夺目，皮肤光滑，头上插满白色栀子花。

近距离观察你的皮肤

就像杰西卡一样，作为 DSPT 类型，你的皮肤可能会有以下困扰：

- 湿疹，异位性皮炎
- 皮肤紧绷
- 皮肤上增厚的斑片
- 瘙痒
- 寒冷或低湿度气候下病情加重
- 对香水敏感，可能会引起皮疹
- 洗涤剂会让皮肤更干燥，成为"刷碗手或刷锅手"
- 皮肤受损处出现炎症后色素沉着性斑片
- 阳光照射部位的斑片
- 眼睑皮肤发黑
- 黑眼圈

因为皮肤紧绷，在年轻的时候不会发生太多的皱纹，而其他的问题会随着年纪增大而严重。皮肤干燥与日俱增，冬季的皮肤不再像从前那样反而出现红斑、脱皮和皲裂。等到 50 岁，不用保湿霜是非常不明智的。对于上了年纪的 DSPT 型肌肤，偏厚的晚霜会让你感觉更舒服。但是不要去购买那些你根本不需要的具有抗衰老成分的昂贵化妆品。在这章的后部分我会给出保湿品的选购建议。当女性绝经期和围绝经期的时候，因为雌激素水平的下降，黄褐斑和暗斑都会增多，而且低雌激素水平会使皮肤干燥现象更严重。等到到了 80 ～ 90 岁的时候，人的免疫系统功能降低，过敏性疾病和自身免疫性疾病则会逐渐改善。

种族和 DSPT 型皮肤

就像杰西卡一样，很多 DSPT 型亚洲人患湿疹和黄褐斑的概率比较高，但皱纹和皮肤癌的发生率却低于白种人。因此，亚洲化妆品生产厂家更加关注改善皮肤干燥和皮肤色素。由于生理上的差异，亚裔对化妆品的反应与白种人和黑人也有不同。

例如，一些研究表明日本人皮肤对洗涤剂更加难以适应。这可能就是众多亚洲人喜欢油基质洁面乳的原因。当洗涤剂（包括大部分洁面乳、洗发液、洗脸和身体的香皂、厨房清洁剂）会引起皮肤干燥时，则应该避免使用。对于有敏感家族史的亚裔更应该认真冲净香皂和洗发液所产生的泡沫。尽量选择温和的产品，使用后不但洗净还应重新涂上保湿霜。当清洁家务时，需戴上橡胶手套。虽然我推荐的一些产品内含有氢醌——一种用于皮肤去除色素的成分，但是一些干燥敏感肤质的亚洲人或者褐黄病、遗传性酶缺乏者应该避免使用，因为氢醌可能会使他们已有的暗斑加重。相反，亚洲 DSPT 者可以接受无氢醌剥脱剂、光疗法，还可以求助于皮肤科医生或 SPA 专家进行微晶磨皮治疗。相对激进的治疗，我建议你选取更温和的方式，循序渐进才能保证你的皮肤不会受到过度刺激。

为 DSPT 型皮肤选择化妆品

持续保湿对于 DSPT 型人益处良多，同时你还需要一些治疗和护理的手段来去除暗斑和黄褐斑。不过 DSPT 型人会对多种产品和成分起反应，香水是最常见的过敏原。引起的过敏反应甚至比羟基苯甲酸和防腐剂所引起的情况还要常见。很显然你不应该在身上喷洒香水，即便你能够找到一个不会使你过敏的单一成分精油。如前文所述，试图在身上验证哪种产品的破坏性最强是非常不明智的举动。我曾经说过，即使是标记"绝无香料"的产品也会含有少量香料以遮盖其中的异味。出于这种目的使用的香料通常是混合组分，包含四十种甚至更多成分，所以想要在其中找出"肇事者"几乎不可能。我的一名患者曾经因为杂志内附香水小样而发疹。现在她如果再在杂志发现这类东西，她会让男友先清理掉。

因为不知道哪种成分会导致皮肤过敏，所以购买皮肤护肤品就成为了危险并操心的事情。你会发现新购入的护肤品会让你皮肤出现红斑、脱皮、起皮疹，状况会持续几天、几周甚至几个月。别以为你可以在不重要的地方试着用这些霜剂，比如手脚或者腿部。当你有患湿疹的风险时，你必须格外小心。很多 DSPT 患者向我表示"若能找到一个成分单一而且可以安全使用的产品，几乎可以把这看成是一项成就。"

身材苗条的安妮塔·洛佩兹今年 54 岁，她在压力很大的新闻办公室工作。安妮塔棕色头发，明快棕色的眼睛，中等肤色，但是脸上却有些暗斑。她年轻的时候皮肤是混合肤质，不过随着年龄增加，皮肤越来越干。安妮塔很清楚日晒会让皮肤更加干燥，颜色加深同时伴随着越来越多的暗点生成，可她还是找不到不让她过敏的防晒霜。每当她使用含有二苯甲酮的产品，她就会脸部发红，特别是眼睛和面颊周围。

安妮塔也很难找到合适的晚霜。果酸是让她瘙痒的一个成分"抗老化霜"让她的皮肤红斑灼痛。她得完全避免接触香水。当她试过各种各样化妆品之后，安妮塔已经不相信销售员了，"他们完全不了解自己所销售的产品"她对我说。近来有一本介绍皮肤护理的书推荐对苯二酚可以减轻暗斑，但是当她用了作者推荐的产品之后，她的皮肤开始出现多处红点。她的一位朋友向她推荐我，说我可以针对不同肤质制定皮肤保养方案，她于是决定立即来找我。

首先，我建议安妮塔尝试含有二氧化钛的防晒产品，它用在敏感皮肤上引起的刺激比二苯甲酮小很多"我喜欢这个产品，"安妮塔兴奋地说，"我终于可以用防晒霜了"之后，鉴于针灸和按摩可以通过放松压力从而有益于敏感肌肤恢复，我建议安妮塔向中医和按摩师咨询。最后我给她开了一张洁面乳和保湿剂的处方以安抚她的肌肤，同时提供保湿作用。

了解你的皮肤

美容化妆品公司所设计的产品是针对大部分人群的，但是对少部分人效果不好，因为一小点不合适的成分都可能会让你苛刻的皮肤过敏。所以我要花费好几个礼拜筛选化妆品最后挑出几种适合你需要的，然后我再花费好几年时间确定这些产品是否适合我的 DSPT 型患者。

保湿治疗

对于 DSPT 型的患者，如果只允许我传递一条信息给你，那一定是：保湿，保湿，还是保湿。

防晒剂和保湿剂与单纯基质的混合物对你是最好的选择，这些单纯基质包括牛油、可可油、橄榄油或西蒙得木油。当我做皮肤科住院医师的时候，我有个同事在晚上就用 Crisco 牌白色黄油抹在脸上。虽然食用含反式脂肪酸的黄油并不健康，但是它可以替代皮肤重建的脂肪（如 Omega-3 脂肪酸），对干燥皮肤的滋润是肯定有效的。为什么呢？因为氢化／反式脂肪酸就像保鲜膜一样具有锁住水分的作用。

你的护肤品应该含有神经酰胺、脂肪酸或者胆固醇，或者能够帮助皮肤产生这些物质。脂肪的这三种不同形式是建立一道健康的皮肤屏障所必需的。除此之外，你每天至少还需要外用 2 次保湿霜。请注意，我说的是"至少"对于你来说，多多益善。我推荐你同时使用防晒霜和保湿剂，因为单用防晒霜提供不了足够的保湿作用。偏厚的晚霜是有益的，但是不要选择内含香料的产品以免进一步刺激皮肤或使你的皮肤干燥。小心那些昂贵并含香料的面霜。防晒霜是日常必备的，原因有二：其一，日光会破坏皮肤屏障；其二，日光会导致暗斑。

我不知道是否有那种能够提高皮肤屏障作用的皮肤科诊所。在很多种情况下，激光或光疗法可以用来治疗浅色皮肤上的暗斑。深色和浅色的皮肤都可以用化学换肤或磨皮的手段来祛除黑斑并暂时性改善皮肤粗糙。不过你首先要采取手段避免刺激你的皮肤并做到有效的保湿。

褒曼医生的底线：

对于你来说，每天使用 4 次保湿霜并不为过。洗澡、洗碗或接触外界物质之后立即使用保湿霜。每次换衣服后重复这项工作。对于你的皮肤，再怎么滋润都不为过。

日常保护你的皮肤

皮肤护理常规的目标是修复皮肤的屏障，使其足够强大并能够保住水分（让你的皮肤减少干燥）并隔绝过敏原和刺激物（让你的皮肤不那么敏感）。为了完成这些目标你需要使用有屏障修复功能成分的产品。同时还要防止炎症发生，减少色斑生成。

我建议你选择的成分应该有下面的一项或多项作用

- 预防和治疗皮肤干燥
- 预防皮肤红斑、瘙痒

此外，每天的方案还应该有助于解决你皮肤的其他问题

- 预防和治疗黑斑
- 预防和治疗痤疮

虽然这种类型的每个人都有可能患痤疮，但是干燥的皮肤是肯定不能制止痤疮爆发的。我会提供关于粉刺的可选治疗方法。

为"敏感皮肤"设计的产品指的是适合干燥、敏感类型皮肤的产品。但是如果你的分数是 P（高于 40），那么就没有适合你的"防敏"并含脱色剂的产品了。我会指出几种能够适合你的肤色，并有保湿、重建屏障和降低敏感性作用的产品。

我会在这章提供第一阶段和第二阶段两种方案，第一阶段是无需处方的，而第二阶段是需要处方的。请先尝试第一阶段无处方方案，为期八周，如果没有效果，进入处方方案阶段。

日常皮肤护理方案

第一阶段	
早晨	晚上
第一步：使用洁面乳洗脸	第一步：使用洁面乳洗脸
第二步：喷上面部喷雾	第二步：喷上面部喷雾
第三步：使用眼霜（可选）	第三步：使用眼霜（可选）
第四步：在暗斑处使用美白剂（可选）	第四步：使用保湿霜
第五步：使用防晒霜	
第六步：使用粉底（可选）	

早晨使用洁面乳洗脸，然后喷上面部喷雾。尽管眼霜为可选内容，不过如果你想要用的话也可以。在这种情况下请在脸还微湿的时候使用眼霜、美白剂和保湿霜。出门时随身携带你的护肤品，准备在脸部皮肤干燥时再次应用。如果脸上的水分在使用护肤品前蒸发殆尽，效果就完全相反了，这反而会使你的皮肤干燥。只在暗斑处使用皮肤美白剂，之后使用保湿霜、防晒霜，最后如果你愿意的话可以用粉底霜。

在晚上使用洁面乳清洁面部，喷上面部喷雾，之后外用眼霜，必要时使用皮肤美白剂。最后外面抹上保湿霜。

虽然你可能从来没有听说过在保湿前先在脸上喷上喷雾，不过这对于皮肤保湿来说是一个很不错的"秘密"。在下文"面部喷雾"一节有更多的关于这方面的信息。

按照这个方案去做八星期，如果你的皮肤干燥和敏感症状还没有解决，请尝试选择建议中的其他产品。如果你的皮肤仍然没有改善，四星期后请向皮肤科医生求助，获取处方药物来治疗干燥、瘙痒和湿疹，这一治疗方案可以与第一阶段方案共同进行。

洁面乳

皮肤治疗方案的最重要的两个方面是清洁和保湿。即便你其他的方面做的都正确，使用了错误的洁面乳还是会加重你的病情。洁面乳中含有洗涤成分（可以产生大量泡沫）会洗去你皮肤上必要的油脂，造成皮肤敏感和干燥。DSPT 型皮肤的人决不能随便使用没有仔细选择过的香皂、洗发剂、润肤油或护发素。

你知道可以用油来洗脸吗？这在亚洲是非常流行的方式，因为有很多人皮肤特别干燥。若你长有粉刺，这个方法不适合你。但是如果你像我一样（皮肤干燥而且紧绷），这就是一个很好的滋润方式。我很喜欢为 DSPT 类型皮肤设计的洁面油。可以尝试 Shu Uemura Skin Purifier Cleansing Oil（植村秀皮肤净化洁颜油），一定要按照说明来做，即在干燥的面部使用，之后再用手指尖添加水。

推荐的洁面乳
$ Avène T．E Cleansing Lotion
（雅漾舒缓特护洁面乳）
$ Avène Extremely Gentle Cleanser
（雅漾修护洁面乳）
$ Dove Cream Cleanser
（多芬乳霜滋润洁面乳）

$ Paula's Choice Skin Recovery Cleanser

（宝拉珍选 修护保湿洁面乳）

$ Pond's Deep Cleanser Cold Cream（for extremely dry skin）

（旁氏乳霜滋润洁面乳）（对于极度干燥皮肤）

$$ Gly Derm Gentle Cleanser 2%

（果蕾温和清洁乳）（如果皮肤刺痛则不要使用）

$$ L'Occitane Shea Butter Extra Moisturizing Cold Cream Soap

（欧舒丹乳木果倍温和冷霜皂）

$$ Murad Moisture Rich Cleanser

（慕拉丰盈洁肤润肤护理）

$$ Stiefel Oilatum AD Cleansing Lotion

（施泰福 Oilatum 洁面乳）

$$ Toleriane Dermo-Cleanser By La Roche-Posay for very sensitive skin

（理肤泉特安洁面乳适用于非常敏感肤质）

$$$ Darphin Intral Cleansing Milk

（迪梵防敏感洗面奶）

褒曼医生的选择： Dove Cream Cleanser（多芬乳霜滋润洁面乳），内含胆固醇、神经酰胺和皮肤屏障修复所需的脂肪酸。

推荐的洁肤油

$ Jojoba Cleansing Oil

（Jojoba 卸妆油）

$$ Shu Uemura Skin Purifier Cleansing Oil

（植村秀平衡洁肤油）

$$ SK II Facial Treatment Cleansing Oil

（SK II 深层净透洁颜油）

$$$ Decleor Cleansing Oil

（思妍丽卸妆油）

$$$ Seikisho Cleansing Oil

（清肌晶洁肤油）

褒曼医生的选择： Seikisho Cleansing Oil（清肌晶洁肤油），含有红花油以改善皮肤水分及甘草提取物以减少色素生成。

面部喷雾

DSPT 者应该避免使用爽肤水，因为爽肤水会带走脸上的油脂而使皮肤很干。你的皮肤需要大量的油脂。你应该使用面部喷雾代替爽肤水。将喷雾喷在脸上随后紧接着应用眼霜和保湿霜。保湿霜和眼霜可以帮助皮肤留住水分，这一点在湿度很低的时候非常重要，如冬天、飞机机舱内上、空调房和大风环境中。

面部喷雾来自温泉。其中不含像氯一样的化学成分，自来水中添加氯是为了防止藻类或者其他生物滋生。面部护理水中成分的不同取决于温泉的来源。薇姿水中含有硫磺，而理肤泉水中含有硒。硒和硫都有抗炎的作用。

推荐的面部喷雾有：

$ Evian Mineral Water Spray

（依云矿泉喷雾）

$$ Avene Thermal Water Spray

（雅漾温泉喷雾）

$$ Chantecaille Rosewater

（香缇卡五月玫瑰花妍露）

$$ Eau Thermale by La Roche-Posay

（理肤泉舒护活泉水）

$$ Fresh Rose Marigold Tonic Water with soothing，calming，comforting chamomile

（新鲜玫瑰金盏花汤力水）

$$ Shu Uemura Deep Sea Therapy

（植村秀深海疗法）

$$ Vichy Eau Thermal

（薇姿活泉水喷雾）

褒曼医生的选择： Eau Thermale by La Roche-Posay（理肤泉舒护活泉水）。

治疗痤疮

DSPT 型皮肤很少患痤疮。但是我还是要提醒你一下。学会正确的保湿能够改善你的痤疮。皮肤必须干透才能改善痤疮是谣言。根据最近的研究，水合度高的洁面乳比偏干燥的洁面乳能够更好的清除痤疮。如果你的粉刺没有改善，你可以在柜台买一个含有维生素 A 的霜剂，比如露得清健康皮肤系列，用在夜间保湿步骤之后。在大多数情况下，这项内容已经足够清洁皮肤了。如果没有改善，请咨询你的皮肤科医生。

治疗暗斑

任何容易引起过敏的产品都可以引起炎症并转变成为暗斑。例如，一些印度妇女佩戴的饰品或化妆品可以引起皮肤反应。印度妇女额头上的塑料红点会有一些黏合剂而导致皮肤炎症和色斑。表示女性婚姻状况的发际红缘和眼睑边缘使用的眼影也很容易造成过敏。

当出现暗斑的时候可以使用皮肤美白凝胶，不过我强烈建议你去向皮肤科医生求助并获得更强效的处方类药物。

美白产品推荐：

$ Esoterica Daytime Fade Cream with Moisturizers
（Esoterica 日间减淡色斑保湿霜）

$ Porcelana Skin Discoloration Fade Cream Nighttime Formula
（Procelana 皮肤褪色淡斑夜间霜）

$$ La Roche-Posay Pigment Control
（理肤泉亮肤凝胶）

$$ Paula's Choice RESIST Daily Smoothing Treatment with 5% Alpha Hydroxy Acid
（宝拉珍选岁月屏障焕采果酸柔肤精华）

$$ Paula's Choice RESIST Weekly Resurfacing Treatment with 10% Alpha Hydroxy Acid
（宝拉珍选岁月屏障果酸焕肤周护理精华露）

$$ PCA SKIN pHaze 23 A&C Synergy Serum
（PCA SKIN pHaze 23 A&C 协同精华）

$$ Peter Thomas Roth Potent Skin Lightening Lotion Complex
（彼得罗夫强力美白复合乳液）

$$$ DDF Intensive Holistic Lightener
（DDF 淡斑亮肤精华）

$$$ Skinceuticals Phyto +
（修丽可植物修复啫喱）

$$$ TYK White Glow - Absolute Skin Brightener
（TYK 白色焕发完全皮肤亮白霜）

褒曼医生的选择：Esoterica Daytime Fade Cream with Moisturizers（Esoterica 日间减淡色斑保湿霜）。

保湿霜

你应该频繁地使用保湿霜，最好是每天三次。理想的做法应该在早晨洗脸后、傍晚时分和睡前。如果你的评分是低等 O 分，你应该使用霜剂。如果是中等 O 分，使用乳剂。避免凝胶，因为凝胶是适合油性肤质的。

每天都应使用不低于 SPF15 的防晒保护，你可以从单一产品或者几种混合产品获得上述防晒指数，如单纯的保湿霜或保湿和粉底的混合物。

推荐的眼霜

$ Olay Total Effects Eye Transforming Cream

（玉兰油多元修护眼霜）

$ Avène Smoothing Eye Contour Cream

（雅漾舒缓眼霜）

$$ DDF - Nutrient K Plus

（维他命萃取精华乳液）

$$ MDSkincare Lift & Lighten Eye Cream

（MD 紧致明眸眼霜）

$$ Paula's Choice Skin Recovery Super Antioxidant Concentrate

（宝拉珍选 强效修护抗氧化精华）

$$ Peter Thomas Roth AHA/Kojic Under Eye Brightener

（彼得罗夫眼部护理）

$$$ La Prairie Cellular Moisturizer Eye

（倍莉活细胞全效保湿眼霜）

$$$ Sisleÿ Eye Cream by Sisley

（希思黎眼霜）

褒曼医生的选择：Olay Total Effects Eye Transforming Cream（玉兰油多元修护眼霜）内含烟酰胺和黄瓜成分，有助于减轻暗斑并舒缓刺激。

推荐的日用保湿霜

$ Aveeno Positively Radiant Moisturizer with SPF

（Aveeno 活性亮肤保湿霜 SPF）

$ Olay Complete Defense daily UV moisturizer SPF 30

（玉兰油完全日常 UV 防护保湿霜 SPF30）

$$ Avène Hydrance UV Rich

（雅漾活泉恒润隔离保湿霜 SPF20）

$$ Avon Anew Luminosity Ultra with has SPF 15

（雅芳新活净白祛斑霜 SPF15）

$$ L'Occitane Sun Care - Face and Body Balm with SPF 15

（欧舒丹日光保护 - 面部及身体霜，SPF15）

$$ Paula's Choice Skin Recovery Daily Moisturizing Lotion with SPF15

（宝拉珍选 修护保湿抗氧化隔离日用乳）

$$$ Sisley Broad Spectrum Sunscreen

（希思黎植物防晒隔离霜）

褒曼医生的选择： Avon Anew Luminosity Ultra（雅芳新活净白祛斑霜 SPF15）。

推荐的夜用保湿霜

$ Aveeno Positively Radiant Moisturizer with SPF

（Aveeno 活性亮肤保湿霜 SPF）

$ Olay Total Effects Visible Anti-Aging Vitamin Complex with VitaNiacin

（玉兰油多效修护霜含维生素 B_3）

$$ Avène Hydrance Rich

（雅漾活泉恒润隔离保湿霜）

$$ AtoPalm MLE Face Cream

（爱多康 MLE 面霜）

$$ L'Occitane Shea Butter - 24 Hours Ultra Rich Face Cream

（欧舒丹牛油树脂 24 小时超丰富的面霜）

$$ Nouriva Nourishing Cream by Ferndale

（Ferndale Nouriva 滋养霜）

$$ Paula's Choice Skin Recovery Moisturizer

（宝拉珍选 修护保湿抗氧化晚霜）

$$ Paula's Choice Moisture Boost Hydrating Treatment Cream

（宝拉珍选 特效保湿调理霜）

$$ Sekkisei Cream

（雪肌精面霜）

$$ Skinceuticals Renew Overnight Dry

（修丽可晚间再生精华霜，适用干性皮肤）

$$ Tri-Ceram by Osmotics

（Osmotics 3 合 1 面霜）

$$ Vichy Nutrilogie 2

（薇姿持久营养霜 2）

$$$ Christian Dior Energy Move

（迪奥能源移动）

$$$ La Prairie Skin Caviar Luxe Cream

（La Prairie 尊贵鱼子精华霜）

$$$ Re Vive Moisturizing Renewal Cream with AHA

（Re Vive 保湿霜采用 AHA）

$$$ Sisley Botanical Moisturizer with Cucumber

（希思黎植物黄瓜保湿霜）

$$$ Z．Bigatti Re-Storation Enlighten Skin Tone Provider

（Z．Bigatti 重铸亮色皮肤爽肤水）

褒曼医生的选择：L'Occitane Shea Butter 24 Hours Ultra Rich Face Cream（欧舒丹牛油树脂 24 小时超丰富的面霜）。

剥脱剂

你要遵守以下规则，除非皮肤科医生建议，否则 DSPT 类型皮肤的人不应该使用剥脱剂。我见到很多患者因为皮肤脱落过多导致皮肤发红并出现红色小斑块、炎症以及后来的色素沉着。专注于保湿。现在有许多磨皮工具在家里也能使用，但是我建议你最好在皮肤科医生的指导下进行这项治疗。

购买产品

为了照顾你敏感的皮肤，你应该仔细阅读标签以避免应用会导致干燥和色素沉着的成分。寻找那些防治暗斑、增加皮肤保湿、抑制炎症的成分。如果你喜欢的化妆品不在我推荐的名单之中，请访问 www.derm.net/products 并与我和其他 DSPT 类型的人分享你的发现。

推荐的护肤品成分	
预防暗斑	
• 椰子提取物（如果你有粉刺则不要用）	• 烟酰胺
• 碧萝芷 - 松树皮提取物	• 大豆

改善暗斑

- 熊果苷
- 黄瓜提取物
- 甘草提取物
- 熊果提取物
- 氢醌
- 桑树提取物

推荐的皮肤保护成分

防止炎症

- 芦荟
- 胶体燕麦
- 维生素原 B_5
- 菊类
- 紫苏叶提取物
- 红藻
- 百里香
- 洋甘菊
- 黄瓜
- 月见草油
- 甘草查耳酮
- 碧萝芷（松树树皮提取物）
- 红三叶草（豆科）
- 柳兰

推荐的护肤成分

有助于保持水分

- 琉璃苣籽油
- 神经酰胺
- 可可脂（如果你有粉刺，不要用）
- 维生素原 B_5
- 月见草油
- 西蒙得木油
- 南瓜籽油
- 牛油树脂
- 蓖麻油
- 胆固醇
- 胶体燕麦
- 二甲基硅油
- 甘油
- 橄榄油
- 红花油
- 向日葵油

护肤品成分应避免

刺激性洗涤剂

- 十二烷基二甲基氨基甜菜碱
- 十二烷基硫酸钠
- 十二烷基硫酸盐
- 月桂硫酸钠

护肤品成分应避免	
增加痤疮或红斑的	
• 肉桂油	• 可可脂
• 椰子油	• 异丙基硬脂酸
• 十四酸异丙酯	• 薄荷油
防腐剂	
• 苯扎氯铵	• 布罗波尔
• 氯乙酰胺	• 氯甲酚
• 双氯苯双胍己烷	• 氯喹那多
• 羟基苯尿素	• 苯氧基乙醇
• 双氯酚	• 乙内酰脲
• 甲醛	• 戊二醛
• 咪唑烷基脲	• 卡松鸟苷
• 苯甲酸酯类	• 苯氧基乙醇
• 醋酸苯汞	• 季铵盐 -15
• 山梨酸	• 硫汞散
• 三氯生	

护肤成分应避免	
刺激皮肤而引起色素沉着的	
• 千叶蓍（西洋蓍草）	• 卡南加
• 蒲公英	• 老鹳草
• 茉莉花	• 薰衣草
• 柠檬草	• 柠檬油
• 橙花	• 薄荷
• 玫瑰精油（保加利亚）	• 迷迭香
• 檀香	• 茶叶树油
• 依兰	

防晒成分

为了防止皮肤出现暗斑和干燥，你应该经常使用防晒霜。由于防晒产品可以引起红斑和炎症反应，加之每个人对化妆品敏感程度不同，你可能得尝试我推荐的多种产品，选择皮肤反应最小的即最适合你的产品。请确保你每天都能够联合使用保湿霜、防晒霜和粉底以获得最小 SPF15 的日常防护。

推荐的防晒

$ Neutrogena Healthy Defense Daily Moisturizer SPF 30（comes tinted or untinted）（露得清健康肤色日间保湿防晒乳 SPF30（彩色或非彩色））

$ Paula's Choice Extra Care Moisturizing Sunscreen SPF 30+
（宝拉珍选 特效保湿隔离日乳 SPF30+）

$ Ultra Glow Skin Tone Cream with Aloe and Sunscreen
（超亮肤色含芦荟防晒霜）

$$ Avène Very High Protection Fragrance Free Cream
（雅漾清爽倍护无香料防晒霜）

$$ Dr．Mary Lupo Full Spectrum sunscreen SPF 27
（Dr．Mary Lupo 全光谱防晒霜 SPF 27）

$$ Glycolix Elite Sunscreen SPF 30 by Topix
（Topix 牌 Glycolix Elite 防晒霜 SPF30）

$$ L'Occitane Shea Butter - Ultra Moisturizing Care SPF 15
（欧舒丹乳木果极滋润保湿液）

$$ La Rouche-Posay Anthelios XL cream
（理肤泉特护清爽防晒霜）

$$ Philosophy A Pigment of Your Imagination SPF
（Phiosophy 幻想美白 SPF）

$$$ Skinceuticals Ultimate UV Defense SPF 30
（修丽可加强防晒霜 SPF30）

褒曼医生的选择：L'Occitane Shea Butter Ultra Moisturizing Care SPF 15（欧舒丹乳木果极滋润保湿液），内含的牛油树脂完美适合于干燥的皮肤。

你的化妆

DSPT 性皮肤经常发生因化妆品导致刺激反应，但是用户可能还没有认识到化妆品是问题的关键。亚裔背景的 DSPT 型人特别容易因为化妆品而导致的皮肤颜色加深。专家认为，这个被称作色素接触性皮炎是由于患者每天接触的过敏原引起的，眼影和腮红是最常见的肇事者。

如果你的眼皮、下眼睑或者脸颊部位颜色加深，请考虑避免那些包含在"应

避免的护肤品成分"清单中的成分。

你可能还会发现，眼部卸妆品对眼皮有刺激，导致皮肤发红和色素沉着。如果你也怀疑这一点，请使用矿物油、凡士林凝胶或者理肤泉的 Toleriane 眼部卸妆品。

尽量选择那些含油的粉底，避免使用标记"无油"的粉底。鉴于你的干燥皮肤，你应该避免面部扑粉。如果皮肤非常干燥，请使用霜剂的眼影和腮红。

推荐的粉底

$ Avène Fluid Foundation Corrector
（雅漾焕彩无油遮瑕隔离粉底乳）

$ Covergirl Smoothers All Day Hydrating Make-Up for Normal to Dry Skin
（封面女郎全天候舒缓保湿霜，适用于中性至干性皮肤）

$ Neutrogena Visibly Firm Foundation SPF 20
（露得清紧致活力粉底）

$ Origins Dew Gooder ™ Moisturizing Face Makeup
（悦木之源面部保湿化妆品）

$ Paula's Choice all bases coverde foundation SPF15
（宝拉珍选 全效滋润防晒粉底 SPF15）

$$ Bobbi Brown Moisture Rich Foundation SPF 15
（芭比布朗滋润防晒粉底液（SPF15））

$$ Chantecaille Real Skin Foundation
（香缇卡真肌肤粉底）

$$$ Chanel Vitalumiere Satin Smoothing Crème Makeup with SPF 15
（香奈儿 SPF15 香奈儿—青春活力亮肤粉底霜）

$$$ Dior Skin Liquid SPF 12
（迪奥 Liquid 粉底（SPF12））

褒曼医生的选择：Bobbi Brown Moisture Rich Foundation SPF 15（芭比布朗滋润防晒粉底液（SPF15）），这种产品颜色很棒并且含有防晒霜。

咨询皮肤科医生

我对 DSPT 型肤质提供的处方方案重点是预防和治疗暗斑。如果你正患湿疹或异位性皮炎，按照这章建议使用保湿剂有助于防止情况恶化。如果湿疹非常严重的话，我建议你还是去咨询皮肤科医生，他／她会给你一些处方药物诸如艾宁达、普特彼，治疗皮肤发红、发痒。因为医疗保险可以报销这类药物，我建议不要采用电视广告上的所谓治疗湿疹的药膏，而是选用经证实对你安全有效的药物。

第二阶段 对于暗斑	
白天	晚上
第一步：使用洁面乳洗脸	第一步：使用洁面乳洗脸
第二步：喷上面部喷雾	第二步：喷上面部喷雾
第三步：在暗斑处使用处方类皮肤美白剂（可选）	第三步：在暗斑处使用处方类皮肤美白剂（可选）
第四步：使用保湿剂	第四步：使用保湿霜
第五步：使用防晒霜	
第六步：使用粉底	

在早晨使用洁面乳洗脸并喷好面部喷雾，如果你喜欢的话喷好喷雾还可以使用眼霜，不过使用眼霜不是必须的步骤。接下来如果有暗斑的话，使用处方类皮肤美白剂比如 Clarpel，其中还含有防晒霜。如果面部喷雾干了你还应该再喷一次。接下来使用保湿霜、防晒霜，最后在你出去之前可以根据喜好选用粉底，不过粉底并非必需。

晚上使用洁面乳洗脸，喷上面部喷雾，应用处方类皮肤美白剂，最后使用保湿霜。晚间我推荐用高德美公司生产的汰肤斑，里面含有漂白剂和维A酸成分。

我建议你同时采取皮肤科微晶磨皮治疗，每 1 ~ 2 周治疗 1 次，或者按照皮肤科医生的指导进行。具体见下面"微晶磨皮"部分的说明。

你需要坚持大约 8 周才能看到效果。不过你仍需要坚持下去因为这会改善你的肤色。

推荐的对抗色斑的处方类产品

早晨：施泰福生产的 Claribel，内含防晒霜

晚上：高德美公司生产的汰肤斑，内涵温和的类固醇激素防止炎症反应

程序：虽然皮肤科医生可以帮助治疗痤疮、面部红斑和暗斑，但是现阶段还没有什么皮肤护理程序能够改善皮肤干燥和敏感。避免面部美容，因为这可能会让你的皮肤暴露在刺激成分之下。然而你可以通过化学换肤或微晶磨皮改善暗斑。

化学换肤

如果你把处方治疗方案和皮肤科化学换肤相结合，那么起效会更快，因为化

学换肤的方法能够提高维 A 酸对皮肤的渗透，随后通过加速细胞分裂以促进修复。我通常建议 DSPT 型患者在皮肤科医生处进行化学换肤疗法，而不要选择美容 SPA 或美容沙龙，以免受到潜在的刺激而增加暗斑的风险。

现在市面上有多种化学换肤的产品，你务必要注意选购那些确实适合你皮肤而不会引起皮肤刺激和色素沉着的产品。如果你的皮肤黝黑或者你有亚裔血统，你需要咨询专长于色素性皮肤病的皮肤科医生。

微晶磨皮

如果你的 S 评分比较低（小于 40 分）并且脸上有暗斑的话，微晶磨皮这种方法对于脸上的暗斑是很有效果的。微晶磨皮手术时，操作者使用一种特制的喷头，喷出微型晶体并磨去暗斑表面的皮肤以增加脱色药物的渗透作用。而如果磨皮过度，你的皮肤会红肿，产生色素沉着反倒会恶化你的情况。因此很重要一点，你需要向专业皮肤科医生求助。

持续关怀你的皮肤类型

战胜干燥敏感的皮肤是一项终身的目标。规律的饮食和皮肤护理是有益的。因此，记得尽量减少阳光照射，充足睡眠，避免接触刺激性成分的化妆品，增加环境湿度，使用那些具有皮肤屏障修复功能的化妆品。最后，记得我在本文前面的建议：保湿，保湿，还是保湿。

第十四章
DSNW：干性、
敏感性、非色素性、皱纹皮肤

容易发生反应的皮肤类型

"我的皮肤是如此多变，我甚至不知道每一天的我会是什么样子。有些季节我看着还好，但是不知道什么时候我就会对某些东西起反应。有没有什么办法可以管理好我这容易发生反应的皮肤呢？"

关于你的皮肤

放松，对于干性，敏感性，非色素性，皱纹型的皮肤（以下简称"DSNW型"），你确实可以控制你的反应，不过想要做到却并不容易。

你的皮肤状况无法预测。某一天你还好好的，可是第二天，你的皮肤突然毫无预兆地变得很糟糕，不巧恰逢你要参加一个大型的会议或是要去赴一个重要的约会。很难解释和把握这种多变的皮肤。干燥、脱皮、枯燥、瘙痒、面部潮红，皮肤看上去像是受了刺激，经常感觉不舒服。你很难理解的是，为什么皮肤如此干燥缺水却还对那么多种产品发生反应，出现瘙痒、刺激和灼痛。干燥的皮肤使皱纹看上去更加糟糕。如果你大于三十岁，你就可以想象你的皮肤正逐渐变老。尽管保湿霜可以让脸上的小细纹变得丰满，可是你的敏感皮肤还是不能接受大多数产品，即便是为敏感肤质设计的产品也不适合你。

抗老化的面霜通常会发生刺激。当你试用维A酸的时候，你的皮肤可能会无法忍受红斑和脱皮。你进退两难，不滋润皮肤带来的后果是皮肤会出现皱纹，而滋润皮肤带来的后果是皮肤又会发生反应。我本人的皮肤是DSNT型的，很接近于你的皮肤类型。所以别担心，我会知道哪些产品是适合你的。

好消息就是合适的皮肤护理方案和正确的产品成分收效显著。实际上，日常护理是解决你皮肤问题的关键。采用正确的方案会使你皮肤的情况变得稳定，我还将为你提供一些备选方案，以确保你能够在各种状况下都能够护理皮肤。

DSNW 型皮肤的名人

通过出色的演绎流浪汉、牛仔、蓝领工人和户外工作者，克林特·伊斯特伍德成为了一名国际巨星，不仅如此，他还成为了他那一代在屏幕上活跃时间最长的演员和导演，除此之外，他还当选了加州卡梅尔市的市长。这个沉默寡言的男人是一位多产的电影制片人，他的著名作品包括《廊桥遗梦》、《神秘河》等。

伊斯特伍德是男人中的男人，很多女士都认为他很性感。CBS（哥伦比亚广播公司）《60分》节目中透露他曾与"五位女性生育七个孩子"，这足可见一斑。

伊斯特伍德的性感帅气与他的皮肤状况有关。伊斯特伍德标志性的紧缩眉头，日晒后的肤色和与生俱来的脸部线条看上去很棒。几十年的日光照射把他原本浅色的脸变得像一张风干的皮革，干燥并有沧桑感。当然，如果这种皮肤和年纪出现在一名女性身上，看上去可就不那么性感了。伊斯特伍德的红色皮肤没有雀斑或者日晒斑，推测他是不会晒黑类型。皱纹显而易见，这可能是基因和日晒双重作用下皮肤屏障被破坏的结果，我猜他的皮肤一定是敏感的类型。近年来我发现他皮肤有所改善，可能是他最终决定在外出如打户外高尔夫时使用防晒霜了。不过因为没有进行干预性的治疗，他的皱纹依旧如故。

皮肤敏感性和 DSNW 型皮肤

皮肤过度敏感是过敏原或护肤品造成过敏的原因，另外还会引起玫瑰痤疮、痤疮、面部烧灼感和刺痛。学会如何处理皮肤反应是相当有挑战性的，不过了解事件的发生原因还是会有帮助的。

你皮肤问题的关键是皮肤屏障受到破坏。皮肤最外层的屏障是身体和外界的边境线。这道边境线"通关"能力过强就会导致你既无法留住皮肤所需（如水分），又不能抵御外来物质（如刺激、过敏原和细菌）。一旦皮肤屏障被破坏，恶性循环便开始了。破坏的屏障造成外界物质入侵，进而产生炎症，炎症导致的瘙痒又继续破坏屏障。结果是皮肤无法留住水分，脱水又激发了进一步的炎症、瘙痒和干燥。

这一系列的外来物质的入侵引起或加重了屏障的破坏。脸上的防腐剂、香料、洗涤成分和其他化学物质都可以引起炎症反应并破坏细胞。洗发水、空调、染发剂、剃须泡、爽肤水和香皂同样也会引起这种问题。干洗液、化工建材、地毯、家具饰面和工业汽车污染则会造成过敏。

皮肤科医生或过敏科医生使用过敏原斑贴试验能够辨别出特征性激发物，不过解决问题的第一步是避免接触致敏物、使用不致敏的产品以减轻症状。一旦过敏反应的过程开始循环，你使用的所有产品都必须是安抚性、不会致敏的。否则只会更进一步破坏皮肤屏障并增加全身皮肤的敏感性。在这章后部分我会推荐一些产品，我会列举哪些是应该避免的，如果避免了最常见的过敏原还是没有效果，我建议你写食物/化妆品日记以缩小过敏原检测的范围。

阿历克斯的故事

8 岁的阿历克斯是我朋友的孩子，十分优秀的男孩，可他却患着很严重的湿疹。对于成年人来说控制搔抓湿疹还比较容易，可是对于孩子来说就不那么容易了，小孩子就连睡觉的时候都在搔抓。最后阿历克斯的皮肤受到细菌感染，有造成皮肤色素沉着的可能。阿历克斯在化妆品行业工作的父母根据我的建议使用了外用药膏艾宁达，这种药膏在很多情况下都是有效的，但是对于阿历克斯来说却没有效果。

我对此很奇怪，有一天我和家人到他们家后，我决心调查一番。在获得许可之后，我去看了看他们家的药柜。药柜里摆着各式各样的洗护产品，这些都是阿历克斯的妈妈从公司带回来的。它们都是非常好的化妆品，有些甚至是我推荐过并也得到很多人验证过的产品，可是这些产品如果用在干性敏感性皮肤上就完全错误了，阿历克斯的皮肤就是这种情况。

当我询问他的父母时，我知道了他们会给小阿历克斯使用泡沫洗面奶，泡泡浴和洗发香波——这简直是灾难性的。含有泡沫的产品含有干燥成分，干性敏感性皮肤的人必须严格避免使用，尤其是当他们有湿疹倾向的时候。这些产品将那些宝贵的皮脂从皮肤上洗去，将他深度暴露于过敏原和刺激物之下。他家崇尚"一尘不染"的风格使问题更是雪上加霜，可怜的阿历克斯每天都要用这些洗涤剂洗头洗澡。因为皮肤干燥，他洗澡后还被涂上标称"绝无香料"而实际却混合着多种香料的保湿剂。跟很多人一样，这类保湿剂是很多人过敏的导火线。

我敦促他的父母避免所有含香料的洗护用品和化学物质，将洗澡限制在 10 分钟以内，洗澡结束后才洗头以避免他站在布满洗发液的水中。洗完澡后趁皮肤还湿润就涂上强效保湿剂。当他的父母这样做了几周之后，阿历克斯的皮肤病痊愈了。

近距离观察你的皮肤

作为 DSNW 型皮肤，你可能会遇到以下情况

- 干燥
- 皮肤收缩和紧绷
- 发红
- 灼痛或刺痛
- 皱纹
- 化妆品深陷于皱纹之中
- 眼影看上去像要脱落
- 嘴唇干燥脱皮
- 脸部皮肤粗糙

- 皮肤缺乏光彩
- 羊毛或其他粗纤维织物刺激皮肤
- 轻度痤疮
- 面部散在碎裂的血管

很多 DSNW 型肌肤属于拥有北欧高加索血统的白人。大部分这种人有浅颜色的皮肤，这就使脸上的血管和脸部潮红看上去特别明显。虽然这让人不快，可是还不是最重要的，皮肤干燥、皱纹和看上去有点吓人的外观是他们最主要的问题。

DSNW：复杂的皮肤类型

DSNW 型皮肤是最复杂的两种皮肤类型之一（另外一种是 DSPW 型），作为 DSNW 的人，他们有些可能会发生多种皮肤疾病，而有些则没有；有些人可能仅仅被一种主要的问题困扰，而另外一些人全身的皮肤都有问题。这种差异与你曾经做过的皮肤四种指标评价表上的指标有关。举例来说，敏感的皮肤会导致痤疮、红斑痤疮和 / 或湿疹。所以若是你敏感这一项的分数很高，那么你的其他一项到三项的分数很可能都高。另外，如果你的皮肤仅仅是轻度敏感，你可能也就不会出现这些状况。

皮肤干燥和敏感的程度共同作用并决定皮肤状况。你的皮肤可能非常的干燥（介于 11 ~ 15 分），稍微干燥（介于 15 ~ 18 分）或是混合性皮肤（介于 18 ~ 26 分）。如果你的皮肤是混合型的，那么你皮肤的敏感性很可能是表现为痤疮，而不是湿疹。如果你的皮肤非常干燥，你几乎不可能得痤疮，但却容易得湿疹。总结一下，如果你的皮肤非常敏感，你就有可能得湿疹、痤疮和玫瑰痤疮。

一部分（不是全部）DSNW 型人治疗痤疮的经验可能是经不起推敲的。很多治疗痤疮的成分，如水杨酸、过氧苯甲酰、维 A 酸类药物和乙醇酸经常会让皮肤更加干燥。在药品柜台上你能获得的治疗选择很有限。幸运的是，在这章的后面我会推荐几种有效的产品。因为你的皮肤类型很复杂，所以我会提供比其他类型皮肤更多的皮肤护理方案。根据你皮肤护理的情况选择合适的方案。

玫瑰痤疮

玫瑰痤疮又称酒渣鼻，是敏感、无色素类型皮肤的一个问题。如果你想对照自己的症状，请参考第六章 "R-Word 玫瑰痤疮"。如果你经历过第六章详述的玫瑰痤疮的症状，请尽早去找你的皮肤科医生，因为早期治疗会防止玫瑰痤疮向后期发展。

你在柜台上可以看到很多标注 "缓解红斑" 的药物用来治疗玫瑰痤疮，但是这里面会含氢化可的松或其他激素类药物。激素类药物能够起到暂时性的作用如收缩血管，控制炎症反应，但是停药后会发生病情反复，比如出现血管扩张，皮疹增大或其他严重的问题。我不建议对玫瑰痤疮使用激素类药膏。我妈妈的一个朋友曾经使用过一种"抗红斑"保湿霜，停药一周之后她的脸又红又肿并出现皮炎。在完整地检查了她的皮肤护理方案之后，我发现问题原因就是那一瓶含激素的药膏。谜底揭开：当她停用药膏的时候，红斑就会加重，而当她恢复使用后，红斑就又好了。这就是应用激素的反跳作用。我希望她能够跳出这种恶性循环，使用一些舒缓的保湿产品，如含芦荟或甘草的保湿霜。

我有一个好朋友，他的兄弟肖恩是一名30岁的建筑师，他的皮肤类型是DSNW型。当他听说我是一名皮肤科医生，他就开始向我讲述他如何找寻合适化妆品的经历：在他30岁生日的时候，他和他的朋友在波多黎各海滩上度假，当时他并没有使用合适的防晒霜"为什么别人都能晒黑，我却晒不黑呢？"跟许多非色素类型的人一样，肖恩不知道自己就是这种肤质：不能，不会，也不该被晒黑。

在度假的时候，他在强烈的加勒比阳光下被晒伤了，即使那样他也没能晒出自己希望的小麦色，不过他却"成功"地破坏了那道干燥敏感肤质最易受损的皮肤屏障。

雪上加霜的是肖恩在结束度假后回到自己远在蒙特利尔的家中，寒冷干燥的冬季进一步摧残着他的皮肤。到了暴晒所致的表皮脱落殆尽时，肖恩的眼睛下面留下了一块又红又痒的皮肤。当肖恩使用一些皮肤保养品以减轻红斑和灼痛的时候，这块被破坏的皮肤总是会起反应。起初肖恩还想自己解决这一问题，但是等到这个问题持续了好几个月，他就去看了皮肤科医生，皮肤科医生诊断他患了轻度湿疹，并给了他一些激素药膏和保湿霜。尽管情况暂时能够得到缓解，但是一旦停用激素药物，脸上的红斑马上就会复发而且变得更重。

当病情复发时肖恩都会去向皮肤科医生求助，这种反反复复的模式持续了好几年。有些皮肤科医生会推荐自己配制产品，里面通常含有小量激素。肖恩开始逐渐意识到激素并不能解决问题，同时他也不希望长期使用激素（他意识到在面部长期使用激素类药物会导致皮肤变薄和产生皱纹）。于是他开始自己逐渐对激素药物进行减量，同时寻找那些安抚而不会刺激皮肤的护肤品。肖恩非常仔细，凭借他一丝不苟的专业精神，他像科学家一样尝试产品样本并缩小护肤品的范围。最终，他发现了能够适合他皮肤的保湿霜，随后他从这一化妆品公司购入更多的产品，包括洁面乳、剃须膏等。当他确认了这些产品的确适合自己，他就可以继续用下去而不用再继续探索了。

他还是很幸运的，因为他限制了自己接触到物质的范围，从而没有暴露于更多的致敏物下，避免激发出更多的过敏反应。

通过他选择的产品中的成分我可以证实肖恩通过自身实验得出的结论。不过，并不是每个人都有这样的耐心，所以我会为DSNW型皮肤的人提供一个同样有效而且还很快捷的化妆品选择清单。

像肖恩一样，你需要重建皮肤屏障，使用抗炎成分以降低皮肤反应能力。如果你想知道自己是否容易患湿疹，请参阅第十三章"我是否患了湿疹"一节以获得更多的信息。

干燥的皮肤，干燥的环境

干燥、敏感的皮肤容易对化妆品成分、外界环境和粗糙的织物以及压力等发生反应。夏天很难熬，因为暴晒的日光使皮肤发红、干燥和老化。你的皮肤又肯定不会喜欢秋天或冬天：剧烈的风、干燥的气候、寒冷的天气和暖气太足的家庭、办公室和车里都会使皮肤干燥加重。我的家乡是德克萨斯州的拉伯克，它干燥的气候是我干燥敏感皮肤的祸根。不过谁知道呢，这也许就是我去学习皮肤护理来治疗我皮肤的原因吧。

在乘坐飞机后，冬天或者低湿度的环境中，你的皮肤经常会出现干燥和小细纹。当贪玩的朋友想要去斜坡滑雪的时候你宁可闷在家或者坐在滑雪场度假屋里。登山也没你的份。你不但不能减肥，还得涂满保湿霜—即使这样也没用，你的嘴唇、脚后跟依旧开裂，脸部潮红并且在冷风中还会脱皮。你尝试强效保湿霜，可是往往要么效果不佳，要么保湿霜会跟你的皮肤发生反应。

在佛罗里达州，我和我的同事把许多从纽约和波士顿来的患者称为"候鸟"，因为他们冬天会飞去迈阿密以躲避寒冷。在2003年某个不寻常的一周，我遇到许多脸上红斑脱皮的患者。我通过报纸和从其他患者口中了解到那年冬天北方特别寒冷，多日的严寒和风雪让很多皮肤干燥的人倍感艰难。

哈尔，一名86岁的退休大企业家来到我的诊室，跟我说他皮肤刺痛，他怀疑是他对保湿霜或防晒霜过敏。他是第五个有相同主诉的患者了，所以我意识到这些患者有三个地方是相同的：第一，他们都有干燥敏感的皮肤；第二，他们近三天都有乘坐飞机的经历；第三，他们这三天都去过纽约和波士顿。干燥敏感型的皮肤对于寒冷抵抗力较强，但由于皮肤屏障破坏，低湿和大风会把已经干燥的皮肤上的水分吸得更干。这三个因素导致了红斑、脱皮和皮肤不适。

一旦皮肤持续受到破坏，最关键的就是如何避免情况加重。我告诫哈尔不要使用起泡的香皂、洗发水和护发素，因为发泡剂含有干燥性成分。我推荐使用冷霜作为洁面乳。

洗脸之后我建议他使用适用于敏感肤质的保湿剂以帮助皮肤保持水分。此外，我还建议他若是将来还要暴露在恶劣气候的环境中，他应该采取一些措施以避免面部接触寒冷的空气。

"我不怕冷啊！"这位退休的主管告诉我。

于是我不得不尽力劝说这位争强好胜的绅士，让他再飞往北方看他新出生的小曾孙时戴上帽子、围巾，涂抹晚霜或者凡士林凝胶。一段时间以后，当对他进行随访时，他说皮肤的红斑脱皮没有复发。

作为干燥敏感型皮肤的人，我自己在乘坐飞机之前、之间和之后都会使用保湿霜，同时确保使用了足够的防晒霜。我不是想让自己看上去有多优雅，我只是在保护我的皮肤。另外，我还会与我的邻座商量，请他允许我拉下机窗遮阳板。虽然大多数人没有注意过这一点，但是有害的紫外线在那个高度还是会穿透玻璃窗。所以在飞机上抹防晒霜是有必要的。

DSNW 型皮肤和防老化

我劝每个人严格地防晒，即使是那些已经晒出很漂亮颜色的人们也是如此。因为有害的紫外线会加速老化而且使皮肤的状况变差，就像颜色加深和玫瑰痤疮一样。但是，如果让我单独列出最容易发生日光老化的群体，我会指出这个群体就是这一皮肤类型的人。你的非色素性皮肤里黑素含量很少，因此不能以应对足够的阳光暴晒而致晒伤。另外，阳光可以诱发玫瑰痤疮并使皮肤干燥更加严重。最糟糕的是，你敏感的皮肤使你不能使用防晒霜，结果是造成皮肤过早老化并出现皱纹。很有可能是极端严重的晒伤、基因和生活方式形成了脸部的皱纹和影响了调查问卷表上的分数。所以你知道该如何去做：无论在室内还是室外，持续使用防晒霜。当接受太阳直射的时候，使用高于 SPF45 以上的防晒霜。下面我介绍的产品不会引起刺激反应。

有些 DSNW 型皮肤的人患有痤疮和 / 或湿疹。这种情况下通常建议他们晒太阳。尽管一直以来认为阳光可以使痤疮"干涸"，但是也有很多研究显示在热天里痤疮会加重。因此还是不要通过晒太阳来治疗痤疮。

对于有些人患湿疹是因为存在潜在的自身免疫异常情况，意思是说原本应具有保护意义的免疫系统反应过度反而攻击了自身。日光照射会暂时性抑制免疫应答，从而降低有些湿疹的症状，但不是全部湿疹症状都能够得到缓解。此外，日光暴晒还会导致皮肤老化，所以干嘛不对自己的皮肤好一点？

很多 DSNW 型皮肤的人会去晒黑床做日光浴，这种日光浴含有穿透能力很强的有害长波紫外线 UVA，导致皮肤老化。当我看到有些疑似 DSNW 型的人，如帕丽斯·希尔顿，我就很为她反复晒日光而担心。从为她着想的角度，我希望她使用的是皮肤染料。如果不是的话，她以后就会为做日光浴付出代价。DSNW 型皮肤是没办法晒出好看的颜色的，所以我的建议就是：别再去了。持续使用强效防晒霜，这是你防止老化关键的一步。如果你希望有日晒出的肤色，你可以使用仿晒霜。想要获取关于仿晒霜更多的信息，请参阅第十章"仿晒霜"一节。

如果你还需要一个戒烟理由的话，我乐于给你这样一个：研究人员发现香烟会激发胶原降解，大约降解 4 成。烟雾越浓密，皮肤胶原破坏就越强。所以尽早戒烟，你的皮肤也会受益。

皮肤类型的年龄

总体上说 DSNW 型皮肤不显老。人们总是在年轻时患痤疮而到了中年就好了。可是脸部潮红、细纹、皮肤对化妆品敏感、干燥、皱纹都是随时间而逐渐加重的。如果你在 40 岁之前都没有做好皮肤预防性的保养，那么你现在就会慢慢体会到。

幸运的是，目前有去除皱纹的一些手段诸如皮肤填充剂和肉毒杆菌毒素。高级皮肤护理产品还可以有助于改善皮肤干燥。无论你现在的皮肤是何种状况，现在开始保养皮肤都不晚。

对于绝经后雌激素水平下降的女性，你可能会发现你的皮肤越来越薄，越来越干并且如果你不采取激素替代治疗的话，皱纹会越来越多。幸运的是有一些自然形成的植物雌激素能够帮助改善这些情况。请先咨询你的内科医生该如何使用，尤其是如果你或你的家人有乳腺癌或子宫内膜癌病史的话更应咨询清楚。在每天的饮食中添加植物雌激素能够起到很好的效果。

保湿

每天至少使用保湿霜 2 次，当然越多越好，尤其是在冬季或者低湿度环境中更是如此。因为你的皮肤比较容易起皱纹，你可能会容易受到那些声称"能够起到类似肉毒杆菌毒素效果"面霜的诱惑。这是基于在实验中起到松弛肌肉细胞（或者认为是放松皮肤细胞）的酶的作用而得到的结论。尽管有些研究显示在实验环境下肌肉细胞能够"松弛"，但是很难说在实验室以外的地方也能起到相同的效果。这种物质需要穿透表皮、真皮、脂肪层才能到达肌肉。我还没有见过这种例子。如果真是这种情形的话，糖尿病患者干脆不要注射胰岛素而是直接外涂胰岛素好了，因为胰岛素同样是一种酶。我不相信这种方法有效，我也不相信皮肤细胞会"松弛"。

为什么要花 80 美元来购买一瓶面霜呢？很多这样做的都是 DSNW 型或 DRNW 型皮肤的人，对于他们干燥多皱的皮肤其实用任何保湿霜都会有所改善，不过都是暂时性的。然而目前为止我还没有看到一款面霜能够起到与肉毒杆菌毒素相同的作用。所以，如果你觉得你需要去注射肉毒杆菌毒素，那么就去注射吧。花费大概是 300 ~ 600 美元 / 次，不过效果只是暂时性的，大概能够持续 4 个月到半年的时间

褒曼医生的底线：重建你的皮肤屏障，使用保湿霜，避免使用粗糙的化妆品，注意在干燥环境中的保护。

每日的皮肤保养

常规皮肤护理的目标就是通过使用具备保湿功效的护肤品来缓解皮肤干燥、皱纹和敏感（导致皮肤刺痛和红斑）。我所推荐的所有产品都会有以下一项或多项功效。

- 防治干燥
- 防治皱纹
- 防治刺痛和红斑

除此之外，你每天的护理方案还可以有助于改善皮肤的其他方面。

预防并治疗痤疮

对于缓解你与众不同的困扰，我会提供两种非处方解决方案和两种处方解决方案。我的第一种非处方治疗方案是增加皮肤湿度来改善痤疮。多项研究都显示，在不使用药物治疗痤疮的情况下，增加皮肤保湿有助于改善痤疮，因此这种治疗方案就是专注于保湿。

第二种非处方治疗方案是专门为那些经常对化妆品发生红斑和刺痛的人士准备的。这种方案使用抗炎和抗氧化成分来重建皮肤屏障并防止皱纹生成。请根据你的需要选择正确的方案，你可以在这章后面的部分找到在各种情况适合的化妆品选择建议。

如果增加皮肤水分不能缓解痤疮，我还可以提供一个需要处方治疗痤疮的方案，其包含处方类抗生素。最后，我会给你开出第二张处方，使用抗炎药物来治疗因化妆品、干燥寒冷环境引起的红斑和刺痛。

你的每天皮肤护理常规

第一阶段　无需处方的方案	
保湿和治疗痤疮	
早晨	晚上
第一步：使用冷霜或洁肤油洗脸	第一步：使用冷霜或洁肤油洗脸
第二步：使用含有防晒成分的保湿霜	第二步：外用抗氧化作用的晚霜
第三步：使用含防晒成分的粉底（可选）	第三步：每周使用含硫磺的面膜1～2次

在早晨的时候，使用冷霜或洁肤油洗脸。随即涂上含防晒成分的保湿霜。之后如果你愿意的话加用含防晒霜的粉底。使用了这些产品后会感觉有点油，不用担心因为这是正常的，你需要这样的保护。虽然我觉得使用眼霜并不是特别必要，但是你也可以在使用保湿之前应用眼霜。一般来说，我会让皮肤尽量避免接触没有效果

的产品，不过如果你的皮肤没有发生刺激，那么你也可以选一种产品来用用看。

到了晚上，使用冷霜或洁肤油洗脸，随即外用含有抗氧化成分的晚霜。每周使用含有硫的面膜 1 ～ 2 次。

如果这个皮肤保湿方案没能改善你的粉刺，你需要去看一下皮肤科医生。不幸的是治疗痤疮的非处方类药物成分中经常含有使皮肤干燥的成分。DSNW 型肤质的人如果能使用处方类外用抗生素或光疗法来治疗痤疮效果会更好（参见下文"程序"部分）。

第一阶段
适合面部皮肤红斑或经常刺痛的情况

早晨	晚上
第一步：使用冷霜或洁肤油洗脸	第一步：使用冷霜或洁肤油洗脸
第二步：使用面部喷雾冲洗	第二步：使用面部喷雾冲洗
第三步：使用抗炎精华素或乳液	第三步：使用含有抗氧化剂和/或抗炎成分的夜霜
第四步：使用含防晒霜的保湿剂	第四步：使用含有抗氧化剂和/或抗炎成分保湿面膜，每周1～2次
第五步：使用含防晒成分的粉底	

在早晨使用冷霜或洁肤油洗脸，之后用面部喷雾而不是自来水冲洗干净，接下来使用有防晒成分的保湿剂，最后涂上含防晒成分的粉底。当你的皮肤出现红斑或起反应的时候，我建议不要使用眼霜。

在晚上，仍旧使用冷霜或洁肤油洗脸，之后用面部喷雾把脸冲洗干净，使用含有抗氧化剂和 / 或抗炎成分的夜霜（参见下文表格所推荐的产品和成分）。

使用含有抗氧化剂和 / 或抗炎成分保湿面膜，每周 1 ～ 2 次。

洁面乳

作为 DSNW 肤质的人，你需要温和、保湿的洁面乳。使用时放一小点在脸上然后用柔软干净的毛巾在全脸轻轻的做圆周运动。使用面部喷雾冲洗脸上残留的洁面乳成分。如果你的皮肤只是轻微敏感你还可以用普通自来水冲洗。

推荐的洁面乳：
$ Avène T.E Cleansing Lotion
（雅漾舒缓特护洁面乳）
$ Avène Extremely Gentle Cleanser

（雅漾修护洁面乳）

$ Dove "Sensitive Essentials" Nonfoaming Cleanser

（多芬乳霜滋润洁面乳）

$ Eucerin redness relief soothing cleanser

（优色林舒缓红斑洁面乳）

$ Jojoba Cleansing Oil

（Jojoba 精纯卸妆油）

$ Noxzema Cleansing Cream for Sensitive Skin

（Noxzema 敏感肤质用清洁乳）

$ Paula's Choice RESIST Optimal Results Hydrating Cleanser

（宝拉珍选 岁月屏障优效保湿洁面乳）

$ Ponds cold cream

（旁氏滋润倍护系列盈润滋养霜）

$ RoC Calmance Soothing Cleansing Fluid

（RoC 舒缓洁肤液）

$$ L'Occitane Shea Butter-Extra Moisturizing Cold Cream Soap

（欧舒丹乳木果极滋润冷霜皂）

$$ Shu Uemura Skin Purifier Cleansing Oil

（植村秀洁肤油）

$$ SK II Facial Treatment Cleansing oil

（SK-II 护肤洁面油）

$$ Stiefel Oilatum-AD Cleansing Lotion

（施泰福 爱丽他 AD 清洁乳液）

$$ Toleriane by La Roche-Posay

（理肤泉特安系列）

$$$ Decleor Cleansing Oil

（思妍丽洁肤油）

$$$ Darphin Intral Cleansing Milk

（迪梵防敏感洗面奶）

$$$ Seikisho Cleansing Oil

（清肌晶洁肤油）

褒曼医生的选择：经常出现红斑和刺痛的人我推荐 Toleriane by La Roche-Posay（理肤泉特安系列）。而有痤疮的人可以试试 RoC Calmance Soothing Cleansing Fluid（RoC 舒缓洁肤液）。

面部喷雾

DSNW 型肤质者不要应用爽肤水。因为爽肤水里往往会使皮肤干燥。相反，你应该用一些特殊的面部喷雾，可以用来将洁面乳冲洗干净，也可以在涂保湿霜之前使用。研究显示普通水，尤其是热的硬水对皮肤有刺激性。而面部喷雾不会出现刺激或过敏，你也可以使用自来水，但是要确保水是微温的。

推荐的面部喷雾有：

$ Evian Mineral Water Spray
（依云矿泉喷雾）

$$ Avene Thermal Water Spray
（雅漾温泉喷雾）

$$ Chantecaille Rosewater
（香缇卡五月玫瑰花妍露）

$$ Eau Thermale by La Roche-Posay
（理肤泉舒护活泉水）

$$ Fresh Rose Marigold Tonic Water
（新鲜玫瑰金盏花汤力水）

$$ Shu Uemura Deep Sea Therapy
（植村秀深海疗法）

$$ Vichy Eau Thermal
（薇姿活泉水喷雾）

$$$ Susan Ciminelli Seawater
（Susan Ciminelli 海水）

褒曼医生的选择：Eau Thermale by La Roche-Posay（理肤泉舒护活泉水），含有硒成分并能够舒缓皮肤。

精华液

抗炎精华液和乳液含有功效较强的降低皮肤敏感型的成分。请在使用白天保湿防晒霜前使用这类精华液。

推荐的抗炎精华乳液

$ Aveeno Ultra-Calming Daily Moisturizer SPF 15
（Aveeno 超舒缓保湿日霜 SPF15）

$ Eucerin Redness Relief Daily Perfecting Lotion
（优色林红斑舒缓日间完美乳液）

$ RoC Calmanace Soothing Moisturizer
（RoC 舒缓保湿霜）

$$ Paula's Choice Superantioxidant concentrate（serum）
（宝拉珍选抗氧化精华）

$$ La Roche-Posay Rosaliac Perfecting Anti-Redness Moisturizer
（理肤泉抗红完美保湿霜）

$$$ NeoCutis Biorestorative Skin Cream
（Neocutis 肌活修护霜）

$$$ Joey New York Calm and Corrext Serum
（Joey New York 皮肤镇静精华素）

$$$ BABOR Calming Sensitive Couperose Serum
（BABOR 镇静舒缓抗红血丝精华）

褒曼医生的选择：Roc Calmanace Soothing Moisturizer（RoC 舒缓保湿霜），
内含小白菊成分。

保湿霜

敏感性皮肤每天需要至少进行两次保湿，如果皮肤特别干的时候则需要更频
繁的保湿。在白天用的产品包括了含有抗氧化剂和抗炎成分的产品。请使用含有
防晒成分的保湿霜。

推荐的日用保湿霜

$ Eucerin Q10 Anti-Wrinkle Sensitive Skin Lotion SPF 15 Sensitive Facial Skin
（优色林 Q10 保湿抗皱乳）

$ Neutrogena Visibly Firm Face Lotion with SPF 20
（露得清紧致面部乳液 SPF20）

$ Purpose Dual Treatment Moisturizer
（Purpose 双效治疗保湿霜）

$$ Avène Hydrance UV Rich
（雅漾活泉恒润隔离保湿霜 SPF20）

$$ Clinique Weather Everything Environmental Cream SPF
（倩碧全天候护肤霜）

$$ Emollience by Skinceuticals（no SPF）

（修丽可保湿加强剂（无防晒成分））

$$ Estee Lauder Daywear Plus Multi Protection Anti-Oxidant Creme SPF 15 for Dry Skin

（雅诗兰黛全日防护复合面霜 SPF15　适合干性肌肤）

$$ L'Occitane Shea Butter - Ultra Moisturizing Care SPF 15

（欧舒丹乳木果防晒滋养日霜）

$$ Paula's Choice Skin Recovery Daily Moisturizing Lotion with SPF15

（宝拉珍选 修护保湿抗氧化隔离日乳 SPF15）

$$ Vichy Nutrilogie 1 SPF 15 sunscreen

（薇姿持久营养霜 1 SPF15 防晒霜）

$$$ Bobbie Brown EXTRA SPF 25 Moisturizing Balm

（芭比布朗至盈呵护润色隔离保湿霜）

褒曼医生的选择：L'Occitane Shea Butter-Ultra Moisturizing Care SPF 15（欧舒丹乳木果防晒滋养日霜），当为这本书进行研究时我发现这一产品。它能够舒缓干燥敏感的皮肤，现在我自己就在用。

推荐的夜晚保湿霜

$ Eucerin Q10 Anti-Wrinkle Sensitive Skin Crème

（优色林 Q10 抗皱敏感皮肤霜）

$ Neutrogena Visibly Firm Night Cream

（露得清紧致活力晚霜）

$$ ATOPALM MLE Face Cream

（爱多康抗敏保湿精华霜）

$$ Avène Hydrance Rich

（雅漾活泉恒润保湿霜）

$$ Clinique Moisture Online

（倩碧特效深层修护润肤霜）

$$ Esteem by Naomi Judd Nightime Barrier Cream

（Esteem by Naomi Judd 夜间保湿霜）

$$ Kantic + Nourising cream by Alchimie Forever

$$ L'Occitane Ultra Moisturizing Night Care

（欧舒丹滋润夜霜）

$$ Paula's Choice Skin Recovery Moisturizer

（宝拉珍选 修护保湿抗氧化晚霜）

$$ Paula's Choice Moisture Boost Hydrating Treatment Cream

（宝拉珍选 特效保湿调理霜）

$$$ Dior Energy Move

（迪奥动能亮彩乳霜）

$$$ Freeze 24/7 IceCream Anti-Aging Moisturizer

（冰凝全天候冰激凌抗衰老保湿霜）

$$$ Issima Successlaser by Guerlain

（娇兰伊诗美激光三重效能抗皱晚霜）

$$$ Susan Ciminelli Super Hydrating Cream

（Susan Ciminelli 超级保湿霜）

$$ Toleriane Face Cream by La Roche- Posay

（理肤泉特安面霜）

褒曼医生的选择：ATOPALM MLE Face Cream（爱多康抗敏保湿精华霜）保湿效果很好，含有假神经酰胺成分有助于修复皮肤屏障。

面膜

面膜对于 DSNW 肤质的人非常必要，一个含硫磺的面膜能够有助于缓解炎症和痤疮，而增加皮肤水合度的面膜有助于皮肤屏障的修复。

我最喜欢的改善粉刺的面膜其实是处方产品：Medicis 公司生产的 Plexion SCT 面膜。

推荐用于治疗痤疮的面膜

$ Paula's Choice Skin Balancing Carbon Mask

（宝拉珍选 活性炭矿泥平衡面膜）

$$ DDF Sulfur Therapeutic Mask

（DDF 硫磺治疗面膜）

$$ Peter Thomas Roth Therapeutic Sulfur Masque

（Peter Thomas Roth 硫磺治疗面膜）

褒曼医生的选择：DDF Sulfur Therapeutic Mask（DDF 硫磺治疗面膜）。

推荐用于增加皮肤水合度的面膜

$ Avène Soothing Moisture Mask

（雅漾保湿面膜）

$ MD Formulations Moisture Defense Antioxidant Treatment Masque

（MD 抗氧化保湿面膜）

$ Paula's Choice Skin Recovery Hydrating Treatment Mask
（宝拉珍选 补水修护面膜）

$$ Boscia moisture replenishing mask
（Boscia 补充水分面膜）

$$ Caudalie Revitalizing Moisture Grape-Seed Cream Mask
（欧缇丽葡萄籽深层清洁面膜）

$$ Kantic mask by Alchimie Forever

$$ L'Occitane Cream mask
（欧舒丹面膜）

褒曼医生的选择：MD Formulations Moisture Defense Antioxidant Treatment Masque（MD 抗氧化保湿面膜）具有修复皮肤屏障的成分和抗氧化成分。

选购化妆品

查询化妆品是否含保湿和皮肤保护作用的成分。避免那些对敏感肤质有刺激的产品。我无法列出来所有需要避免的成分，因为这主要取决于配方和浓度，所以最简单的指导意见就是避免任何产生泡沫的洁面乳、洗发香波和浴液。如果你觉得你必须使用泡沫洁面乳，确保宁可少用而不要多用。你应该避免使用香水，因为香水也能够导致皮肤过敏。

我在下面列出了其他一些应该避免的成分。如果你有喜欢的清单之外的护肤产品，请访问 www.derm.net/products 并告诉我是哪些成分，因为我一直在寻找新产品。

护肤产品使用	
用于抗皱	
• 罗勒属植物	• 咖啡因
• 卡米拉冬虫夏草	• 胡萝卜提取物
• 辅酶 Q10	• 铜肽
• 姜黄素	• 阿魏酸
• 菊科植物	• 姜
• 人参	• 葡萄籽提取物
• 绿茶、白茶	• 艾地苯醌
• 叶黄素	• 番茄红素
• 石榴提取物	• 碧萝芷
• 迷迭香	• 水飞蓟素
• 大豆异黄酮	• 丝兰

推荐的护肤品

改善皱纹

- 铜肽
- 银杏

用于抗炎成分

- 芦荟
- 胶体燕麦
- 维生素原 B_5
- 菊类
- 甘草查尔酮
- 紫苏叶提取物
- 红藻
- 百里香
- 锌
- 洋甘菊
- 黄瓜
- 月见草油
- 绿茶
- 紫茉莉
- 碧萝芷（松树树皮提取物）
- 红三叶草（豆科）
- 柳树植物成分

用于滋润和保湿

- 土耳其斯坦筋骨草
- 杏仁油
- 菜籽油
- 胆固醇
- 胶体燕麦
- 二甲基硅油
- 甘油
- 澳洲坚果油
- 红花油
- 芦荟
- 琉璃苣籽油
- 神经酰胺
- 可可脂（如果你有粉刺，不要用）
- 维生素原 B_5
- 月见草油
- 西蒙得木油
- 橄榄油
- 牛油树脂

护肤品应该避免的成分

如果你有痤疮

- 肉桂油
- 椰子油
- 肉蔻酸异丙酯
- 薄荷油
- 可可脂
- 异丙基硬脂酸
- 羊毛脂
- 棕榈酸异丙酯，异丙酯硬脂酸，硬脂酸丁酯，异硬脂醇新戊酸酯，肉豆蔻酰，癸油酸，硬脂酸锌，辛棕榈或异硬脂酸盐，2-丙烯乙二醇，肉豆蔻丙酸

如果你容易出现红脸

- 果酸（乳酸、乙醇酸）
- 过氧化苯甲酰
- 植酸
- 视黄醛
- 视黄醇棕榈酸酯

- 硫辛酸
- 葡萄糖酸
- 多羟基酸
- 视黄醇
- 维生素 C

在过敏或刺激的情况下

- 氯氧化铋（眼影中的成分）
- 氢氧化铬和氧化铬，是绿色化妆品的原料，容易引起过敏
- 钴
- 镍
- 蓖麻酸

- 蓖麻油和伊红（长效唇膏）

- 铅
- 没食子酸丙酯

使你的皮肤避光

使用霜剂的防晒霜来为你的皮肤提供更多的滋润。如果你对化学防晒霜中的阿伏苯宗和苯甲酮起反应出现红斑和敏感，你可以去找寻含有二甲基硅油和环聚甲基硅氧烷的化妆品，这类产品不像其他防晒霜那样容易导致皮肤刺激。

推荐的防晒产品

$ Neutrogena sensitive skin sunblock lotion
（露得清敏感皮肤防晒乳液）

$ Paula's Choice Extra Care Moisturizing Sunscreen SPF 30+
（宝拉珍选 特效保湿隔离日乳 SPF30+）

$$ Applied Therapeutics® Sensitive Skin SPF 25 Moisturizing Sunscreen Lotion
（Applied Therapeutics 敏感皮肤日常保护保湿乳液 SPF25）

$$ Avène Very High Protection Fragrance Free Cream SPF50
（雅漾清爽倍护无香料防晒霜）

$$ Dr Mary Lupo Full Spectrum Sunscreen SPF 27
（Dr Mary Lupo 全光谱防晒霜 SPF 27）

$$ When Hope is not enough SPF by Philosophy
（Philosophy "超越希望"日霜）

$$ Physical UV Defense SPF 30 by Skinceuticals
（修丽可物理防晒霜 SPF 30）

$$ Origins Sunshine State ™ SPF 20

（悦木之源沐浴阳光™ SPF 20）

$$ Citrix Antioxidant Sunscreen SPF30 by Topix

（Citrix 抗氧化防晒霜 SPF30 by Topix）

$$$ Darphin Sun Block SPF 30

（迪梵 Sun Block SPF 30）

褒曼医生的选择： When Hope is not enough SPF by Philosophy（Phiosophy"超越希望"日霜）或 Citrix Antioxidant Sunscreen SPF30 by Topix（Citrix 抗氧化防晒霜 SPF30 by Topix），这两个产品中都含有抗氧化剂。

如果出现应用防晒霜后的红肿或刺痛，可疑的成分有：

- 阿伏苯宗
- 二苯甲酮
- 甲氧基肉桂酸脂酯
- 对氨基苯甲酸

你的护肤

你的皮肤干燥敏感，很容易与化妆品中的过敏原发生反应而产生红斑等症状。通常引起问题的是腮红和眼影。

很多品牌的眼影含有铅、钴、镍、铬，这些成分会使过敏体质的人发生过敏。眼影、腮红和眉笔里面可能会有很多锐利的小颗粒，就像贝壳划破并刺激敏感干燥的皮肤，而且容易结块使皱纹看起来更突出。

霜剂的眼影和腮红是最好的，不过如果你的脸颊有着自然的粉红色，你就可以不用腮红（我就是这样）。粉剂化妆品通常是为了控油而设计的，这其实没有必要反而会使皮肤干燥并出现皱纹。如果你不想再涂厚重的粉底，你可以使用有颜色的含有防晒成分的保湿霜。如果皮肤非常干燥的话，请在普通保湿霜的外面使用色彩保湿霜。而对于轻微的皮肤干燥，单用这种有颜色的保湿霜即可。

理肤泉有一条彩妆生产线，里面的产品没有常见的致皮肤干燥敏感或者湿疹的过敏原。他们生产的唇膏中含有水合甘油。不过目前在美国还没有销售，你可以去法国的药房购买（这也算是一个旅行的好借口）。

用于改善痤疮的含有水杨酸的粉底对于你来说太干燥了。可以继续使用含油的粉底。与普通的看法相反，含油并不会增加痤疮发生的概率。

推荐的粉底

$ Avène Fluid Foundation Corrector

（雅漾焕彩无油遮瑕隔离粉底乳）

$ Neutrogena Visibly Firm Foundation

（露得清紧致活力粉底）

$ Paula's Choice all bases coverde foundation SPF15

（宝拉珍选 全效滋润防晒粉底）

$$ Kevin Aucoin Dew Drop Foundation

（Kevin Aucoin 粉底）

$$ L'Occitane Tinted Day Care SPF 15

（欧舒丹着色日常护理）

$$ Trish McEvoy Protective Shield Tinted Moisturizer

$$$ La Prairie Skin Caviar Concealer Foundation SPF 15

（莱珀妮鱼子精华粉底 SPF15）

$$$ Versace Fluid Moisture Foundation

（范思哲滋润粉底霜）

褒曼医生的选择： Neutrogena Visibly Firm Foundation（露得清紧致活力粉底）
含有铜肽，有助于改善皱纹。

推荐的霜剂眼影

$ Almay Bright Eyes

（高光双头笔眼线）

$ Revlon Illuminance Cream Shadow

（露华浓琉光四色眼影膏）

$$ Bliss Lidthicks

$$ Bobbie Brown Cream Shadow Stick

（芭比波朗霜雪眼影膏）

$$ Clinique Touch Tint for Eyes Cream Formula

（倩碧眼霜）

褒曼医生的选择： 含有抗氧化剂的 Bliss Lidthicks。

推荐的腮红

$ Avon Split Second Blush Stick

（雅芳霜状腮红）

$$ Bobbie Brown Cream Blush Stick

（芭比波朗霜状腮红）

$$ Jane Iredale Blush (powder blush with soothing minerals)

(Jane Iredale 腮红（有舒缓矿物质的粉状腮红））

$$ L' Occitane Color Cream for Lips and Cheeks

（欧舒丹唇颊色彩霜）

$$ Laura Mercier Cream Blush

（Laura mercier 胭脂膏刷）

褒曼医生的选择： 这些产品都不错。

咨询皮肤科医生

处方类皮肤护理策略

我的处方治疗方案建立在治疗痤疮的抗生素和治疗面部红斑刺痛的抗炎药物基础上。虽然一般的 DSNW 型患者不能耐受维 A 酸，但是如果痤疮是你皮肤敏感性增强的主要表现并且你的评分是低 S 的话，你就可以使用温和的维 A 酸类药物，如达芙文（参阅下文说明）。

如果你患有过敏性皮炎或湿疹，艾宁达和普特彼之类的处方药就可以治疗你皮肤的红斑和瘙痒。你的医疗保险可以报销你看皮肤科医生和药品的费用，记住，正确的保湿有助于防止因皮肤屏障破坏而导致的湿疹。

日常皮肤保养方案

第二阶段	
应对痤疮的处方类治疗方案	
早晨	**晚上**
第一步：含硫磺的洁面乳洗脸	第一步：含硫磺的洁面乳洗脸
第二步：使用治疗痤疮的处方类抗生素	第二步：使用治疗痤疮的处方药物
第三步：使用含防晒成分的保湿霜	第三步：使用含有抗氧化剂的晚霜
第四步：使用含防晒成分的粉底（可选）	第四步：使用维A酸类药物（仅适合混合性皮肤的人，具体参见操作指南）
	第五步：外用含硫磺的面膜，每周一到两次

在早晨，使用含有硫磺的洁面乳洗脸，接下来应用治疗痤疮的处方类抗生素，然后是含有防晒成分的保湿剂。如果你愿意的话可以使用含防晒成分的粉底。

在晚上，使用含硫磺的洁面乳洗脸，然后使用治疗痤疮的处方药。接下来是含有抗氧化剂的晚霜。如果你没有面部的红斑或潮红，并且你的 O 项评分是 17 ～ 26 分或者 S 项评分是 25 ～ 33 分（这表示轻度干燥或轻度过敏），那么你就可以应用少量的维 A 酸如达芙文。开始时应缓慢加量，并且把维 A 酸小心地用于晚霜的外面以防止发生反应。

每周使用 1 ～ 2 次含硫磺的面膜。

如何使用维 A 酸

大多数 DSNW 型皮肤的人不能使用维 A 酸类，不过若你的主要问题不是红斑刺痛而是痤疮，那么你是可以接受维 A 酸类药物的。如果你使用维 A 酸的同时还使用含硫磺的面膜，你应该把面膜安排在维 A 酸之前。把面膜去掉后须等待 15 分钟后才可以应用维 A 酸。请到"对干燥敏感型肤质的进一步帮助"查看维 A 酸应用部分的内容。

第二阶段	
需处方，对于红斑和刺痛情况	
早晨	晚上
第一步：含硫磺的洁面乳洗脸	第一步：含硫磺的洁面乳洗脸
第二步：使用治疗痤疮的处方类抗炎症药物	第二步：使用治疗痤疮的处方抗炎药物
第三步：使用含防晒成分的保湿霜	第三步：使用含有抗氧化剂的晚霜
第四步：使用含防晒成分的粉底（可选）	

在早晨，使用含硫磺的洁面乳洗脸，这有助于减少炎症反应。接下来你需要使用一些处方类抗炎药物以进一步安抚你的皮肤，之后使用含有防晒成分的保湿霜。

在晚上，使用含硫磺的洁面乳洗脸。应用抗炎药物，随后是含抗氧化剂的晚霜。这种晚霜有助于防止皱纹生成同时又不会刺激皮肤。

一旦你的粉刺或红斑消退了，你就可以重新回到非处方方案继续进行皮肤保养。不要使用含有维 A 酸或维生素 A 的产品，因为他们可能对你来说过于刺激。

适用于你皮肤的处方类产品

有许多优秀的处方类外用抗生素和含磺胺类的化妆品，因此我只把我推荐最多的产品列在下面。如果想要用这些产品，你需要去咨询皮肤科医生。

推荐用于面部红斑的处方药

Rosac 霜，内含硫磺醋酰、硫和防晒霜

推荐的处方磺胺清洁剂

Rosanil，比其他的产品好闻一些

用于面部红斑的处方类面膜：

Medicis 生产的 Plexion SCT 面膜

用于面部红斑的口服抗生素：

- 红霉素
- 多西环素
- 四环素、强力霉素、米诺环素
- 阿奇霉素（希舒美）

推荐用于湿疹的处方药：

- 艾宁达
- 普特彼
- 用于面部以外部位的类固醇激素

推荐的处方药：

用于痤疮以及防止皱纹，当面部没有红斑时使用

- 达芙文
- 瑞诺瓦
- 他扎罗汀霜

你的肤质护理程序

不幸的是，没有任何皮肤护理程序能够改善你干燥敏感的皮肤。如果你经常因为化妆品而出现皮疹的话，皮肤科医生可以通过皮肤斑贴试验的办法找出究竟是哪些成分造成了皮疹。（请参见第十五章"皮肤护理程序"一章中有关斑贴试验的信息）

防皱治疗

虽然正确的使用保湿霜对这一类型中的一部分人可以起到祛皱效果，但是另外的人可能就需要考虑使用肉毒杆菌毒素或皮内填充物了。请参看"油性、敏感性皮肤"一章关于肉毒杆菌和皮肤填充物治疗各型皱纹部分的内容。

光疗法

采用光作为治疗的方法包括非蚀伤性激光、二极管激光和强脉冲激光，在未来都将应用于祛皱治疗。不过尽管激光在治疗其他疾病时收效满意，但现阶段激光对于祛皱效果不佳。（我见到很多花费五千到六千美元进行激光治疗皱纹而没有

取得效果的人）。

然而，光疗法对于某些玫瑰痤疮的症状是有效的。如果你现在正患有玫瑰痤疮，请到"油性、敏感性皮肤"这章中有关光治疗部分获得相应信息。

鉴于蓝光能够杀死造成痤疮的细菌（如痤疮丙酸杆菌），因此光疗法对于痤疮是有良好效果的。研究显示，规律使用光疗法能够改善痤疮。一位开展激光治疗的皮肤科医生通常按照以下方法进行治疗：起初四个月每周两次，之后每个月一次直到病情完全康复。根据痤疮的严重程度不同治疗也会发生变化，有的时候皮肤科医生会使用红光替代蓝光。

什么是化学换肤？

红斑刺痛的皮肤不需要使用化学换肤，因为化学换肤剂内含有让你的皮肤更加敏感的成分。由于你的皮肤屏障不完整，你可能会被强力剥脱剂烧伤。请远离这些产品。但是，如果你仅仅有痤疮而没有红斑和刺痛的话，那么化学剥离对你来说就是有效的。我比较喜欢的用于痤疮的化学剥脱剂成分是水杨酸和间苯二酚。

持续保护你的皮肤

仔细选择你所用的化妆品，规律进行保湿。避免日光照射，戒烟并尽量多吃蔬菜。如果你想获得关于饮食和生活习惯方面更多的建议，请参考关于"对干燥敏感型肤质的进一步帮助"部分的内容。

第十五章
DSNT：干性、敏感性、非色素性、紧致皮肤

燥热的皮肤类型

"我的皮实在是太…太…太干了。我觉得自己就像生活在沙漠里，我的眼皮脱皮、嘴唇开裂，无论用什么面霜皮肤都会有烧灼感，这让我的皮肤变得更糟。"

关于你的皮肤

皱缩、脱皮、红斑、粗糙和憔悴。如果调查问卷显示你的皮肤属于 DSNT 类型，那么你的皮肤正处于极度缺水的状态。就像老话所讲的那样："到处都是水，可没有一滴水可以用来喝。"你尝试了各种补水办法。比如按照专家的建议每天补充大量的水分；你抗拒咖啡，因为咖啡具有脱水的作用；你知道自己需要使用保湿剂，即使是最昂贵的化妆品，你敏感的皮肤也会对其发生反应，这一切让你绝望。

全面了解你的皮肤是制订正确护肤策略的基础。我必须承认我也是这一型皮肤中的一员。应对这一型的皮肤问题并不容易，至少我如此热衷于护肤品及其成分的一个原因就是我想解决自己的皮肤问题。所以请不要恐惧，即使是对你这种脆弱干燥的皮肤，我们也有办法来解决。

DSNT 型肤质的名人

金发女演员克里斯蒂娜·艾伯盖特因福克斯电视台的剧集而大受欢迎，当看到奉子成婚的她学自己的女儿凯利邦迪蹒跚学步的样子时，观众都非常开心。最近一段时间她主演了一部喜剧《主持人》，在剧中她饰演了一位镇定的女性播音员。她亲切的感染力成就了她的高人气，她就像一位充满活力的邻家女孩。

艾伯盖特的演员生涯始于当她还是母亲怀抱中的婴儿时。她的妈妈南希普里蒂也是一名演员，拥有浅色头发和浅色皮肤，同样很迷人。慢慢的艾伯盖特成了一名儿童演员，并逐渐成长为一名童星。艾伯盖特白皙光滑的皮肤很明显是属于非色素紧致性的皮肤类型。我猜测她的皮肤也是敏感干燥的，因为她的一些照片显示她可能有轻度的红斑和皮肤刺激症状。作为演员，她经常因拍摄影视作品和

拍照需要上妆，这对于其干燥、敏感性皮肤有一定刺激性，所以这种皮肤状况很难被掩盖。如果病因和治疗是紧密联系的，那么这种皮肤问题也就不那么容易被伪装了。我仍然要说的是，我很欣赏她能够抵抗晒黑的诱惑。她苍白颜色的皮肤很容易被晒伤，很显然她的做法是正确的。

DSNT 型皮肤的概况

那些小心保护皮肤的白种人多数是这种类型的皮肤。尽管皮肤的细致很让人羡慕，但是想要护理它是非常痛苦的。你不但无法去晒出很好的颜色，反而你得尽全力去防晒。大多数 DSNT 型人发现过多阳光照射对于超敏感肌肤完全不友好。如果 DSNT 的人没有发现这一点的话，他们不仅会付出金钱代价，还有可能变成 DSNW 型皮肤，即由紧致的皮肤变成多皱纹的皮肤。至少你还不必防治皱纹"难道皱纹可以避免？"是的，皱纹是可以避免的。从未被太阳晒过的皮肤就不会出现皱纹。因此如果有正确的方式对待肌肤，即使是随着年龄增长皮下脂肪会减少，脸上也不会出现皱纹。拥有紧致肌肤的 DSNT 型人应该养成诸如防晒、戒烟之类的好习惯。很多 DSNT 型的人应该做到健康饮食，尽量多摄取抗氧化的食物（如蔬菜和水果），这有助于防止皱纹和保持全身的健康。

还是要强调一下，无论你多大年纪，不让你的皮肤受到刺激，增加它的湿度都会非常有助于你的保养，你还应该仔细选择你所用的化妆品。

DSNT 型肤质的皮肤敏感性

大约有四成的美国人表示他们的皮肤非常敏感，会对化妆品或者化妆品中的成分产生灼痛、刺激、瘙痒和红斑。因为想要得知确切的过敏原需要费些时间，我建议你首先停止使用最常见的过敏产品，我会在这章中列出建议避免的产品。如果这样还不能找出原因的话，你可以每天记录下你所有吃过的食物和用过的化妆品，以便查找潜在的过敏原。最后你可以去求助皮肤科医生进行斑贴实验，这可以确定确切的过敏。不过若你能够自己事先缩小检测范围，这样可以省下不小的检测费用。

如果把放在一起的不同肤质看作一道光谱的话，皮肤敏感和皮肤过敏是在这道光谱的同一位置上：尽管你可能不总是对特定的护肤品成分过敏，但是除非这种护肤品成分能够安抚皮肤并且降低皮肤敏感性，否则这种护肤品还是会损坏皮肤屏障并增加你全身皮肤的敏感性。

皮肤屏障

管理好你肤质的关键就是了解皮肤屏障。皮肤的天然屏障是由细胞组成的

"砖块"和脂类组成的"水泥"组成。脂肪分子排列成双分子层结构并因此而形成三维结构。这种结构类似于 Saran 包装膜，保护皮肤内的水分不流失也防止过敏原、毒素和细菌的侵入。

抵抗型肤质的人拥有一道坚固的皮肤屏障（就像一道实心砖墙），能够维持皮肤完整性并防止护肤品成分（以及其他成分）进入到皮肤的深层。对于这种肤质，我建议他们使用效果更强的化妆品，因为温和的成分不容易穿过如此坚实的屏障。但是如果你的肤质与抵抗性肤质的人不同，则是在这道光谱的另一端。

因为皮肤屏障十分脆弱，外界物质很容易穿透皮肤屏障，机体免疫系统识别出外来抗原并反应过度就造成了过敏和炎症反应的发生。一旦皮肤屏障被破坏，恶性循环就开始了：皮肤保护能力下降导致致炎物质的进入；炎症造成瘙痒和皮肤屏障的进一步降低。结果就是皮肤不能留住水分，皮肤失水进一步引起皮肤炎症、瘙痒和干燥。

外界刺激能够引起或加重皮肤屏障的破坏。刺激性强或含有香料成分的护肤品能够引起皮肤炎症并破坏细胞。鉴于护肤产品之中常含香料、香水、精油和植物成分，因此对于 DSNT 肤质的人来说，"无香料"产品成为流行产品也是顺理成章的事情。指甲油中的丙酮、处理织物的化学品、干洗剂、建材、地毯、家具抛光剂和工业汽车的污染都有可能导致皮肤屏障破坏。如果你对镍过敏，饮食中或者皮肤接触到的镍也都会造成皮疹。有趣的是，现在人群镍过敏就与新发行的欧元硬币高镍含量有关系。

很多 DSNT 肤质的人都患有皮肤过敏。许多人只有佩戴纯黄金或纯铂金耳环才能避免皮疹。其原因经常是由于镍过敏。手表、外衣或内衣上的挂钩可以引起皮疹。在戴指环下方的皮肤也可能会出现红色皮疹，不过不要担心。这并不意味着你的黄金或铂金戒指是假的，很可能是当你洗手的时候，肥皂或洗涤剂遗留在你的戒指下方并刺激皮肤造成的。

DSNT 型皮肤对洗涤产品非常敏感，出现"洗餐具手"的机会比其他肤质几率要高。频繁洗手使按摩师处于患手部皮疹和干燥的高危环境中。最近的一项研究显示使用芳香油的按摩师之中有 15% ～ 23% 患了手部皮炎。

有过敏和哮喘家族史的人容易发生皮肤干燥，而干燥可引起湿疹。原因可能是某种维护皮肤结构的酶发生了异常。

在油性肤质中，皮肤敏感会造成痤疮，而面部潮红、刺痛、灼痛和过敏反应就比较少见。因为油脂有助于增强皮肤的屏障功能。然而，那些在敏感项目上评分较高的人经常对很多化妆品成分过敏。油性、干性同时又敏感的肤质更容易频繁发病，如每隔几个月就出现粉刺。对于干燥、敏感肤质的人，干燥是导致湿疹的主要原因。在调查表上干燥和敏感性评分越高，你的风险就越大。

玛姬的故事

今年36岁的玛姬生活在美国中西部，她具有德国血统，是一名瑜伽教练。当她从位于加勒比的瑜伽胜地回来之后便来找我。她的主诉是皮肤干燥，她还跟我说她最近感觉很疲劳，而且在艰难地度过了一段破裂的感情之后出现了失眠。

"我饮食很健康，运动也规律，"她说，"可是我却感觉要崩溃了一样，甚至连我的指甲都干裂了"。

玛姬的指甲并不是她全身唯一干燥的地方。她的脚跟皲裂，她的双手也开裂并呈现粉红色，还有她的脸颊、眼皮和前额也在脱皮。眼周有很多皱纹。压力能够激发身体的炎症反应，造成了炎症和干燥的循环发作。所有的这些症状使她看起来要比实际年龄老一些。

玛姬知道她需要使用保湿霜，可是当她使用含有果酸的抗老化霜后，她的皮肤就会出现灼热和刺痛，随后皮肤变红，红色消退后留下很多斑片。这些斑片几天后出现干燥和脱屑。随后她的皮肤就比之前更加干燥了。会出现上述症状的原因是她用来改善皮肤的抗老化霜含有对其皮肤不利的成分，如有刺激性的香水和果酸；而不含有对其皮肤有改善作用的成分如保湿剂、能够修复屏障的油（月见草油、琉璃苣种子油和ω-3脂肪酸）。此外，她的天然有机肥皂也洗去了保护她皮肤的脂肪。

玛姬的素食对其解决皮肤问题也没有任何帮助。因为她急需补充必需的脂肪酸并合成脂肪来修复皮肤屏障，这样才能够保持水分并将刺激物排除在外。这些必需脂肪酸的最佳来源就是高脂肪含量的鱼，如鲑鱼、鲭鱼和鳕鱼肝油，而这些在玛姬的食物中肯定是没有的。虽然核桃和亚麻籽是素食主义者补充上述脂肪酸的食物来源，不过对于很多人来说他们不能被转化成有效的化学结构。玛姬一直在补充我说的这些植物性ω-3脂肪酸的食物，但是她长久不愈的症状显示她体内无法将这些植物性的脂肪酸转化成合适的成分。鉴于她对我推荐的鱼类表示不能接受，我也只好退而求其次，让她考虑增加高质量的鱼肝油作为补充。一些研究显示素食和低胆固醇饮食与易患皮肤干燥和湿疹有关。通过摄入一些必要的补充食物可以为缺乏的物质提供重要的补充。

玛姬对我的建议不是很开心，我也能看出她的犹豫不决。虽然她有权选择自己的饮食哲学，可是看起来她的食物不能使自己容光焕发。按照正确的皮肤护理方案她的皮肤状况能够改善，只是她的身体需要合适的营养作为"砖块"来修筑这道健康皮肤屏障的"墙"。

我给她开具含有皮肤保养补充品的处方，比如葡萄糖胺有助于合成透明质酸。透明质酸可以帮助保持水分；我同时还给她开了一些生物素（一种水溶性维生素B）来帮助她解决指甲问题。

当玛姬回到家后，她告诉我她一直在遵从我的皮肤护理新方案，并服用了我推荐的食物补充。她说她的精力和情绪明显提升，皮肤也看起来好了许多。我不知道玛姬是否决定按照我的建议食用鱼类，不过我很希望她这样做了。

像玛姬一样，拥有 DSNT 肤质的你可能会有以下一项以上的问题：

- 干燥
- 脱皮
- 紧皱
- 瘙痒
- 斑点
- 红斑
- 对护肤产品敏感
- 对香皂和洗涤剂敏感
- 戒指处皮疹
- 佩戴非纯金和非纯铂金时出现皮疹
- 穿耳环处皮肤刺激和炎症
- 偶尔出现粉刺

皮肤干燥可能不只是皮肤的问题，还有可能是甲状腺功能减退的症状。甲状腺功能减退症的发病率正在上升，在妇女中发病率大约是千分之十九，男性发病率大约是千分之一。患了这种疾病的人体内无法合成足够的甲状腺激素，从而导致以下症状：疲劳、抑郁、健忘、干燥、眉毛外侧 1/3 脱落、眼睑和面部水肿、心跳缓慢、皮肤干燥、怕冷、体重增加、月经量多、便秘和松脆的指甲。

如果你有上诉症状请向内科医生咨询是否存在甲状腺功能减退的可能性，这可能是你皮肤干燥的原因。医生可以做专业方面的检测以确定你的身体是否能够产生足量的甲状腺激素。

可以导致皮肤干燥的环境因素

如果你现在皮肤正患严重的干燥或湿疹，请注意是否存在下面的情况：

- 寒冷的天气
- 干燥的气候
- 大风天
- 长期热水烫洗
- 洗涤剂和肥皂
- 粗糙衣物摩擦
- 经常乘飞机旅行

- 空调
- 空气污染

虽然上面的条件中很多是不可避免的，但是如果你意识到有这方面的可能，你还是可以采取一些措施来应对，比如多使用一些保湿霜、在寒冷的风天遮盖你的脸，购买柔软的织物等。

凯文，一名44岁的爱尔兰血统波士顿人，为人开朗，是一个蓬勃发展公司的总裁和创始人。他的工作需要频繁出差，他平时喜欢轻装简行。所以他总是用酒店提供的香皂和香波。如果有免费赠品，他从来不考虑使用自带的洗护用品。当他的皮肤感到干燥时，他就把酒店提供的护肤乳液擦在脸上，然后用热水洗掉。

当干燥、脱皮和红斑出现在凯文的脸上，他并未理会。在他看来，男人不应该太关注自己的皮肤。一段时间以来他的症状并没有好转，他就随便找了一瓶妻子艾琳放在浴室里的面霜，挖一小块涂在脸上。不过看上去这只能暂时缓解，红斑和瘙痒却进一步加重了。过了几周后，他用过的面霜越来越多，症状却越来越重。

最后，因为红斑和炎症越来越严重，他的妻子向我预约就诊。

凯文很显然属于干性皮肤，只是他的皮肤敏感情况只有在多种环境因素的作用下才表现出问题。频繁的空中旅行使他的皮肤变得干燥，雪上加霜的是他把自己脆弱的皮肤暴露在旅行酒店香皂、香波、须后水和保湿剂之下。最终，放任病情发展的凯文在皮肤屏障持续破坏之后变成了现在这一状况。他的情况慢慢的发展成了皮炎 / 湿疹。

为了让他的瘙痒和炎症不再持续下去，我给他开了一个处方药物艾宁达做短期治疗，艾宁达可以安抚他受到刺激的皮肤并防止进一步破坏。最后我开始向他介绍一些必要的护肤知识。我建议他规律使用含有防晒成分和皮肤屏障功能修复的无香料保湿剂，既能够滋润皮肤又可以防止太阳照射。我强烈建议他把这一护肤品放在他的公文包里，如果长时间飞行时每隔两个小时就使用一次。我告诉他在购物的时候需要买哪些产品，如保湿效果很好又不会破坏皮肤屏障的洁面乳、香皂、洗发香波和须后水。我还给了他一些化妆品小样，这样他就能够随身携带而不至于使用酒店提供的产品了。

按照我的护肤计划，凯文早期皮炎的一些征象开始出现了好转，他也能够有意识在频繁的旅行中保护自己的皮肤。当他六个月后复诊，虽然不大情愿，但他最后还是承认把皮肤保护好也是充满乐趣的事情。

乘坐飞机旅行对于每个人来说都是困扰，但是对于干燥类型的人影响最大。无论在何种外部条件下，我们的身体都有天生维持细胞内水分平衡的机制，皮肤细胞也不例外。这个机制是通过千万年进化得来的，但是却从没有经受高空高速飞行的考验，也没有经过暴露于机舱压力、干燥、高海拔、强烈阳光之中的考验。所有这些不利因素都破坏了我们的皮肤保存水分的功能并导致皮肤脱水。旅行往往伴随着压力，同时压力也会破坏皮肤屏障。每次旅行后，皮肤都需要 3 天来重新恢复平衡。快速的频繁旅行就更糟了，即使是头等舱也无法为你提供更多的保护。这就是为什么当我旅行的时候，我情愿放弃美丽的妆容，仅选择使用效果更好的保湿霜及防晒指数更高的产品。

在热水中浸泡同样能够使皮肤干燥并破坏 DSNT 型的皮肤。温泉浴、蒸气浴和面蒸也均不适合 DSNT 型皮肤。你需要的只是使用温水快速的冲个澡。请留意水质，偏硬或者经过化学处理的水能够使皮肤干燥。在洗完澡之后你需趁皮肤仍然潮湿时使用保湿霜以锁住皮肤上残留的水分。长时间（超过一小时）浸泡在室温的水中也能破坏皮肤的屏障。

当你在冲洗头上的洗发水和护发素时它们能够接触到你的脸部皮肤，所以挑选洗发水和护发素也需要很小心。阅读商品标签避免选择含常见的敏感成分的产品。洗发水和护发素使用后要彻底清洗。会起泡的洗发水威胁最大，所以你一定要避免这种洗发水接触到脸上。

除非你使用的是特殊配方的洁面乳，否则普通洁面乳会使 DSNT 型人的皮肤进一步干燥。我会在这一章的后面为你指出最好用的产品。

保湿剂和 DSNT 型肤质

虽然你的皮肤缺水且急需保湿，也许在我看来中低价格产品便能满足你的需求。在大多数情况下，高端的保湿剂是不必要的，除非你完全能够承受而且你又很喜欢它们的包装。有一个受到很多杂志追捧的知名化妆品，经常被名人或化妆师信奉为护肤至宝。但是在我看来，它只不过是把添加了藻类的古老原料放在一个设计的美轮美奂的罐子里而已。想要制造出天价化妆品，大多数化妆品公司把钱花在了广告和包装上，因为这能够吸引你购买它。只有非常少的成本是真正用到你的脸上。我的一个朋友有一个很不错的想法。她把她从前用完的高端品牌化妆品瓶子留下，并把从药店新买的护肤品倒入其中。她得到了心理上满足的同时还得到了同样优质的皮肤保护。不过也有一些高端品牌的确是物有所值的，当需要花钱的时候我会告诉你。

虽然我建议那些油性、色素沉着和倾向于出现皱纹的人群使用维 A 酸类或维生素 A 酸类药物治疗。可是如果你不会出现色素沉着，皮肤也很紧致，那么这类药物就不适合你了。尽管他们有抗衰老的功效，但是因为这类产品能够使皮肤干燥，因此只有少部分干性肤质的人能够使用。

修复皮肤屏障

现在我已经提醒你，受损的皮肤屏障可能导致的皮肤病，并且还说了有助于修复受损屏障的外部因素。这里还有一条好消息：你可以重建你的皮肤屏障。由于皮肤的屏障是由脂肪酸组成，因此无论是食用的脂肪（和油）或是在皮肤局部使用的脂肪（和油）都可以修复皮肤屏障。摄入和正确的局部使用油脂被认为是保持健康的皮肤屏障和修复受损皮肤的重要步骤。

一个功能正常的皮肤屏障有三大组成成分，分别是胆固醇、脂肪酸和神经酰胺，这三者必须保持正确的比例才能够建立正确的三维结构并锁住皮肤水分。

如果有某些内部或外部因素破坏这三种类型的脂肪，那么皮肤屏障的结构也会受到破坏。服用降低胆固醇的药物会加重皮肤干燥。研究显示，清洁剂中的成分（如十二烷基硫酸钠）会把皮肤表面的脂肪酸洗掉并造成皮肤干燥刺激。阳光照射会抑制产生神经酰胺的酶从而造成皮肤干燥。

虽然许多护肤品成分包括一个或多个修复皮肤屏障的关键脂肪酸，但是最好的产品不仅需要包含这三种成分，而且需要这三种成分的比例也是合理的。事实上替换掉其中任何一种都有可能起到相反的效果，可能会伤害到皮肤屏障。一些公司已经开始研究修复皮肤屏障的化妆品。多芬公司的母公司联合利华对皮肤屏障和皮肤保湿进行了广泛地研究，他们甚至针对这一问题写了一本书《皮肤保湿》。所以多芬化妆品生产线本身就是针对缓解皮肤问题而设计。多芬的两个化妆品系列都含有修复干燥皮肤的上述三种成分。霜剂洁面乳首先把脂肪酸释放在皮肤上，接下来又在保湿霜上面添加了胆固醇和神经酰胺。你可以相信"市场宣传"并把两种产品结合起来使用以获得最好的效果，这种情况其实是并不多见的。另外一家叫做 OSMOTICS 公司还开发了一个屏障修复保湿霜称作 Tri-Ceram，按照字面含义就是含有三种重要的屏障修复原料。名为 NeoPharm 的一家韩国公司建立了一个化妆品系列称作 AtoPalm，该产品做得更加超前。他们证明他们生产的保湿霜能够模仿你原有皮肤屏障的三维结构。所有这些化妆品公司都表明他们的产品能够改善干燥和敏感的皮肤。但我是多芬化妆品的粉丝，我的患者们都知道。

在这一章的下一部分，我会向你展示如何正确地使用化妆品来保湿并重塑你的皮肤。

褒曼医生的底线：

避免洗涤剂、肥皂和刺激性的化学品以及恶劣的环境可以防止皮肤干燥并坚固了皮肤屏障。相比屏障破坏之后再修复，预防破坏就显得容易得多。你应该饮食健康、放松压力、摄取正确的补充、使用含有三种脂类（胆固醇、脂肪酸和神经酰胺）的保湿霜来重新修复皮肤屏障。减轻干燥、降低敏感性、舒缓刺激。

皮肤的日常护理

皮肤日常护理的目标就是使你的皮肤不干燥并降低敏感，使用含有修复皮肤屏障成分的化妆品。我推荐的所有化妆品应该有以下一项或多项作用：

- 防治皮肤干燥
- 防治皮肤红斑
- 预防并修复被破坏的皮肤屏障
- 预防并治疗痤疮

作为 DSNT 肤质的人，你的需求相对简单。你首先需要避免那些会洗去过多天然皮脂的化妆品（泡沫洁面乳）或化妆品成分（酒精）。其次，使用含有建立和保护皮肤屏障成分的保湿霜。最后，在给干燥敏感皮肤的进一步帮助部分中你会知道哪些食物和补充的营养能够有助于保持皮肤水分。

对于大部分 DSNT 肤质的人，我设计了第一阶段的非处方方案。按照规则，除非你正患湿疹、痤疮或者玫瑰痤疮，否则 DSNT 型肤质不需要处方药物治疗。

你的肤质可能有患湿疹的风险（通常是发生在身体上而不是在脸上）。如果你经常出现复发性干燥、瘙痒的红斑，请求助于皮肤科医生，他们会给你一些处方药物来治疗。

如果你有痤疮，我还会提供给你第二阶段处方药物治疗方案，这个也需要去找皮肤科医生来开具处方。

日常皮肤护理

第一阶段	
白天	晚上
第一步：使用无泡沫洁面乳	第一步：使用无泡沫洁面乳
第二步：使用抗炎精华素	第二步：应用抗炎精华素
第三步：使用舒缓面部喷雾	第三步：使用舒缓面部喷雾
第四步：应用眼霜（可选）	第四步：应用眼霜（可选）
第五步：立即使用含防晒成分的保湿霜	第五步：快速应用晚霜

在白天，使用无泡沫洁面乳清洗脸部，然后外用抗炎精华素。接下来喷上面部喷雾，外用眼霜（如果需要的话），然后在结束前快速使用含有防晒成分的保湿霜。

在晚上，使用和早晨相同的洁面乳和抗炎精华素。喷上面部喷雾，如果你正在用眼霜的话，涂抹后请再快速地涂上晚霜。

这个方案总共两星期，如果皮肤没有改观的话，使用另外一些推荐的产品。如果你又试用了三种其他的化妆品仍然没有改观，你就需要去看皮肤科医生了。

洁面乳

只可以使用保湿、无泡沫洁面乳，绝对不要使用普通香皂。

推荐的洁面乳：

\$ Avène T.E Cleansing Lotion
（雅漾舒缓特护洁面乳）

\$ Avène Extremely Gentle Cleanser
（雅漾修护洁面乳）

\$ Dove "Sensitive Essentials" non-foaming cleanser
（多芬乳霜滋润洁面乳）

\$ Neutrogena Sensitive Skin Solutions Cream Cleanser
（露得清敏感肌肤洁面乳）

\$ Nivea Visage Gentle Cleansing Cream，Dry & Sensitive Skin
（妮维雅面部温和洁面乳，适用于 & 干性敏感性皮肤）

\$ Olay Moisture-Rich Cream Cleanser
（玉兰油 润肤精华霜 洁面乳）

\$ Paula's Choice Skin Recovery Cleanser
（宝拉珍选 修护保湿洁面乳）

\$ RoC Calmance Soothing Cleansing Fluid
（RoC 舒缓洁肤液）

\$\$ AtoPalm Facial Cleanser
（爱多康洁面乳）

\$\$ Clinique Comforting Cream Cleanser
（倩碧柔润洁面霜）

\$\$ Elemis Rose Petal Cleanser
（Elemis 玫瑰花瓣洁面乳）

\$\$ Murad Moisture Rich Cleanser
（Murad 洁肤护理）

\$\$ Stiefel Oilatum -AD Cleansing Lotion
（施泰福 Oilatum -AD 清洁乳液）

\$\$ Toleriane Dermo-Cleanser by La Roche-Posay

（理肤泉特安洁面乳）

$$$ Christian Dior Prestige Cleansing Cream

（迪奥花蜜活颜精粹洁面霜）

$$$ Guerlain Issima Flower Cleansing Cream

（娇兰鲜花精华洁面霜）

$$$ La Prairie Purifying Cream Cleanser

（La Prairie 滋润洁面乳）

褒曼医生的选择：Dove "Sensitive Essentials" non-foaming cleanser（多芬乳霜滋润洁面乳），它能够在皮肤表面沉淀必须的脂肪酸。

精华素

精华液含有强效控制炎症与降低皮肤敏感的成分。大部分的精华液对于干燥敏感型皮肤的人来说都有些刺激，但是我还是可以推荐以下这些产品：

推荐的精华素：

$ Avène Soothing Hydrating Serum

（雅漾舒缓乳液）

$$ Clarins Skin Beauty Repair Concentrate

（娇韵诗舒柔修护精华液）

$$ Joey New York Calm and Correct Serum

（Joey New York 皮肤镇静精华素）

$$ Nars Brightening Serum with aloe，antioxidants and macadamia nut oil

（Nars 亮白精华，含有芦荟、抗氧化剂和澳洲坚果油）

$$ Paula's Choice Skin Recovery Super Antioxidant Concentrate

（宝拉珍选 强效修护抗氧化精华）

$$ Toleriane Facial Fluid by La Roche- Posay

（理肤泉特安舒护乳）

褒曼医生的选择：Clarins Skin Beauty Repair Concentrate（娇韵诗舒柔修护精华液），内含甘草和甘菊提取物。

面部喷雾

DSNT 型皮肤的人不需要使用爽肤水，因为爽肤水的目的是去除皮肤上过多的皮脂，可能含有酒精和其他干燥成分。你应该使用一些面部喷雾，在使用眼霜和保湿霜之前喷在脸上。霜剂可以保持住皮肤的水分，就好像修建了一道"水库"

这一点在低湿度环境中是特别有效的。

面部护理水来自温泉。其中不含像氯一样的化学成分，自来水中添加氯是为了防止藻类或者其他生物滋生。面部护理水中成分的不同取决于温泉的来源。薇姿水中含有硫磺，而理肤泉水中含有硒。硒和硫都有抗炎的作用。

推荐的面部喷雾：
$ Evian Mineral Water Spray
（依云矿泉喷雾）
$$ Avene Thermal Water Spray
（雅漾温泉喷雾）
$$ Chantecaille Rosewater
（香缇卡五月玫瑰花妍露）
$$ Eau Thermale by La Roche-Posay
（理肤泉舒护活泉水）
$$ Fresh Rose Marigold Tonic Water with soothing, calming, comforting chamomile
（新鲜玫瑰金盏花汤力水）
$$ Shu Uemura Deep Sea Therapy
（植村秀深海疗法）
$$ Vichy Eau Thermal
（薇姿活泉水喷雾）

褒曼医生的选择： Eau Thermale by La Roche-Posay（理肤泉舒护活泉水），含有硒成分，能够舒缓肌肤。

保湿霜

DSNT型皮肤应该尽可能多的使用保湿霜。正确的保湿比其他产品更有效。早晨和晚上用的保湿霜不同，晚上的产品可以比白天更油腻一些，同时也可以防止晚上的保湿霜被擦掉。如果你白天使用的保湿霜含有SPF15以上的防晒指数，你可以不用额外使用防晒霜了。不过如果你的保湿霜防晒指数小于这一数值，你就可以将保湿霜、防晒霜和具备防晒指数的粉底相结合以保证你获得了足够的防晒保护。

推荐的日间保湿霜：
$ Purpose Dual Treatment Moisture Lotion with SPF 15

（Purpose 双效保湿露 SPF15）

$ Dove Essential Nutrients day Cream SPF 15

（多芬完美赋颜系列多重防晒修护霜 SPF15）

$ Cetaphil Daily facial Moisturizer SPF 15

（丝塔芙 保湿隔离润肤露 SPF15）

$ Aveeno Ultra-Calming Daily Moisturizer SPF 15

（Aveeno 超舒缓保湿日霜 SPF15）

$$ Avène Hydrance UV Rich

（雅漾活泉恒润隔离保湿霜 SPF20）

$$ Skinceuticals Daily Sun Defense SPF 20

（修丽可全日防晒霜 SPF20）

$$ Glycolix Elite Sunscreen SPF 30 by Topix

（Topix 牌 Glycolix Elite 防晒霜 SPF30）

$$ Paula's Choice Skin Recovery Daily Moisturizing Lotion with SPF15

（宝拉珍选 修护保湿抗氧化隔离日乳 SPF15）

$$$ Elemis Absolute Day Cream SPF 7

（Elemis 植物精华日霜）

褒曼医生的选择：Aveeno Ultra-Calming Daily Moisturizer SPF15（Aveeno 超舒缓保湿日霜 SPF15），内含小菊花成分。

推荐的夜间保湿霜

$ Aveeno Ultra-Calming Moisturizing Cream

（Aveeno 超舒缓保湿霜）

$ Dove "Sensitive Essentials" Night Cream

（多芬完美赋颜系列多重修护霜）

$ Eucerin Redness Relief Soothing Night Cream

（优色林抗红修复舒缓晚霜）

$ RoC Calmance Intolerance Repair Cream

（RoC 舒缓不耐受肤质修护霜）

$$ AtoPalm MLE Face Cream

（爱多康抗敏保湿精华）

$$ Avène Hydrance Rich

（雅漾活泉恒润保湿霜）

$$ Burt's Bees Healthy Treatment Evening Primrose Overnight Crème

（Burt's Bees 月草醒肤滋润修护晚霜）

$$ Clarins Multi-Active Night Cream

（娇韵诗多元修护晚霜）

$$ Paula's Choice Skin Recovery Moisturizer

（宝拉珍选 修护保湿抗氧化晚霜）

$$$ Crème de la Mer

（海蓝之谜面霜）

$$$ Lancome Primordiale Intense Nuit

（兰蔻 Primordiale Intense Nuit）

$$$ Sisley Botanical Moisturizer with Cucumber

（希思黎清爽黄瓜滋养面霜）

褒曼医生的选择： AtoPalm MLE Face Cream（爱多康抗敏保湿精华）。

眼霜

眼霜不是必须要使用的，在眼睛周围使用夜晚保湿霜就可以了，但如果你觉得保湿霜太厚也可以不用。对于那些喜欢单用眼霜的人，下面有一些建议：

推荐的眼霜：

$ Avène Smoothing Eye Contour Cream

（雅漾舒缓眼霜）

$ Neutrogena Soothing Eye Tints

（露得清眼部打底提亮霜）

$ Olay Total Effects Eye Transforming Cream

（玉兰油多元修护眼霜）

$$ Biotherm Biosensitive Soothing Eye Care

（碧欧泉防敏感保湿眼霜）

$$ Paula's Choice Skin Recovery Super Antioxidant Concentrate

（宝拉珍选 强效修护抗氧化精华）

$$$ Lancome Absolu Eye

（兰蔻金纯眼霜）

$$$ Bobbi Brown Hydrating Eye Cream

（芭比布朗保湿眼霜）

$$$ Jo Malone Apricot and Aloe Eye Gel

（Jo Malone 杏和芦荟眼部凝胶）

$$ Freeze 24/7 EyeCicles

（Freeze 24/7 眼霜）

褒曼医生的选择：Olay Total Effects Eye Transforming Cream（玉兰油多元修护眼霜），内含烟酰胺。

皮肤剥脱剂

DSNT 肤质的人不应该使用皮肤剥脱剂，除非 S 项的分数低于 30。那些 S 值比较高的人可能会因为使用皮肤剥脱剂而出现面部红斑和皮肤更加敏感。不过，你也可以轻轻的使用润肤基质的产品帮助干皮脱落，每周使用一次。记住不要使用过度。我最喜爱的产品是倩碧 7 日按摩霜。

选购化妆品

千万不要使用肥皂或者任何含清洁剂的产品。怎么分辨这样的产品呢？首先观察产品的使用情况。出现少量的泡沫是可以接受的，可是如果洁面乳、香皂、洗发水或沐浴液产生了极多的泡沫就表明内含洗涤剂。请远离这样的产品。

第二，阅读成分列表，包括洗涤剂、香皂、洗发水或沐浴液，然后对照下文表格中所列的洗涤剂，如果有，避免购买这一产品。十二烷基硫酸钠是一种有刺激性的成分，常常添加在洗发水、护发素和其他护肤品中。仔细查找这种成分，选择不添加这一成分的品牌。下面的清单中有你应该避免的成分。

推荐的皮肤护理成分	
防止暗斑生成	
• 椰子提取物（如果你有粉刺则不要用）	• 黄瓜
• 烟酰胺	• 碧萝芷（松树皮提取物）
• 虎耳草爬藤提取物	• 大豆
改善暗斑	
• 熊果苷	• 黄瓜提取物
• 氢醌	• 甘草提取物
防止炎症	
• 芦荟	• 洋甘菊
• 胶体燕麦	• 黄瓜
• 维生素原 B_5	• 月见草油
• 菊类	• 紫苏叶提取物

- 碧萝芷（松树树皮提取物）
- 红三叶草（豆科）
- 柳兰
- 红藻
- 百里香

增加保湿

- 琉璃苣籽油
- 神经酰胺
- 可可脂（如果你有粉刺，不要用）
- 维生素原 B_5
- 月见草油
- 西蒙得木油
- 南瓜籽油
- 牛油树脂
- 蓖麻油
- 胆固醇
- 胶体燕麦
- 二甲基硅油
- 甘油
- 橄榄油
- 红花油
- 向日葵油

应该避免的护肤成分

刺激性洗涤剂

- 十二烷基二甲基氨基甜菜碱
- 十二烷基硫酸钠
- 十二烷基硫酸盐
- 月桂硫酸钠

增加痤疮或红斑的

- 肉桂油
- 椰子油
- 十四酸异丙酯
- 可可脂
- 异丙基硬脂酸
- 薄荷油

防腐剂

- 苯扎氯铵
- 氯乙酰胺
- 双氯苯双胍己烷
- 羟基苯尿素
- 双氯酚
- 甲醛
- 咪唑烷基脲
- 苯甲酸酯类
- 醋酸苯汞
- 山梨酸
- 三氯生
- 布罗波尔
- 氯甲酚
- 氯喹那多
- 苯氧基乙醇
- 乙内酰脲
- 戊二醛
- 卡松鸟苷
- 苯氧基乙醇
- 季铵盐 -15
- 硫汞散

防晒的成分

虽然我建议你使用有防晒指数的保湿霜，不过为了更好地防晒，你也可以使用常规的防晒霜，按照我的推荐进行选择。注意一种叫做 Anthelios 产品中所含的防UVA（长波紫外线）的 Mexoryl 成分，这种成分比其他的功能成分效果要好，但是目前还没有得到 FDA（美国食品与药品管理局）的批准，所以只能在海外购买。

推荐的防晒霜：

$ Applied Therapeutics® Sensitive Skin SPF 25 Moisturizing Sunscreen Lotion
（Applied Therapeutics® 敏感皮肤 SPF 25 Moisturizing Sunscreen Lotion）

$ Neutrogena Sensitive Skin Sunblock SPF 30
（露得清敏感肌肤无油清爽防晒霜 SPF30）

$ Purpose Dual Treatment Moisturizer SPF 15
（Purpose 双效保湿霜 SPF15）

$$ Anthelios XL SPF 60 cream
（理肤泉特护清爽防晒露 SPF 60）

$$ Avène Very high protection sunscreen cream
（雅漾自然防晒霜）

$$ Glycolix Elite Sunscreen SPF 30 by Topix Pharmaceuticals
（Topix 制药公司 Glycolix Elite 防晒霜 SPF30）

$$ Paula's Choice Skin Recovery Daily Moisturizing Lotion with SPF15
（宝拉珍选 修护保湿抗氧化隔离日乳 SPF15）

$$$ La Prairie Age Management Stimulus Complex SPF 25
（La Prairie 岁月控制刺激合剂 SPF25）

褒曼医生的选择： Anthelios XL SPF 60 cream（理肤泉特护清爽防晒露 SPF60）是我的第一选择，不过这种产品在获得 FDA 批准之前还必须从海外购买。如果你买不到这一产品，使用 Neutrogena Sensitive Skin Sunblock SPF 30（露得清敏感肌肤无油清爽防晒霜 SPF30）。

应该避免的防晒霜成分	
如果出现使用防晒霜后的皮疹	
• 二苯甲酮	• 甲氧基肉桂酸脂酯
• 对氨基苯甲酸	• 基苯甲酸

你的化妆

在选择化妆品的时候你要避免选择上面所列出的成分。此外，你还要避免闪闪发光的眼影。因为这些化妆品中可能含有贝壳的碎片并导致皮肤刺激、干燥和敏感。腮红和彩妆中 D&C（药用与化妆品）类红颜料可以导致痤疮，所以如果你面颊区出现痤疮，留意一下你的化妆品中是否含这些颜料。D&C 中红颜料有很多种，不过黄嘌呤素，单偶氮苯胺，荧光母素和靛蓝类染料是最容易产生问题的。

推荐的粉底：

$ Avène Fluid Foundation Corrector
（雅漾焕彩无油遮瑕隔离粉底乳）
$ Neutrogena Visibly Firm Foundation
（露得清紧致活力粉底）
$ Paula's Choice all bases coverde foundation SPF15
（宝拉珍选 全效滋润防晒粉底 SPF15）
$$ Kevin Aucoin Dew Drop Foundation
（Kevin Aucoin 粉底）
$$ L'Occitane Tinted Day Care SPF 15
（欧舒丹着色日常护理 SPF15）
$$ Trish McEvoy Protective Shield Tinted Moisturizer
（Trish McEvoy 保护性色彩润肤霜）
$$$ Versace Fluid Moisture Foundation
（范思哲滋润粉底霜）
褒曼医生的选择：Neutrogena Visibly Firm Foundation（露得清紧致活力粉底）含有铜肽，有助于改善皱纹。

推荐的眼影霜：

$ Almay Bright Eyes
（Almay 高光双头笔眼线）
$ Revlon Illuminance Cream Shadow
（露华浓琉光四色眼影膏）
$$ Bliss Lidthicks
$$ Bobbie Brown Cream Shadow Stick
（芭比布朗霜雪眼影膏）

$$ Clinique Touch Tint for Eyes Cream Formula
（倩碧眼霜）
褒曼医生的选择：含有抗氧化剂的 Bliss Lidthicks。

推荐的腮红：

$ Avon Split Second Blush Stick
（雅芳霜状腮红）

$$ Bobbie Brown Cream Blush Stick
（芭比布朗霜状腮红）

$$ Jane Iredale Blush（powder blush with soothing minerals）
（Jane Iredale 腮红（粉状腮红含有舒缓矿物质））

$$ L'Occitane Color Cream for Lips and Cheeks
（欧舒丹唇颊色彩霜）

$$ Laura Mercier Cream Blush
（Laura Mercier 胭脂膏刷）

褒曼医生的选择：这些都不错。

咨询皮肤科医生

皮肤保护的处方药

如果你觉得你有湿疹，去看皮肤科医生可以获得治疗这种情况的处方药物如艾宁达和普特彼，这些都是有效的药物。如果你患了痤疮或玫瑰痤疮，我还可以给你提供处方类治疗方案。你的目标就是治愈并防止复发同时皮肤还不会干燥。研究显示皮肤保湿还有助于改善痤疮，所以不要担心保湿霜会引起痤疮。如果你使用非处方方案后痤疮或红斑痤疮没有好转，或者每个月发生的"痘痘"超过 6个，你就需要找皮肤科医生进行处方类药物治疗了。

如果你的 S 项评分高于 34，你很可能有皮肤敏感的一些衍生症状。你可能有痤疮、玫瑰痤疮和多种皮肤过敏。比起油性皮肤的严重痤疮，你的痤疮要轻一些。尽管如此，痤疮还是很难控制，因为大多数治疗痤疮的产品都会使皮肤干燥或刺激皮肤。如果你只有几个"痘痘"，非处方类治疗方案是有效的。如果不是的话，去看皮肤科医生，他们可以给你一些处方类外用抗生素和具有抗炎成分（如磺胺醋酰）的洁面乳。这些处方类治疗方案对痤疮和玫瑰痤疮有效的

同时还不会使你敏感的皮肤过分干燥。皮肤科医生还可能会给你一些四环素类口服抗生素。四环素通过一个特殊的机制来治疗痤疮和玫瑰痤疮，而不是仅依靠单纯的杀死细菌实现药效，四环素还能抑制炎症反应。改善痤疮和玫瑰痤疮通常需要 8 个星期的时间。

作为 DSNT 型皮肤的人，除非皮肤科医生建议否则你最好不要使用维 A 酸类药物。

日常皮肤护理

第二阶段	
早上	晚上
第一步：使用处方类含磺胺醋酰类洁面乳洗脸	第一步：使用处方类含磺胺醋酰类洁面乳洗脸
第二步：外用抗生素凝胶	第二步：外用抗生素凝胶
第三步：喷上面部喷雾	第三步：喷上面部喷雾
第四步：立即使用含防晒成分的保湿霜	第四步：立即使用晚霜

在早晨使用药物洁面乳洗脸后，在全脸涂上抗生素凝胶。接下来喷上舒缓面部喷雾并外用含防晒指数的保湿霜。如果你喜欢用眼霜的话，在第三步之后使用。使用保湿霜后如果你愿意你还可以使用粉底。

在晚上使用洁面乳洗脸之后在全脸外用抗生素类凝胶。接下来喷上舒缓面部喷雾并外用晚霜。

处方药物

目前有很多抗生素凝胶和磺胺类洁面乳，你需要咨询你的皮肤科医生来决定哪种产品最适合你。下面我会列出一些适合你的产品。我特别喜欢 Plexion 面膜，用法是每周 1 ～ 2 次。

含磺胺醋酰的洁面乳：

- Avar 洁面乳
- Plexion
- Rosanil
- Rosula 洁面乳

抗生素凝胶

这些产品中含有多种成分如硫磺、磺胺、甲硝唑和克林霉素。你的皮肤科医生可以根据你的情况选择正确的抗生素凝胶。他或她还会告诉你哪些药物是在医疗保险报销范围内。

皮肤护理程序

你的皮肤类型不需要进行任何美容护肤程序。不过在某些条件下你可能希望去咨询一下皮肤科医生。举例来说，如果你的皮肤对多种护肤品都起反应，你的皮肤科医生就可以对你进行斑贴实验并找出你是否的确过敏。斑贴实验的做法就是在你的背后贴上一些过敏原的样本，24 小时之后再重新回到医生处观察是否有贴了样本的区域出现增大的红斑，如果有就意味着有过敏反应发生。有时需要使用多种过敏原进行多次测试才能得到结果。

坚持保护你的皮肤

不要使用刺激的化妆品，避免恶劣的环境以及可能破坏皮肤屏障的因素。坚持保湿，外用保湿霜前进行面部喷雾。确保在饮食中摄入了必须的脂肪，因为你的首要任务就是修复及维护这道皮肤屏障。

对干性、敏感性皮肤的进一步帮助

在这部分，如果你能按照以下的信息及指引来选购和使用化妆品，同时结合良好的生活方式、饮食习惯及适当的营养补充，你会发现这些可以改善你的皮肤。

维 A 酸的使用

维 A 酸曾经在皮肤类型那一章出现过，这里将重点介绍如何使用维 A 酸。如果想获得维 A 酸功效的更多信息，可以参考"对干燥、敏感型肤质的进一步帮助"这一部分。

对于干性、敏感性皮肤，维 A 酸的使用不能操之过急。首先，将豌豆粒状大小的维 A 酸涂于已涂抹夜霜的皮肤上，注意要避开眼睛周围的皮肤。使用周期是：按照每周一次的频率使用两周，然后按照一周两次的频率继续使用两周，最后是隔天使用一次。如果按照上述使用周期后你的皮肤没有表现出任何不良反应，你可以每晚使用维 A 酸。如果在上述使用过程中，你的皮肤出现过不良反应，则需停用一星期后再重新使用。如果在使用过程中你发现脸上有红斑或者感觉到皮肤有紧绷感，你应该把量减少到你的皮肤能够承受的程度。注意，此时维 A 酸的使用不能超过一周两次，这对你的皮肤也是有好处的。孕妇、哺乳期的妇女及打算在近期怀孕的妇女均不适合使用维 A 酸。

对于干性、敏感性人群在生活方式上给予的建议

保持肌肤的水分至关重要。如果可以，搬到比较潮湿的环境居住。在居住的房间内放置一个加湿器。众所周知，多喝水可以保持身体水分。然而，日常洗澡用水也很重要。

研究结果表明用硬水（水中含有超标的钙元素）洗澡通常会造成皮肤干燥及红斑。反渗透过滤器可以将硬水转化成软水，所以你可以考虑购买一个。水温也很重要。研究结果表明较高的水温（如 104 华氏度）容易导致皮肤干燥及红斑生成。

如果你喜欢，你可以尝试世界各地不同的温泉浴。这是一种比较温和的水质疗法。我的意思是这种方法很温和。然而，高温、高强度的治疗，从热气腾腾的桑拿房跑到冰天雪地之中等做法只适合那些从心灵到皮肤都很健壮的人，而不是你。无论是高温还是泡沫剂、香薰油及按摩产品对你的皮肤来讲都是刺激的。

当你寻求放松治疗时，请谨慎决定。在进行 SPA 及美容时要注意它们可能对你的皮肤带来的损害。各种磨砂产品、丝瓜巾、面部按摩产品、水蒸气房都会夺取你皮肤中的油性成分。他们不适合你这类人群。如果油料量使用不当，香料按摩很可能会起反作用。指甲油及洗甲水中的丙酮具有刺激性。如果你的指甲因为这些产品出现红肿的症状，你的美甲师可就放松不起来了。

所有干燥、敏感型皮肤受益于海洋疗法、皮肤及身体护理，其中包括全身敷裹、沐浴、脸部泥浴、使用海藻及海水进行喷气式治疗等。然而，以上治疗护理时间限制在一小时以内则不会破坏皮肤的屏障。在欧洲，这种海洋疗法非常流行。它被用于放松心情、缓解压力、肌肉及皮肤重塑、减少脂肪等。许多旅行社提供目的地温泉套餐。如果你的经济条件允许，你可以去有上述功效的温泉集中地旅行。如果不能去的话，你可以选择以海藻为基础的适合家庭使用的产品。这种产品对于干燥敏感肌肤的保湿也是有效的。你只需要仔细阅读成分列表并确认里面没有任何可能会刺激到你皮肤的成分。

对于湿疹来说按摩是个不错的办法。根据迈阿密大学针对儿童湿疹进行的研究表明，联合按摩和保湿剂的治疗要比单独使用保湿剂的治疗效果更好。另一项研究是针对使用精油的按摩与不使用精油的按摩，发现两者都有效果，从而揭示治疗效果大部分归功于按摩。由于精油有可能导致过敏反应，所以应该谨慎使用。

保护皮肤屏障

皮肤屏障的破坏是易感基因和接触外界过敏因素等多种原因作用的结果。这也是使用化妆品你应避免选择含刺激性成分化妆品的原因。在护肤品中最常见的刺激性成分就是香料和防腐剂。尽管很多护肤品标签上印着：不含香料，但其实是用词不当。几乎所有的护肤品都会含有一些香料以遮盖本身的异味。因此所谓的无香料产品只是比常规产品香料含量少而已。

更重要的是，很多化妆品是合成香料（即使昂贵的香水也不例外）。对于敏感的个体来说，配制的香水可能会引起一些问题。即使是很多化学香料也不是通过老式的蒸馏法提取，而是使用化学溶剂萃取出来，这就造成了精油中总会含有少量的化学品。事实上很多人都对芳香按摩使用的精油过敏。研究表明按摩师患接触性皮炎概率更大的原因就是由于接触这些精油。

一些研究显示，包括甲醛、对羟基苯甲酸甲酯在内的一系列用于皮肤、头发和美容产品的防腐剂也可以引起过敏反应。虽然防腐剂在产品的保质中是必不可缺的，但在其中的含量甚微。各种各样的产品均含有同样的防腐剂，包括护肤用品、化妆品、药物、止汗剂、牙膏以及食品之中。此外，由于很多上述产品都是日常生活的基础。所以比起接触单一产品，皮肤暴露于多种成分下发生反应的机会就要多一些。

目前为止，还没有关于肌肤反复暴露于多种产品及成分后的反应方面的研究。对于大部分人来说，防腐剂是好事而不是坏事。然而，那些干燥、敏感类型的人可能就是少数会受到影响的人了。我建议你仔细阅读所有产品的标签，以确保用在你皮肤上的成分不会出现在我写出的"避免"清单内。

消除过敏和敏感的五步计划

我们日常接触的化学物质是可以引起敏感个体的炎症反应。对于干燥、敏感的皮肤类型，你出现过敏反应的危险性要高一些，而当你正在患严重湿疹时更是如此。

如果你有这些问题，首先你需要采取积极的行动来重建你的皮肤屏障。当你开始行动的时候，你需要辨别出并尽可能地消除易过敏的成分。不管你只是皮肤敏感性增加还是真正的过敏反应，任何造成炎症的原因都会降低皮肤屏障。因此你应该保护皮肤使其不接触含有过敏成分的物质，并借此让皮肤有恢复屏障功能的机会。

去除护肤品和香水中可能出现问题的成分（请参考我所列出的的避免成分清单）

- 去除香皂、洗发水、沐浴液、护体乳、口腔护理品、剃须产品、护发素和其他药物中可能出现问题的成分。
- 避免使用起泡或含洗涤剂的化妆品，经常使用保湿霜，暴露于这些产品之后还需要用水清洗你的皮肤。
- 避免直接接触餐具和洗涤剂、家用清洁用品、油漆、家具抛光剂还有其他含有有害化学产品的东西。你需要戴上手套，使用保湿剂或完全避免接触。研究表明残留在洗过的衣服上的洗涤剂可能是诱发的一个主要因素。
- 注意留心是否有衣物、家具或床上用品的纤维织物，因为其编织的粗糙或是残留的化学品而刺激到你的皮肤。移去任何刺激皮肤的物品。留意你接触到的珠宝、餐具、硬币或者其他金属上所含有的镍。因为镍这种过敏原，在日常生活中是非常容易接触到的（欧元的硬币就含有镍）。
- 你需要研究水质，避免硬水、含氯的水及太烫的水。此外长时间泡在浴缸里或长时间的淋浴都会把宝贵的油脂从皮肤中洗去。

慢慢地等你皮肤屏障恢复健康之后，你就可以耐受常见的刺激了。但在治疗的过程中，请留意那些会影响你的物品并避免接触，以给你皮肤重新修复的机会。

处理压力

进一步说还有一个原因是我没有提到的，就是关于压力在 DSPT 皮肤病中的作用。压力产生的激素诱发了炎症，炎症加重了皮肤的反应，如干燥、色素沉着并导致暗斑生成。这些都是你皮肤面临的问题。所以你要缓解压力，或者去了解使你产生压力的原因，这些也是保护皮肤的关键。保证良好的夜间睡眠。失眠可能会增加过敏反应发生概率，因为失眠会降低免疫功能。

请记住，你的理想状态必须是平和的。我特意提出这一点是因为容易发生皮肤反应的人有时需要学习如何才能冷静下来。

莉丝是一个典型的 A 型血性格的人，她在一家压力巨大且充满竞争的证券交易公司工作。当她来找我随访的时候跟我说："我试着照你说的去放松，但是我却完全没有感觉到"，我问她都做了些什么，事实是她在试着进行自我放松选项的时候偏离了方向。举例来说，当她决定参加瑜伽课堂的时候，她没有选择恢复类的课程，而是在热身房里跟着汗流浃背的同学一起，依照老师对着麦克风喊出的口令摆出极限姿势，结果受了伤。完全不是什么对抗炎症的环境！她非但没有采取放松按摩反而选择了减肥按摩，这种按摩是通过日本按摩师用木槌子敲击后背进行的按摩。还有另外的概念混淆。我难道说过"在大自然里放松地散步"指的是攀岩么？还有她领着宠物放松的方式竟然是带着一条名为"短刀"的黑色拉布拉多犬绕着水库跑。这些听上去很有趣，而且的确也是很好的身体锻炼方式，但是这些都不是在放松。经过两个周末的"放松"之后，莉丝倒在床上，精疲力竭。

这种精力充沛的活动并没有错，而且有些人也乐于此道。但是如果你需要休息、恢复和缓解压力，请选择另外一种方式。试着放松有助于通过降低应激激素值减少痤疮和面部潮红症状的发生。

干燥敏感皮肤的饮食

根据一些研究显示，选择正确的食物（避免错误的食物）有助于防止皱纹生成和减少老化的特征。按照所谓的"地中海饮食"即同时服用充足的蔬菜、豆类和橄榄油是很有益处的，因为油脂能够帮助你身体吸收脂溶性的维生素和植物成分，如维生素 E、番茄红素和异黄酮。有机农产品比传统种植的水果和蔬菜含有更高有益的抗氧化剂成分。

根据你的皮肤干燥程度选择正确类型的脂肪是非常重要的。可是什么才算得上是正确的脂肪类型呢？很多人还是很困惑的。举例来说，增加饱和和不饱和脂肪的摄入曾被认为会降低皮肤水合度。然而，另外的研究显示那些服用降胆固醇的药物会增加患皮肤干燥的危险性，很可能是因为胆固醇也是皮肤屏障的关键组成部分。所以最好是饱和脂肪，而且要适量。

无数研究显示 omega-3 脂肪缺乏与皮肤发干和湿疹等问题有关。因此摄取足够的 omega-3 脂肪非常重要，它们是必不可少的，这些脂肪可以从脂肪含量较高的鱼、鱼油、亚麻籽、亚麻油和少数其他食物来源中获得。不要与它们的堂兄

omega-6 多不饱和植物油相混淆（包括玉米、油菜和红花油），他们以前曾被认为有害心脏健康。说"以前"的原因是这样的，一篇由 Bernard Henrig 发表在 2001 年《美国临床营养学杂志》的上的文章指出 omega-6/omega-3 的脂肪比例过高是发生心管血管疾病的关键因素之一。换句话说，大部分人需要增加 omega-3 脂肪的摄入量同时降低 omega-6 脂肪的摄入量（这章中有 omega-3 食物和营养补充方面的建议）。

你需要食用的（和避免的）乳制品在皮肤老化过程中作用也不同。奶油、全脂牛奶、人造黄油和奶糖应该尽量减少，而酸奶、奶酪和脱脂牛奶在衰老过程中的效果是中性的。表皮（皮肤上面的部分）有 25% 是由多不饱和脂肪酸组成的。在细胞膜上，无论单饱和脂肪还是饱和脂肪都能够对抗氧化，而氧化是细胞老化的关键过程。另一方面，omega-6 多不饱和脂肪能够促进氧化过程的副产品——自由基的产生，这一氧化过程可以通过使用含抗氧化成分的蔬菜进行延缓。氧化和衰老会增加皱纹和皮肤肿瘤的风险，如黑色素瘤等。

因此，避免 omega-6 多不饱和脂肪如玉米、油菜、红花、大豆油时食用橄榄油（含单不饱和脂肪）会更有好处。在人造黄油、大多数烘焙食物、油炸食品、加工食品和糖果之中的反式脂肪是氧化多不饱和脂肪，对身体更加不利。研究中还证实在细胞内和激素代谢过程中氧化多不饱和脂肪还会取代有益的 omega-3 脂肪。如果 omega-3 脂肪能够正常发挥作用，身体就能够吸收皮肤细胞所需的脂类并提高激素活性。因为皮肤老化是在激素调节下自然老化的过程，因此最好消除多不饱和脂肪和反式脂肪对有益脂肪吸收的影响。

鱼油和鱼是 omega-3 多不饱和脂肪酸的来源，它可以增加你的皮肤细胞的脂含量。这些脂肪对银屑病及其他严重的干燥性皮肤病有益。然而，由于鱼类中的水银特别容易影响到孕妇、哺乳妇女和儿童，因此采取营养品来补充是获得这些脂肪最安全的方式。

第二个治疗干燥、敏感和有皱纹皮肤重要因素就是增加食物中抗氧化剂的摄取，它们可以从水果和蔬菜之中获得，比如菠菜、羽衣甘蓝、萝卜、生菜、西兰花、韭菜、玉米、红辣椒、豌豆和荠菜等。蛋黄和橙子中含有抗氧化的叶黄素。

总之你的饮食应该包括：

- 广泛的植物食物
- 从完整的食物中获取的脂肪——坚果、种子、橄榄和鳄梨
- 不饱和脂肪，如橄榄油或坚果油
- 优质来源的 omega-3 脂肪，不过不要加热。最好通过服用胶囊或拌在沙拉中食用。
- 适量限制你的 omega-6 脂肪的摄入（玉米、红花、油菜和大豆油），

- 限制食用加工食品或油炸食品，因为它们的反式脂肪和 omega-6 脂肪含量太高。反式脂肪又称作氢化脂肪，通常出现在油炸食品、速食、土豆片、饼干、糖果和烘焙食品中。他们可能会干扰健康的脂肪代谢同时也不利于抑制炎症。
- 每天进食富含 omega-3 脂肪，包括鱼类来源的 EPA 和 DHA（参见"油性敏感性皮肤"进一步帮助中补充营养建议部分）

营养品补充

为了防止皱纹和皮肤癌症，你可以食用抗氧化剂作为食物补充。最近显示，你可以在一种名为 Heliocare 的药品中找到从羊齿草中提取出的 Polypodium Leucotomos（青石莲）成分，具体你可以向药师进行咨询，根据近来的研究显示，这种产品能够降低日晒所致的光损伤。

根据伦敦的中医师 Luo 和同事 Sheehan 等的研究，中药能够成功治疗湿疹，这项实验采取了双盲、安慰剂和短期治疗方式，实验对象既有儿童又有成人。在这项研究中至少采用了十种植物提取物：委陵菜、蒺藜、地黄、淡竹叶、小木通、防风、白鲜皮、芍药、荆芥、甘草和茯苓。如果你生活在有唐人街的大城市生活，你可以去寻找中医师并尝试草药治疗。

第五部分
干性、耐受性皮肤类型的护理

"并非每个人都天生丽质，而恰当的护理却可以使每个人都拥有迷人的肌肤，干性、耐受性皮肤的你，可以从这里找到帮助。"

——译者

• 兰宇贞
北京大学第三医院皮肤科医生，医学硕士

• 谢志强
北京大学第三医院皮肤科医生，医学博士。美国 Washington University in St. Louis（圣路易斯华盛顿大学）医学中心博士后研究员

第十六章
DRPW：干性、
耐受性、色素性、皱纹皮肤

被忽视的皮肤类型

"以前我从不在皮肤上花费过多精力，因为我从来没有皮肤方面的问题。我没用过护肤产品，因为我并不需要。既然我看起来有皱纹和黑斑，我想已经为时晚矣。"

关于你的皮肤

我喜欢干性、耐受性、色素性、皱纹皮肤（以下简称 DRPW），因为我可以为你的皮肤提供很多的帮助。美容皮肤病学所提供的知识在我的 DRPW 患者中很受欢迎。DRPW 类型的年轻人很少去咨询皮肤科医师，所以通常开始出现皮肤老化的征象时我便会见到此类患者。

对于干性、耐受性、色素性、皱纹皮肤来说，皱纹是主要问题。你的皮肤摸上去会感到紧绷、粗糙甚至有破溃，尤其是在干燥的环境中，比如在飞机上或在像科罗拉多州这样的低湿度环境中。冬天，室内开始供暖，你的皮肤会出现更严重的脱水，从而使皱纹加重。你的皮肤还有可能会接触羊毛和其他粗糙的衣服。你还可能看到手上的皱纹。

年龄大一些的 DRPW 患者来到我的办公室，会沮丧地抱怨皮肤起皱纹，她们觉得非常后悔。虽然基因在每个人的皮肤状况中起到一定作用，对 DRPW 患者来说，对皮肤多年的忽视，甚至错误的保养是她们皮肤问题最常见的根源。很多人会说如果那时她们就知道现在所知的东西，她们会采取不同的行动。这就是我想要告诫 DRPW 型皮肤的年轻人和长者，现在就采取措施以保护皮肤并防止皱纹形成。

你属于在海滩玩一天不做防晒，在寒风和严寒中航海或滑冰不做保湿的一类人。你出门不戴帽子，以为你很容易晒黑的皮肤可以应对任何情况。你们中多数人喜欢活跃，而非花时间与美容化妆品在一起。

每天，你很少使用防晒霜或任何常用保湿剂，反而使用会导致干燥的肥皂洗手。你不会做基础护肤来挽救你的皮肤，你对抗老化治疗不屑一顾，依旧我行我素。你们大多数没有保护自己的皮肤，因而你干燥的皮肤也变得不堪一击。早在你三十岁初期，皮肤便开始出现老化迹象，随着年龄增长，老化加速且越来越明显。起初，你尽量对皱纹视而不见，假装它们并不重要。很快你就不能忽视它们了，但你仍不愿承认显而易见的皮肤问题是个问题。一旦你承认就会让你心烦意乱，你便认为已为时晚矣"我只能逆来顺受"，一个 DRPW 患者无奈地告诉我。一夜之间，无忧无虑、积极进取的女孩或男孩，变成一个顺从的、过早衰老的女人或男人。皮肤问题悄悄出现在你们身上，一旦它们被证实，你们大多数只是放弃努力。

但不管你多大，你还是可以做些什么的。即使你是一位年纪较大的 DRPW 型皮肤的人，也不要放弃，我可以帮助你。如果你是个年轻的 DRPW，关注并立刻行动，防止出现你这一类型最严重的后果。

具有 DRPW 型皮肤的名人

美丽的红发女演员，朱丽安·摩尔，是一个优秀的演员。作为一名有才华的女演员和魅力十足的偶像，她的美丽同样表现为一位投入的妻子和母亲。她曾四次获奥斯卡提名，这足以彰显她的表演才华。她演绎了大量不同的角色，从《时时刻刻》中的绝望主妇，到《爱到尽头》中悲惨的奸妇，从《万尼亚舅舅》忧愁而浪漫的叶琳娜，到《谋杀绿脚趾》中坚决的女继承人。她在多部优秀电影中对多重角色的诠释证明了她敏锐的、有洞察力的天性，而这种天性可能是由她从事社会工作者的母亲培养出来的。摩尔懂得把握和释放女性魅力，同时唤起人们对浪漫的渴望、满足和失望的能力也是他人难以企及的。

虽然我从未私下检查过摩尔的皮肤，因此不能毫无疑问地确定她的皮肤类型，我猜测她属于 DRPW 型皮肤。她的脸上少有光泽、瑕疵，或者在照片中泛红，将其归类于干性、耐受性皮肤，而她的红头发和雀斑无疑表明她的皮肤是色素性的。虽然在四十岁初期，她的皮肤看起来惊人的紧致，根据她的遗传背景，我推断她可能是"皱纹性类型"。有可能摩尔尝试很多方法去保护她的皮肤，从而改变了她皮肤的命运。此外，问卷法调查的是起皱纹的趋势，而非当前的皱纹程度。

拥有瓷白色皮肤、雀斑和红色头发的人很容易受日光照射的影响继而产生皱纹。如果没有大量皮肤护理的保护工作，仅靠先天条件，她的皮肤不会看起来那么年轻。在她四十多岁的几年里，我没有看到任何手术造就的年轻迹象。我猜测她的亲戚就不一定能做这么好了。

她皮肤的良好情况证明了预防保护的作用。看起来摩尔好像经常使用防晒霜，我从未见到她的皮肤在任何照片或角色中晒黑。通过采访可以看出摩尔的成熟和聪慧，她一直保持健康的饮食习惯，尽量选择富含抗皱的、抗氧化剂成分的食物。

希望她可以将同样健康的皮肤护理观念传授给她的孩子。虽然皱纹性类型是与生俱来的，摩尔还是能够让自己的美丽光芒四射，这种美丽也让众多影迷所羡慕。

DRPW 型皮肤的严峻现实

DRPW 型皮肤的人在十几岁和二十几岁的时候，有着很棒的皮肤。不像油性皮肤，你们不会长痤疮。不像敏感性皮肤，你无须考虑皮肤护理产品。随着色素沉着的出现，DRPW 就有了两个类型：像摩尔这种较白、有脱皮和雀斑的皮肤；或者是很容易达到夏威夷热带古铜色的人。如果你属于后者，你可能经常不使用防晒霜。浅肤色的 DRPW 在试图达到难以企及的古铜色时常会被晒伤，而最后只得到雀斑和剥脱的皮屑。

对于女性来说，最初的皮肤问题在二十或三十几岁出现，也就是很多女性怀孕或服用避孕药的年龄，或许会出现黑斑和黑眼圈。在三十岁早期，在你的眼周和眉毛之间可能会产生细纹。DRPW 型皮肤的人常在眼睛下方，即下眼睑的下面以及黑眼圈的下面产生细纹。皮肤的干燥致使皱纹看起来更加明显。保湿霜很快被吸收，只提供了极小的水合滋润作用。随着年龄增长（和绝经），皱纹和干燥愈加严重。

虽然一些 DRPW 型皮肤的人因日晒、吸烟、不好的饮食习惯使皮肤遭受伤害。你同很多其他 DRPW 型皮肤的人，不但没有"虐待"皮肤，还在努力去战胜遗传因素引起的皱纹。你最好的机会是竭尽所能地做到最好。短暂的日晒，聚会上偶尔一支香烟，一次垃圾食品的偶尔放纵，或许对世界上很多其他类型皮肤的人来说不是最坏的事情，但你承受不起。属于高危人群的你，必须做所有正确的事情来抑制明显老化。不论何时，请尽可能地遵循我的预防策略。

DRPW 型皮肤的人有一些最令人畏惧的皮肤问题。皱纹、松弛、过早老化、干燥、黑斑、脱皮都是由于多年的忽视造成的。等到四五十岁时候，皮肤的皱纹和干燥会让你想要放弃自己那令人沮丧的皮肤。

在任何年龄，知道如何对你的皮肤进行保护、补水和保湿都是至关重要的。祝贺那些早早开始行动来保护皮肤的你们。如果你使用防晒产品，包括抗氧化剂（通过食物、营养品和外用产品获得），并学习如何对皮肤进行保护、保湿，情况可能会很好——你可以减缓皮肤皱纹形成的趋势。

对于年龄较大的 DRPW 型皮肤的人来说，仍然有许多事情可以做。毕竟，你还有另外二十到四十年的生命与你的皮肤相伴，所以开始保护皮肤永远都不晚。

晒黑

很多这类皮肤（或其近亲——干性、耐受性、色素性、紧致皮肤）的人，可能会是中等肤色，好看的古铜色，比如 George Clooney，Catherine Zeta-Jones 和

Teri Hatcher。我有很多 DRPW 患者来自西班牙、意大利、希腊、拉丁美洲、葡萄牙、巴西、印度、中国和泰国。像摩尔那样肤色较浅的 DRPW 型皮肤常会有雀斑和很多微小皱纹。

在我福罗里达州的诊所里，我见到很多 DRPW 患者：渔夫、网球运动员、男女高尔夫球手等，各种肤色的人知道美容皮肤病学可以提供很多帮助后，纷纷来到诊所就诊。可悲的是，有着美丽古铜色的色素性皱纹皮肤的人最有可能忽视少晒太阳的警告，知道时往往为时已晚。

日晒会加重皮肤干燥，并且你的皮肤属于最容易被日光诱导老化的类型。紫外线抑制皮肤中产生主要成分的皮肤酶的生成，从而破坏皮肤锁水的功能。因此晒伤的皮肤有鳞屑并会剥脱，这种损害会导致进一步干燥和脱屑。日晒还会使皮肤中的透明质酸（HA）含量减少。HA 是一种糖链，它将水分导入皮肤，使其变得饱满，保持一定体积。受到日晒损伤的皮肤体积易于变小，部分归因于 HA 的损耗。日晒刺激细胞产生黑素，即产生黑斑和雀斑的皮肤色素。

一些干性、耐受性皮肤的人能体会到日晒产生的干燥效应，并能自然地避免日晒。但测试中她们的皮肤更趋向于紧致类型，尤其是终生避免日晒的人。我的皮肤也是干燥性的。我母亲和我都是干性、敏感性、非色素性、紧致皮肤（DSNT），我从她那里学到了永远保护皮肤的习惯。我母亲常年吸烟，日光会使她的非色素性皮肤被晒伤，如果她没有防晒，她的结局将会是非色素性、皱纹皮肤而非非色素性、紧致皮肤。对我来说，她是即使只用一种生活方式也能改变皮肤类型的典范。

防晒霜的使用对保护皮肤对抗皱纹和黑斑来说至关重要。请将其涂抹于你的面部和手背。应购买能阻断 UVA（会使你晒黑）和 UVB 的防晒霜。UVB 的隐患更大，因为她们能更深地穿透皮肤，引发胶原降解的级联反应，最终导致皱纹产生。最初的防晒霜存在的问题是它们只能阻断 UVB，致使人们长久地暴露于日光下，以为自己是被保护的。应用 UVA 照射的晒黑床比在海滩上晒太阳对皮肤更有害。无论如何要避免这些。

相反，我们要效法亚洲女性，她们几乎从不为皮肤起皱纹而担心，因为她们遵循根深蒂固地保护皮肤的文化习惯。在远东会议演讲期间，我常常访问日本。有太阳时，那里的很多妇女外出都会打遮阳伞。这看起来是那么娇柔而浪漫，不像我们的文化——人们将其皮肤裸露于海滩上。究竟遮阳伞有什么不好吗？让它们回到时尚生活中吧。

你患黑素瘤的风险

虽然相对于非色素性皮肤来说，DRPW 型肤质者患非黑素瘤皮肤癌的可能性较小，肤色较浅的 DRPW 型肤质者患黑素瘤皮肤癌（早期发现可治愈）的风险却是非常高的。应确保每年都能做皮肤病学检查，尤其是日晒伤频繁的时候。尽管皮肤科医师提供的光疗法可去除那些令人烦恼的、可能发展为非黑素瘤皮肤癌的斑点，但是了解你患病的危险因素并每年做一次皮肤癌检查以寻找黑素瘤损害仍是很重要的。

如果你是伴有如下因素的 DRPW 型肤质者，你患黑素瘤的风险则较高：

- 浅色皮肤
- 红头发
- 容易被太阳晒伤
- 有一次或多次日晒伤史
- 很多雀斑
- 有黑素瘤家族史

而所有浅肤色的 DRPW 型肤质者都应注意，上述的任何一个因素都会增加你的风险。此外，如果你有红色的头发，你的风险会进一步增高。原因是：研究表明 MCR-1 基因与红色头发、雀斑和黑素瘤形成有关。总之，雀斑并不仅仅是美容学关心的问题。它们可能是一个早期警示信号，预示着将来发生皮肤癌的潜在性。发表于美国医学协会杂志一个里程碑式的研究表明，应用防晒霜的儿童较少出现雀斑。虽然一些人将雀斑视为"可爱的东西"，它们的出现却可能暗示了患黑素瘤的风险增加。任何突然增长、体积形状或颜色发生变化或出血的痣，都应立即接受皮肤科医师的检查。除了常规的皮肤检查之外，尽量穿防护性衣服和涂抹防晒霜。具体注意事项请参照第九章"黑素瘤检查"。

唇部是皮肤癌最好发的部位，因为嘴唇不能分泌富含维生素 E 的皮脂。维生素 E 是一种抗氧化剂，可对抗老化和癌症。因此一些唇膏的成分中含有维生素 E，将其作为一种保护剂。健康食品商店也出售维生素 E 油，虽然它对大部分区域皮肤来说过于油腻，却可用于唇部。

一对母女的故事

布伦达，一个 56 岁的有着耀眼红发的寡妇，年轻时是一个典型的爱抽烟的 DRPW 型肤质者。现在，由于她易于形成雀斑和皱纹的皮肤难以承受过度日晒，她有很多细纹、深皱纹、雀斑、黑斑以及切除皮肤肿瘤遗留的手术瘢痕。

一年前，当医生告诉她局部外用维 A 酸后需避免日晒，她停止了使用维 A 酸。但是我告诉布伦达，一项新的研究表明，维 A 酸通过抑制破坏胶原的胶原酶合成来保护皮肤不受日晒损伤。它们还有抗氧化剂效用。然而，维 A 酸的确可使 UVA 和 UVB 更深地穿透皮肤，因此它们必须与防晒霜联合应用。

由于年轻时布伦达没能预防老化，现在她在美容治疗上花费巨大以求延缓衰老。例如强脉冲激光治疗她的黑斑，注射肉毒素治疗额头和眉间的皱纹。最后，为了填平皱纹和丰盈皱缩的皮肤，布伦达接受了 Hylaform Plus 注射。

即使布伦达可以轻而易举的支付治疗费用，我能为她做的仍然有限，所以她决定将注意力转移到女儿安妮身上。安妮继承了母亲的深棕色头发，DRPW 型皮肤，以及父亲的信托基金。当这一些与安妮有关时，很难说布伦达是不是对老一套的风流韵事或日光损害过度担心。

第一次拖着安妮到我办公室时，布伦达悲惨的宣布"她的皮肤和我一样"。安妮转动着眼珠。对一个 19 岁、美丽、富有并有一个十分惹人注意、过度保护自己的母亲的女孩来说，衰老并不是那么清晰的现实。

看到时间线的两端后，我可以确信布伦达的担心是有必要的。随着时光流逝，安妮光滑的面庞会变得像母亲一样，除非我们从现在开始干预。我检查了安妮的皮肤并评估了她所填写的调查问卷，很明显安妮的确同母亲有相同的 DRPW 型皮肤。安妮的鼻梁和面颊已经开始出现黑斑。我在一个特殊的紫外灯下检查她的皮肤，可以看到日光损害的存在。

我帮她制订了一个日程表：首先用羟乙酸洁面剂，它有助于皮肤补水和去除表层死细胞，使皮肤更平滑。接着，使用乳酸保湿面霜，补水的同时去除死细胞，帮助安妮战胜干燥。

羟乙酸和乳酸均可使安妮皮肤需要的抗老化成分渗透力增加。它们是预防皱纹产生的抗氧化剂（通过防晒霜传递），和预防皱纹和黑斑形成的维 A 酸或类维生素 A（通过夜间保湿霜传递）。晚上，安妮首先用一种洁面乳膏洁面，继而用维 A 酸润肤霜，一种补水作用很强的维 A 酸，对干性皮肤来说甚为理想。我告诫安妮，如果她有怀孕的打算，一旦怀孕或开始试图怀孕就必须停止使用维 A 酸。最后，安妮要用一种富含脂肪酸、胆固醇和神经酰胺类的保湿面霜，并用含抗氧化剂的眼霜保护眼部皮肤。

早期开始抗老化程序就像在安妮的皮肤上了保险一样。尽管她的日常护理流程包括很多步骤，但安妮始终如一地坚持了下来。虽然我不会为所有皮肤类型的人都推荐一个如干性、易形成皱纹皮肤一样的复杂程序。年轻时便竭尽所能地维持和保护皮肤，从而节省下用于损害后的昂贵修复上的开支，这样的举措还是很值得的。

近距离关注你的皮肤

像安妮和布伦达这样 DRPW 型皮肤的人，会有如下经历：

- 干燥脱皮

- 瘙痒
- 皮肤薄，50岁以后容易裂开
- 皮肤易擦伤
- 面、胳膊和手部存在黑斑
- 眼周起皱纹
- 前额和眉间起皱纹
- 皱纹手
- 黑素瘤皮肤癌的高风险

老化的皮肤更容易干燥。此外，干燥的皮肤对老化更敏感。原因有几方面：第一，在含水量较低的皮肤中，具有修复皮肤损伤功能的皮肤酶效用较低。第二，干燥性皮肤产生的皮脂较少，而这种皮脂含有的维生素E是一种保护性皮肤抗氧化剂，可对抗老化和皮肤癌。第三，细胞循环（以此产生新生皮肤细胞）减慢，致使凋亡的皮肤细胞堆积如山。虽然肉眼看不见，这些细胞却使皮肤变得粗糙。最后，绝经前后及更年期雌激素水平下降，使皮肤变得更加干燥。

皱纹治疗

你的皮肤需求不能被市面的产品所满足。你用很多护肤品进行试验，但似乎都起效甚微。一般而言，非处方产品都不够强劲，因为公司无法监管购买产品的人群，故而不会提供包含高浓度有效成分的产品。它们折中处理，提供任何人都可以安全使用的、无副作用的、低强度产品。但是，不要担心，我正试图让一些公司开发适合此类皮肤的产品。

既然皮肤分类已越来越广为人知，人们了解自己的类型，我希望制造商能够根据不同类型安全生产出相应的产品。同样，中国和印度已成为重要的美容市场，很多公司在努力研发适宜这些人群的护肤品，她们中有很多是DRPT和DRPW类型皮肤。这些新产品包含的活性成分是否足够达到你皮肤所需的水平？我们拭目以待。

无论如何，在更强效的非处方产品出现前，你可以使用较为强劲的处方产品。你的皮肤可以承受它们。然而，你必须承诺坚持使用防晒霜来保护皮肤，因为处方药维A酸治疗会使日光中的有害射线穿透力增强。除此之外，我认为，对DRPW型皮肤来说维A酸是最有价值的产品，因为它预防皱纹和黑斑形成，甚至有助于去除已存在的黑斑和一些细小皱纹。购买最便宜的洁面产品和防晒霜即可，因为你的耐受性皮肤并不需要婴儿式的呵护。相反，省下钱来用于像维A酸这种有实质意义的处方药上。

维 A 酸和 DRPW 型皮肤

为了预防或最大程度减少这一类型皮肤容易出现的皱纹，很多 DRPW 肤质者使用非处方化妆品中的维 A 酸或处方药成分的维 A 酸。它们作用机制相同，即促进细胞更新，以及阻止胶原断裂，而胶原断裂是皮肤老化的关键因素。

哪一种是适合你的？下面就从正反两方面来论述。

一方面，很多非处方产品的维 A 酸浓度较低从而不足以解决你全部的斑点和皱纹。维 A 酸非常不稳定。如果在生产或包装过程中，它接触到空气或光，就会失去效用。包装本身必须将产品与光线隔离，因此常使用铝管。一个透明罐子或瓶子中的维 A 酸产品是无效的。因此我在产品推荐书中罗列了我所知道的以正确方式生产和包装的乳膏。如果你早早开始，并且还没有看见皱纹（或如果你的皱纹只是刚开始显现），它们也许会有帮助。然而，你可能发现它们不够强效，你需要升级到处方强度的产品，尤其是你已经有很多可见的皱纹的时候。

很多 DRPW 型皮肤的人对处方药的强度有困扰，因为她们不能忍受全效维 A 酸引起的干燥脱屑。因此，我将引导你，向你介绍以某种方式应用维 A 酸可使你干燥的皮肤耐受。

对于你这类型的皮肤，我坚持认为处方药维 A 酸产品将会是最有价值的。大多数抗老化乳膏都不能含有足够分量的有效成分，或者，如果它们足够有效，必定因这些有效成分高成本而价格昂贵（超过 200 美元）。一个 90 美元的处方 Avage 乳膏会对你更有帮助。即便加上一次看医生支付的 190 美元（假如你的保险不能支付此项），你在购买第二管 Avage 时相对就节省了开支。处方药通常可保存一年。在皮肤科就诊时，一定要做一次全身皮肤癌检查。你有患黑素瘤的风险，而这 190 美元的就诊还可能拯救你的生命。

吉娜，当地健身俱乐部里一位受欢迎的有氧运动教练，有活泼的个性、黑色的眼睛和典型西西里岛血统的中等色调皮肤。同样典型的是她愿意说出关于任何事的看法。

她笔挺、健康的体格使她穿上为只有她一半年龄的女性设计的衣服时，看起来棒极了，但她的 DRPW 型皮肤和灰白色的头发却让吉娜看上去的确是 43 岁，甚至更老。暴饮暴食、十几岁吸烟以及年轻时晒黑赋予吉娜大量的皱纹，却没有利用有益的抗氧化剂做保护。虽然祖母的番茄酱可以给她补充一些番茄红素，可是她多长时间才去看望一次祖母啊？

吉娜来到我诊所时，对她的外表非常焦虑，因为对她来说年龄是个大敌，原因很简单：每一条细纹和皱纹都会阻挡她寻找梦中情人的路。

"我知道他就在那里"，进行皮肤检查期间她告诉我。我的工作，是扫除有碍婚姻幸福的任何面部障碍，这是一项艰巨的任务，我应该选择接受它。

在她的儿子诞生前，吉娜曾短时间尝试过维A酸，但当她想要开始组建家庭时，便中断了应用。在她三十多岁后期，由于出现了皱纹和细纹，她决定开始另一个治疗周期，并从一个皮肤科医师那里得到一个处方药。但她不喜欢它带给皮肤的感觉，并开始笃信维A酸类不合适她。

她抱怨道："我的皮肤像蛇一样脱皮。"

我说服了吉娜再尝试一次维A酸类，并遵循我的建议循序渐进地使用。她同意了，并惊喜地发现她可以耐受并受益于它们。

再次看到吉娜，是大约六个月以后，一部分让她焦虑的皱纹已经开始消失。我提醒她维A酸使用越久，它发挥功效越好。它不仅能消除现有的皱纹，还可以预防皱纹形成"我希望你可以预防白发。"她笑着说，在走出办公室的路上甩着她新染的棕色头发。

预防皱纹形成

除了应用维A酸类，抗氧化剂是你抗皱过程中是另一个有效成分，因为它们可以阻断自由基的有害效应。自由基是有奇数电子的氧分子。它们趋向于拥有偶数个电子，所以从机体皮肤的重要组成成分如DNA和细胞膜脂质中"窃取"电子。丢失电子会破坏DNA和细胞膜脂质，导致皮肤癌和老化。

虽然已经证明绿茶作为一种抗氧化剂有益于皮肤，但是很多产品中绿茶含量太低，以至于几乎毫无价值。绿茶大量应用时会变成棕色，由此可知，公司常常只放少量绿茶。我推荐是绿茶含量较高的的棕色产品。不要为棕色烦恼，想想它带给你皮肤的好处吧。

抗坏血酸或维生素C是皮肤中另一种重要的抗氧化剂。研究表明它既能防止胶原断裂，还能促进胶原形成。然而，维生素C以多种形式存在，也并非全部有益。局部应用时，维生素C类与脂肪酸结合，很少吸收进入皮肤，所以包含这种形式的维生素C的产品不会那么有效，而某些其他形式的维生素C，如左旋维生素C，更容易穿透皮肤。因此，我要推荐真正有效的含维生素C的产品。

为了对抗干燥，对于不选择激素替代疗法的绝经后DRPW肤质的女性，可选择局部应用雌激素乳膏和包含大豆的产品。幸运的是，有很多新技术有助于解决这一类型皮肤常见的问题。

如果皱纹已经形成，上述成分对你来说都是必要的。如果你为保持年轻的容貌如此麻烦而感到沮丧，请这么想：幸亏你不是一个敏感性类型，意味着你的耐受性皮肤能够尝试各种成分。

褒曼医生的底线：

把钱花在皮肤科就诊上。长远看来，这有助于你节省开支。如果你去美容院，忘记面部护理而仅仅做了按摩，它们不能给你足够强有力的帮助，但是我可以。

你的皮肤类型的日常护理

你日常护肤的目标是用提供美白、保湿、抗皱成分的产品解决皱纹、黑斑和干燥的问题。我所推荐的所有产品会起到如下一种或多种作用：

- 预防和治疗皱纹
- 预防和治疗黑斑

此外，你的日常护理也会有助于解决另外一些皮肤问题：

- 预防和治疗干燥

你的日常护肤基于对你干燥的皮肤进行保护、补水和保湿。但因为你的皮肤是耐受性的，你需要强效制剂来治疗皱纹和黑斑。

我已经为你提供了两种非处方药治疗方案，第一种用于你尚未有黑斑时，第二种用于你出现黑斑时。我知道有很多人希望先尝试非处方治疗方案。

虽然如此，我还是认为你最好跳到我的处方药治疗方案这块，它将告诉你所需要的强效成分去保护皮肤对抗老化，同时治疗皱纹和黑斑。同样，我提供了两种方案，一种用于黑斑存在时，另一种用于它们不存在时。如果你负担得起，直接去皮肤科医师那里就诊，他会给你开出对你来说真正有效的强效产品。

日常护肤治疗方案

第一阶段	
非处方，尚未出现黑斑	
早上	**晚上**
第一步：洁面乳清洁	第一步：洁面乳清洁
第二步：使用眼霜	第二步：使用去角质剂
第三步：面部、颈部和胸部使用抗老化乳液	第三步：使用眼霜
第四步：面部、颈部和胸部使用保湿防晒霜	第四步：使用含维A酸的保湿霜
第五步：使用粉底（可选项）	第五步：使用保湿霜

早上，用洁面乳清洁面部，然后使用眼霜。接着，将抗老化乳液，有 SPF 的保湿霜，用于面部、颈部和胸部。最后，如果你需要的话，可以使用粉底。

晚上，用洁面乳清洁面部。然后，每周使用一次微晶磨削剂或去角质磨砂膏作为你的第二步。注意在"去角质"下面查找选项和说明。接着，使用眼霜，然后是含有维A酸的晚霜。最后使用保湿霜。

| 第一阶段 ||
| 非处方，治疗黑斑 ||
早上	晚上
第一步：洁面乳清洁	第一步：洁面乳清洁
第二步：使用眼霜	第二步：使用去角质剂
第三步：将美白乳液或凝胶用于黑斑	第三步：使用眼霜
第四步：使用保湿防晒霜	第四步：将美白乳液或凝胶用于黑斑
第五步：使用粉底（可选项）	第五步：使用含维A酸的保湿霜
	第六步：使用晚霜

早上，用洁面乳洗脸，然后使用眼霜。接着，将美白乳液或凝胶用于你的黑斑处。然后将有防晒成分的保湿霜用于你的面部、颈部和胸部。最后，选择性的使用粉底。

晚上，用洁面乳洗脸。然后，使用去角质磨砂膏或微晶磨削工具，每周一到四次（注意看"去角质"下面的说明）。使用眼霜，然后将美白乳液或凝胶用于你的黑斑。接着，使用含维A酸的保湿霜。最后使用晚霜。

在去皮肤科就诊之前，你还可以尝试另一选择来治疗顽固的黑斑。就是Dennis Gross 博士的 Alpha Beta® 日常面部磨皮，你可以登陆 www.mdskincare.com 查询。我更希望你去皮肤科就诊，但这是退而求其次的办法。把它当做治疗方案的第二步骤每天使用一次（如果是那样的话，原来的第二步便成为第三步，依次类推）。如果一周之后，你没有出现皮肤发红或刺激，可以改为一天使用两次。

洁面乳

一些洁面乳中含有补水、去角质和滋润皮肤的羟乙酸以及帮助预防皱纹的抗氧化剂，这些洁面乳使 DRPW 型皮肤获益良多。然而，最近研究指出 α 羟酸（AHA）会使皮肤对日光更加敏感。因此，如果你外出时较多日晒并常疏于使用防晒霜，就可能不想用羟乙酸洁面乳。在这种情况下，我的下一个选择是含有诸如维生素 A、C、绿茶和白茶这些抗氧化剂的 Topix Replenix Fortified 洁面乳。

推荐的清洁产品：

$ Gly Derm Gentle Cleanser has glycolic acid 2%

（Gly Derm 含 2% 羟乙酸的温和洗面奶）

$$ DDF Glycolic Exfoliating Wash-7%

（DDF 甘醇酸去角质洗剂 -7%）

$$ Jan Marini Bioglycolic Facial Cleanser

（Jan Marini 植物精华洗面奶）

$$ M．D．Forte Facial Cleanser Ⅱ has glycolic acid 15%

（M.D.Forte 含 15% 羟乙酸的Ⅱ号洗面奶）

$$ M.D.Forte Facial Cleanser Ⅲ has glycolic acid 20%

（M.D.Forte 含 20% 羟乙酸的Ⅲ号洗面奶）

$$ Topix Replenix Fortified Cleanser

（Topix Replenix Fortified 洗面奶）

$$ Vichy Detoxifying Rich Cleansing and Rinse off cream

（薇姿排毒丰盈洁面卸妆乳）

$$$ Rodan and Fields Radiant Wash with lactic acid

（Rodan and Fields 含乳酸的焕肤洁面乳）

褒曼医生的选择： M.D.Forte Facial Cleanser Ⅲ with 20% glycolic acid（含 20% 羟乙酸的 M.D.Forte Ⅲ号洗面奶），此浓度可以使眼霜和保湿面霜中的成分穿透力更强。

乳液和乳霜

这些产品应该含有抗氧化剂或治疗黑斑的皮肤美白成分。我从未想到过会找到一个可推荐的维生素 C 产品，直到最近，理肤泉维他命 C 和其他对你的皮肤类型来说堪称完美的产品使事情有了进展。维生素 C 可减少色素并促进胶原合成，从而改善和治疗皱纹。

推荐的乳液和乳霜：

$ Avon ANEW CLEARLY C 10% Vitamin C Serum

（雅芳新活 10% 维他命 C 精华露）

$$ La Roche-Posay Active C

（理肤泉维他命 C 精华）

$$ Philosophy "Save Me" with retinol and vitamin C

（Philosophy 含维生素 A 和 C 的"拯救我"）

$$ Replenix Retinol Smoothing Serum
（Replenix 维他命 A 舒缓乳液）
$$ Vichy Reti C
（薇姿双重维 C）
$$$ Dr．Brandt lightening gel
（Dr．Brandt 美白凝胶）
$$$ Skinceuticals C E Ferulic
（修丽可 C E 阿魏酸）
$$$ Skinceuticals C+AHA serum
（修丽可 C+AHA 精华）
褒曼医生的选择： La Roche-Posay Active C（理肤泉维他命 C 精华）。

保湿霜

你的保湿面霜和眼霜应该含有补水、美白和抗氧化成分。此外，你的日间保湿霜应该含有防晒成分。

推荐保湿日霜：

$ Avon ANEW LUMINOSITY ULTRA Advanced Skin Brightener SPF15 UVA/UVB
（雅芳新活净白祛斑霜 SPF15 UVA/UVB）
$ Neutrogena Healthy Skin Visibly Even Daily SPF15 Moisturizer
（露得清健康皮肤清透保湿日霜 SPF15）
$ Purpose Dual Treatment Moisturizer
（Purpose 双效治疗保湿霜）
$$ L'Occitane Face and Body Balm SPF 30
（欧舒丹面部和身体乳膏 SPF30）
$$$ Bobbie Brown EXTRA SPF 25 MOISTURIZING BALM
（Bobbie Brown EXTRA SPF 25 保湿霜）
$$$ La Prairie Cellular Moisturizer Face
（La Prairie 活细胞保湿面霜）
$$$ Vichy Nutrilogie 1 SPF 15 sunscreen
（薇姿持久营养霜 1 SPF15 防晒霜）
褒曼医生的选择： Avon ANEW LUMINOSITY ULTRA Advanced Skin Brightener SPF15 UVA/UVB（雅芳新活净白祛斑霜 SPF15 UVA/UVB），含皮肤美白、保湿和防晒成分，物美价廉。

推荐的晚霜：

$ Aveeno Positively Radiant Anti-Wrinkle Cream

（Aveeno 活性亮肤抗皱晚霜）

$ Avon ANEW Retroactive+ Repair Face Cream

（雅芳新活致美晚霜）

$ Eucerin Sensitive Facial Skin Q10 Anti-Wrinkle Sensitive Skin Cream

（优色林辅酶 Q10 保湿抗皱霜）

$$ derma e Pycnogenol Moisturizing Crème（but contains isopropyl myristate, so avoid it if you have acne）

[碧萝芷保湿面霜（但它含有异丙基豆蔻酸酯，故痤疮患者禁用）]

$$ Kiehl's Lycopene Facial Moisturizing Cream

（Kiehls 番茄红素美容护肤面霜）

$$ L'Occitane Shea Butter Ultra Moisturizing Night Care

（欧舒丹牛油树脂强效保湿晚霜）

$$ Origins Look Alive ™ Vitality moisture cream

（悦木之源 Look Alive 活性保湿面霜）

$$ Topix Citrix 20% Cream（vitamin C）

（Topix Citri20% 维他命 C 面霜）

$$ Z.Bigatti Re-Storation Enlighten Skin Tone Provider

（Z.Bigatti 再赋容光调理霜）

$$$ Crème De La Mer

（海蓝之谜面霜）

$$$ Sekkisei Cream Excellent

（雪肌精精华面霜）

褒曼医生的选择：Kiehl's Lycopene Facial Moisturizing Cream（Kiehls 番茄红素美容护肤面霜），番茄红素可预防皱纹。

推荐的含维 A 酸的保湿晚霜：

$ Avon ANEW LINE ELIMINATOR Dual Retinol Facial Treatment

（雅芳新活无痕双效维 A 酸面霜）

$ Neutrogena Healthy Skin Anti-Wrinkle Cream Original Formula

（露得清独家配方健康皮肤抗皱霜）

$$ Afirm 2x

（Afirm 2x）

$$ Afirm 3x（stronger than 2x）

[Afirm 3x（强于 2x）]

$$ BioMedic Retinol 60 by La Roche Posay

（理肤泉 Biomedic 维 A 霜 60）

$$ Philosophy "Help Me" Face Cream with retinol

（Philosophy "帮助"）

$$ Vichy Liftactiv Retinol HA

（薇姿活性塑颜抚纹霜 SPF18 PA+++））

褒曼医生的选择： 我喜欢 $$ 标记的所有产品。

推荐的眼霜：

$ Neutrogena Healthy Skin Eye Cream

（露得清健康皮肤眼霜）

$ Nivea Visage CoEnzyme Q10 Plus Wrinkle Control Eye Cream with SPF 4

（妮维雅 进补时光 辅酶 Q10 抗皱眼霜 SPF4）

$$ Active-C Eyes by La Roche-Posay

（理肤泉维他命 C 眼霜）

$$ Laura Mercier Eyedration Eye Cream

（Laura Mercier 眼部滋养霜）

$$ Origins Eye Doctor

（悦木之源 眼博士）

$$ Vichy Liftactiv CxP Eye Cream

（薇姿活性塑颜新生眼霜）

$$$ Erno Lazlo Ocu-pHel Emollient Eye Cream

（Erno Lazlo Ocu-pHel 柔肤眼霜）

$$$ Prada Reviving Cream/Eye soy Vit a and c

（普拉达再生眼霜 / 眼部大豆维他命 A 和 C）

$$$ Skinceuticals C + AHA exfoliating antioxidant treatment

（修丽可 C + AHA 去角质抗氧化霜）

褒曼医生的选择： Active-C Eyes by La Roche-Posay（理肤泉维他命 C 眼霜）。

去角质

当你采用非处方药治疗方案时，使用磨砂膏或微晶磨削剂一次，然后观察一周，看皮肤对它的耐受程度。如果你的皮肤没有变红或疼痛，下一周改为一周使用两次。两周后，你可以改为一周三次。耐受性强的皮肤甚至可忍受一周使用四次微晶磨削乳膏或磨砂膏，但这在大多数情况下对皮肤都过于刺激。

你可以去美容馆做去角质疗法，以替代家庭护理。要确保你的美容服务专业使用了含抗氧化成分的去角质剂。

如果你正在进行处方药治疗方案，便不需要去角质，因为你将会使用处方药维 A 酸类，它们会为你去角质的。

推荐的微晶磨削剂或去角质剂：

$ Avon Sweet Finish Sugar Scrub
（雅芳天心磨砂膏）

$ L'Oréal ReFinish Micro-Dermabrasion Kit（but use a moisturizer on my list rather than the one in the kit）

[欧莱雅塑形微晶焕肤套装（但需要使用我列表中的保湿霜而非套装中的）]

$$ AHAVA Gentle Mud Exfoliator
（AHAVA 温和矿物去角质泥）

$$ Clinique 7 day scrub cream
（倩碧水溶性 7 日按摩霜）

$$ Neova Microdermabrasion Scrub
（Neova 微晶柔珠去角质乳）

$$ Philosophy Resurface
（Philosophy 微晶焕肤磨削霜）

$$$ Dr Brandt Microdermabrasion in a Jar
（Dr．Brandt 罐装微晶磨削霜）

褒曼医生的选择：Clinique 7 day scrub cream（倩碧水溶性 7 日按摩霜），我自己也在使用。我喜欢它的质感，它还会提供一些水分。

购买产品

拥有耐受性皮肤，你应该希望这样，你可以放宽对我特别推荐产品的选择。注意查找包含推荐成分的产品，而那些你应该避免的成分为数不多。如果你找到一种特别喜欢的产品，包含这些成分却不在我的推荐列表内，请登录 www.derm.net/products 并与我一同分享。

推荐护肤成分

预防皱纹

- 罗勒
- 山茶
- 铜素胜肽
- 阿魏酸
- 生姜
- 葡萄籽提取物
- 艾地苯醌
- 番茄红素
- 碧萝芷
- 水飞蓟素
- 维生素 C
- 丝兰

- 咖啡因
- 辅酶 Q10（泛醌）
- 姜黄素或 tetrahydracurcumin 或姜黄粉
- 小白菊
- 人参
- 绿茶，白茶
- 叶黄素
- 石榴
- 迷迭香
- 大豆、染料木黄酮
- 维生素 E

改善皱纹

- α 羟酸（羟乙酸，乳酸）
- 维生素 A

- 二甲氨基乙醇
- 维生素 C

保湿

- 芦荟
- 神经酰胺
- 可可脂
- 右泛醇（维生素源 B_5）
- 月见草油
- 羟乙酸
- 乳酸
- 烟酰胺
- 红花油

- 琉璃苣籽油
- 胆固醇
- 胶肽燕麦片
- 二甲基硅氧烷
- 甘油
- 荷荷巴油
- 亚油酸
- 橄榄油
- 牛油树脂

预防黑斑

- 椰子提取物（椰子）
- 烟酰胺
- 虎耳草萃取物（草莓秋海棠）

- 黄瓜
- 碧萝芷（松树皮萃取物）
- 大豆

改善黑斑

- 熊果苷
- 小黄瓜提取物
- 曲酸
- 维生素 C 磷酸镁
- Tyrostat

- 抗坏血酸，维生素 C
- 氢醌
- 甘草提取物（甘草）
- 桑树提取物

避免使用的成分

- 酒精
- 泡沫丰富的洗涤剂

常被用作护肤成分的醇类，会增加皮肤的干燥。但不是每一种醇类都有问题。乙二醇就是一种有益的醇类，它可以增加其他成分的穿透力。然而，低分子量的醇类，比如乙醇、变性酒精、普通酒精、甲醇、苯甲醇、异丙醇和 SD 酒精应该避免应用。

皮肤的日光防护

无论何时，你暴露于阳光下超过十五分钟，就需要超出你日常 SPF 的额外保护。所以较长时间暴露时，请涂抹 SPF45 或更高的防晒霜。对于 DRPW 型肤质者，我建议使用防晒霜或防晒露。如果你的皮肤非常干燥，使用霜剂；如果只是轻微干燥，使用露。对你来说，幸运的是，你并不需要回避任何防晒霜的成分。

研究表明大多数人防晒霜的使用量只达到她们需要的四分之一。如果是昂贵的价格会让你不愿使用太大剂量，不要用高价防晒霜：你的每个暴露区域——面、颈和胸部都需要使用其暴露部分四分之一大小的防晒霜。请确保你每天使用的所有产品的复合 SPF，例如保湿霜、防晒霜和粉底提供的 SPF 值至少为 15。

推荐的防晒产品：

$ Eucerin Sensitive Facial Skin Extra Protective Moisture Lotion with SPF 30
（优色林敏感面部皮肤加强保湿防晒露 SPF30）

$ Hawaiian Tropic Baby Faces Sunblock SPF 60+
（夏威夷热带婴儿面部防晒霜 SPF60+）

$ No-Ad SPF 45 Sunscreen lotion
（No-Ad SPF 45 防晒露）

$$ Applied Therapeutics Daily Protection Moisturizing Lotion with SPF 30 or 45

（治疗用日常保湿防晒露 SPF30 或 45）

$$ La Roche-Posay Anthelios XL cream SPF 60（not available in the US）

[理肤泉特护清爽防晒霜 SPF60（美国买不到；可到国外购买）]

$$ Skinceuticals Ultimate UV Defense SPF 30

（修丽可加强防晒霜 SPF 30）

$$$ Darphin Sun Block SPF 30

（迪梵防晒霜 SPF 30）

$$$ DeCleor Écran Très Haute Protection SPF 40

（思妍丽 Écran Très Haute 防晒霜 SPF 40)

$$$ Orlane Soleil Vitamines Face Cream SPF 15

（幽兰 Soleil 维他命面部乳液 SPF15）

褒曼医生的选择：含抗氧化剂和防晒成分，Skinceuticals Ultimate UV Defense SPF 30（修丽可加强防晒霜 SPF 30）或者如果你想要一款防汗的防晒霜，可选择 Skinceuticals Sport UV Defense SPF 30（修丽可 SPF 30 运动型紫外线防护霜）。

粉底

使用防晒霜后请等待几分钟再使用粉底或其他化妆品。这可以给你的防晒霜足够的时间被吸收。如果你的皮肤非常干燥，找一些眼影和腮红。Laura Mercier 金属幻彩眼影对你这一类型的皮肤来说是一个上好的眼影霜。避免使用粉剂，它们会使你的脸看起来更加干燥。

推荐的粉底：

$ Max Factor Pan-Stick Ultra-Creamy Makeup

（Max Factor 铁盘粉条）

$ Neutrogena Visibly Even Foundation

（露得清清透粉底）

$$ Awake Skin Renovation Foundation

（Awake 皮肤修复粉底）

$$ Chantecaille Real Skin Foundation SPF 30 for dry skin

（香缇卡真皮肤粉底 SPF 30 针对干性皮肤）

$$ Laura Mercier Tinted Moisturizer

（Laura Mercier 有色保湿霜）

$$ Vichy Aera Teint - Silky Cream Foundation

（薇姿 Aera Teint – 丝质粉底霜）

$$$ La Prairie Cellular Treatment Foundation

（La Prairie 活细胞修护粉底霜）

褒曼医生的选择： Neutrogena Visibly Even Foundation（露得清清透粉底），含大豆有助于预防黑斑。

咨询皮肤科医师

处方药护肤阶段

下面第一个处方药治疗方案采用处方药维 A 酸和处方药美白乳膏以去除黑斑。第二个疗法采用维 A 酸类成分的乳膏预防和治疗皱纹。

日常护肤治疗方案

第二阶段	
处方药，去除黑斑	
早上	晚上
第一步：使用含羟乙酸或乳酸的非处方洁面乳	第一步：使用含羟乙酸或乳酸的非处方洁面乳
第二步：将处方药美白乳膏用于黑斑	第二步：将处方药美白乳膏用于黑斑
第三步：使用含抗氧化剂的保湿霜	第三步：使用保湿晚霜
第四步：使用防晒霜	第四步：使用处方药维A酸
第五步：使用粉底（可选项）	

早上，从我的非处方产品推荐列表中选择含羟乙酸或乳酸的洁面乳洗脸。接着，将处方药美白乳膏用于你的黑斑。如果你想使用眼霜，可以在第二步和第三步之间选择性的使用。下一步，使用含有抗氧化剂的保湿霜，然后涂抹防晒霜（如果你的保湿霜和粉底提供的有效 SPF 不足 15）。最后，你可以选择性地使用粉底。你还可以将防晒霜与保湿霜或粉底混合在一起使用。

晚上，使用与早上相同的洁面乳洗脸。将处方药美白乳膏用于你的黑斑，然后使用保湿晚霜。最后，参照"干性、耐受性皮肤的进一步帮助"中的方法将处方药维 A 酸用于你的面部、颈部和胸部。

第二阶段
处方药，尚未形成黑斑

早上	晚上
第一步：使用含羟乙酸或乳酸的非处方洁面乳	第一步：使用含羟乙酸或乳酸的非处方洁面乳
第二步：使用眼霜	第二步：将抗老化乳液用于整个面部
第三步：使用含抗氧化剂的保湿霜	第三步：使用保湿晚霜
第四步：使用防晒霜	第四步：使用处方药维A酸
第五步：使用粉底	

早上，使用含羟乙酸或乳酸的洁面乳洗脸，其后使用眼霜。下一步，使用含抗氧化剂的保湿霜，接着使用防晒霜（如果你的保湿霜或粉底提供的有效SPF不足15）。最后，你可以选择性地使用粉底。你还可以将防晒霜与粉底或保湿霜混合起来使用。

晚上，使用与早上相同的洁面乳洗脸。将抗老化乳液用于你的整个面部，然后使用保湿晚霜，接着参照"干性、耐受性皮肤的进一步帮助"中的方法使用处方药维A酸。

推荐的处方药产品：
去除黑斑

- Alustra
- Claripel
- 氢醌霜
- Epi-Quin
- Lustra
- Solaquin Forte
- Tri-Luma 汰肤斑

褒曼医生的选择：Claripel，它具有保湿质地，含防晒成分、氢醌和越橘树成分。

推荐的处方药产品：
- Avage 0.1% cream
（Avage0.1% 乳膏）
- Differin 0.1% or 0.3% cream
（达芙文 0.1% 或 0.3% 乳膏）

- Renova 0.02% or 0.05%
  （Renova 0.02% 或 0.05% 乳膏）
- Tazarac 0.05 % or 0.1% cream
  （Tazarac 0.05 % 或 0.1% 乳膏）

褒曼医生的选择：干燥气候选择 Renova 或湿润气候选择 Avage。

针对你皮肤类型的治疗操作

以我的经验，大多数中等到黑色皮肤的 DRPW 肤质者使用外用处方药产品和化学换肤都能很好地治疗她们的黑斑。激光和光疗不能用于黑斑，因为这些操作会导致黑斑发炎、恶变或发展。耐受性、色素性皮肤的人比敏感性、色素性类型的人有优势，因为那些强效成分可能见效更快。但你仍需要等四到六周才会看到改善。

浅色皮肤的 DRPW 肤质者在治疗操作上有更多的可选项，比如用激光和光疗减轻黑斑，而不会引起炎症导致更多的黑斑。详见"干性、耐受性皮肤的进一步帮助"。

对于皱纹治疗来说，肉毒素注射和皮肤填充术会使较白或较黑肤色的 DRPW 型皮肤均受益。有关这些操作规程的具体信息请翻阅"油性、耐受性皮肤的进一步帮助"

浅肤色的 DRPW 肤质者还可选择皮肤磨削术，一种针对口周细纹的表皮重塑治疗。这种方法需要一位有经验的医师操作。此操作的更多细节，及如何挑选操作医师，请翻阅第十章操作部分"皮肤磨削术"。

电波拉皮

这项新技术源自罗马尼亚，被用于治疗面部和颈部皮肤松弛。完整信息请参照"油性、耐受性皮肤的进一步帮助"。

坚持护理你的皮肤

请每天都保护并为你的皮肤补水。注意现在就预防，食用富含抗氧化剂的食品，虽然老化是你要面对的主要挑战之一，很多新技术会帮你解决问题。去看皮肤科医生吧。你永远不会后悔的。

第十七章
DRPT：干性、
耐受性、色素性、紧致皮肤

遍及全球的皮肤类型

美丽是一种意识状态。但仅仅有态度是不够的。我喜欢照顾自己，所以，我自然也就照顾我的皮肤。为什么不把自然母亲给你的东西做到最好呢？

关于你的皮肤

如果问卷调查结果显示你是一个干性、耐受性、色素性、紧致（DRPT）型皮肤，那么你与地球每个角落的很多漂亮女性在分享这一类型。意大利偶像，例如索菲娅·罗兰、亚裔女星例如露西·刘玉玲，高贵的有色皮肤女性，例如哈里·贝瑞，引人注目的拉丁美女，例如佩内洛普·克鲁兹，全部都是 DRPT 型皮肤。虽然并非每一个 DRPT 型肤质者都有幸拥有高贵、饱满肤色，但几乎每一个种族的人群都有这一皮肤类型。虽然在北欧背景下的高加索人中此种类型并不多见，但这一类型可出现在任何种族，使其成为最普遍的类型之一。

你光滑、年轻的皮肤被另一个要与皱纹作斗争的类型所嫉妒。你很少为油性和痤疮暴发而烦恼，无忧无虑地度过十几岁和二十几岁的时光。虽然随着年龄增长，你的皮肤会变得略微干燥，但这很容易解决，因为你的耐受性皮肤可以轻松接受其他类型皮肤必须避免的产品。

浅色和中等肤色的 DRPT 型肤质者由于可调节高色素水平，可以晒得非常好看。但是暴晒可以引起皱纹、黑斑和黑斑病，最好避免。你们大多数曾收到过避免过度日晒的讯息。依赖良好的基因和健康的饮食，你享受着紧致性皮肤的祝福。

持久保湿会帮助你保持皮肤的年轻。时刻警惕，保护你的皮肤远离有害因素，使用不会导致干燥的护肤品。

紧致皮肤归因于生活方式的多种因素和基因的联合作用，对大多数 DRPT 型肤质者来说，好的基因起主要作用。对中等到黑色皮肤的人来说，耐受性、高色素皮肤较少形成皱纹。这种皮肤比浅色皮肤的弹性更强、更持久。对于被归类为 DRPT 型皮肤的浅肤色人群来说，生活方式在保持皮肤紧致中起到更重要的作用。使用保湿霜，避免日晒，食用富含抗氧化成分的水果和蔬菜，不吸烟、保护皮肤远离干燥环境、热房子、冷风、干燥气候、蒸气浴，甚至面部美容都是你的干燥性、紧致皮肤保持良好状态的关键。

具有 DRPT 型皮肤的名人

女演员露西·刘玉玲把才智、美丽和旺盛的精力带给了她在电影和电视剧中的角色。她最初因在热播电视连续剧《甜心俏佳人》中扮演一个角色而受到关注，而获得电影演员的身份是扮演《霹雳娇娃》第一部和第二部中霹雳三人组的一个角色。她是从中国移民美国纽约市的女孩，刘玉玲既热衷于她的起源文化（通过学习中国文化、语言和武术），又超越他们（通过扮演并非仅限于黄种人的角色）。

虽然我无法证实，我猜测刘玉玲是 DRPT 型皮肤，它是亚洲血统人群中最常见的两种皮肤类型之一（另外一种常见类型是 DSPT）。因为长时间在电影灯光下使用化妆品，我不能排除刘玉玲已经产生了一定的皮肤敏感的可能。话虽如此，没有敏感的迹象，我只能推断她是一个耐受性的 DRPT 型皮肤。我们可以看到她的雀斑和清晰可见的色素沉着斑。刘玉玲需要更多的防晒保护，因为日晒会促进色素沉着并导致雀斑和黑斑形成。

刘玉玲平常会滑雪、攀岩和骑马。她积极运动的生活方式（更不用说在电影《霹雳娇娃》和《杀死比尔》拍摄期间飞跃、打架和搏斗的镜头），使她可能存在一种 DRPT 型皮肤关键问题的风险。由于刀伤、擦伤、刮伤后遗留的色素沉着导致黑斑的出现，这需要一段时间才能治愈。而在刘玉玲的电影和照片里并没有看到，或许是因为好莱坞的化妆师用粉底把它们盖住了，或许刘玉玲正在接受一位皮肤科医师的护理指导。无论真相是什么，我希望刘玉玲现在正设法用防晒霜来保护她美丽的紧致皮肤。

色素沉着和你的皮肤

虽然这一皮肤类型在中等和偏黑肤色人群中较为常见，一些浅肤色的 DRPT 型皮肤却有很多区域出现色素沉着的征象，例如黑斑、雀斑、黑斑病和日晒斑。如果你是一位红发爱尔兰人，容易形成雀斑，就无需再做一次检测了，这会是你的类型。你们的共同点是色素的趋向。红头发的人或许不容易晒成古铜色，但她们容易形成雀斑。深肤色的 DRPT 型皮肤容易晒黑，但对黑斑更为敏感。

很多人认为雀斑有吸引力，但高色素水平还有很多其他并不那么美丽的表现方式。色素沉着和皮肤干燥会相互作用，留给你粗糙、晦涩、布满干燥斑的膝肘部。任你怎么用肥皂和水清洗也不能去除这些看起来"肮脏"的区域。

你的大腿侧面和胳膊背面会出现黑色隆起性丘疹。这些难看的针尖大小的丘疹，叫做毛周角化病，因皮肤干燥和摩擦产生。你的父母或同胞手足很可能也有，因为它们具有家族性。

你还很容易形成面部黑斑，尤其是当你怀孕、口服避孕药或接受激素替代疗法的时候，雌激素水平升高使黑素细胞产生更多黑素（皮肤色素）。不管男性还是女性，日晒都可以促使雀斑或日晒斑在身体任何部位形成。当它们出现在手上时，叫做"肝斑"。

黑色斑片可由皮肤外伤导致，如刀割伤、毛发向内生长、丘疹以及受热。在低湿度和寒冷环境中，你干燥的皮肤会更加干燥，尤其是胳膊和腿。非常干燥时，你的皮肤会出现瘙痒。皮肤干燥随年龄增长而加重，因此保持皮肤湿度和水分非常重要。

黑色斑点、斑片和黑斑病均由高黑素水平导致。干燥、粗糙的织物或任何形式的热、刺激或炎症都会促使它们形成。

浅肤色的 DRPT 型皮肤可受益于黑斑的皮肤病学治疗，而中等、偏黑和黄色皮肤的人群则应使用我为深色皮肤推荐的产品。

最后，出现于腋窝的厚垫、天鹅绒状黑色斑片，可能是一种称为黑棘皮病的皮肤疾病，常见于肥胖人群。我提供的皮肤美白成分无法治疗这种疾病。取而代之，去看医生吧，他会建议你减肥。

西班牙血统的 DRPT 型皮肤

DRPT 皮肤类型在拉丁美洲极为常见。在委内瑞拉，防晒是根深蒂固的。年幼如 5 岁的孩子都知道经常使用防晒霜。委内瑞拉妇女珍视清透肤色、无皱纹和无斑的皮肤。委内瑞拉人如此崇尚并尊敬美丽，以至于赢得委内瑞拉小姐桂冠的女性有时在任期结束后可以被选举从事高层次的政治工作。

拉丁美洲 DRPT 型肤质者不喜欢用肥皂和水清洗，因为她们知道这会使皮肤干燥。她们使用以油为基础的洗面奶，然后用布擦掉，创造了一种 DRPT 型皮肤适用的温和的去角质方法。

玛利亚的故事

玛利亚是一个有着中等颜色皮肤、黑头发、杏仁状绿色眼睛、35 岁的前委内瑞拉选美小姐。她总是精心呵护自己的皮肤，使用防晒霜并避免日晒，因为她知道偏浅色的皮肤患皮肤癌的风险较高。

一天，玛利亚注意到在她的上唇有一根"桃毛"样的黑毛。虽然她并没有十分关注它，这根毛发却在她服用的避孕药中激素的作用下长了起来。一些避孕药中含有某些类型的合成激素，称为孕激素，可与毛囊受体结合而刺激毛发生长。

玛利亚并不知情，她到一家美容沙龙使用一种"热蜡"去掉了新生的"桃毛"。此后，她看到一个"黑影"覆盖在她的上唇。更糟糕的是，当"细毛"再长出来时，那个黑影使"细毛"愈发显眼。

玛利亚感到心烦意乱，她决定解决这个问题，到我诊所来预定一次毛发去除激光治疗。玛利亚填完褒曼医生皮肤类型调查问卷后，显示她是一个 DRPT 型皮肤。了解到这一讯息后，我向她提了一些问题，事情很快便水落石出了。

她使用的特殊品牌的避孕药导致上唇部毛发生长，而"热蜡"只会使事情更糟，因为热和创伤会刺激皮肤色素合成。最终结局是一种黑斑病。玛利亚的上唇变成了激素表现升高和色素生成的交战地带。

为了修复损伤，我们必须通过逆转导致她这种情况的步骤来抑制激素升高并以更好的方式满足她的需求。首先，更换避孕药成分通常会解决问题。有些品牌可帮助消除面部毛发，并且，不同人群对不同药物的反应有所不同。玛利亚去找了她的妇科医生，给她开了一种新药，它包含的孕激素不容易导致毛发生长。

玛利亚需要一种不使用强热度去除毛发的方法。我推荐激光脱毛术，此技术在治疗期间使用一种冷却装置，例如喷雾或冷凝胶，以降低皮肤温度。

此外，我建议她使用含有 UVA 阻断成分的防晒霜，UVA 可导致黑斑。我为她出具了一份叫做 Claripel 的防晒霜处方，它既含有日光阻断剂 Parsol，也含有氢醌、Tyrostat 两种美白成分。更换避孕药和采用新疗法两周后，她的"黑影"消失了。激光治疗 3 次（每次间隔 4 周）后，她嘴唇上的毛发几乎看不见了。加上使用了新的避孕药，玛利亚再也不需要担心它会重新长出来了。

近距离关注你的皮肤

像玛利亚一样拥有 DRPT 型皮肤，你可能会经历：

- 皮肤干燥
- 比其他部位皮肤黑的膝肘部粗糙斑片
- 雀斑或日晒斑
- 面颊部黑斑（如黑斑病、妊娠斑）
- 黑眼圈，让你有一个"浣熊样"面貌
- 同位于原刀割伤、丘疹、摩擦伤等外伤或炎症部位的黑色区域
- 瘙痒性皮肤
- 脱屑
- 被化学换肤术或其他治疗加重的黑斑

通常认为，由于缺血（或充血），导致眼周的一种叫做含铁血黄素的物质沉积于眼睛下方，含铁血黄素沉积还可见于青紫色的皮肤挫伤。有益的眼霜会包含

维生素 K 和 / 或山金车，它们可以通过加速紫色的清除而去除黑眼圈。

随着时间推移，一些 DRPT 型皮肤的特征恶化而另一些得到改善。当雌激素水平因中年生活的改变而下降后，女性的黑斑病有所减轻。从另一方面来说，雀斑和日晒斑随年龄增长而增多，干燥也是如此，常在更年期后加重。

具有 DRPT 型皮肤亚洲人

在远东地区的多次旅行和与那里不同国家的同仁的多次交流中，我了解到世界那一地区的不同的护肤途径。亚洲消费者真正热衷于皮肤护理，很多跨国公司，如欧莱雅和资生堂，都将市场产品线特别投入到亚洲人的皮肤。韩国人对我列举的先进皮肤病学操作程序很感兴趣，很多杰出的韩国医生都参观过我的诊所或在我的诊所担任客座研究员。我写的教科书被译成韩文，并有很多尖端的韩国护肤技术致力于 DRPT 型皮肤。

虽然很多亚洲人抱怨她们的油性皮肤，当我检测她们皮肤表面的油脂时，发现她们大多是干性类型，说明人们很难准确地对自己的皮肤进行评估。大多数亚洲人是色素性类型，归类于 DRPT 和 DSPT 范围。相对于皱纹问题，亚洲人更多关注于黑斑治疗，这也是提供于亚洲市场产品的重点所在。氢醌是美国人常用的皮肤美白剂，在欧洲和亚洲却是不合法的，因为在某些罕见情况下，长期使用会导致角质层的破坏。因为某些原因，亚洲人长期使用氢醌后更容易出现色素沉着的问题。因此，亚洲和其他地方，使用曲酸等其他成分美白皮肤。我建议使用含氢醌的产品，以 4 个月为周期，交替使用曲酸、壬二酸和其他漂白剂。

亚洲美容程序的重点

在远东地区，清洁方法与美国人完全不同。大多数亚洲人从未想过在她们干燥的皮肤上使用肥皂或含肥皂的洁面乳，因为作为她们美容理念的一部分，她们知道这些产品会从皮肤表面带走油脂。虽然美国公司开发了不含过强清洁剂的类似洁面乳作用的产品以满足清洁的美国标准，亚洲人却不用它们。她们更喜欢用油剂、卸妆水和水凝胶清洁皮肤，并以乳霜结束。

下一个步骤叫做"护理步骤"，这一步骤中她们为皮肤提供了一种特殊的治疗。可以是用化妆水来促进补水，或是被称为"美白剂"的脱色剂，用于减轻黑斑、黑斑病或其他皮肤脱色。

接着，她们可能会使用一种乳液，使用治疗或预防皱纹的产品后，下一步可能会治疗痤疮。她们会以使用保湿面霜和一种特殊的眼霜来结束程序。

亚洲人虔诚地避免日晒和使用防晒霜，以此保护她们清透的肌肤。她们可能使用 SPF50 或更高的护肤品作为日常基础，并用帽子、遮阳伞和日光防护的衣物来避开日光。很多亚洲女性还使用粉底和粉，并有很多不同的色彩来满足她们的需求。白种人的皮肤通常可以搭配八种不同颜色的粉底，而亚洲人的肤色可以搭配超过四十种色调。

因为这么多美容产品，亚洲人接触到很多成分，因此更容易出现一些副作用，有降低皮肤屏障潜在可能，并可能增加皮肤的敏感性，故而很多人归类于 DSPT 皮肤类型。

随着年龄增长，亚洲人的皮肤有变得更黄的趋势，这种情况发生于一种叫做真黑素的皮肤色素转化为另一种黄色占优势的嗜黑色素之时。也是另外一个亚洲女性依赖粉底的原因。很多护肤技术在不同的亚洲国家得到发展，使得居住在西方的黄种人和其他 DRPT 型肤质者受益，因此我已经在 DRPT 型皮肤的日常护肤方案中涉及到这些技术。

DRPT 型皮肤的黑人

黑色皮肤的 DRPT 型肤质者容易形成灰白斑，一种由覆盖于黑色皮肤上的浅色剥脱皮肤导致的灰白色外观。虽然市场上有很多产品直接针对它，与很多肤色的干性皮肤的人相同，这种皮肤问题可通过使用保湿霜而轻松解决。

外伤导致的黑斑困扰着很多黑皮肤的 DRPT 型肤质者，因为外伤部位形成的皮肤色素可能比外伤本身持续更久。黑人患者常惧怕这些黑斑是永久性瘢痕，但它们既不是永久性的也不是瘢痕。然而，相比浅色的 DRPT 型皮肤，你可能要经历更漫长的时间来去除黑斑。光治疗（常用于治疗它们）对你来说没有帮助，因为所用光线会影响你全身皮肤的色素，不仅是你想去除的黑斑。你可以用我推荐的产品来替代。当我的黑人和黄种人患者因不能接受这项治疗而沮丧时，我提醒她们，她们患癌症的风险比浅肤色的 DRPT 型肤质者要低得多。塞翁失马，焉知非福。

贝蒂，一个离婚的单身母亲，有两个十几岁的孩子，是一所高校的指导顾问和一个狂热的周末排球运动员。比赛同时她认识了很多人——这也是其中的一部分乐趣！精力旺盛而又热情似火的贝蒂享受着来自队里小伙子们的关注。

但是皮肤干燥和色素沉着的联合出现，却制造了一个不太迷人的问题。比赛后她在运动中心洗澡时使用的肥皂使她的皮肤脱水。她的肘部和膝部有黑色斑片，以及很多比赛留下的凹痕、擦伤和割伤。

她来见我，因为所有那些微小的损伤加在一起，使她的胳膊和腿看起来一团糟。因为贝蒂的皮肤色素沉着，每处割伤和擦伤都在她的胳膊和腿上留下一个记录，而且它们近期内不会消失。很难找到一种与贝蒂的肤色搭配足够好的粉底遮盖霜来盖住它们"我全身都是擦伤"，她来我办公室时抱怨道，"有什么办法你能解决它们吗？"

　　我建议贝蒂尝试做一些化学换肤术，并使用处方药皮肤增白剂来帮助斑点褪色。我们不能改变贝蒂遇到外伤易形成黑斑的体质。但至少当它们出现时我们可以更快使它们消退。我向贝蒂推荐了一款它可以用来缓解膝肘部干燥的保湿霜。

　　此外，我建议贝蒂比赛期间或外出时涂抹防晒霜，因为日晒会使皮肤色素增加从而导致黑斑形成以及减弱免疫系统对这些微小伤口的反应。作为一名黑色皮肤的女性，贝蒂以为她没有被晒伤的风险，所以很少涂抹防晒霜。以前她使用的时候，这种白颜色的产品使得她黑色的皮肤变成紫色。我可以向黑皮肤的人提供一些建设性的建议，比如彩色防晒产品，或那些含少量锌元素的。我告诉她，与流行的理念相反，黑色皮肤既可以被晒伤也可以发生光损害。贝蒂因发现了一种与她的黑色皮肤甚为协调的产品而感到欣喜万分，并开始定期使用它。

　　当贝蒂三周后回来复诊时，我们的计划奏效了，虽然她看起来还是像以前一样精力旺盛，但是她的胳膊和腿看起来好多了——即使穿吊带衫和短裤。

　　像贝蒂一样，拥有黑色的 DRPT 型皮肤，你可能会经历以下任何情况：

- 皮肤干燥
- 比其他部位皮肤黑的膝肘部粗糙斑片
- 面颊部黑斑（如黑斑病、妊娠斑）
- 同位于原刀割伤、丘疹、摩擦伤等外伤或炎症部位的黑色区域
- 瘙痒性皮肤
- 灰白斑
- 脱屑
- 被化学换肤术或其他治疗加重的黑斑

　　如果在问卷上你的皮肤被测为极度干燥，你可能会有干燥、头皮屑、面部和头部脱皮。对于有色人种来说，干燥常会被过强的洗发产品加重。不像那些敏感性皮肤，耐受性类型不会总是对这些成分出现反应（比如皮疹或瘙痒），但你还是会发现它们是非常干燥的。因为护发产品不在本书范畴内，如果你注意到自己出现了皮肤极度干燥和头皮屑，我建议你找一些温和的产品，避免使用含有洗涤剂的香波和调节剂，远离头发矫正器、生发产品、染发剂和含有刺激性化学成分的专业治疗产品。你还可以考虑间断护发来减少暴露。

你的黑素瘤风险

　　浅肤色的 DRPT 型肤质者是患黑素瘤皮肤癌的高危人群。皮肤科医师提供的光治疗可轻松地去除任何令人烦恼的可能会发展成癌症的斑点，但是知道你的风险因素并每年做一次皮肤癌检查仍很重要。

　　如果你是一个伴有如下因素的 DRPT 型肤质者，你是便是黑素瘤的高危人群：

- 浅色皮肤
- 浅色头发
- 容易晒伤
- 有一次或多次严重晒伤的历史
- 很多雀斑
- 家庭成员有黑素瘤病史

所有浅肤色的 DRPT 型肤质者都应该注意，任何以上因素都会增加你的患病风险。此外，如果你有红色头发，你的风险会进一步增加。原因是：研究表明，MCR-1 基因与红发、雀斑和黑素瘤形成有关。总之，雀斑不仅仅是一个美容学问题。它们可能是一个早期警示信号，预示着将来发生皮肤癌的潜在性。如果你属于这一范围，你应该至少每年去皮肤科就诊一次，特别是如果你有频繁日晒伤史的时候。具体注意事项请参照第九章"黑素瘤检查"。

唇部是皮肤癌最好发的部位，因为嘴唇不能分泌富含维生素 E 的皮脂。维生素 E 是一种抗氧化剂，可对抗老化和癌症。因此一些唇膏的成分中含有维生素 E，将其作为一种保护剂。健康食品商店也出售瓶装维生素 E 油，虽然它对大部分区域皮肤来说过于油腻，却可用于唇部。

你的补水需求

补水对于对抗皮肤干燥至关重要。仅使用油剂或含油产品是不够的。你的目标是将水分锁在皮肤中。因此我建议使用保湿霜前先使用面部喷雾。本章节中我会推荐一些特别的产品。务必在使用喷雾后立即使用保湿霜。如果你先让皮肤变干了，它只会更加重皮肤干燥。至少，你应该经常使用有 SPF 的保湿霜来预防日晒导致的色素沉着。给你的皮肤留 5 分钟的时间吸收产品，然后再使用化妆品。这可以预防形成条纹。粉底也可以提供额外的补水和日光防护功能。不管你会不会选择粉底，如果需要，早、晚都可以另外使用一次保湿霜。

因为你的皮肤是耐受性的，你需要含有可穿透皮肤成分的产品，比如包含于很多我推荐的产品中的维生素 A 和维生素 K。含酒精的产品对你来说过于干燥。请仔细研究成分列表以确保你想要购买的任何产品的前七种成分中不含有酒精。很多乳霜、露和肥皂中都含有的甘油，有助于皮肤补水，因此你可以查找含甘油的产品。你可以到本章节的下一部分查看关于补水的信息。

褒曼医生的底线：我的补水推荐会帮助你干燥的皮肤并减少常伴的瘙痒和灰白斑。请务必使用防晒霜来保护你的皮肤和减少色素形成。

你的皮肤类型的日常护理

你的日常护肤目标是通过使用补水、保湿和美白皮肤的产品来缓解干燥、色素沉着。我推荐的所有产品都会起到如下一种或多种作用：

- 预防和治疗干燥
- 预防和治疗黑斑

此外，你的日常疗法将有助于解决其他的皮肤问题，通过：

- 预防皮肤癌症

抗氧化剂，如维生素 C 和维生素 E，还有绿茶，既能减轻炎症导致的黑斑，还能对抗老化，而维生素 A 有助于抗老化并能帮助淡化黑斑。

所有 DRPT 型肤质者都会从我的日常皮肤护理方案中受益。如果使用两周后，你发现你需要更多帮助来解决皮肤色素问题，可转而采用本章后面提到的处方药治疗方案。

日常皮肤护理方案

第一阶段	
早上	晚上
第一步：以洁面乳清洁	第一步：以洁面乳清洁
第二步：如果黑斑明显，请使用皮肤美白剂	第二步：如果你有黑斑，请使用皮肤美白剂
第三步：使用面部水分喷雾	第三步：使用面部水分喷雾
第四步：使用眼霜（可选项）	第四步：使用眼霜（可选项）
第五步：使用有SPF的保湿霜	第五步：使用晚霜
第六步：使用有SPF的粉底（可选项）	

早上，用洁面乳洗脸。如果你有黑斑，请直接在黑斑部使用皮肤美白剂。接着，将水分喷雾喷于整个面部和颈部，然后，如果你愿意，可以使用眼霜。此后，使用含 SPF 的保湿霜。最后，选择性地使用粉底。

晚上，用洁面乳洗脸，将美白剂用于你的黑斑部。接着，将水分喷雾用于整个面部和颈部，然后选择性使用眼霜。最后，使用晚霜。

洁面乳

DRPT 型肤质者应避免使用多泡沫的洁面乳，因为它们会加重干燥。含甘油的洁面乳会帮助你的耐受性皮肤吸收其他包含在方案内的有益成分。它们还可以帮你提亮肤色。对 DRPT 型皮肤来说，甘油香皂非常棒，因为甘油补水性很好。使用众多可买到的品牌中的任一种即可。

推荐清洁产品：

$ Clearly Natural Glycerin Facial Bar
（清晰自然甘油面部清洁棒）

$ Dove Essential Nutrients Daily Exfoliating Cleanser
（多芬乳霜滋润洁面乳）

$$ Biosource Softening Cleansing Milk for Dry Skin by Biotherm
（适用于干性皮肤的碧欧泉生物源性牛奶柔肤洁面乳）

$$ DDF Brightening Cleanser
（DDF 亮肤洁面乳）

$$ Gly Derm Gentle Cleanser 2%（has glycolic acid）
[Gly Derm 温和洁面乳 2%（含羟乙酸）]

$$ M.D.Forte Facial Cleanser III（has glycolic acid）
[M.D. 草酸萘呋胺洗面奶 III（含羟乙酸）]

$$ MD Formulations Facial Cleanser（has glycolic acid）
[MD 多成分面部清洁乳（含羟乙酸）]

$$ Murad Essential-C Cleanser
（Murad 维生素 C 精华洁面乳）

$$ Super-Skin Lightening Cleanser
（超级皮肤美白洁面乳）

$$ Vichy Bi-white Deep Cleansing Foam
（薇姿双重菁润焕白泡沫洁面霜）

褒曼医生的选择： DDF Brightening Cleanser（DDF 亮肤洁面乳）有很多植物美白成分和羟乙酸。

皮肤美白剂

当你有黑斑时，请使用皮肤美白凝胶。如果下列产品无效，请去看皮肤科医生获取更强效的处方药产品。

推荐皮肤美白产品

$ Esoterica Daytime Fade Cream with Moisturizers
（Esoterica 保湿增白日霜）

$ Porcelana Skin Discoloration Fade Cream Nighttime Formula
（Porcelana 皮肤脱色增白晚霜）

$$ La Roche-Posay Pigment Control
（理肤泉亮肤凝胶）

$$ PCA SKIN pHaze 23 A&C Synergy Serum
（PCA 皮肤 pHaze 23 A&C 合成乳液）

$$ Peter Thomas Roth Potent Skin Lightening Lotion Complex
（Peter Thomas Roth 高效皮肤美白复合露）

$$ Philosophy Pigment of your Imagination
（Philosophy 色素想象）

$$ Vichy Bi-white Reveal Essence
（薇姿双重菁润焕白精华乳）

$$$ Dr．Brandt lightening gel
（Dr．Brandt 美白凝胶）

$$$ Skinceuticals Phyto +
（修丽可植物修复啫喱）

褒曼医生的选择：Philosophy Pigment of your Imagination（Philosophy 色素想象），含氢醌、水杨酸和曲酸。

面部水

取自温泉的面部水不含化学物质，比如常添加于自来水中预防藻类和其他微生物污染的氯。

请在使用眼霜和保湿面霜前将水分喷于你的面部和颈部。保湿面霜和眼霜会帮助你的皮肤锁住水分，赋予皮肤一个吸引水分的存储空间。当周围湿度很低时，这很重要。

推荐面部水：

$ Evian Mineral Water Spray
（依云矿泉水喷雾）

$$ Avene Thermal Water Spray
（雅漾舒护活泉水喷雾）

$$ Chantecaille Rosewater
（香缇卡玫瑰露）

$$ Eau Thermale by La Roche-Posay

（理肤泉舒护活泉水）

$$ Fresh Rose Marigold Tonic Water with soothing，calming，comforting chamomile

（新鲜玫瑰金盏花奎宁水，含有舒缓、镇静、安抚作用的甘菊）

$$ Shu Uemura Deep Sea Therapy

（植村秀深海治疗水）

$$ Vichy Eau Thermal

（薇姿活泉水喷雾）

褒曼医生的选择：因为它们都很好，所以没有偏好。

保湿霜

这些保湿霜会帮助你缓解皮肤干燥，减轻伴随的瘙痒和灰白斑。此外，你可选的日间保湿霜均含有日光防护因子，以最大程度减少黑斑，同时预防皮肤癌。

推荐日用保湿霜：

$ Aveeno Positively Radiant Daily Moisturizer SPF 15

（Aveeno 活性亮肤保湿日霜 SPF15）

$ Dove Sensitive Essentials Day Cream（no SPF）

[多芬亮采净白系列粉润白皙滢泽霜（无 SPF）]

$ Olay Complete defense Daily UV Moisturizer SPF 30

（玉兰油全效 UV 防护保湿日霜 SPF30）

$$ Avon Luminocity Ultra SPF 15

（雅芳新活净白祛斑霜 SPF15）

$$ Topix Citrix 15% Cream（no SPF）

[Topix Citrix 15% 乳霜（无 SPF）]

$$ Vichy Thermal S2 SPF 14

（薇姿活性 S2 SPF14）

$$$ Skinceuticals Daily Moisture（no SPF）

[修丽可保湿日霜（无 SPF）]

褒曼医生的选择：Avon Luminocity Ultra（雅芳新活净白祛斑霜）含若干种去色素成分，是一种很好的保湿霜。

推荐保湿晚霜

$ Dove Sensitive Essentials Face Cream

（多芬亮采净白系列粉润白皙滢泽霜）

$ Olay Total Effects Visible Anti-Aging Vitamin Complex with VitaNiacin

（玉兰油多元全效修护套装，含维他纳新）

$$ AtoPalm MLE Face Cream

（爱多康 MLE 面霜）

$$ Sekkisei Cream

（雪肌精乳霜）

$$ Vichy Nutrilogie 2

（薇姿持久营养霜 2）

$$$ Re Vive Moisturizing Renewal Cream with AHA

（Re Vive 保湿再生乳霜，含 AHA）

$$$ Sisley Botanical Moisturizer with Cucumber

（希思黎植物保湿霜，含黄瓜成分）

$$$ Z.Bigatti Re-Storation Enlighten Skin Tone Provider

（Z.Bigatti 修复美白霜）

褒曼医生的选择： Sekkisei Cream（雪肌精乳霜），既含美白成分又有保湿成分。

推荐眼霜：

$ Olay Total Effects Eye Transforming Cream

（玉兰油多元修护眼霜）

$$ Peter Thomas Roth AHA/Kojic Under Eye Brightener

（Peter Thomas Roth AHA/Kojic 亮采眼霜）

$$ MD Skincare Lift & Lighten Eye Cream

（MD 护肤紧致明眸眼霜）

$$ DDF - Nutrient K Plus

（DDF-K 营养物精华液）

$$$ La Prairie Cellular Moisturizer Eye

（La Prairie 活细胞保湿眼霜）

$$$ Sisleÿ Eye Cream by Sisley

（希思黎眼霜）

褒曼医生的选择： DDF-Nutrient K Plus（DDF-K 营养物精华液），含维生素 K 和七叶树。

身体保湿霜

一般说来，润体产品不属于本书范畴，但是你干燥的皮肤如此迫切地需要治疗，因此我破一次例。像丝塔芙乳霜这样的重乳膏和像婴儿油这样的油剂并不适合用于面部，因为他们总让人感觉过于油腻。然而，你可以将其用作晚霜，也可以用于躯干四肢。我曾多次到过很多国家，我在飞机上使用重的、油腻性的乳霜，但当我撞见认识的人的时候，就会觉得不好意思。我通常爱出汗，不化妆，有一张油腻的脸。看起来实在和我希望的相差甚远！

推荐针对身体保湿的重乳霜

$ Cetaphil cream
（丝塔芙保湿润肤霜）
$$ Lipikar Baume by La Roche-Posay
（理肤泉 Lipikar Baume 滋养霜）
$$ Nouriva Repair cream by Ferndale
（Ferndale Nouriva 修护霜）
$$ Quintessence Dual Action Moisturizing Lotion
（康蒂仙丝双重活性保湿露）
$$ Rea Lo 30 Urea Cream by Del-Ray Dermatologicals
（Del-Ray 皮肤病药物 Rea Lo 30 尿素霜）
$$$ Laura Mercier Crème Brulee Souffle Body Cream
（Laura Mercier Crème Brulee Souffle 润体乳）
褒曼医生的选择： Laura Mercier Crème Brulee Souffle Body Cream （Laura Mercier Crème Brulee Souffle 润体乳）。

产品购买

购买护肤品时，仔细阅读商标是个好习惯。某些成分会加强一个产品的补水潜能，而另一些可能会使你的皮肤更加干燥。如果你非常喜欢的一个产品含有这些成分，却不在列表之内，请登录 www.derm.net/products 输入并查询。

推荐护肤成分

针对皮肤保湿和补水

- 土耳其斯坦筋骨草
- 琉璃苣籽油
- 神经酰胺
- 可可脂（如果你有痤疮请勿使用）
- 右泛醇（维生素原 B_5）
- 月见草油
- 希蒙得木油
- 夏威夷核油
- 玫瑰果油
- 牛油树脂

- 芦荟
- 菜籽油
- 胆固醇
- 胶肽燕麦片
- 二甲硅油
- 甘油
- 羊毛脂
- 橄榄油
- 红花油

去除黑斑

- 熊苷果
- 椰子果（椰子果汁）
- 没食子酸
- 曲酸
- 桑树
- 间苯二酚
- 水杨酸
- 大豆
- 柳兰

- 熊果
- 小黄瓜提取物
- 氢醌
- 甘草提取物
- 烟酰胺
- 维生素 A
- 虎耳草爬藤提取物
- 维生素 C

需避免的成分

由于导致干燥

- 酒精罗列于前七种成分
- 香氛

- 泡沫丰富的洁面乳

由于可加重黑斑病

- 雌二醇
- 染料木黄酮

- 雌激素

皮肤的日光防护

你白天用的保湿霜应该含一定的防晒成分。请确保你的保湿霜、防晒霜和粉底，不管你使用其中一种或多种，每日的正常使用后都能为你提供至少 15 倍 SPF。但如果你计划在太阳下暴露超过 15 分钟，请使用防晒产品列表中的任意一种，将其覆盖于你的保湿霜上和化妆粉底或粉下（即使你这么做了，也还是应该使用有 SPF 的粉底——即使你皮肤黝黑，也不会得到过多 SPF。）

对你来说，最好的防晒霜是乳霜制剂。如果你觉得它们过于油腻，可以在防晒霜上覆盖一层含 SPF 的粉，例如露得清健康皮肤保护粉。

如果你肤色偏深，你或许不喜欢含氧化锌或二氧化钛的防晒霜，除非它们是有颜色的，因为它们在皮肤表面看起来很白。请寻找彩色的产品，或那些含微粒锌（通常叫做 Zcote）的，修丽可全日加强防晒霜（SPF30）中即含有这种成分，它会提供防护而不呈现白色外观。

推荐防晒产品：

$ Neutrogena Healthy Defense Daily Moisturizer SPF 30（comes tinted or untinted）

[露得清健康肤色日间保湿防晒乳 SPF30（彩色或非彩色）]

$ Ultra Glow Skin Tone Cream with Aloe and Sunscreen

（极度闪耀芦荟亮肤防晒乳霜）

$$ Dr．Mary Lupo Full Spectrum sunscreen SPF 27

（Dr．Mary Lupo 全波谱防晒霜 SPF27）

$$ Glycolix Elite Sunscreen SPF 30 by Topix

（Topix Glycolix Elite 防晒霜 SPF30）

$$ La Rouche-Posay- Anthelios XL

（理肤泉特护清爽防晒霜）

$$ Philosophy A Pigment of Your Imagination SPF

（Philosophy 色素想象 SPF 防晒霜）

$$$ Skinceuticals Ultimate UV Defense SPF 30（contains Zcote）

[修丽可加强防晒霜 SPF30（含 Zcote）]

褒曼医生的选择：Philosophy A Pigment of Your Imagination SPF（Philosophy 色素想象 SPF 防晒霜），含曲酸和熊果苷美白成分。

你的化妆

请查找含有大豆成分的化妆品，大豆可帮助预防黑斑。露得清皮肤清透系列

的面部粉底和粉还有 Aveeno 的产品都含有大豆，但它是一种不含诱导色素形成的激素成分的分馏大豆。

研究表明维生素 K 和帮助循环的物质，如七叶树，可改善眼底的黑圈。既含有维生素 K 又含有七叶树的眼部产品是 DDF-K 物质精华液。

遮瑕膏

你可以使用遮瑕膏来掩盖眼睛下方的黑圈和黑斑。下列遮瑕膏为偏深肤色的人提供了很好的颜色选择，而且有补水作用而不导致干燥。

推荐遮瑕膏：

$$ Mac Select Cover Up

（魅可高效保湿水分遮瑕膏）

$$ Victoria's Secret Cream Concealer

（维多利亚的秘密遮瑕膏）

$$ Vichy Aera Mineral BB Asia SPF 20

（薇姿轻盈透感矿物修颜霜）

$$$ Estee Lauder Re-Nutriv Custom Concealer Duo

（雅诗兰黛 Re-Nutriv Custom 遮瑕膏）

褒曼医生的选择：这些产品都很好。无论选择哪一种对你的肤色来说都是一种不错的搭配。

咨询皮肤科医师

如果你觉得色素沉着对你来说是一个棘手的问题，你或许希望转而采用处方药产品和治疗。很多 DRPT 型皮肤只有很小含量的色素，而另一些人的确在与顽固的黑斑、黑斑病或过多的雀斑作斗争。你需要自己来判断你属于那一类型。

处方药护肤策略

我为 DRPT 型肤质者制定的第二阶段治疗方案重点在于使用更强效的、非维 A 酸处方药产品来治疗黑斑。虽然维 A 酸类对治疗黑斑也有效，他们是干燥性的，所以除非伴随皱纹的患者，否则它不是我为你的干燥性皮肤所做的首要选择。

日常护肤治疗方案

第二阶段	
早上	晚上
第一步：用洁面乳洗脸	第一步：用洁面乳洗脸
第二步：如果有黑斑，请使用处方药皮肤增白剂	第二步：使用处方药皮肤增白剂
第三步：使用面部水分喷雾	第三步：使用面部水分喷雾
第四步：使用有SPF的保湿霜	第四步：立即使用晚霜
第五步：使用有SPF的粉底（可选项）	

早上，用洁面乳洗脸，然后使用处方药增白剂。当你存在黑斑时，可以将产品直接涂抹其上，或者如果黑斑正在加重，你可以将它们涂抹于整个面部。接着，喷面部水分喷雾并使用有 SPF 的保湿霜。最后，使用有 SPF 的粉底。

晚上，用洁面乳洗脸，然后使用处方药增白剂。喷面部水分喷雾，然后立即使用晚霜。

可以选择性使用眼霜，但如果你选择使用一种非处方产品的眼霜，可在使用保湿霜前使用。

处方药

此疗法中的处方药增白剂均含有氢醌。处方药产品中含有 4% 或更多氢醌，而柜台非处方药产品含 2% 或更少氢醌。

推荐处方药：

- Claripel
- Eldopaque 草酸萘呋胺
- Eldoquin
- Epi-Quin Micro
- Glyquin
- Lustra
- Melanex
- Nuquin HP
- Solaquin 草酸萘呋胺

你的皮肤类型的治疗操作

浅色皮肤的 DRPT 型肤质者可向皮肤科医师咨询激光、脉冲激光和化学换肤术治疗黑斑的可行性。很多皮肤科医师选择联合应用这些治疗操作，并配合局部外用漂白和防晒制剂。如果你有浅色皮肤和浅色头发，很多雀斑，和（或）日晒伤史，这些治疗的任意一种对你都非常好。你还应该每年去皮肤科医师那里做一次皮肤癌检查。

深肤色的人需要更多的精心治疗，因为任何形式的皮肤外伤或炎症都会加重黑斑，而不是减轻或消除它们。对你来说，缓慢的方法是最好的。大多数皮肤科医师选择局部外用处方药和化学换肤疗法。如果你有黑色皮肤，请选择擅长于治疗有色皮肤的医师以及温和的治疗。

如果你是黄种人，你的皮肤呈现浅色，但易于出现和深色皮肤人群相同的反应。因此，黄种人皮肤亦应该谨慎治疗，以避免可能会加重黑斑的炎症和创伤。所以如果你是黄种人或有中等肤色，请遵循对深色皮肤的建议。

光治疗

浅肤色 DRPT 型皮肤可以受益于光疗法。这项治疗减轻黑斑，但不引起会导致更多黑斑的炎症。光治疗还有助于去除皮肤发红和血管。有关这项治疗的更多信息和它们的功效，请查阅"油性、敏感性皮肤的进一步帮助"再强调一下，光治疗不推荐用于黄种人或深肤色 DRPT 型肤质者。

化学换肤术

有较深肤色的人，或那些不想（或负担不起）光治疗的人，可通过使用曲酸、间苯二酚和其他脱色剂的化学换肤术来寻求帮助。Jessner 氏换肤剂对这一皮肤类型来说是不错的选择。

持续的皮肤护理

防晒和保湿同等重要。请经常使用防晒霜，以预防色素形成和皮肤癌。除非你是极深色皮肤，否则不要忘记每年于皮肤科就诊筛查皮肤癌，尤其当你是浅肤色或有雀斑的 DRPT 型肤质者的话。

第十八章
DRNW：干性、耐受性、非色素性、皱纹皮肤

主流皮肤类型

"我的皮肤一直很好，但过夜之后就变得十分干燥。每当我照镜子时都会发现新的皱纹。如何才能让我看起来如自己感觉的一样年轻呢？"

关于你的皮肤

DRNW 皮肤类型是很多美国人所拥有的皮肤类型。年轻时，DRNW 型肤质者享受着很棒的皮肤，比油性类型痤疮少，很少发生皮肤刺激，让你比敏感性类型的人有更多的产品可选择，很少有产生时常困扰色素性类型的脱色、黑斑和雀斑的色素沉着问题。一直到 25 岁之前，你的皮肤是很舒适的，你们大多数不会在皮肤护理上花太多心思。

很多这一皮肤类型的人有浅色的皮肤、北欧祖先，如斯堪的纳维亚、英国、爱尔兰、苏格兰、德国、俄罗斯、波兰和其他斯拉夫民族。这种优雅的白色皮肤不受雀斑和皮肤脱色的侵袭，很让人羡慕。但比色素性皮肤更脆弱，并且除非护理得当，否则容易衰老。这便成为下半生一个煞风景的意外。如今，当年生育高峰一代已经到了人生后半期，出现了一个抗老化、皮肤护理和高级皮肤治疗方法的关注热潮。这两者之间有什么联系吗？答案是肯定的。

你的皮肤是一个被呵护过度的类型。生育高峰的一代并非关注这些服务的唯一人群；想要保持青春的 40 岁以下的成年人也是一样。结果，过剩的产品和服务突然充斥市场、诊所和美容院内。虽然其中很多推向 DRNW 型肤质者的消费市场，但除非可以明确它们能对抗你的四种皮肤特质的特异性联合，否则不论多昂贵，它们都是无用的。如何取其精华，去其糟粕？如何得知哪些产品和服务是真正有效的，哪些是金玉其外，败絮其中？

这是我的工作。

具有 DRNW 型皮肤的名人

女演员露西丽·鲍儿受人爱戴、家喻户晓，并在 40 多岁时突破性地成为媒

体的新宠。露西在众多方面都是"第一"。她是不容置疑的"喜剧第一夫人"，她是第一个看到并发掘电视潜力的人，主演并制作了 20 世纪 50 年代最流行的电视节目"我爱路西"，还制作（通过她的制作公司）了几个不错的节目："谍中谍"和"星际迷航"。此外，她是第一个女性的德西路工作室负责人。

有着无暇的白色皮肤、浅蓝色眼睛和清纯气质的露西是一个非色素性类型。她并不是真正的红头发。鉴于多年在照明灯下使用化妆品和染发剂，我猜测她是一个干燥性，耐受性类型，因为她的脸上很少有油腻和皮肤敏感导致的皮疹、发红和痤疮的迹象。虽然我从未见过她晒黑，晚年的照片显示她是一个皱纹类型，或许是由于遗传和吸烟的联合作用导致。是的，露西那著名的沙哑笑声源于长期的习惯。

萧条时期的到来使露西变成了一个工作狂。在 43 部无足轻重的电影中扮演小角色，使她被冠以"B 级电影女王"的称号。但当她的发型师悉尼·古拉洛夫将她的头发染成桔色后，她的事业真的有了转机，悉尼·古拉洛夫声称"头发或许是棕色的，但她的灵魂却在燃烧"。新的头发颜色变成了她的标志，自此以后，露西成为一个耀眼的明星并一直保持下去。她的成功之路是充满艰辛的。像很多女性一样，露西不认为她是美丽的。在 1938 年一个叫做"丑小鸭的秘密"的杂志采访中，露西表示她认为自己与那个时代的理想美人相差甚远，"几乎我的每样东西都不对头，"她抱怨到，"我的眉毛长的太低，我养成了低垂上眼睑的习惯，我有一张像鱼一样的嘴巴……"。

虽然今天，很多这些所谓的缺陷可以通过整形手术来矫正，但露西通过控制面部肌肉、巧妙的化妆、毅力和笑声的联合作用克服了它们。她修整了眉毛，并用眉笔描在了合适的地方。低垂的眼睑被她睁大的眼睛和上挑的眉毛所掩盖。如果她天生完美，谁知道她还会不会演喜剧呢？但谢天谢地，因为她自认为存在不够美的原因，她成为了喜剧演员。

一些预防措施

对于像露西这样的 DRNW 型肤质者来说，生命早期，你在年轻的时候皮肤看上去很容易迷惑人。当其他青少年与痤疮作斗争的时候，你沉浸在对你清透的肤色甚至气质的赞美中。随时间推移，你可能体会到一定程度的干燥，但使用保湿霜便可以带来没有副作用和不良反应的援助。不像敏感性类型（她们必须避免使用刺激性成分）和油性类型（她们不能耐受油性防晒产品），你的干燥性、耐受性皮肤几乎可以耐受任何防晒霜——如果你记得使用的话。

年轻时，你的皮肤很少处于需要维修的状态，所以你忽略了一些确保你的皮肤终生美丽的简单预防措施。或者你无意识地虐待了你的皮肤，导致老化加速。

所以此后，在 DRNW 型肤质者四十几岁和五十几岁的时候，纷纷来到我的办公室，希望可以力挽狂澜。

我奉劝你们要谨慎地对待自己的皮肤，因为护肤方法的正确与否会导致远期效果差距巨大。从小 DRNW 型肤质者就从来不为自己的皮肤担心，他们很可能甚至这样问"为什么要担心？"，所以他们会是购买这本皮肤保养类书籍的最后一群人。如果你把这本书送给你的 DRNW 型的朋友，亲戚，乃至心爱的人，你就帮了她 / 他一个大忙。

卡伦的故事

卡伦是一位 46 岁的家庭主妇和三个孩子的母亲，有苏格兰 - 爱尔兰血统。当中年的皱纹爬上她白皙的皮肤时，她的姐姐劝服她来我的办公室咨询。这是卡伦第一次到皮肤科就诊。

过去她的皮肤一直很好，即使在阳光充足的南方，她也从未因护肤或防晒的事而烦恼。此外，她的饮食习惯也不好。因为三个健壮的儿子需要大量食物，卡伦屈服于他们对快餐、垃圾食品和碳酸饮料的不断地乞求，"因为它们更方便"。她和丈夫也吃同样的食物。从快餐夹饼、油煎食物到冷冻快餐，还有薯条、玉米面豆卷和苏打食物类食品，根本看不到一点蔬菜。她身边仅有的可称得上水果的居然是 Snapple 饮料。由于这种劣质饮食，卡伦一直与她的体重作斗争，体重时常可出现四十磅上下的波动。

卡伦的饮食是个问题。首先，她缺乏抗氧化剂（可从水果和蔬菜中获得）来帮助她预防皱纹。其次，没有补充健康的脂肪种类，如可提供保持皮肤湿度的结构的 Ω-3 不饱和脂肪酸，而她的细胞反式脂肪酸包绕，这些脂肪存在于很多快餐、加工食品、烤制食品、薯片和糖果中。它们如果被食用过量，会替代细胞膜必需的脂肪。卡伦一直依赖她的好基因才熬了这么久。最终，卡伦拙劣的生活习惯造成了恶果，她开始看到大量皱纹出现在她的脸上。

刚刚过了 40 岁，卡伦便开始了更年期。那时，她的医生给她开了处方药 Prempro（激素替代治疗药物），直到一项政府研究显示长期应用这种药物会明显增加侵袭性乳腺癌、血栓和心脏病发作的机会。

卡伦决定停止服用那种药物。但是卡伦没有在医生的指导下逐渐减量药物从而允许身体逐渐调节，而是她选择了猝然停药。随后她开始经历轻度抑郁，伴随偶尔热，但最让卡伦困扰的是从镜中望去，她的容颜一夜之间苍老了许多"它并没有帮我控制沮丧的情绪。"她向我强调道。

由于雌激素水平降低会导致皮肤变薄和皱纹，我让她使用一种叫做"雌二醇制剂（Estrace）"的外用雌激素乳膏。虽然这种药物常规用于阴道，但有几项研究表明将雌激素外用于面部可帮助增加皮肤水分、厚度和胶原合成，同时又不会因吸收入血液而引起全身效应。

此外，卡伦选择肉毒素注射来减轻眉头处的细纹和眼周的鱼尾纹。我用一种叫做 Captique 的皮肤填充剂来填平她口周的细纹。

当结束了一年 3 次注射之后，卡伦为自己皮肤的质地和水分而激动万分。她的很多朋友都很震惊以至于她们也想使用外用雌激素乳膏。我提醒卡伦，她的朋友们在使用任何处方药之前都应该先咨询她们的医生。

近距离关注你的皮肤

像卡伦一样，拥有 DRNW 型皮肤的你可能会经历以下任何一种情况：

- 使用防晒霜时感到舒适
- 不容易晒黑
- 不能与身体仿晒剂相融合
- 年轻时很少有皮肤问题，很少或没有痤疮、湿疹、皮肤过敏，或化妆品或保湿霜使用问题
- 三十几岁早期即出现眼周皱纹
- 三十几岁中期皱纹形成加速
- 四十几岁或五十几岁时皱纹和干燥加重

年轻时便开始防晒和预防皱纹形成会让你的皮肤截然不同。如果你遵循我的建议，你最终可以看起来像 DRNT 型皮肤，特别是要遵循我推荐给你的生活方式。虽然油性类型的人抱怨防晒霜过于油腻，DRNW 型肤质者却并不介意，因为你易于形成皱纹的干燥性皮肤需要油。请使用身体仿晒剂来取代日光晒黑，它会提供一个更安全的古铜色外观，但也要一直使用独立的防晒霜。由于身体仿晒剂常常不能融入你的干燥性皮肤之中，请参照我在第十章"身体仿晒剂"中特别说明和推荐的身体仿晒剂使用方法和产品。在第十九章，从我推荐的防晒霜中，你会找到适合你这一类型的产品。

DRNW 型皮肤也更容易罹患非黑素瘤皮肤癌，因为几个因素：

- 浅色皮肤
- 容易晒伤但不易晒黑的皮肤
- 过度日光暴露史
- 吸烟史
- 蔬菜和水果（抗氧化剂）含量不足的饮食

据估计，60% 的 40 岁以上符合上述标准的人，至少有一例发生过名为日光性角化病的癌前期病变。60% 非黑素瘤皮肤癌由此病变演变而来。因此，了解其特点并每年请皮肤科医生做检查非常重要。

如何识别一个非黑色素瘤皮肤癌

SCC（鳞状细胞癌）可能会表现为曝光部位，如脸、耳朵、胸部、手臂、腿部和背部的红色、鳞屑性斑片形成结痂，久不愈合。他们可能表面上覆盖着硬的鳞屑类似于一个疣。如果任何地方出现类似于这样的皮损一个月以上都应该去看皮肤科医生。

BCC（基底细胞癌）可能表现为白色，有珍珠光泽的小结节；也可能表现为中央隆起边缘凹陷，周边可见毛细血管扩张。也可能是在无原发皮损的地方突然出现火山口样溃疡，有时在中央溃疡的周围出现向内卷曲的边缘。

面部扩大的皮脂腺很容易与基底细胞癌混淆，因为它们都是黄色肿块。务必请皮肤科医生检查任何可疑的地方。患皮肤癌的风险是这一类型皮肤唯一不利的一面。认真对待，并定期检查。

针对你的皮肤的主要护肤原则

补水或保持湿度可维持皮肤的年轻状态，所以干燥性皮肤类型必须特别注意补水。大量饮水对于其他方面可能有帮助，但对于皮肤补水却收效甚微。皮肤中水分的保持依赖于特定的皮脂或脂肪，因此我建议你服用健康的 Ω-3 脂肪，详见后面的"干性、耐受性皮肤的进一步帮助"一章推荐的食谱。皮肤损伤和老化归因于自由基形成，因为自由基破坏了皮肤基础的生化结构，而这一生化结构恰好是维持皮肤结构和保护皮肤水化的重要基础。自由基加速胶原、透明质酸和弹力蛋白的分解，这三种物质是年轻皮肤的基石。抗氧化剂通过消灭自由基来保护这些重要的化学物质。

抗氧化剂可以从食品、保健品中甚至通过皮肤外用产品中获得。30 岁以下的 DRNW 型肤质者应找出含有抗氧化剂（如维生素 C、维生素 E、绿茶、辅酶 Q10 和番茄红素，常见于适合这一类型的保湿霜如 Kiehl's Lycopene 保湿面霜）的护肤产品。在你 30 岁时，我建议开始使用处方类药物维 A 酸。请注意，怀孕和哺乳期的母亲禁用维 A 酸，计划怀孕的女性应在开始计划时立即停用，直到你已经结束哺乳。皱纹刚开始形成时，请在你的疗法中添加 AHA 或多羟酸。在本章节后面的部分你可以看到我的推荐列表。所有年龄的 DRNW 型肤质者都应使用防晒霜。

对 DRNW 型肤质的女性来说，更年期是一段难熬的日子。雌激素水平降低会使你的皮肤又薄又干。实际上，研究已经表明女性在 50 岁以后皮肤厚度会急剧下降。决定皮肤厚度的一个关键因素就是皮肤胶原数量，女性皮肤胶原数量的大量下降发生于更年期后的前几年，30% 的下降发生于前 5 年，并在此后 20 年的时间里以平均每年 2.1% 的速度下降。很多研究显示，激素替代疗法和（或）外用雌激素可逆转这一过程。然而，鉴于 HRT（激素替代疗法）的其他问题，你需要与你的出诊医师共同商讨后再做决定。

优雅变老的必须与禁忌

如果你想优雅的变老，有两个重要的禁忌。第一，不要让你的非色素性皮肤被晒伤。第二，不要吸烟。烘烤你的皮肤或许看起来仿佛没什么害处，但当你 30 多岁或 40 多岁醒来时出现很多皱纹便是一种常见而不可避免的 DRNW 型皮肤的宿命。请当心太阳，并每天使用防晒霜。大多数不容易晒黑的 DRNW 型肤质者将自己置身于晒黑床或躺在铝箔上边涂抹婴儿油边晒皮肤是最坏的方法。对 DRNW 型肤质者来说，这些先购买后付款的习惯都会使你早期的皱纹增多。关于更多晒黑床的细节，请翻阅第十章"室内日光浴"。

那么，你最重要的"必须"是什么呢？是保湿。保持你皮肤良好的水合状态有益于控制老化的关键酶。透明质酸是三种关键的皮肤成分之一。另外两个是胶原蛋白和弹力蛋白。皱纹因它们的流失而起，所以大多数抗老化乳霜旨在增加这三种成分中的一种或更多。AHA 如羟乙酸和乳酸会帮助皮肤补水并改善肤质，使其看起来更有光泽。据一项研究显示，羟乙酸可促进胶原和透明质酸合成，这或许就是它可以改善皱纹性皮肤外观的原因之一。研究表明，维生素 C 也会促进胶原合成。维 A 酸类可促进胶原和弹力蛋白合成，同时还有防止胶原分解的作用。

正确选择保湿霜

有成千上万种保湿霜、抗老化乳霜和预防皱纹的治疗方法，而且它们都是针对你的。不像你皮肤类型的近亲 DRPW 型皮肤，他们可以尝试的服务非常匮乏，而你却拥有最大的市场之一。公司们在极力帮助你，并追随着你的钱包。有利的一面是，你有那么多的选择。不利的一面是，你有如此多的选择，却无从得知什么是真正有效的。因此，了解哪种产品和成分真正有益是十分重要的。

很多不同的产品可以让你皮肤的干燥和皱纹得到暂时的缓解，很多保湿霜可补水并使皮肤任何部位的细纹消失一小时或两天。

我有一个商业小秘密。宣称本公司产品可在数日内减少皱纹的那些公司，其声明通常是建立在内部研究、设计的基础之上，这种研究让受试者在研究前的一周内不使用任何保湿霜。结果，干性类型皮肤便会出现她们初诊时照片上清晰可见的细纹，特别是在眼睛周围，这将作为她们皮肤的"基础情况"情况，在使用产品前被记录在案。然后她们使用研究所针对的乳霜，猜猜会发生什么？那些细纹在使用几天保湿霜后表现的微乎其微了。

并没有确凿的证据表明非处方药乳霜可以长期改善皱纹，而你的干性皮肤需要常规保湿，所以为什么不使皱纹面容也尽可能的减轻呢？你的耐受性皮肤相对于一些其他类型可耐受更高浓度的活性成分。然而，并非你用在脸上的每种成分都会被吸收并如你期望的被利用。

例如，一些抗老化护肤品含有可润滑皮肤细胞的透明质酸。当透明质酸水平随着年龄增长而下降，皮肤就会越来越干燥、皱缩，并更容易形成皱纹，因此透明质酸有助于对抗皮肤老化。虽然常见于护肤品，但当局部使用时，透明质酸却不能穿透皮肤，因为它的分子量太大。故而，很多公司开发了可通过填充剂注射的透明质酸，这样可以使皱纹变得丰满并丰盈皮肤，维持时间为 4 到 6 个月。这些含透明质酸的填充剂样品有 Captique、Hylaform、Juvederm 和 Restylane。

一些研究称，摄入葡糖胺保健品可促进透明质酸合成。由于透明质酸可被自由基分解，摄入抗氧化剂补充品，如维生素 C 和维生素 E，或食用富含抗氧化剂的水果和蔬菜有助于阻止你的皮肤损失透明质酸。

抗坏血酸或维生素 C 是一种重要的抗氧化剂，可抑制胶原分解并促进胶原合成。虽然维生素 C 以很多种形式存在，但并非全部都有用。结合于脂肪酸分子的维生素 C 脂类，几乎不能被局部吸收，所以包含这种成分的乳霜是无效的。左旋维他命 C（另一种形式的维生素 C）的穿透力更强。维生素 C 脂类（或普通维生素 C）更容易通过口服补充品吸收。另外，外用产品中的维生素 C 保质期较短。如果没有适当的包装和贮存，它就会失去活性。为了帮助你获得恰当类型、恰当包装的维生素 C，我不用靠猜测便可以说出这一型皮肤所需的有效成分和保护性包装的产品。

护肤展望

护肤品公司积极的研究逆转时光的产品和物质。生长因子，类似于激素，可增加机体内细胞的生长速度。一些科学家试图用它们帮助新生皮肤更快的发育以保持皮肤的青春。然而，由于某些生长因子可能促进不良细胞的生长速度，需要更多的研究以确保它们的安全性并找出哪种生长激素是"合乎需要的"，哪些不是。虽然现在一些产品的确已经开始应用了，但是我并不建议使用它们，因为仍不清楚它们的皮肤渗透性如何。

Skin Medica 生产了一种叫做 TNS 激活再生修护精华的产品，其内含有促进成纤维细胞合成的生长因子，成纤维细胞还可合成胶原蛋白和透明质酸。这种富含生长因子的产品呈有趣的粉色，闻起来气味也是怪怪的，但它会刺激你的成纤维细胞产生更多的胶原。关于这一独特的面部产品评估的研究正在进行中。

TGF-β 是一种可促进胶原合成的生长因子。有一些面霜中含这种成分，如

Topix 的回春精华液。我相信，随着对 TGF-β 和其他生长因子的功效有着越来越多的了解，它们在皮肤老化的预防中将会变得越来越重要。

你的日常皮肤护理方案

如果你在年轻时积极地保养和保护你的皮肤，你会更优雅地变老。而且，无论何时开始护肤都不会嫌迟。随着医学水平日新月异的发展，谁知道人的平均寿命将会有多长呢？现在就开始行动吧，即使你活到 150 岁，也可以保持最好的容貌。

你的日常护肤目标是通过使用包含抗氧化剂、保湿霜和维 A 酸类的产品来对抗干燥和皱纹。所有我将推荐的产品会起到以下一种或多种作用：

- 预防和治疗干燥
- 预防和治疗皱纹

此外，你的日常疗法还将有助于解决其他的皮肤问题，通过：

- 预防皮肤过早老化

我已经提供了两种治疗方案，一种需处方方案和一种非处方的方案。你可以根据你的年龄和经济情况任选一种。如果你 20 多岁，只需要非处方治疗方案即可。如果你已经年过 30，请使用含维 A 酸或抗氧化剂的保湿晚霜。你可以一直使用此疗法。

但是，我认为，如果你已经年过 30，最好还是采用我的处方药治疗方案，它包含预防皱纹发展的处方药维 A 酸。

日常皮肤护理方案

<table>
<tr><td colspan="2" align="center">第一阶段
非处方治疗方案</td></tr>
<tr><td>早上</td><td>晚上</td></tr>
<tr><td>第一步：以含羟乙酸的洁面乳洗脸</td><td>第一步：以含羟乙酸的洁面乳洗脸</td></tr>
<tr><td>第二步：使用抗氧化乳液</td><td>第二步：使用抗氧化乳液</td></tr>
<tr><td>第三步：使用面部喷雾</td><td>第三步：使用面部喷雾</td></tr>
<tr><td>第四步：使用眼霜</td><td>第四步：使用眼霜</td></tr>
<tr><td>第五步：使用有SPF的保湿霜</td><td>第五步：使用晚霜</td></tr>
</table>

早上，用洁面乳洗脸，然后使用抗氧化乳液。将面部喷雾喷于你的面部和颈部，然后立即使用眼霜和保湿防晒面霜。

晚上，用洁面乳洗脸，然后使用抗氧化乳液。然后喷面部喷雾，使用眼霜和保湿晚霜。如果你已年过 40，请选择含维生素 A、AHA（α 羟基酸）或维生素 C 的晚霜。

洁面乳

请不要使用肥皂或洗发香波清洁你的面部，因为任何泡沫丰富的洗涤产品对你的皮肤来说都过于干燥。取而代之，请使用含 AHA，比如羟乙酸和乳酸的洁面乳，AHA 帮助皮肤补水和促进胶原合成。此外，它们可以去除皮肤表面的死亡细胞，因此有利于其他成分渗透。在这一治疗方案中，清洁之后，你需要使用抗氧化乳液，它们用于这些 AHA 成分之后，将会发挥更强的作用。一些我推荐的产品不含 AHA 成分，可用于那些不喜欢使用它们的人。它们可能会使你变得对日光敏感，所以那些不喜欢涂抹防晒霜的人可以选择一种不含 AHA 的洁面乳。

推荐洁面乳：

$ Gly Derm Gentle Cleanser with glycolic acid 2%
（Gly Derm 温和洗面奶含 2% 羟乙酸）

$$ DDF Glycolic Exfoliating Wash - 7%
（DDF 羟乙酸去角质洁面乳 -7%）

$$ Fresh Rice Face Wash
（新鲜大米洁面乳）

$$ Jan Marini Bioglycolic Facial Cleanser
（Jan Marini 生物羟乙酸洁面乳）

$$ M.D.Forte Facial Cleanser II with glycolic acid 15%
（M.D. 草酸萘呋胺洗面奶 II，含 15% 羟乙酸）

$$ M.D.Forte Facial Cleanser III with glycolic acid 20%
（M.D. 草酸萘呋胺洗面奶 III，含 20% 羟乙酸）

$$ Murad Essential-C Cleanser with antioxidants，vitamin C，phospholipids
（Murad 必需 -C 洁面乳，含抗氧化剂、维生素 C 磷脂）

$$ Topix Replenix Fortified Cleanser
（Topix Replenix 加强洁面乳）

$$ Vichy Detoxifying Rich Cleansing and Rinse Off Cream
（薇姿排毒丰盈洁面卸妆乳）

$$$ Dior Prestige Cleanser
（迪奥花蜜洁面乳）

$$$ NV Perricone Olive Oil Polyphenols GENTLE CLEANSER with DMAE
（裴礼康橄榄油多酚温和洁面乳，含二甲氨基乙醇）

$$$ Rodan and Fields Radiant Wash with lactic acid
（Rodan and Fields 闪耀洁面乳，含乳酸）

褒曼医生的选择：M.D.Forte Facial Cleanser III with glycolic acid 20%（M.D. 草酸萘呋胺洗面奶 III，含 20% 羟乙酸）。

抗氧化精华素

使用精华素可以将你需要的浓缩抗氧化剂传输到皮肤深层，以达到防治皱纹作用。我选择的修丽可 CE，有恰当的 pH 值和有效的维生素 C，并被恰当地包装起来。关于此产品的研究是一流的。虽然它很昂贵，但它的好处给了你一个挥霍的理由。如果你不顾我的建议要暴露于日光下，你应该选择修丽可 CE 阿魏酸乳液，它会帮助你预防一些日光损伤。

推荐抗氧化精华素：

$$ MD formulations Moisture Defense Antioxidant Serum
（MD 保湿晒伤抗氧化精华液）

$$ Topix Replenix Cream CF（Caffeine Enhanced）
[Topix Replenix CF（咖啡因加强）乳液]

$$ Vichy Aera Teint - Silky Cream Foundation
（薇姿 Aera Teint- 丝质粉底霜）

$$$ Skinceuticals C&E serum
（修丽可复方 CE 精华液）

$$$ Skinceuticals C E Ferulic serum
（修丽可阿魏酸复方 CE 精华液）

褒曼医生的选择：Skinceuticals C&E serum（修丽可复方 CE 精华液）。

面部喷雾

DRNW 型肤质者应该避免使用爽肤水，因为其中通常含有会使皮肤干燥的酒精成分。取而代之，你可以使用面部喷雾。在你使用保湿霜前将其迅速喷于面部。保湿霜会帮助你锁住皮肤中的水分，给皮肤提供一个拖住水分的容器。请注意，虽然你可能会喜欢更加昂贵产品中的"舒缓"成分，但你实际上并不需要它们。

推荐面部喷雾

$ Evian Mineral Water Spray

（依云矿泉水喷雾）

$$ Avene Thermal Water Spray

（雅漾舒护活泉水喷雾）

$$ Eau Thermale by La Roche-Posay

（理肤泉舒护活泉水）

$$ Shu Uemura Deep Sea Therapy

（植村秀深海治疗水）

$$ Vichy Eau Thermal

（薇姿活泉水喷雾）

褒曼医生的选择：Evian Mineral Water Spray（依云矿泉水喷雾），因为它是最便宜并且最容易找到的。

保湿霜

如果你还不到 30 岁，请查找含抗氧化剂的保湿霜。如果你年纪更大，就需要更强效的保湿霜了。年过 30 的人还应查找含维生素 A 的保湿晚霜。

在某些情况下，你可能想要使用美白保湿霜。在参加正式夜间社交活动之前，我建议你使用面部磨砂膏然后配合一个补水面膜（见下面的去角质剂和面膜）。拿掉面膜后，涂抹一薄层保湿晚霜，然后使用你的夜间化妆品。（不要涂抹太多保湿霜。你不会希望脸上看起来亮闪闪的。）你的面部将会看上去清新而光滑。Caudalíe Vinopulp C80 乳霜是个不错的选择。由于缺乏防晒成分，它不宜白天使用，而且白天用看起来太白了，而在夜间使用刚刚好。

推荐保湿日霜（有 SPF）：

$ Avon ANEW Advanced All-In-One MAX SPF 15 UVA/UVB Cream

（雅芳新活高级全效至尊 SPF15 UVA/UVB 面霜）

$ Purpose Dual Treatment Moisturizer

（Purpose 双效治疗保湿霜）

$$ Estee Lauder Daywear Plus Multi Protection Anti-Oxidant Creme SPF 15 for Dry Skin

（雅诗兰黛日用多效抗氧化防护霜 SPF 适用于干性皮肤）

$$ Exuviance Essential Multi Defense Day Creme SPF 15

（爱诗妍必须多效防护日霜 SPF15）

$$ L'Occitane Face and Body Balm SPF 30
（欧舒丹面部和身体乳膏 SPF30）
$$ Vichy Nutrilogie 1 SPF 15 sunscreen
（薇姿持久营养霜 1 SPF15 防晒霜）
$$$ Bobbie Brown EXTRA SPF 25 MOISTURIZING BALM
（波比布朗晶钻桂馥 SPF25 防晒润色弹力隔离霜）

褒曼医生的选择：L'Occitane Face and Body Balm SPF 30（欧舒丹面部和身体乳膏 SPF30），含牛油树脂，非常补水。

推荐保湿晚霜：

$ Burt's Bees Carrot Nutritive Night Crème
（Burt's Bees 胡萝卜营养晚霜）
$ Dove Essential Nutrients Night Cream
（多芬滋润倍护系列盈润滋养霜）
$ Rachel Perry Ginseng-Collagen Wrinkle Treatment with MSM & Bioflavonoids
（Rachel Perry Ginseng 胶原抗皱霜，含 MSM 和生物黄酮类）
$$ AtoPalm MLE Face Cream
（爱多康 MLE 面霜）
$$ Exuviance Evening Restorative Complex
（爱诗妍晚间修护精华霜）
$$ Forticelle Elastin Fortifying Facial Complex
（Forticelle 弹力加强面部精华霜）
$$ Kiehl's Lycopene Facial Moisturizing Cream
（Kiehl's Lycopene 保湿面霜）
$$ Laura Mercier night nutrition™ renewal crème for very dry to dehydrated skin
（Laura Mercier 晚间营养再生霜，用于极度干燥脱水皮肤）
$$ Shu-Uemura Deepsea Therapy Moisture Recovery Cream
（植村秀深海治疗保湿修复霜）
$$ Topix Replenix Cream
（Topix Replenix 面霜）
$$ Vichy Aqualia Thermal Cream Rich
（薇姿温泉矿物保湿霜 50 ml（滋润型））
$$$ Dior Facial Energy Move
（迪奥动态活力面霜）

$$$ Sisley Paris Comfort Extreme Night Skin Care
（希思黎巴黎极度舒缓晚间皮肤护理霜）

$$$ Z．Bigatti Re-Storation Skin Treatment
（Z.Bigatti 再复修护霜）

褒曼医生的选择：Topix Replenix Cream（Topix Replenix 面霜），不要担心，它的外观呈棕色是因为含有高浓度绿茶。

推荐含维生素 A 的保湿晚霜：

$ Avon ANEW LINE ELIMINATOR Dual Retinol Facial Treatment
（雅芳新活消除细纹双效维生素 A 面霜）

$ Neutrogena Healthy Skin Anti-Wrinkle Cream Original Formula
（露得清健康皮肤独家配方抗皱霜）

$$ Afirm 2x
（Afirm 2x）

$$ Afirm 3x（stronger than 2x）
[Afirm 3x（效用强于 2x）]

$$ BioMedic Retinol 60 by La Roche Posay
（理肤泉 Biomedic 维 A 霜 60）

$$ Philosophy "Help Me" Face Cream with retinol
（Philosophy "帮助我" 维生素 A 面霜）

$$ Vichy Liftactiv Retinol HA
（薇姿活性塑颜抚纹霜 SPF18 PA+++）

褒曼医生的选择：我喜欢 $$ 范围的所有产品。

推荐眼霜：

$ Neutrogena Radiance Boost Eye Cream
（露得清光彩活力眼霜）

$ Nivea Visage CoEnzyme Q10 Plus Wrinkle Control Eye Cream with SPF4
（妮维雅容颜辅酶 Q10 抗皱眼霜，SPF4）

$$ Caudalíe Grape-Seed Eye Contour Cream
（Caudalíe 葡萄籽塑形眼霜）

$$ Dr．Brandt Lineless Eye Cream
（Dr．Brandt 无痕眼霜）

$$$ Natura Bisse Glyco-Eye Contour Exfoliator

（Natura Bisse 羟乙酸去角质塑形眼霜）

$$$ Skinceuticals Eye Gel

（修丽可眼凝胶）

褒曼医生的选择：Nivea Visage CoEnzyme Q10 Plus Wrinkle Control Eye Cream with SPF 4（妮维雅容颜辅酶 Q10 抗皱眼霜，SPF4），它将抗氧化剂与防晒霜联合在一起。

水分急救

在你旅行时、进行冬季运动、在干燥的气候下或其他极度干燥的情况下，干性类型需要加强补水时，会有这种被我称为"水分急救"的东西。如果你的皮肤过度干燥、皲裂或者需要补水，你可以使用这些强效产品，它们还可用于足部、双手或躯干。虽然有一点油腻，但是它们是为了问题性干燥而配制的，而且一定会时常派上用场。由于它们恰好介于处方药和普通保湿霜之间，你可以向药剂师资讯，它们通常不会摆放于普通保湿霜柜台。

推荐用于面部和身体的强效保湿霜：

$ Cetaphil Cream（better for body than face）

[丝塔芙乳霜（用于身体优于面部）]

$$ ATOPALM MLE Cream

（爱多康 MLE 乳霜）

$$ LBR Lipo cream by Ferndale

（Ferndale LBR Lipo 乳霜）

$$ Nouriva Repair Moisturizing Cream by Ferndale

（Ferndale Nouriva 修护保湿霜）

$$ Tri-Ceram by Osmotics

（Osmotics 三硅酸盐乳霜）

褒曼医生的选择：ATOPALM MLE Cream（爱多康 MLE 乳霜）是最不油腻和最适用于面部的，丝塔芙乳霜是我最喜欢的润体乳。

去角质剂

如果你现在并没有使用维 A 酸类产品的话，你应该每周去一到两次角质。如果你在使用维 A 酸时出现脱皮，而你又恰好想要通过去角质的方式去掉这些皮屑，你可以选择去角质的方式。在那种情况下，你可以每周做一次。

推荐磨砂膏：

$ Burt's Bees Citrus Facial Scrub

（Burt's Bees 柑桔面部磨砂膏）

$ Nivea for Men Deep Cleaning Face Scrub

（妮维雅男士深度清洁面部磨砂膏）

$ St Ives Swiss Formula Invigorating Apricot Scrub

（圣艾芙瑞士配方杏子爽肤磨砂膏）

$ Clinique 7 day scrub cream

（倩碧水溶性 7 日按摩霜）

$$ Elemis Skin Buff

（Elemis 洁肤磨砂膏）

$$ L'Occitane Shea Butter Gentle Face Buff

（欧舒丹牛油脂温和面部磨砂膏）

$$ Philosophy "The Greatest Love" Hydrating Scrub

（Philosophy "最伟大的爱" 补水磨砂膏）

$$ Vichy Purete Thermale Exforliating Cream

（薇姿泉之净去角质磨砂霜）

$$$ Dr. Brandt Microdermabrasion in a Jar

（Dr. Brandt 罐装微晶换肤磨砂膏）

$$$ Fresh Sugar Face Polish

（新鲜糖面部磨砂膏）

褒曼医生的选择：Clinique 7 day scrub cream（倩碧水溶性 7 日按摩霜）。我喜欢它的质地和遗留的补水作用。

面膜

你或许会喜欢那种每周使用一到两次的面膜。我的选择是用最便宜的产品，因为我更倾向于把钱花在处方药类维 A 酸和昂贵的精华液上。无论如何，面膜没有那么重要；它们也不会在你脸上停留太长时间。

如果你现在不需要节省开支，请使用泰奥菲牌的面膜。它含葡萄籽提取物，会帮助你的皮肤预防皱纹，而且非常精美。

推荐面膜：

$ Bath and Body Works Pure Simplicity ™ Olive Nourishing Face Mask

（香氛身体纯橄榄营养面膜）

$ Bath and Body Works-Le Couvent des Minimes Honey & Shea Face & Neck Comforting Masque

（香氛身体迷尼姆修道院香水甜心牛油脂面颈部舒缓面膜）

$$ L'Occitane Immortelle cream mask

（欧舒丹腊菊乳霜面膜）

$$ Laura Mercier intensive moisture mask

（Laura Mercier 强效保湿面膜）

$$$ Caudalie Moisturizing Cream Mask

（欧缇丽保湿乳霜面膜）

$$$ Lancome HYDRA-INTENSE MASQUE

（兰蔻水凝保湿面膜）

褒曼医生的选择：Bath and Body Works-Le Couvent des Minimes Honey & Shea Face & Neck Comforting Masque（香氛身体迷尼姆修道院香水 Le Couvent des Minimes 甜心牛油脂面颈部舒缓面膜）。

产品购买

当你购买产品时，一定要仔细阅读成分标签。对于你的耐受性皮肤来说，唯一需要避免的是洁面乳和洗发水中的洗涤剂。但你也可以查找有助于治疗干燥和预防皱纹的成分。如果你拥有的产品包含这些成分但不在我的列表之中，请登录www.derm.net/products 与我一起分享。

推荐护肤成分
预防皱纹

- 罗勒
- 山茶
- 辅酶 Q10（泛醌）
- 姜黄素或 tetrahydracurcumin 或姜黄粉
- 小白菊
- 人参
- 绿茶、白茶
- 叶黄素
- 植物醇

- 咖啡因
- 胡萝卜提取物
- 铜素胜肽
- 阿魏酸
- 生姜
- 葡萄籽提取物
- 艾地苯醌
- 番茄红素
- 石榴

- 碧萝芷
- 水飞蓟素
- 丝兰

- 迷迭香
- 大豆、染料木黄酮

改善皱纹

- α 羟酸
- 葡萄糖酸
- 乳酸
- 多羟基酸

- 柠檬酸
- 羟乙酸
- 植酸
- 维生素 A

补水和皮肤保湿

- 土耳其斯坦筋骨草
- 杏仁油
- 菜籽油
- 胆固醇
- 胶肽燕麦片
- 二甲基硅氧烷
- 甘油
- 澳洲坚果油
- 红花油

- 芦荟
- 琉璃苣籽油
- 神经酰胺
- 可可脂
- 右泛醇（维生素原 B_5）
- 月见草油
- 荷荷巴油
- 橄榄油
- 牛油树脂

需避免的成分

由于干燥

泡沫丰富的洗涤剂。如果你油性分值评分较高，比如在17~26之间，少量的泡沫是可接受的，但如果你的油性分值在17以下，最好使用无泡沫洗面奶。

你的皮肤类型的日光防护

对你来说每天使用防晒霜是非常重要的。如果你预期的光暴露时间不超过 15 分钟，可以使用一个有防晒指数的保湿日霜或粉底。但如果你计划要在日光下超过 15 分钟，请在你的保湿霜之上、粉底之下另外涂抹一层防晒霜。请确保无论你使用一种或多种产品，你可获得的最小为 SPF15 的日光保护。对于超过一个小时的光暴露，每小时重复使用一次防晒霜，并使用 SPF 至少为 30 的产品。当你游泳时，请使用防水防晒霜，并于浸泡后再重新使用。

霜剂对你的类型来说是最好的。请使用对 UVA 和 UVB 均可防护的宽光谱防晒霜。

推荐防晒产品：

$ Eucerin Sensitive Facial Skin Extra Protective Moisture Lotion with SPF 30

（优色林敏感皮肤适用强效保湿防护露）

$ Hawaiian Tropic Baby Faces Sunblock SPF 60+

（夏威夷热带婴儿面部防晒 SPF60+）

$ No-Ad SPF 45 Sunscreen lotion

（No-Ad SPF45 防晒露）

$$ Avon Hydrofirming Bio Day Cream SPF 15

（雅芳强效补水日霜 SPF15）

$$ Dermalogica Solar Defense Booster SPF 30

（Dermalogica 防晒霜 SPF30）

$$ La Roche-Posay Anthelios XL SPF 60 cream（not available in the US；stock up on your next trip abroad）

［理肤泉特护清爽防晒霜 SPF60（美国买不到；可到国外购买）］

$$ Prescriptives Insulation Anti-Oxidant Vitamin Cream SPF 15

（Prescriptives 维他命抗氧化隔离霜 SPF15）

$$$ Lancôme Rénergie Intense Lift SPF 15

（兰蔻立体塑颜面霜 SPF15）

$$$ Orlane Soleil Vitamines Face Cream SPF 30

（幽兰 Soleil 维他命面霜 SPF30）

褒曼医生的选择：Dermalogica Solar Defense Booster SPF 30（Dermalogica 防晒霜 SPF30）。

你的化妆

请务必使用含油的粉底。无油的粉底不适合你干燥的皮肤。如果可能的话，请使用有 SPF 的粉底。

推荐粉底：

$ Almay Time-Off Age Smoothing Makeup SPF 12

（Almay 抗老化丝滑粉底 SPF12）

$ Neutrogena Visibly Firm Foundation SPF

（露得清紧致活力粉底 SPF）

$ Revlon Age Defying Makeup

（露华浓抗老化粉底）

$$ Dr．Hauschka translucent makeup

（Dr．Hauschka 半透明粉底）

$$ Joey New York Pure Pores Tinted Moisturizer SPF 15

（Joey 纽约纯净针孔彩色保湿霜 SPF15）

$$ Vichy Aera Teint - Silky Cream Foundation

（薇姿 Aera Teint- 丝质粉底霜）

$$$ Chantecaille Real Skin Foundation SPF 30 for dry skin

（香缇卡真实肌肤粉凝霜 SPF30，适用于干性皮肤）

$$$ Diane von Furstenberg BeautySkin Tint SPF 15

（Diane von Furstenberg 美肤调色霜 SPF15）

褒曼医生的选择： Neutrogena Visibly Firm Foundation（露得清紧致活力粉底）。我个人使用这款粉底，因为它含有铜肽，可帮助皮肤细胞合成胶原蛋白。

咨询皮肤科医师

处方药护肤策略

如果你的经济能力允许，到三十岁最好开始采用以下处方药治疗方案，你可以使用维 A 酸来预防皱纹。当你发现面部细纹时，或许还想去做保适妥（Botox，肉毒杆菌毒素）治疗或羟酸换肤。但是，像早前提到的，请将维 A 酸和保适妥的使用推迟到怀孕及哺乳后，即使你计划近期怀孕也请不要使用。

日常护肤方案

第二阶段	
早上	晚上
第一步：用洁面乳洗脸	第一步：用洁面乳洗脸
第二步：使用抗氧化乳液	第二步：使用眼霜（可选项）
第三步：使用面部喷雾	第三步：使用处方药维A酸
第四步：使用眼霜（可选项）	第四步：使用晚霜
第五步：使用有SPF的保湿霜	

早上，使用洁面乳洗脸，然后使用抗氧化乳液。喷面部喷雾，并立即使用眼霜和含防晒成分的保湿霜。

晚上，用洁面乳洗脸，然后选择性的使用眼霜。接着，使用处方药维 A 酸（首次使用维 A 酸请参照"有关干性、耐受性皮肤的进一步帮助"部分的内容）。最后，使用保湿晚霜。

针对皱纹的处方药

- Avage cream 0.1%
- 0.1% ~ 0.3% 达芙文乳膏
- 0.02% 或 0.05% 维 A 酸润肤霜
- 0.5 % 或 0.1%Tazarac 乳膏

褒曼医生的选择：Renova 维 A 酸润肤霜，可用于极度干燥气候；或 Avage，适用于潮湿气候。

你的皮肤类型的治疗操作

保妥适

配合处方药治疗，保妥适注射和真皮填充剂是你的皮肤类型治疗皱纹的主要方法。保适妥治疗和不同类型皱纹的治疗方法的具体细节请翻阅"关于油性、敏感性皮肤的进一步帮助"。

其他选择

对于浅肤色的 DRNW 型皮肤来说，皮肤磨削术可帮助治疗深皱纹。此外，有一项叫做 Thermage 的新技术用于治疗松弛的皮肤。你可以在"关于油性、敏感性皮肤的进一步帮助"中了解到更多有关这些和其他即将采用的针对皱纹治疗操作的信息。

持续的皮肤护理

请避免日晒并戒烟来保持你皮肤的良好状态。此外，请使用维生素 A 类和维 A 酸类的化妆品修复日晒造成的损伤和逆转老化的迹象。食用富含抗氧化剂的食品。如果你的经济能力允许，你可以做会带来明显效果的治疗。你的耐受性、非色素性皮肤会帮助你远离其他皮肤类型会出现的治疗副作用。最新的技术正在等着你。

第十九章
DRNT：干性、
耐受性、非色素性、紧致皮肤

自在的皮肤类型

"为什么要在皮肤护理上花费大量时间呢？生命如此之短暂。无论如何，我认为美丽是源自内在的。我只做最简单的护理并把我的精力投入到其他事情上。"

关于你的皮肤类型

祝贺你！你中了皮肤类型的头彩。你拥有别人梦寐以求的皮肤。你或许从未靠近过皮肤科医师的办公室。在你十几岁和二十几岁时，是所有朋友嫉妒的对象，因为你拥有最好的皮肤——极少痤疮、不油腻、几乎没有雀斑。可能你偶尔会出现干燥性皮肤斑片，但这没什么大不了的。如果你年龄大一些，或许已经注意到你的皮肤变得更干燥了，但你可以用保湿霜来对抗干燥。如果你已经45岁多了，而且没有应用激素替代治疗，你的皮肤干燥可能会因为雌激素进一步丢失而加重。但你看起来依然非常美丽，人们常常会猜测你比实际年龄要年轻5到10岁。

提到护肤，DRNT型肤质者的箴言是："美由心生"。你没有意识到自己拥有无需过多维护的DRNT型皮肤是多么幸运。当其他人恭维你的皮肤时，你却完全不知所云。它只是皮肤，不是吗？如果你的肤色较深，那就更幸运了，因为较黑的皮肤没有黑色斑点和斑片，而这时常会折磨你的DRPT型肤质的朋友。

你关注内心感受多过于关注外貌。你虽然没有将皮肤护理与整体的自我保健区分开来，却通过健康饮食、大量的运动和休息来正确的调整自己。很多这一皮肤类型的人重视生活质量，并竭力保持这样一种状态。

一个紧致皮肤的得分是基因遗传和生活方式联合作用的结果。浅肤色、干性、非色素性类型易于出现日光损伤，如果你坚持要将你不易晒黑的皮肤晒成古铜色，或你已经反复晒伤和暴晒，那么你可能会变成DRNW而非DRNT型。如果你是黑皮肤，你皮肤中的黑素有助于保护你远离皱纹和癌症。其他因素同样会帮助你得到"T"，比如遗传了皮肤同样紧致的基因、食用富含抗氧化剂的水果和蔬菜、戒烟、避免吸二手烟和保持苗条身材、避免体重过度波动拉伸皮肤。压力会导致身体炎症反应，这也是皮肤敏感的因素之一。其实每个人都有压力，你也不例外，但你总能够轻松面对。

具有 DRNT 型皮肤的名人

冷静、从容、泰然自若的女主角格温妮丝·帕特洛既是好莱坞的"星二代"，又是能够完全证明自己实力的奥斯卡影后。她凝脂般白皙、紧致、无瑕的皮肤是美丽的 DRNT 型皮肤的典型代表。格温妮丝·帕特洛曾参演《莎翁情史》《天才里普利先生》《希尔维亚》和《证明我爱你》，她是时尚和魅力的先导者，也为自己的生活制定节奏——最近，该把时间留给孩子了。2004 年 5 月，随着女儿"苹果"（和音乐人丈夫克里斯·马丁所生）的诞生，格温妮丝·帕特洛一边抽出时间做母亲，同时还保持在公众视线的中心和潮流前端。当奥普拉·维弗瑞问她下一个角色会是什么，新妈妈格温妮丝·帕特洛回答道："我不知道，也不在乎。"很少有如此沉着和自信的明星。或许，她只是确信片约会继续蜂拥而至。能让狗仔队寸步不离，可能她是正确的。

格温妮丝·帕特洛惊艳的皮肤只是部分归功于基因遗传。她和很多 DRNT 型肤质者一样长期过着健康的生活方式。她练习瑜伽，吃养生饮食，并接受草药和中医治疗——虽然她承认在怀孕期间对奶酪三明治和炸薯条有可怕的冲动。

虽然大多数 DRNT 型肤质者有白皙的皮肤，某些温和的深肤色的名人可能也是 DRNT 型皮肤，比如珊卓·布拉克、碧昂斯和布莱恩特·冈布尔，我猜测他们也属于这一良好的皮肤类型。

DRNT 型肤质者和生活方式的选择

DRNT 型肤质者是如何在皮肤类型上中的头彩的？像格温妮丝·帕特洛一样，她们经常通过良好的习惯来保持皮肤状态，例如健康饮食，食用 Ω-3 脂肪等有益的补充品。很多人尝试放松疗法，比如瑜伽、按摩或去美容院。注重健康的 DRNT 型肤质者常常避免日晒或使用防晒霜，这使她们干燥的皮肤得到充分的爱护。不像敏感性类型那样会被很多防晒成分刺激，DRNT 型肤质者可以使用从 Coppertone 牌 到 Aubrey's 牌乃至高端品牌的任何产品。因此，他们很容易坚持使用防晒霜来保护皮肤远离阳光中的紫外线。她们通过运动或行为生活方式来调整压力，比如散步或瑜伽，沉思或旅行，这帮助她们在充满挑战的当今社会保持心态平和。虽然有些人通过超速运转来面对应激，而 DRNT 型肤质者却会放慢速度，确定处理事务的轻重缓急，格温妮丝·帕特洛也是一样，她曾在伦敦别出心裁地对付了尾随她的狗仔队。

DRNT 型肤质者和肤色

大多数 DRNT 型肤质者为浅到中等肤色，而黑皮肤只占少数。很多黑皮肤的人是色素性类型，整体色素水平比浅肤色人群要高。因为问卷是通过整体色素水平和色素问题（比如黑斑病和黑斑）的差异来区分的。因此，深肤色 DRNT 型皮肤不会有困扰很多有色人种的黑斑问题。她们平滑的皮肤归功于幸运基因和日光防护的联合作用。与大多数有色人种相比，深肤色 DRNT 型肤质者有着特立独行的日晒习惯。大多数肤色较深的人认为她们不需要防晒霜，但日光暴露会增加色素沉着，导致肤色不均。与其他有色人群相反，我注意到深肤色 DRNT 型肤质者反而使用防晒霜，或者选择避免日晒。因此，像迷人而时尚的黑人超模夏奈尔·伊曼一样，她们的肤色格外均匀。太幸运了！此外，浅肤色 DRNT 型肤质者患皮肤癌的风险较高，而深肤色 DRNT 型肤质者却被她们机体的整体色素水平保护着——这是世界上所有可能的保护中最好的。

伊莉莎白的故事

伊莉莎白是一个 18 岁、金发碧眼的白人，和她的妈妈维罗妮卡一起来我的办公室。维罗妮卡很担心伊莉莎白，因为她坚持定期去晒黑床把她不容易晒黑的皮肤晒成古铜色。年轻时的维罗妮卡自己经常去晒黑，而现在逐渐出现了由它造成的伤痕（过度的光暴露增加皮肤癌发生的风险）。她不希望伊莉莎白重蹈覆辙。

伊莉莎白觉得她的母亲反应过度了。她希望自己的四肢有些颜色"我看起来像根日光灯管一样，这让我很尴尬。"她承认。她尝试过美黑油但没有成功。她告诉我："它们在我身上不能涂抹均匀，只在我腿上留下了橘黄色的线条。相信我，市场上的所有产品我都试过了。"

DRNT 型肤质者（和所有干性类型）发现使用美黑油很难达到均匀的古铜色。为了克服这个问题，我有一个窍门：先使用磨砂膏或去角质产品去角质，去除干性皮肤表面的皮屑。然后选择一款含抗氧化剂成分的美黑油，以尽量减轻橘黄色外观。

伊莉莎白遵循了我的指导意见、产品和建议，而且我很高兴她学到了保护皮肤的知识。DRNT 型皮肤对皮肤癌易感，过度光暴露或暴晒会使其恶化，这些绝不能忽略。

六个月后，当我见到伊莉莎白时，她告诉我，使用我推荐的面部磨砂膏继而使用美黑油的方法后，收效显著。（她使用的是叫做娇韵诗温和去角质精华霜的磨砂膏，其后使用娇韵诗加倍闪耀美黑乳霜 - 凝胶。）她的日光浴时代一去不复返了。我告诉她二十年后路过这里要再来谢我。

欲采用我为伊丽莎白提供的美黑策略，请参照第十章"美黑产品"。

近距离关注你的皮肤

像伊莉莎白一样，拥有 DRNT 型皮肤的你可能会经历以下任何一种情况：

- 很少有明显的皮肤问题

- 均匀的肤色
- 使用很多皮肤产品都感到舒适
- 很少有痤疮
- 不易晒成古铜色
- 容易晒伤，特别是游泳后
- 不易与美黑油融合
- 年轻时为中性至干性皮肤
- 女性围绝经期和绝经期皮肤干燥加重
- 洗浴和游泳后明显干燥
- 非黑素瘤皮肤癌风险增高

坦白说，我不知道这一皮肤类型有多少人，因为 DRNT 型肤质者很少光顾皮肤科医师，除非她们患上银屑病或皮肤癌这样的皮肤病。不幸的是，浅肤色 DRNT 型肤质者可能是皮肤癌的高危人群。由于你不容易晒成古铜色，年轻时你更有可能通过沉迷于过度暴露于日光下或紫外线晒黑床来虐待你的皮肤。若是能避开这种诱惑，那么对你来说将好处多多。你有望终生拥有很棒的皮肤，虽然有一点干燥。你只需要保湿，使用防晒霜和享受你的幸运就够了。

另一方面，如果你经常从事光暴露时间长的园艺、网球、钓鱼、高尔夫球或其他室外活动，不愿防晒再加你是浅色皮肤，请务必每年做一次皮肤检查以排除皮肤癌。你的色素缺乏可导致你易患皮肤癌，这是浅肤色 DRNT 型皮肤最大的缺点。请翻阅第七章"如何认识非黑素瘤皮肤癌"，以了解皮肤癌的检查原则，以便于你出现任何可疑的东西时，可以作出正确的判断。此外，请和你的皮肤科医师预定好每年的检查以监测你的皮肤状况。

有效的皮肤晒黑

如我对伊莉莎白解释的那样，DRNT 型肤质者常会有不能通过美黑油达到均匀的古铜色的烦恼，但我可以帮你获得更好的结果。所有的美黑油，不论喷雾还是擦剂都包含相同的化学成分，即二羟丙酮，它会与皮肤细胞最表层的酸性成分起化学反应。干性皮肤表面堆积了很多肉眼不可见（但镜下可见）的死亡细胞。这些细胞包含的蛋白可与二羟丙酮起反应，从而出现一种桔色外观。因此，死亡细胞堆积较厚的区域会比堆积薄的区域颜色深。用过美黑剂后的皮肤看起来也是斑斑点点。

使用美黑油前先使用去角质磨砂膏，可以清除堆积的皮肤细胞，制造一个平滑的表面，从而形成均一的古铜色。这些去角质剂对每个人来说都是理想的，对干性类型尤为重要。因此，在本章的后面，我会推荐美黑油和去角质产品。

黑皮肤的干燥

深肤色 DRNT 型皮肤有非色素性皮肤的均匀肤色以及色素性皮肤的皮肤癌防护。但深肤色 DRNT 型皮肤却有一个缺点——干燥。

身材高挑、苗条和迷人的瓦莱丽是一个优雅而外向的美国黑人女性，经营一家以名人为顾客的公共关系机构，她喜欢炫耀她那最近流行的美丽的 8 号身材。她的黝黑而肤色均匀的 DRNT 型皮肤，使得她看起来在富有活力的颜色（如红色、青绿色和紫色）中惊为天人。

受我的一个名人顾客推荐，瓦莱丽来找我就医，她正因膝盖颜色分布不均而苦恼。她抱怨道："我不能穿短裙"。虽然她的双腿部通过持续的锻炼和正确的塑型得到良好的形状，但她的膝盖有黑色、灰色斑片，瓦莱丽不知如何是好。她以前从来没到过皮肤科，因为她一直拥有令人羡慕的皮肤。由于她的皮肤少有麻烦，她并不经常使用保湿霜。

"我不想穿长筒袜"，她解释道"因为它们很难与我的黑皮肤配色，而且让人觉得不舒服和摩擦感"。当我检查瓦莱丽的腿部时，发现她是干性皮肤，而非真正的皮肤病。我再次向她保证，她如果避免使用像肥皂一样富含泡沫的洁面乳并经常保湿，她很快又可以骄傲地穿起短裙了。

瓦莱丽采纳了我的建议，并收效甚好，以至于都不需要再对她进行随访。我从我们共同的客户那里听说瓦莱丽的皮肤问题已经解决了，她穿上魅力非凡的时装，裙摆飘飘，心情舒畅。

像瓦莱丽一样，拥有 DRNT 型皮肤的你可能会经历以下任何一种情况：

- 均匀肤色的面部皮肤
- 使用很多产品都觉得舒适
- 干燥、粗糙呈灰色的皮肤
- 膝、肘和指关节黑斑
- 瘙痒
- 洗浴或游泳后干燥加重
- 防晒霜在你的皮肤上呈白色或紫罗兰色
- 很难找到与你肤色搭配的粉底或干粉

灰白（一种淡灰的肤色），会因用了使皮肤脱水的东西而出现。例如洗涤剂、劣质染发剂、宾馆里的肥皂、风吹或寒冷的天气。在黑皮肤人群，会出现灰白斑，因为皮肤表层变成片状易于剥脱并发白，而下面的深色皮肤便透了出来。解决这种常见于深肤色 DRNT 型肤质者的问题的方法就是保湿。很多好的特别针对这种情况的产品已经上市，比如含天然胶肽燕麦片的 Aveeno 日间保湿露。避免使用像宾馆肥皂这样的劣质肥皂也有助于你预防这种情况的发生。

你的产品选择

你的皮肤是易于打理的。你可以使用你选择的任何东西。一些人更喜欢昂贵的品牌，这样他们就可以将自己优良的皮肤情况归功于昂贵品牌包含的优质成分上；而其他人则用什么都行，即使是劣质的宾馆肥皂和洗发液也没问题。实际上，高质量和低质量的产品之间的差异并不像人们想象的那么大，而比较便宜的东西常常对你的皮肤来说更好。这完全取决于它是否能为某一特定类型提供适合的成分。

相对于很多其他类型来说，你不需要查找（或避免）特异性的成分和产品。除了基础清洁，你只需保湿就足够了。

提到购买产品，一些 DRNT 型肤质者会忠实的执着于她们喜欢的产品，而另外一些人会尝试那些在包装、色彩、气味或其他特征上吸引她们的新产品。DRNT 型皮肤不需要处方药产品。古老的玫瑰甘油水这样一款经典的皮肤补水产品，对你的祖母来说很合适，而且对你来说也一样合适。不像敏感性类型，她们可能会对产品中的香料产生反应，你可以放心使用含有芳香油类比如薰衣草、甘菊和玫瑰的产品。

DRNT 型皮肤和水分

虽然很多保健书籍建议通过饮水来增加皮肤水分，然而，喝水并不能影响皮肤保持水分的能力。皮肤水合作用弱是由于皮肤屏障破坏导致的，而饮水无济于事。皮肤表面的细胞排列成的结构成为皮肤屏障。这些细胞看起来有些像墙上的砖，借助泥浆相互结合。当泥浆裂开或变稀，墙就支撑不住了，而皮肤细胞（像砖一样作用的那一部分）移动并产生缝隙。结果皮肤便不能保持住其中的水分以维持皮肤的细胞完整性。

所有的干性类型皮肤都需要补水，但对于像你这样的干性，耐受性类型来说更容易。耐受性皮肤赋予你一个更为坚固的皮肤屏障，但你仍需保持和补充比油性类型更多的水分。请使用我将要推荐的护肤方案来增强你的皮肤保湿能力"干性、耐受性皮肤的进一步帮助"中推荐的维生素补充品也会为你补充维持皮肤屏障所需的建筑元件。

有趣的是，在水中浸泡反而会减少皮肤中的水含量。长时间洗澡、在游泳池里游泳或海洋运动（如浮潜或潜水），这些在水中浸泡过长时间的活动都对你的皮肤有害。首先，研究指出，以任何形式过长时间暴露于水中，都会通过减弱皮肤保持水分的能力而使皮肤脱水。常见于游泳池的加氯水尤其会加重脱水。热水和硬水（钙含量更高）也会使皮肤变得粗糙。由于这一原因，皮肤科医师通常建议干性类型的人使用微温水快速洗澡或沐浴（5 到 10 分钟）。洗浴后使用软的而不是粗糙的毛巾轻轻将皮肤部分擦干。此后，在皮肤还仍然略微湿润时，立即使用保湿霜。保湿霜中的油性成分有助于吸引皮肤表面的水分，从而帮助皮肤吸收水分。

另外一个秘密是：长时间游泳后的日光浴会增加你的日晒伤风险。有几项研究已经证实，不论暴露于淡水或咸水都会使皮肤对日晒伤的易感性增加。另外一些研究表明，日晒伤风险增加不代表容易晒成古铜色。所以，应该避免这项常见的活动，尤其是浅肤色的 DRNT 型肤质者和由于色素（黑素）缺乏，因而成为了对紫外线损伤更易感的人群，因为黑色素可保护皮肤不受紫外线损伤。

如果你既喜欢暖阳下游泳的乐趣，同时又想要预防有害的水 - 阳光的晒伤协同作用，请在你游泳后擦干身体，使用有足够高 SPF（30 或更多）的防晒霜，穿合适的衣服，利用 20 分钟把自己弄干之后再重新暴露于日光之下。

很多深肤色 DRNT 型肤质者不是每天都使用防晒霜，因为他们没有斑点和皱纹。但是，即使深肤色的人也会受益于每日应用防晒霜。

DRNT 型皮肤和干燥

为了尽可能减轻皮肤干燥，你穿的衣物是否合适和使用护肤品同等重要。研究表明，皮肤干燥的人比皮肤水分充足的人对粗糙的织物更敏感。DRNT 型肤质者和其他干性类型的人穿羊毛和其他粗糙的织物会觉得刺激和不舒服。某些织物，比如粗糙的亚麻或聚酯的确可加重皮肤干燥并导致灰白斑。请穿柔软的织物，或使用织物柔顺剂会有一定帮助。

不论是护肤、护发或房屋清洁产品，请避免使用含泡沫的，因为含泡沫产品都含有洗涤剂。肥皂、洗发液、清洁产品和洗衣粉中洗涤剂会加重皮肤干燥。请使用无泡沫护肤和护发产品。洗碗或打扫卫生时请戴手套。洗衣服时，少用些肥皂，并保证将其彻底从衣物、被褥、毛巾和其他可接触到你的皮肤的织物上漂洗干净。此外，在某些情况下，干洗用的化学制剂会刺激皮肤。那些生态学干洗店所用的化学制剂可能更容易耐受。

你的皮肤类型问题的解决方法

不论是为了年轻时保持皮肤的天然湿度，还是年老时尽可能的减轻皮肤干燥，皮肤保湿都至关重要。对于你的日常护肤来说，请在白天使用保湿霜，并在夜间使用另一种保湿程度更好的产品。

选择哪些产品好呢？幸运的是，你的耐受性皮肤非常宽容。不像干性、敏感性类型的人那样必须谨慎地避免使用过敏性和炎症性成分，你几乎可以放心使用任何一种产品。但是，要避免使用无效的假冒伪劣产品，了解你需要的关键成分并选择最有效的保湿霜。

保湿霜主要分为两类：隔水剂和水合剂。一些成分可以兼属于这两种范围。隔水剂"密封"皮肤，也就是说，它们防止水分蒸发。其作用方式类似于塑料包膜（莎伦包装膜）通过保持水分来保护食物。常见的密封剂成分包括凡士林油（和凡士林中的一样）、大多数类型的油（比如芝麻、矿物和橄榄油）、丙二醇（一种常见的化妆品添加剂）和二甲硅油（一种聚硅酮衍生物）。

水合剂如甘油和透明质酸的作用方式与隔水剂不同。由于它们具有很高的吸水能力，水合剂可以吸取环境中的水分，保留于皮肤中。但是水合剂偶尔也会"变节"，因为其抽水作用是单向的。它的工作方式是：虽然它们通常从环境中将水分抽入皮肤从而补水，但在低湿度条件下，作用是恰恰相反的：它们会从皮肤中带走水分（往往是从表皮深层和真皮中），这会导致皮肤干燥加重。由于这个原因，它们联合使用会发挥更好的作用。对 DRNT 型肤质者来说，最好的保湿霜是包含隔水和水合成分的合成品。

甲状腺功能减退：一个针对 DRNT 型肤质者的风险

皮肤干燥可能是甲状腺功能低下的一个信号，有五百万美国人体内的甲状腺激素不足而患此疾病。很多人存在甲状腺缺陷而浑然不觉。为了排除你的皮肤是由这种情况导致干燥的可能性，请核对这些甲状腺功能减退的症状：

- 疲乏、虚弱
- 体重增加或减肥困难
- 头发粗糙、干燥
- 皮肤干燥、粗糙、苍白
- 脱发
- 畏寒（对寒冷不能耐受，寒冷好像围绕在你身边，挥之不去）
- 肌肉痉挛和频繁肌痛
- 便秘
- 情绪低落
- 易怒
- 记忆力减退
- 月经周期异常
- 性欲降低

如果以上症状中你有两项或更多，去看你的内科医生，做一个简单的血液检查，检查你的甲状腺激素水平。如果内科医生确诊了你是甲状腺功能低下，你的甲状腺素水平可通过天然或合成甲状腺素片来治疗。

褒曼医生的底线：

作为一个 DRNT 型肤质者，你应该避免长时间洗浴和穿着粗糙的织物，只能使用无泡沫的洁面乳，还要经常涂抹保湿霜。如果你是浅色皮肤，请务必使用防晒霜并每年去皮肤科就诊排查皮肤癌。

你的皮肤的日常护理

你的护肤目标是通过使用含隔水剂和水合剂的保湿产品来增加你皮肤湿度，以缓解皮肤干燥、灰白脱屑。我推荐的所有产品都可起到以下一种或多种作用：

- 预防和治疗干燥
- 预防和治疗灰白脱屑

此外，你的日常治疗方案将有助于解决你的其他皮肤问题，通过：

- 预防皮肤癌

你的护肤需求很简单：保湿，保湿，还是保湿。拥有耐受性皮肤的你，几乎可以使用任何一种产品。但是，请采纳我下面的建议，找到最有效的将"锁水"和"保湿"联合起来的保湿霜。

你不需要任何处方药产品，所以我为你提供了单一的一阶段的非处方药方案。你们是少数我不推荐使用维 A 酸的人群之一，因为它会增加你皮肤的干燥情况。

日常护肤方案

早上	晚上
第一步：以无泡沫洁面乳或洁面油洗脸	第一步：以和早上相同的洁面乳洗脸
第二步：使用眼霜（可选项）	第二步：使用面部喷雾
第三步：使用有SPF指数的保湿日霜	第三步：使用眼霜（可选项）
第四步：使用有SPF指数的粉底	第四步：使用保湿晚霜

早上，用无泡沫洁面乳或洁面油洗脸。由于你的皮肤是紧致型的，眼霜不是必需品，所以可以根据你的喜好在下一步是否使用眼霜。然后，使用有 SPF 的保湿日霜。最后使用有 SPF 的粉底。

晚上，使用和早上相同的洁面乳洗脸。喷面部喷雾，然后根据喜好决定是否使用眼霜。最后使用保湿晚霜。

洁面乳

由于你的皮肤是干性的，你应该远离任何泡沫丰富的肥皂和洗面奶。请使用无泡沫洁面乳或冷霜。

你知道在亚洲非常流行使用洁面油洗脸吗？这对极度干燥的类型来说真是个不错的主意。以下，我罗列了一些我很喜欢的产品，包括植村秀"珍藏版"的皮肤净化油，包装精良可爱。

推荐洁面乳：

$ Dove Sensitive Essentials Nonfoaming Cleanser
（多芬乳霜滋润洁面乳）

$ Ponds Cold Cream Deep Cleanser
（旁氏滋润倍护系列盈润滋养洁面摩丝）

$ Vichy One Step Cleanser
（薇姿全面卸妆乳）

$$ Dr．Hauschka Cleansing Cream
（Dr．Hauschka 洁面乳）

$$ Dr．Mary Lupo Conditioning Cleanser
（Dr．Mary Lupo 调节洁面乳）

$$ Estee Lauder Soft CleanTender Creme Cleanser
（雅诗兰黛柔肤洁面乳）

$$ Origins Pure Cream Cleanser
（悦木之源纯化乳霜洁面乳）

$$ Prescriptives All Clean Cleanser
（Prescriptives 彻底清洁洁面乳）

$$ Resurfix Ultra Gentle Cleanser by Derma Topix
（Derma Topix 焕肤极温和洁面乳）

$$ Vichy Calming Cleansing Solution
（薇姿泉之净洁面露）

$$$ Jo Malone Avocado Cleansing Milk
（Jo Malone Avocado 洗面奶）

$$$ Prada Purifying Milk/Face
（普拉达纯化牛奶洗面奶）

褒曼医生的选择：Dove Sensitive Essentials Nonfoaming Cleanser（多芬乳霜滋润洁面乳）。

推荐洁面油

$ Jojoba Cleansing Oil

（Jojoba 洁面油）

$$ Shu Uemura High Performance Balancing Cleansing Oil Enriched

（植村秀高性能平衡浓缩洁面油）

$$ SK II Facial Treatment Cleansing Oil

（SK II 面部清洁油）

$$$ Seikisho Cleansing Oil

（清肌晶清洁油）

褒曼医生的选择：Shu Uemura High Performance Balancing Cleansing Oil Enriched（植村秀高性能平衡浓缩洁面油）。

面部喷雾

一个具有 DRNT 型皮肤的人永远都不应该去碰爽肤水。爽肤水最初是为了清除残留在皮肤上的肥皂而发明的。而无泡沫洁面乳不会留下这些残渣，所以爽肤水是完全没有必要的。事实上，爽肤水会洗脱皮肤上自然分泌的皮脂，而这些皮脂最天然的保护屏障。因此，你应该努力保护这些油脂，因此在你选择产品时，请避免含有类似酒精的成分，如爽肤水。

在使用保湿霜前使用面部喷雾可帮助皮肤补水。很多保湿霜含有可从环境中吸收水分的保湿成分。可是如果你是在一个极低湿度的环境下使用了湿润剂，比如在飞机上，它会将水分从你的皮肤中拖走。所以在使用保湿霜前喷一些面部喷雾，供水合剂将水分留在皮肤，而非相反。

推荐的面部喷雾：

$ Evian Mineral Water Spray

（依云矿泉水喷雾）

$$ Avene Thermal Water Spray

（雅漾舒护活泉水喷雾）

$$ Eau Thermale by La Roche-Posay

（理肤泉舒护活泉水）

$$ Shu Uemura Deep Sea Therapy

（植村秀深海治疗水）

$$ Vichy Eau Thermal

（薇姿活泉水喷雾）

褒曼医生的选择：Evian Mineral Water Spray（依云矿泉水喷雾）是最便宜并且最容易找到的。他们甚至只做了一种飞机上用的大号旅行装。

保湿霜

最好的保湿霜会既包含锁水剂又包含保湿剂。你应该找到适合自己的两种保湿霜并经常使用。一个用于白天，需含防晒成分，而另一个用于晚上，要有更强的补水能力。

推荐保湿日霜（含防晒成分）：

$ Dove Face Care Essential Nutrients Day Cream SPF 15

（多芬完美赋颜系列多重防晒修护霜 SPF15）

$ Nivea Visage Anti-Wrinkle & Firming Cream with SPF 4

（妮维雅面部抗皱紧致乳霜 SPF4）

$ Pond's Replenishing Moisturizer Lotion with SPF 15

（旁氏滋润倍护系列盈润保湿乳液 SPF15）

$$ Laura Mercier Mega Moisturizer Cream with SPF 15

（Laura Mercier Mega 保湿乳霜 SPF15）

$$$ Dior No-Age Age Defense Refining Crème with SPF 8

（迪奥青春抗老化精华乳 SPF8）

$$$ Sisley Botanical Intensive Day Cream

（希思黎植物精华日霜）

褒曼医生的选择：Dove Face Care Essential Nutrients Day Cream SPF 15（多芬完美赋颜系列多重防晒修护霜 SPF15）。

推荐晚霜：

$ Casto-Vera Cream by Heritage

（Heritage Casto-Vera 乳霜）

$ Nivea Soft Moisturizing Cream

（妮维雅柔肤保湿霜）

$ Pond's Replenishing Moisturizer Cream

（旁氏丰盈保湿霜）

$$ Aquasource Non-Stop Oligo-Thermal Cream Intense Moisturization for Dry Skin by Biotherm

[碧欧泉 Aquasource 无间歇活泉水分乳霜（干性皮肤适用）]

$$ AtoPalm MLE cream

（爱多康 MLE 乳霜）

$$ Avon Retroactive Repair Cream

（雅芳新活再生霜）

$$ Essential Elements Shea Butter Souffle

（必需元素牛油脂凝霜）

$$ Estee Lauder Hydra Complete Multi-Level Moisture Crème

（雅诗兰黛全效多层保湿霜）

$$ Nouriva Repair Moisturizing Cream

（Nouriva 修复保湿霜）

$$ Osmotics Intensive Moisture Therapy

（Osmotics 强效保湿霜）

$$$ Dior HydraMove Deep Moisture Cream for Dry Skin

[迪奥深层动态保湿霜（干性皮肤适用）]

$$$ Lancome Renergie Intense Lift

（兰蔻立体塑颜面霜）

$$$ Natura Bisse Facial Cleansing Cream + AHA

（Natura Bisse AHA 面部清洁霜）

$$$ Sisley Extra Rich for Dry Skin

[希思黎极度丰盈霜（干性皮肤适用）]

褒曼医生的选择: Natura Bisse Facial Cleansing Cream + AHA（Natura Bisse AHA 面部清洁霜），虽然油腻但最适合极干性皮肤。AtoPalm MLE cream（爱多康 MLE）乳霜有助于修复皮肤屏障，而不油腻。

眼霜

除非在你眼睛下方的皮肤过于干燥，否则眼霜不是必须使用的。在大多数情况下，DRNT 型肤质者可以使用常规的保湿日霜和晚霜。但是，因为很多人更喜欢单独使用眼霜，所以我罗列出一些，以供选择。

如果你眼部水肿，可将湿甘菊茶包、咖啡因茶包、或几片黄瓜置于眼周十分钟。药剂 H（一种痔疮膏）也会有助于减少眼部水肿。

推荐眼霜：

$ Avon Anew Retroactive+ Repair Eye Serum

（雅芳新活再生修复眼部精华液）

$ Neutrogena Visibly Firm Eye Cream

（露得清紧致活力眼霜）

$$ DDF Nourishing Eye Cream

（DDF 营养眼霜）

$$ Dr．Hauschka Eye Contour Day Cream

（Dr．Hauschka 塑颜眼部日霜）

$$ Philosophy Eye Believe

（Philosophy 眼部相信眼霜）

$$ Estee Lauder Time Zone Eyes Ultra-Hydrating Complex

（雅诗兰黛时光地带极度保湿眼部精华）

$$$ Guerlain Issima Substantific Lip And Eye Cream

（娇兰高密度滋养唇部和眼部乳霜）

$$$ La Mer Eye Balm

（海蓝之谜眼部凝脂）

$$$ Prada Reviving Cream/Eye

（普拉达新活乳霜 / 眼霜）

褒曼医生的选择：Dr．Hauschka Eye Contour Day Cream（Dr．Hauschka 塑颜眼部日霜）。

去角质剂

在家中，微晶磨砂膏会清除使皮肤看上去晦暗无光泽的最上层死皮。这些产品有助于展现一个更有光泽的皮肤。

推荐微晶磨砂膏：

$ L'Oreal Refinish Microdermabrasion Kit

（欧莱雅塑形微晶焕肤套装）

$$ Estee Lauder Idealist Micro-D Deep Thermal Refinisher

（雅诗兰黛完美微晶焕肤活泉塑形霜）

$$ Gentle Exfoliating Refiner by Clarins

（娇韵诗温和去角质精华）

$$$ Dr．Brandt Microdermabrasion in a Jar

423

（Dr．Brandt 罐装微晶焕肤乳）

$$$ La Mer The Refining Facial

（海蓝之谜面部精华）

$$$ La Prairie Cellular Microdermabrasion Cream

（La Prairie 活细胞微晶焕肤乳）

$$$ Prada Hydrating Cream/Face

（普拉达补水乳霜 / 面霜）

褒曼医生的选择： L'Oreal Refinish Microdermabrasion Kit（欧莱雅塑形微晶焕肤套装），但使用后请配合使用我推荐的保湿霜而不是套装里的。

产品购买

你需要的避免的化妆品中成分非常少。你应该仔细查找以下保湿成分，这会让你受益匪浅。如果你喜欢的护肤品中有不在下面列表中的成分，请登录 www.derm.net/products 告诉我。

推荐护肤成分	
锁水剂	
• 蜂蜡	• 二甲硅油
• 葡萄籽油	• 希蒙得木油
• 羊毛脂	• 矿物油
• 石蜡油	• 矿质
• 丙二醇	• 大豆油
• 角鲨烯	
湿润剂	
• α羟酸类（乳酸、羟乙酸）	• 甘油
• 丙二醇	• 透明质酸钠（透明质酸）
• 山梨醇	• 糖类
• 尿素	
改善皮肤屏障	
• 芦荟	• 琉璃苣籽油
• 介花油	• 神经酰胺
• 胆固醇	• 可可脂

- 胶肽燕麦片
- 月见草油
- 希蒙得木油
- 橄榄油
- 牛油树脂

- 右泛醌（维生素原 B$_5$）
- 脂肪酸
- 烟酰胺
- 红花油
- 硬脂酸

需避免的成分

由于干燥

- 醇类，如乙醇、变性酒精、药用乙醇、甲醇、苯甲醇、异丙醇和 SD 酒精
- 丙酮

你的皮肤的防晒

你很少对防晒成分过敏，所以市场上的很多产品你都可以使用。霜剂是最好的剂型，因为它会帮助你的皮肤保湿。如果你的皮肤略偏油性，而且油性分值大于 30，也可选择面部防晒粉。但是，如果你的皮肤是干性的，你就不应该使用干燥性的粉饼。对日常使用来说，SPF15 就足够了。但如果你希望长时间在太阳下外出时，例如打高尔夫或在海滩玩耍，请使用 SPF45 或更高的产品。你可以寻找对 UVA 和 UVB 均有防护作用的含阿伏苯宗的产品。

推荐防晒产品：

$ Cetaphil Daily Facial Moisturizer with SPF 15
（丝塔芙面部保湿日霜 SPF15）

$ L'Oreal Dermo-Expertise Age Perfect Anti-Sagging & Ultra Hydrating Day Cream with SPF 15
（欧莱雅完美抗老化紧致极度补水日霜 SPF15）

$ Neutrogena Visibly Firm Day Cream
（露得清清透紧致日霜）

$ Purpose Dual Treatment Moisture Lotion with SPF 15
（Purpose 双效保湿露 SPF15）

$$ Kiehl's Since 1851 Face & Body Lotion SPF 40
（Kiehls 面部和身体保湿露 SPF40）

$$ Laura Mercier mega moisturizer cream with SPF 15

（Laura Mercier mega 保湿霜 SPF15）

$$ Origins Out Smart ™ Daily SPF 25

（悦木之源轻便外出日霜 SPF25）

$$ Radiance-Plus Self Tanning Cream-Gel by Clarins

（娇韵诗加倍闪耀美黑乳霜 - 凝胶）

$$ Vichy UV PRO Secure Rich SPF30+ PA+++

（薇姿优效防护隔离乳（滋润型））

褒曼医生的选择：L'Oreal Dermo-Expertise Age Perfect Anti-Sagging & Ultra Hydrating Day Cream with SPF 15（欧莱雅完美抗老化紧致极度补水日霜 SPF15）。

飞行中的风险

高空飞行对皮肤有很高的要求，而飞行员的皮肤将受到很严重的伤害。首先，大量 UVA 透过飞机舷窗照入机舱内。由于不了解护肤知识，飞行员们常常不使用防晒霜。其次，机舱内的低湿度环境会使皮肤脱水，导致皱纹更加明显。过去，在飞机上允许吸烟的时候，乘务员每时每刻都在吸二手烟。

鉴于以上这些原因，飞行员的工作使皮肤处于衰老的高风险之中。不论你是在飞机上工作，还是一名乘客，在机舱中保护皮肤都十分重要，尤其是当你是一个 DRNT 型肤质者时，因为你的皮肤更为干燥，而且更缺少为你遮挡日光的黑色素。

因此，我建议务必在飞行前涂抹防晒霜。飞行时，每隔一小时使用面部喷雾补充水分，例如依云矿泉水，旋即使用保湿霜。在乘坐飞机时我通常不化妆，所以重复做保湿程序时我不用再涂抹化妆品。很明显，航班上的工作人员由于工作需要，的确需要化妆，但你可以选择简妆，涂一层防水睫毛膏和眼线，一层 SPF 防晒保湿霜和一个保湿唇膏足矣。

美黑

很多 DRNT 型肤质者在使用美黑油方面存在困扰，它看起来尽是斑点。而使用美黑油前你应该使用去角质磨砂膏去除皮肤角质细胞，这样就会出现均匀的古铜色。

查找含 AHA（如羟乙酸或乳酸）的磨砂膏，因为它们有助于清除死细胞。仔细阅读成分标签，确保你使用的去角质磨砂膏不含凡士林油和矿物油。因为这些是锁水剂，会导致二羟丙酮不能正常发挥作用。此外，我最喜欢的美黑油含有抗氧化剂，可产生一种更自然的古铜色，看起来较少桔色或黄色。

涂抹完美黑油后，两小时内不要使用保湿霜，因为它会干扰色素形成的过程。

推荐美黑油

$ Philosophy The Healthy Tan

（Philosophy 健康美黑油）

$ Neutrogena Build a Tan

（露得清构建古铜色肌肤美黑油）

$ Paradise Gold Sunless Streakless cream

（Paradise 金色无日光融合乳霜）

$$ Clarins' Radiance-Plus Self Tanning Cream-Gel

（娇韵诗加倍闪耀美黑乳霜 - 凝胶）

$$ DeCleor Self Tanning Hydrating Emulsion

（思妍丽美黑补水乳液）

$$ Estee Lauder Go Bronze Plus

（雅诗兰黛古铜色加倍美黑油）

$$ Fake Bake Self Tanning Lotion

（Fake Bake 美黑露）

$$ Origins Faux Glow Self Tanner

（悦木之源 Faux 美黑油）

$$$ Dior Golden Self Tanner

（迪奥金色美黑油）

褒曼医生的选择：所有产品都很好，但是我的许多患者喜欢 DeCleor（思妍丽）的这款产品。

你的化妆

无油粉底对你来说不是最好的选择，因为你的耐受性、干性皮肤会对油性粉底产生很好的效果，同时又不用担心会出现痤疮损害。所以请查找霜剂或含油的粉底。

你的皮肤很干燥，因此粉饼就不是必需品了。粉剂的腮红和眼影或许有效，但它们让人觉得太干燥了，所以你可以尝试霜剂的眼影和腮红吧。避免使用含有滑石粉的眼影霜，因为它们会使眼睑皮肤看起来更干燥。使用矿物质、杏仁或希蒙得木油卸除眼妆。避免使用其他会使你的皮肤脱水的眼部卸妆产品。

闪闪发亮的眼影常由铋、云母和鱼鳞制成，它们会有尖锐的边缘，可能会刺激你的皮肤或让你的皮肤看上去更干燥。如果你已经注意到这一问题，请避免使用这些产品。

推荐粉底：

$ Covergirl Smoothers All Day Hydrating Make-Up For Normal To Dry Skin
[封面女郎全日舒缓补水粉底（适用于中性至干性皮肤）]

$ Origins Dew Gooder ™ Moisturizing Face Makeup
（悦木之源 新鲜保湿面部粉底露）

$$ Bobbi Brown Moisture Rich Foundation SPF 15
（芭比布朗保湿丰盈粉底 SPF15）

$$ Chantecaille Real Skin Foundation
（香缇卡真实肌肤粉底）

$$ Vichy Aera Teint Pure Fluid Foundation
（薇姿轻盈透感亲肤粉底液）

$$$ Chanel Vitalumiére Satin Smoothing Creme Makeup with SPF 15
（香奈儿青春活力亮肤粉底 SPF15）

$$$ Dior skin Liquid SPF 12
（迪奥皮肤乳液 SPF12）

褒曼医生的选择：Bobbi Brown Moisture Rich Foundation SPF 15（芭比布朗保湿丰盈粉底 SPF15）或 Dior skin Liquid SPF 12（迪奥皮肤乳液 SPF12）。

推荐腮红：

$ Covergirl Eyeslicks Gel eye color
（封面女郎眼部光滑彩色凝胶）

$ Revlon cream blush
（露华浓腮红霜）

$$ Bobbie Brown Cream Blush Stick
（波比布朗腮红棒）

$$ Cream Color Base or Cheek Hue by MAC
（魅可着色霜或面颊色彩）

$$ Fresh Blush Cream
（新鲜腮红霜）

$$ Nars Cream Blush
（Nars 腮红霜）

褒曼医生的选择：Cream Color Base or Cheek Hue by MAC（魅可着色霜或面颊色彩）。

推荐眼影：

$ Maybelline Color Delights Cream Shadow

（美宝莲彩色愉悦眼影霜）

$ Revlon Illuminance® Creme Shadow

（露华浓闪亮眼影霜）

$$ Clarins Soft Cream Eyecolor

（娇韵诗柔肤眼部着色霜）

$$ Lorac cream eyeshadow

（Lorac 眼影霜）

$$$ Lancome Colour Dose Eye

（兰蔻焕彩眼霜）

褒曼医生的选择： Revlon Illuminance® Creme Shadow（露华浓闪亮眼影霜）。

咨询皮肤科医师

虽然对浅肤色 DRNT 型肤质者来说常规检查以排除皮肤癌是极为重要的，但却没有其他需要看皮肤科医生的原因。

没什么治疗操作对 DRNT 型肤质者来说是真正必要的。但是你或许想做一次微晶磨削术治疗，以取代在家中应用磨砂膏的简易做法。

微晶磨削术

在微晶磨削术过程中，操作者使用一个喷射微晶体的机器来清除皮肤表层角质细胞。这一治疗需要花费大约 20 分钟，费用大约为 120 美元。很多皮肤科医师推荐了一系列这种治疗。DRNT 型肤质者可以每月做一次，或在重大活动之前暂时改善一下肤质及提亮光泽。

这种非必需的治疗对于那些付得起这么昂贵费用的人来说也算是奢侈品了，而对于我们其他人来说，面部磨砂膏就很好（我生平从未做过微晶磨削术。我没有时间坐在那里等二十分钟就为了做我自己可以在淋浴时花五分钟时间就能做的事。）。

皮肤的长期护理

你要重视补水。将保湿霜放在你的家中、办公室、车上和飞机上随身携带的包里。保湿，保湿，还是保湿。你的皮肤喜欢水分。保护你的皮肤远离阳光照射如果你想要古铜色，请使用美黑油。每年做一次检查以排除皮肤癌。

对干性、耐受性皮肤的进一步帮助

在本部分中，你会了解到干性、耐受性皮肤类型的产品使用和治疗操作的随访信息，以及可帮助你皮肤的推荐生活方式、饮食和保健品。

使用维 A 酸类

如果在你所属的的皮肤类型章节中推荐了维 A 酸使用，以下是有关如何开始使用它们的一些信息。关于更多维 A 酸类是如何产生作用的信息，请参照"有关油性、耐受性皮肤的进一步帮助"中"使用维 A 酸类"部分。

维 A 酸的使用

当你第一次使用维 A 酸的时候，请先使用晚霜，然后再使用维 A 酸。每第三个晚上这么做一次，维持两周。然后每晚使用维 A 酸后使用晚霜。

两周后，如果没有出现红斑，你可以调节方案，在清洁之后和晚霜之前使用维 A 酸。除此之外，隔一天用一次洁面乳，持续一周。

如果你没有出现红斑和脱皮，请改为每晚使用维 A 酸。大约 24 周后，你会观察到皮肤变得平滑了，而且皱纹减少了。除此之外，你还预防了未来将会出现的皱纹。

由于维 A 酸类会加速皮肤细胞分化的速率，有一些脱皮是正常的。这种脱皮并非真正的干燥，但会出现略微更多的凋亡细胞脱落。你可每周使用一到两次面部磨砂膏，或在重要事件之前去除这些皮屑，使你的皮肤看起来有光泽。更强效的产品会比低浓度维 A 酸更有刺激性，所以你可根据自己的需要选择产品。我的那些夏天去了阿斯彭的患者，改用了那里维 A 酸护肤霜，然后回到迈阿密这个更潮湿的环境时，又改回用他扎罗汀凝胶。

为你的皮肤类型推荐的生活方式

你的皮肤喜欢高湿度的气候，讨厌寒冷、干燥和风多的气候。室内暖气和空调会使你的皮肤干燥。如果你居住在一个干燥的气候中，请使用加湿器来增加空气湿度。

　　不要被脸部按摩术诱惑，因为面部蒸气是干燥性的而非补水性的。同样，远离蒸气室、游泳池、桑拿浴，诸如此类。还记得那些旧式的建议，将你的脸放在一块热气腾腾的毛巾下面吗？不要这么做！不过我不得不承认，在我更好的了解其原理之前曾经亲身体验过。

　　如果你是一个 DRPW 或 DRPT 型肤质者，避免日晒、暴晒、暴露于热蜡、脱毛剂、头发喷雾和染发剂之中，这些步骤会使你的皮肤干燥，并引起炎症并造成黑斑。

　　激素替代疗法可有助于减轻绝经期后的皮肤干燥，不过这种疗法会增加黑斑病，因为激素会刺激色素生成。它会帮助预防绝经期后迅速出现的皱纹。咨询你的皮肤科医师，以根据你的家族史和健康史做出决定。

饮食

　　为了对抗干性皮肤，你的身体需要脂肪，用它们来构造富含脂肪的细胞来维持组织内的水分。但是你应该摄入什么样的脂肪呢？

　　饱和脂肪酸、单不饱和脂肪酸和 Ω-3 脂肪酸是细胞膜的关键成分。素食者（吃蛋类和乳制品但不吃肉的）比普通肉食者大概少吃三分之一饱和脂肪酸；而不吃任何动物产品的素食主义者饱和脂肪酸的摄入率只有美国普通食肉者平均摄入率的一半。结果，他们从食物中获得的胆固醇就比杂食者少得多。虽然由于胆固醇被认为与心血管疾病有关，但最近的研究表明，它还是有一定好处的，特别对绝经期后的女性来说。它是身体为维持皮肤细胞膜内的重要功能所必需的成分。例如，必需脂肪酸水平下降与皮肤干燥、头发干燥脆弱和脆甲症有关。如果你有这些症状，而且你同时还是一个素食主义者，你可以与你的医生谈谈，看看你是否患有必需脂肪酸缺乏症。

　　最好的确保你摄入健康的含有益于皮肤的脂肪酸的饮食方法，就是食用多种全植物食物。你可以从坚果、种子、橄榄和鳄梨中得到脂肪。请使用充满单不饱和脂肪的橄榄油烹调和制做沙拉。椰子油也是上好的烹调用油，因为它在高温下可保持其稳定性。你需要避免使用全反式脂肪烹制和油炸食物，因为这会导致氧化性副产物 —— 自由基的产生。抗氧化剂蔬菜可克服这一老化过程。虽然很多年来，多不饱和脂肪蔬菜油（例如蓖麻油、玉米油、红花油和大豆油）一直受到推荐，但其实红花加热后不稳定，其处理通常通过除臭并使一定比例的油转化为一种反式脂肪而使其稳定。食用发现于这些油中的非必需脂肪，还有含反式脂肪的食物（例如人造黄油、大多数烘烤食物、煎炸食品、加工食物和甜品）会增加皱纹和其他皮肤癌症的风险，包括黑素瘤。部分素食者可以通过吃蛋类和乳制品来获得单不饱和脂肪，而素食主义者可通过椰子油来获得。

鱼油是可增加细胞的脂质含量的 Ω-3 多不饱和脂肪酸类的好来源。它们可通过比较肥的鱼类例如鲑鱼和保健品（如日耳曼天然 Ω-3 配方软胶囊或北鳕肝油胶囊）获得。此外，Murad's 滋润套装细胞水分补充品包含有可联合帮助你的皮肤保持水分的成分。这一产品包含必需脂肪酸，与磷脂酰胆碱一起加强你的细胞膜。这些产品均经过第三方认证，以确保它们不含环境毒素。鉴于目前环境中存在很多污染物，购买必需脂肪时确保你找到一种纯净的、经过良好认证的资源非常重要。Ω-3 脂肪酸类通过提供为细胞完整性所需的有益脂肪来帮助你的皮肤，同时它们还可预防导致色素性类型形成黑斑的炎症反应。

抗氧化剂有助于对抗分解氧分子引起细胞老化和皱纹的自由基。为了找出包含它们的食品和保健品，请翻阅"有关油性，耐受性皮肤类型的进一步帮助"中"食品和保健品"部分。

若干研究已经表明，最好通过天然食品来源补充抗氧化剂，而非保健品，然而如果没有办法获取的话，保健品也是有价值的。

保健品

以下口服补充品会对你的皮肤有帮助。Murad's APS 纯化澄清皮肤补充品，含硒代甲硫氨酸，维生素 A、C、E、B5，α 硫辛酸，和葡萄籽提取物；玉兰油酯 –Cα 硫辛酸胶原支持，含维生素 C 和 α 硫辛酸（维生素 C 500mg）；玉兰油全效美肤健康身心维他命套装，含辅酶 Q10，叶黄素，维生素 C、E 和锌；Stiefel's（施泰福）DermaVite 维他命片，含维生素 A、C 和 E，还有锌、硒、铜、番茄红素；雅芳高级维他命痤疮清除套装，含维生素 A、C 和 E，还有锌、硒和 α 硫辛酸。请根据厂家说明书摄入这些补充品。

摄入葡糖胺补充品可促进透明质酸合成。此外，请不要忘记维生素 C。虽然很难通过补充品来获得足够分量，但每一点都会有帮助。由于维生素 C 有轻泻剂的作用，请缓慢开始以确保你的消化道可承受所服用剂量，然后逐渐加量。另外一个选择是使用缓冲产品。通过皮肤营养补充品来补充你的日常护肤治疗方案会提高你的皮肤受益程度。

资源索引

寻找推荐的产品：

为了寻找本书各章节中推荐的产品，我通过以下方法让过程更简单。你可以登录我的产品网站，www.derm.net/products 并在搜索框填写你要找的产品即可，本网站将告诉你如何找到该产品。另外一种方法，我建议你去登陆我最喜欢的一些网站，包括 www.skinstore.com，www.sephora.com 和 www.drugstore.com。在 skinstore.com 如果你在付款时输入优惠码 BAUMANN5，下一次订货时你会得到 5% 的折扣。所有这些网站都有很多的产品可选，你可以很容易购买。

大多数的标 $ 的产品可在 www.drugstore.com，www.cvs.com 或 www.walgreens.com 等网站找到，也可在许多商店比如 CVS，Walmart，Walgreens，Eckerds，Target 和 Drug Emporium 等地方找到。 www.Avon.com 是一个非常好的网站，列出了每个产品的成分。

大多数标 $$ 的产品可以在 www.skinstore.com 或 www.sephora.com 或 Sephora 商店找到。www.gloss.com 和 www.neimanmarcus.com 也有许多 $$ 的产品。如果你到迈阿密海滩来，一定要去 Lincoln Road 的 Brown's Apothecary 看看，他们的网站是 www.brownesbeauty.com.Quintessence（康蒂仙丝）产品可以在 www.internationalcosmeceuticals.com 上找到。

大多数 $$$ 产品可以在一些高端商店如 Neiman Marcus，Saks Fifth Avenue 和 Bergdorf Goodman 等地方找到，这些商店也有他们的网站。

寻找防晒衣：

www.sunprecautions.com 是个不错的选择。

寻找医生：

我推荐大家去寻找美国医学专业委员会认证的医生，他们对肉毒杆菌毒素，皮肤填充剂和化学剥脱都很有经验。我自己作为一名皮肤科医生，我认为皮肤科医生在这个领域最有经验。不过，其他的一些专业医生包括眼外科医生，颌面外科医生和整形外科医生也很熟悉这些操作。使用下面的网站或致电这些机构去寻找你所在地区的声誉优良的医生。

寻找认证的皮肤科医生，请联系：

美国皮肤科学会 The American Academy of Dermatology：888-462-DERM 和 www.aad.org

美国皮肤外科学会 The American Academy of Dermatologic Surgery：847-956-0900 和 www.asds-net.org

寻找专长于有色皮肤的皮肤科医生，请联系：

有色皮肤科学会 The Skin of Color Society：1.800.460.9252 和 www.skinofcolorsociety.org

寻找整形外科医生，请联系：

美国美容整形外科学会 American Society for Aesthetic Plastic Surgery：1-888-272-7711 和 www.surgery.org

美国整形外科医师协会 American Society of Plastic Surgeons：1-888-475-2784 和 www.plasticsurgery.org

寻找颌面整形外科医生，请联系：

美国面部整形与重建外科学会 American Academy of Facial Plastic and Reconstructive Surgery：703-299-9291 和 www.aafprs.org

如果你想和我分享你所喜欢的产品，请登陆 Twww.derm.net/products．在这个网站你还可以找到许多更新的护肤品的信息。请注册以定期收取最新的信息，并可以报名参加一些研究项目，还可以分享你对本书的看法。我殷切期望能听到本书是否对你有所帮助！

非常感谢你能参与到这些令人激动的皮肤现象中来。

——莱斯利·褒曼

参考文献

第二章

1. top layer consists of dead cells which naturally exfoliate...in...the "cell cycle：" Kligman，*The Journal of Investigative Dermatology*，1979：73：39.

2. skin cracks in cold weather because the chilled lipids become stiffer：J.Leyden，A.Rawlings，*Skin Moisturization*（New York，Marcel Dekker，2002）

3. wax esters，triglycerides，and squalene：P.Clarys，A.Barel."Quantitative evaluation of skin surface lipids."*Clinics Dermatologic*，1995；13：307-321.

4. keep moisture in the skin：D.T.Downing et al."Skin lipids：an update，"*The Journal of Investigative Dermatology*，1987；88：2s.

5. non-identical twins had significantly different amounts...of oil production：S. Walton et al，"Genetic control of sebum excretion and acne-a twin study."*British Journal of Dermatology*，March 1988；118（3）：393-6.

6. Sensitive skin...is reported by over 40% of people：EM Jackson."The science of cosmetics."*American Journal of Contact Dermatitis*，1993；4：108.

7. 40 to 50 million Americans are troubled with acne：GM White."Recent findings in the epidemiologic evidence，classification，and subtypes of acne vulgaris，"*Journal of the American Academy of Dermatology*，1998；39：S34-7.

8. adult women have acne resulting from hormonal imbalance：Mitsui T.Elsevier(editor)，"Cosmetics and skin"*New Cosmetic Science*，1993；28.

9. bacteria that causes ulcers：C.Diaz et al："Rosacea：a cutaneous marker of Helicobacter pylori infection？ Results of a pilot study."*Acta Dermato-Venereologica* 2003；83（4）：282-6.

10. facial flushing：S.B.Lonne-Rahmet al."Stinging and rosacea."*Acta Dermato-Venereologica* November 1999；79（6）：460-1.

11. adverse reaction to a personal care product：D.I.Orton，J.D.Wilkinson."Cosmetic allergy：incidence，diagnosis，and management."*American Journal of Clinical Dermatology* 2004；5（5）：327-37.

12. treated with oral antibiotics：S.Utas et al."Helicobacter pylori eradication treatment reduces the severity of rosacea."*Journal of the American Academy of Dermatology*，March 1999；40（3）：433-5.

13. allergic to at least one cosmetic ingredient：D.I.Orton，J.D.Wilkinson．"Cosmetic allergy：incidence，diagnosis，and management." *American Journal of Clinical Dermatology* 2004；5（5）：327-37．

14. People with dry skin...will tend to have more topical skin allergies：M．Jovanovic et al．"Contact allergy to Compositae plants in patients with atopic dermatitis." Med Pregl．May-June 2004；57（5-6）：209-18．

15. skin barrier：For more information about sensitive skin and its causes，please see the chapters on Acne/Rosacea and Sensitive Skin in my textbook Cosmetic Dermatology：Principles and Practice（McGraw Hill，2002）．

16. freckles…MC1R gene：M.T.Bastiaens et al．"The melanocortin-1-receptor gene is the major freckle gene." *Human Molecular Genetics 2001*；10：1701-1708．

17. fair skin and red hair：P.Valverdeet al．"Variants of the melanocyte-stimulating hormone receptor gene are associated with red hair and fair skin in humans." Nature Genetics 1995；11：328-330．

18. fair skinned redheads are at a higher risk of melanoma：R.A.Sturm．"Skin colour and skin cancer-MC1R，the genetic link." *Melanoma Research*，October2002；12（5）：405-16．

19. retinoids：J．Varaniet al．"Vitamin A antagonizes decreased cell growth and elevated collagen-degrading matrix metalloproteinases and stimulates collagen accumulation in naturally aged human skin." *Journal of Investigative Dermatology*，March 2000；114（3）：480-6．

20. vitamin C：B.V.Nusgens et al．"Topically applied vitamin C enhances the mRNA level of collagens I and III，their processing enzymes and tissue inhibitor of matrix metalloproteinase 1 in the human dermis." *Journal of Investigative Dermatology*，June 2001；116（6）：853-9．

21. hyaluronic acid：D．Margelin et al．"Hyaluronic acid and dermatan sulfate are selectively stimulated by retinoic acid in irradiated and nonirradiated hairless mouse skin." Journal of Investigative Dermatology，March 1996；106（3）：505-9．

22. elastin：S．Tajima et al．"Elastin expression is up-regulated by retinoic acid but not by retinol in chick embryonic skin fibroblasts." Journal of Dermatological Science，September 1997；15（3）：166-72．

23. collagen synthesis：M.Kockaert，M.Neumann．"Systemic and topical drugs for aging skin." Journal of Drugs in Dermatology，August 2003；2（4）：435-41．

24. glucosamine：A.J.Matheson，C.M.Perry．"Glucosamine：a review of its use in the management of osteoarthritis." Drugs & Aging，2003；20（14）：1041-60．

第四章

25. sun exposure increases breakouts: H.B.Allen, P.J.LoPresti. "Acne vulgaris aggravated by sunlight." Cutis, September 1980; 26 (3): 254-6.

26. through intensifying oil production: T. Akitomo et al. "Effects of UV irradiation on the sebaceous gland and sebum secretion in hamsters." Journal of Dermatologic Science, April 2003; 31 (2): 151-9.

第六章

27. an increased number of blackheads: D.Saint-Legeret al. "A possible role for squalene in the pathogenesis of acne. II. In vivo study of squalene oxides in skin surface and intra-comedonal lipids of acne patients." British Journal of Dermatology, May 1986; 114 (5): 543-52.

28. making even more oily sebum: M. A. Fenske & C.W.Lober. "Structural and functional changes of normal aging skin." Journal of the American Academy of Dermatology, 1986; 15: 571-85.

29. oiliness causing acne tends to decrease…due to menopause: P. E. Pochi et al. "Age-related changes in sebaceous gland activity." Journal of Investigative Dermatology. 1979; 73: 108-11.

30. oil glands do not slow down until…your eighties: C.C.Zouboulis, A.Boschnakow "Chronological ageing and photoageing of the human sebaceous gland." Clinical Experiments in Dermatology, October 2001; 26 (7): 600-7.

31. It helps fight bacteria: S.Nacht et al. "Benzoyl peroxide: percutaneous penetration and metabolic disposition." Journal of the American Academy of Dermatology, January 1981; 4 (1): 31-7.

32. helps with oiliness: J.J.Leyden, A.R.Shalita. "Rational therapy for acne vulgaris: an update on topical treatment." Journal of the American Academy of Dermatology, October 1986; 15 (4 Pt 2): 907-15.

第七章

33. oil production normalizes at adult levels: C.C.Zouboulis "Acne and sebaceous gland function." Clinical Dermatology, September- October 2004; 22 (5): 360-6.

34. sebum levels…decrease: C.C.Zouboulis, A. Boschnakow. "Chronological ageing and photoageing of the human sebaceous gland." Clinical Experiments in Dermatology; October 2001; 26 (7): 600-7.

35. non-melanoma skin cancer：A. Kricker, B. K. Armstrong, "Sun exposure and non-melanocytic skin cancer." Cancer Causes Control, 1994；5：367-392.

36. amount of wrinkling present：R. C. Brookeet al. "Discordance between facial wrinkling and the presence of basal cell carcinoma." Archives of Dermatology, June 2001；137（6）：751-4.

37. acne and folliculitis：M. Corazza et al, "Face and body sponges：beauty aids or potential microbiological reservoir ？ " European Journal of Dermatology, November-December 2003；13（6）：571-3.

Further Help for Oily, Sensitive Skin

38. sunlight exposure caused a rosacea flare：James Del Rosso "Shining New Light on Rosacea." Skin and Aging Supplement, October 2003；page 3-6.

39. humidity causes the skin to swell, which can lead to clogged pores and acne：J. Fulton, Acne Rx.

40. stress…can increase oil secretion：Y.Gauthier, "Stress and skin：experimental approach," Pathologie Biologie (Paris). December 1996；44（10）：882-7.

41. worsen acne G.G. Wolff et al, "Stress, emotions and human sebum：their relevance to acne vulgaris." Transactions of the Association of American Physicians, 1951；64：435-44.

42. increase the production of the skin pigment melanin：K. Inoueet al. "Stress augmented ultraviolet-irradiation-induced pigmentation." Journal of Investigative Dermatology, July 2003 121（1）：165-71.

43. acne worsened during exam time：Annie Chiu et al. "The Response of Skin Disease to Stress：Changes in the Severity of Acne Vulgaris as Affected by Examination Stress" Archives of Dermatology. 2003；139：897-900.

44. refined grain products...cause a rapid rise in blood glucose levels：E.Bendiner. "Disastrous trade-off：Eskimo health for white "civilization." Hospital Practice, 1974；9：156-189；and Diane M. Thiboutot and John S. Strauss "Diet and Acne Revisited." Archives of Dermatology, 2002；138：1591-1592.

45. obesity linked with acne：S. Bourne, A. Jacobs. "Observations on acne, seborrhoea, and obesity." British Medical Journal 1956；1：1268-1270.

46. Dairy products are known to stimulate insulin production：Ostman EM, Liljeberg Elmstahl HG, Bjorck IM. "Inconsistency between glycemic and insulinemic responses to regular and fermented milk products." American Journal of Clinical Nutrition, 2001；74：96-100；and Loren Cordain. "Omega-3 Fatty Acids and

Acne—Reply." Archives of Dermatology, 2003; 139: 942-943.

47. chocolate…is okay: J.E.Fulton et al. "Effect of chocolate on acne vulgaris." Journal of the American Medical Association, 1969; 210: 2071-2074.

48. Vitamin A has also been shown to be associated with decreased oil secretion. Esther Boelsma et al. "Human skin condition and its associations with nutrient concentrations in serum and diet." American Journal of Clinical Nutrition, February 2003; Vol. 77, No. 2, 348-355.

49. Avoiding beer… increased acne due to their exposure: C.Piersen. "Phytoestrogens in Botanical Dietary Supplement: Implications for Cancer." Integrated Cancer Therapies, 2003; 2 (2) ; 120-138.

50. The omega 3 fatty acids…may have anti-inflammatory effects: Y.I.Tomobe YI et al. "Dietary docosahexaenoic acid suppresses inflammation and immunoresponses in contact hypersensitivity reaction in mice." Lipids. January 2000; 35 (1) : 61-9. Also Liu Guangming et. "Omega 3†but not omega 6†fatty acids inhibit AP-1 activity and cell transformation in JB6 cells" Proceedings of the National Academy of Sciences, June 19, 2001; 98: 13; 7510-7515.

51. foods and supplements that contain antioxidants to decrease your skin cancer risk: G.Block G et al. "Fruit, vegetables, and cancer prevention: A review of the epidemiological evidence." Nutrition and Cancer 1992; 18: 1-29.

52. plant phytonutrients have been shown to offer some protection against skin cancer: T. R. Hata TR et al. "Non-invasive Raman spectroscopic detection of carotenoids in human skin." Journal of Investigative Dermatology, 2000; 115: 441-448.

53. spinach, kale, and broccoli, contain the phytonutrient, lutein: E.H.Leeet al. "Dietary lutein reduces ultraviolet radiation-induced inflammation and immunosuppression." Journal of Investigative Dermatology, February 2004; 122 (2) : 510-7.

54. another cancer-fighting phytonutrient, lycopene: P.F.Conn et al. "The singlet oxygen and carotenoid interaction." Journal of Photochemical Photobiology, 1991; 11: 41-47.

第十章

55. surveyed facilities that had sunless tanning booths: J. M. Fu et al. "Sunless tanning." Journal of the American Academy of Dermatology, May 2004; 50 (5) : 706-13.

Further Help for Oily, Resistant Skin.

56. Vitamin A has also been shown to be associated with decreased oil secretion: Esther Boelsma et al. "Human skin condition and its associations with nutrient concentrations in serum and diet." American Journal of Clinical Nutrition, February 2003; 77 (2); 348-355.

57. plant phytonutrients have also been shown to offer some protection against skin cancer: T. R. Hata et al. "Non-invasive Raman spectroscopic detection of carotenoids in human skin." Journal of Investigative Dermatology, 2000; 115: 441-448.

58. spinach, kale, and broccoli, containing lutein, while tomatoes contain another cancer-fighting lycopene: E.H.Lee et al. "Dietary lutein reduces ultraviolet radiation-induced inflammation and immunosuppression." Journal of Investigative Dermatology, February 2004; 122 (2): 510-7; and P.F.Conn et al. "The singlet oxygen and carotenoid interaction." Journal of Photochemical Photobiology, 1991: 11: 41-47.

59. Artichokes also have antioxidant activity, helpful in preventing wrinkles: A. Jimenez-Escrig et al. "In vitro antioxidant activities of edible artichoke (Cynara scolymus L.) and effect on biomarkers of antioxidants in rats." Journal of Agricultural and Food Chemistry, August 2003; 51 (18): 5540-5.

60. cocoa had a higher antioxidant capacity than black tea, green tea or red wine: K.W.Lee et al. "Cocoa has more phenolic phytochemicals and a higher antioxidant capacity than teas and red wine." Journal of Agricultural and Food Chemistry, December 2003; 3; 51 (25): 7292-5.

第十二章

61. treatment for their eczema would be "the single most important improvement to their quality of life: ISOLATE (International Study Of Life with Atopic Eczema) released at the European Academy of Dermatology and Venereology congress in Florence, Italy, November 2004.

62. help prevent the breakdown of collagen that results in wrinkles: J. T. Peterson. "Matrix metalloproteinase inhibitor development and the remodeling of drug discovery."Heart Failure Reviews. January 2004; 9 (1): 63-79.

第十三章

63. breast fed infants have a lower incidence of atopic dermatitis: A. Schoetzau et al. "Effect of exclusive breast-feeding and early solid food avoidance on the

incidence of atopic dermatitis in high-risk infants at 1 year of age." Pediatric Allergy Immunology, August 2002; 13 (4): 234-42.

64. lower incidence of eczema than breast fed babies whose mothers were not on restricted diets: R.K.Chandra et al. "Influence of maternal diet during lactation and use of formula feeds on development of atopic eczema in high risk infants." British Medical Journal, July 1989; 299 (6693): 228-30.

65. Asians have a higher incidence of eczema and melasma, but a lower incidence of wrinkles and skin cancer: C.S.Lee, H.W.Lim. "Cutaneous diseases in Asians." Clinics Dermatologic, October 2003; 21 (4): 669-77 and also A. Mar et al. "The cumulative incidence of atopic dermatitis in the first 12 months among Chinese, Vietnamese, and Caucasian infants born in Melbourne, Australia." Journal of the American Academy of Dermatology, April 1999; 40 (4): 597-602.

66. Japanese skin is more reactive to detergents: V.Foy et al. "Ethnic variation in the skin irritation response." Contact Dermatitis, 2001; 45 (6); 346-349.

67. applied to the eyelid margins, have also caused skin irritations: A.K.Bajaj et al. "Contact depigmentation from free para-tertiary butyl phenol in Bindi adhesive." Contact Dermatitis, 1990: 22: 99-102.

68. problematic preservatives: E.Dastychova et al. "Contact sensitization to pharmaceutic aids in dermatologic cosmetic and external use preparations." Ceska Slov Farm, May 2004; 53 (3): 151-6.

69. Asians. prone to develop darkness of the skin resulting from a reaction to cosmetic products: Ronni Wolf et al. "Cosmetics and contact Dermatitis." Dermatologic Therapy, Volume 14.

第十四章

70. low humidity and wind. can strip moisture···because they lack the protective skin barrier: H. Loffler, R. Happle. "Influence of climatic conditions on the irritant patch test with sodium lauryl sulphate." Acta Dermato-Venereologica, 2003; 83 (5); 338-41.

71. the more concentrated the smoke, the worse the impact on the skin's collagen: L.Yin et al. "Alterations of extracellular matrix induced by tobacco smoke extract." Archives of Dermatological Research, April 2000; 292 (4): 188-194.

72. yucca: S.Piacente et al. "Yucca schidigera bark: phenolic constituents and antioxidant activity." Journal of Natural Products, May 2004; 67 (5): 882-5.

73. eyeshadow(s) contain lead, cobalt, nickel, and chromium: E.L.Sainio et al. "Metals

and arsenic in eye shadows." Contact Dermatitis, January 2000；42（1）：5-10.

74. sharp edged particles… that can scratch and irritate dry, sensitive skin：Z. Draelso. Eyelid Cosmetics In Cosmetics in Dermatology Churchill Livingstone，1995 second edition；33.

第十五章

75. masseuses using aromatherapy oils got hand dermatitis：H.Glen H.et al. "Use of Aromatherapy Products and Increased Risk of Hand Dermatitis in Massage Therapists." Archives of Dermatology，2004；140：991-996.

76. abnormality of an enzyme that helps maintain the structure of the skin：M.Ishibashi et al. "Abnormal expression of the novel epidermal enzyme, glucosylceramide deacylase, and the accumulation of its enzymatic reaction product, glucosylsphingosine, in the skin of patients with atopic dermatitis." Laboratory Investigation, March 2003；83（3）：397-408.

77. low dietary cholesterol have been correlated to a susceptibility to dry skin：B.C.Davis et al. "Achieving optimal essential fatty acid status in vegetarians：current knowledge and practical implications." American Journal of Clinical Nutrition, September 2003；78（3 Suppl）：640S-646S.

78. immersion（over an hour）in room temperature water can disrupt the skin barrier：R.R.Warner et al. "Water disrupts stratum corneum lipid lamellae：damage is similar to surfactants." The Journal of Investigative Dermatology, December 1999；113（6）：960-6.

Further Help for Dry, Sensitive Skin

79. hard water… can contribute to dryness and redness：R.Warren et al. "The influence of hard water（calcium）and surfactants on irritant contact dermatitis." Contact Dermatitis, December 1996；35（6）：337-43.

80. very hot water temperatures … can dry the skin out and lead to redness：E.Berardesca et al. "Effects of water temperature on surfactant-induced skin irritation." Contact Dermatitis, February 1995；32（2）：83-7；and P.Clarys et al. "Influence of temperature on irritation in the hand/forearm immersion test." Contact Dermatitis, May 1997；36（5）：240-3.

81. limit immersion in the water to less than one hour so as not to impair the skin barrier：R.R.Warner et al. "Water disrupts stratum corneum lipid lamellae：damage is similar to surfactants." The Journal of Investigative Dermatology, December 1999；113（6）：960-6.

82. children with eczema who were treated with moisturizers and massaged improved: L. Schachner et al. "Atopic dermatitis symptoms decreased in children following massage therapy." Pediatric Dermatology, September- October 1998; 15 (5) : 390-5.

83. study compared massage using essential oils versus massage without essential oils: C.Anderson et al. "Evaluation of massage with essential oils on childhood atopic eczema." Phytotherapy Research, September 2000; 14 (6) : 452-6.

84. Preservatives including formaldehyde, parabens, and others commonly used in skin, hair and beauty products can also provoke allergic reactions: M. Gomez Vazquez et al. "Allergic contact eczema/dermatitis from cosmetics." Allergy, March 2002; 57 (3) : 268.

85. residual detergent remaining in laundered clothing may be a prime contributor to eczema: T. Kiriyama et al. "Residual washing detergent in cotton clothes: a factor of winter deterioration of dry skin in atopic dermatitis." Journal of Dermatology, October 2003; 30 (10) : 708-12.

86. Insomnia may increase your incidence of allergic reaction: S.Sakami et al. "Coemergence of insomnia and a shift in the Th1/Th2 balance toward Th2 dominance." Neuroimmunomodulation, 2002-2003; 10 (6) : 337-43.

87. Following a so-called "Mediterranean diet," …may help your body absorb and benefit from fat-soluble antioxidant vitamins: M.Purba et al. "Skin wrinkling: can food make a difference ? " Journal of the American College of Nutrition, 2001; 20: 71

88. Organic produce contains a higher level of beneficial antioxidants than conventionally raised fruits and vegetables: D.K.Asami et al. "Comparison of the total phenolic and ascorbic acid content of freeze-dried and air-dried marionberry, strawberry, and corn grown using conventional, organic, and sustainable agricultural practices." Journal of Agriculture and Food Chemistry, February 2003; 51 (5) : 1237-41.

89. increased intake of saturated fat and monounsaturated fat in the diet has been associated with a decrease in skin hydration: Esther Boelsma et al. "Human skin condition and its associations with nutrient concentrations in serum and diet." American Journal of Clinical Nutrition, February 2003; 77 (2) : 348-355.

90. overly high ratio of omega 6 to omega 3 fats as a key contributor to cardio-vascular illness: B. Henrig. American Journal of Clinical Nutrition, 2001.

91. increase both wrinkling and the risk of developing skin and other cancers, including melanoma: A.P.Albino et al. "Cell cycle arrest and apoptosis of melanoma cells by docosahexaenoic acid: association with decreased pRb phosphorylation." Cancer

Research, 1: 60 (15): 4139-45.

92. Chinese Herbal Medicine can successfully treat eczema: M. P. Sheehan, D. J. Atheron. "A control trial of traditional Chinese medicinal plants in widespread non-exudative atopic eczema." British Journal of Dermatology, 1992: 126: 179-184; and M. P. Sheehan et al. "Efficacy of traditional Chinese herbal therapy in adult atopic dermatitis." Lancet 1992: 340: 13-17.

93. herbs used in this study consisted of at least ten plant extracts: J.Koo, S. Arain. "Traditional Chinese medicine for the treatment of dermatologic disorders. Archives of Dermatology, 1998: 134: 1388-1393.

第十六章

94. MCR-1 gene is involved in red hair, freckle, and melanoma formation: M.T.Bastiaens et al. "The melanocortin-1-receptor gene is the major freckle gene." Human Molecular Genetics August 2001: 10: 1701-1708.

95. children who used sunscreen developed fewer freckles: R.P.Gallagher et al. "Broad-spectrum sunscreen use and the development of new nevi in white children: A randomized controlled trial." Journal of the American Medical Association, June 2000: 283 (22): 2955-60.

96. retinoids protect the skin from the sun by inhibiting the formation of collagenase: G.J.Fisher et al. "Molecular mechanisms of photoaging in human skin in vivo and prevention by all-trans retinoic acid." Photochemical Photobiology, 1999: 69: 154-157.

97. They also have an antioxidant effect: A.Yoshioka et al. "Anti-oxidant effects of retinoids on inflammatory skin diseases." Archives of Dermatological Research, 1986: 278: 177-183.

98. retinoids do allow UVA and UVB to penetrate more deeply into the skin: D.Hecker et al. "Interactions between tazarotene and ultraviolet light." Journal of the American Academy of Dermatology, 1999: 41: 927-930.

99. Rosemary: V. Calabrese et al. "Biochemical studies of a natural antioxidant isolated from rosemary and its application in cosmetic dermatology." International Journal of Tissue Reactions, 2000: 22 (1): 5-13.

第十七章

100. progestins, present in some birth control pills, can fit into receptors in hair follicles to stimulate hair growth: P.D.Darney. "The androgenicity of progestins." American

Journal of the Medical Sciences，January 1995；98（1A）：104S-110S.

101. changing the birth control pill formulation can frequently resolve the problem：B.R.Carr．"Re-evaluation of oral contraceptive classifications."International Journal of Fertility and Womens Medicine，1997；Supplement 1：133-44.

102. different people react differently to different medications：C.M.Coenen et al．"Comparative evaluation of the androgenicity of four low-dose，fixed-combination oral contraceptives."International Journal of Fertility and Menopausal Studies，1995；40 Supplement 2：92-7.

103. Hydroquinone⋯prolonged exposure has resulted in damage to the cornea：A.P.DeCaprio："The toxicology of hydroquinone--relevance to occupational and environmental exposure."Critical Reviews in Toxicology，29：283，1999.

104. The MCR-1 gene is involved in red hair，freckle and melanoma formation：M.T.Bastiaens et al．"The melanocortin-1-receptor gene is the major freckle gene."Human Molecular Genetics August 2001；10：1701-1708.

第十八章

105. without being absorbed into the blood stream，and causing systemic effects：L.Baumann．"Hormones and Aging Skin"in Cosmetic Dermatology Principles and Practice．McGraw Hill April 2002：25-27.

106. use of topical creams⋯ consult their physicians：Writing Group for the Women's Health Initiative Investigators．"Risks and Benefits of Estrogen Plus Progestin in Healthy Postmenopausal Women：Principal Results From the Women's Health Initiative Randomized Controlled Trial."Journal of the American Medical Association，July 2002；288：321- 333.

107. Sixty percent of non-melanoma skin cancers arise from this condition：Jeffes，2000.

108. a sharp decline in skin thickness in women after the fifth decade of life：S.Shuster：The influence of age and sex on skin thickness，skin collagen and density．British Journal of Dermatology，1975；93：639.

109. Most declines in skin collagen．come during the first few years after menopause：M.Brincat．"Sex hormones and skin collagen content in postmenopausal women."British Medical Journal，1983；287：1337.

110. Hormone replacement therapy and/or the use of topical estrogen reverse this process：L.Baumann．"Hormones and Aging Skin"in Cosmetic Dermatology Principles and Practice．McGraw Hill April 2002：25-27.

111. glycolic acid can increase collagen and hyaluronic acid production：E.F.Bernstein et al．"Glycolic acid treatment increases type I collagen mRNA and hyaluronic acid content of human skin." Dermatol Surg．May 2001；27（5）：429-33．

112. Vitamin C also increases collagen production：Nusgens et al．The Journal of Investigative Dermatology，（6）：853．

113. Retinoids increase collagen production and elastin production：S.Tajimaet al．"Elastin expression is up-regulated by retinoic acid but not by retinol in chick embryonic skin fibroblasts." Journal of Dermatological Science，September 1997；15（3）：166-72．

第十九章

114. prolonged water exposure of any kind can dehydrate skin：R.R.Warner et al．"Hydration disrupts human stratum corneum ultrastructure." The Journal of Investigative Dermatology，February 2003；120（2）：275-84．

115. Chlorinated water，commonly found in swimming pools，is especially dehydrating：T．Seki et al．"Free residual chlorine in bathing water reduces the water-holding capacity of the stratum corneum in atopic skin." Journal of Dermatological Science，March 2003；30（3）：196-202．

116. when exposed to either fresh or salt water，the skin's susceptibility to sunburn increases：T.Gambichler，F．Schropl．"Changes of minimal erythema dose after water and salt water baths." Photodermatology，Photoimmunology and Photomedicine，June- August 1998；14（3-4）：109-11．

117. Increased sunburn risk does not translate into increased tanning：Journal of Photochemical Photobiology，March 1999；69（3）：341-4．Salt water bathing prior to UVB irradiation leads to a decrease of the minimal erythema dose and an increased erythema index without affecting skin pigmentation．Journal of Photochemical Photobiology，March 1999；69（3）：341-4．

118. allow your skin to dry for twenty minutes prior to sun exposure：J．Boer et al．"Influence of water and salt solutions on UVB irradiation of normal skin and psoriasis." Archives of Dermatological Research，1982；273（3-4）：247-59．

119. Wearing softer fabrics，or using fabric softeners may help：J.F.Hermanns．"Beneficial effects of softened fabrics on atopic skin."Dermatology，2001；202（2）：167-70．

120. in low humidity conditions…（humectant use can）　…result．in increased skin dryness：B．Idson．"Dry skin：moisturizing and emolliency." Cosmetics

Toiletries, 1992; 107: 69.

121. occlusive moisturizers, which can keep the dihydroxyacetone from working properly: B.C.Nguyen, I.E.Kochevar. "Factors influencing sunless tanning with dihydroxyacetone." British Journal of Dermatology, August 2003; 149 (2): 332-40; and B.C.Nguyen, I.E.Kochevar. "Influence of hydration on dihydroxyacetone-induced pigmentation of stratum corneum." The Journal of Investigative Dermatology, April 2003; 120 (4): 655-61.

122. antioxidants, which produce a more natural tan that looks less orange/yellow: Neelam Muizzuddin, Kenneth D.Marenus and Daniel H. Maes "Tonality of suntan vs sunless tanning with dihydroxyacetone." Skin Research and Technology, November 2000; 6 (4) : 199.

Further Help for Dry, Resistant Skin

123. (Vegetarians) obtain from their diet much less cholesterol than omnivores: B.C.Davis. "Achieving optimal essential fatty acid status in vegetarians: current knowledge and practical implications." American Journal of Clinical Nutrition, September 2003; 78 (3 Supplement) : 640S-646S.

124. (cholesterol has) benefits, particularly for some post-menopausal women: Robert H Knopp and Barbara M Retzlaff. "Saturated fat prevents coronary artery disease? An American paradox." American Journal of Clinical Nutrition, November 2004; 80 (5) : 1102-1103.

125. decreased levels of essential fatty acids have been associated with dry skin, brittle, dry hair and brittle nails: N.N.Laha et al. "Vegetarians dominate in dermatological disorders." Journal of the Association of Physicians of India, April 1992; 40 (4) : 285.

126. processed foods and deep-fried foods rich in trans fats and omega 6 polyunsaturated fats···contribute to the production of free radicals: "Omega 3 but not omega 6 fatty acids inhibit AP-1 activity and cell transformation in JB6 cells." Proceedings of the National Academy of Sciences of the United States, PNAS, June 19, 2001; 98 (13) : 7510-7515.

127. transfat containing foods ···may increase both wrinkling and the risk of developing skin and other cancers, including melanoma: A.P.Albino et al. "Cell cycle arrest and apoptosis of melanoma cells by docosahexaenoic acid: association with decreased pRb phosphorylation." Cancer Research, August 2000; 60 (15) : 4139-45.